高等学校信息工程类专业系列教材

天线与电波传播

（第四版）

宋　铮　张建华　黄　冶　编著

西安电子科技大学出版社

内 容 简 介

本版是在原书第三版的基础上修订而成的。这次修订对第 4 章进行了较大篇幅的改动；第 3、5、8、9 章添加或置换了某些特定天线的内容；在某些章节引入了基于电磁场数值仿真软件得到的天线特性。

本书围绕天线与电波传播两大内容展开。全书共 14 章。前 9 章为天线部分，各章内容分别为：天线基础知识、简单线天线、行波天线、非频变天线、缝隙天线与微带天线、手机天线、测向天线、面天线、新型天线；后 5 章为电波传播部分，各章内容分别为：电波传播的基础知识、地面波传播、天波传播、视距传播、地面移动通信中接收场强的预测。各章均配有适量的习题。

本书力求兼顾信息量大、行文简洁的特点，追踪当前热点技术及应用。书中的大量图表体现了 MATLAB 在天线与电波传播领域中的有效应用，附录给出了典型的 MATLAB 程序，个别章节还介绍了专业的天线分析软件的应用实例。同时，本书以二维码的形式提供每章的教学课件和重点、难点的讲解视频（动画），教师和学生可扫码查看。

本书的适用对象为电子工程、通信工程专业的大学本科学生，也可供其他专业选用以及供通信和天线工程技术人员参考。

图书在版编目(CIP)数据

天线与电波传播/宋铮，张建华，黄冶编著．—4 版．—西安：西安电子科技大学出版社，2021.12(2024.4 重印)

ISBN 978 - 7 - 5606 - 6258 - 9

Ⅰ．①天…　Ⅱ．①宋…　②张…　③黄…　Ⅲ．①天线—高等学校—教材
②电波传播—高等学校—教材　Ⅳ．①TN82　②TN011

中国版本图书馆 CIP 数据核字(2021)第 246257 号

策　　划　马乐惠
责任编辑　吴祯娥　马乐惠
出版发行　西安电子科技大学出版社(西安市太白南路 2 号)
电　　话　(029)88202421　88201467　　邮　编　710071
网　　址　www.xduph.com　　　　电子邮箱　xdupfxb001@163.com
经　　销　新华书店
印刷单位　陕西天意印务有限责任公司
版　　次　2021 年 12 月第 4 版　2024 年 4 月第 3 次印刷
开　　本　787 毫米×1092 毫米　1/16　印张 19.25
字　　数　456 千字
定　　价　48.00 元

ISBN 978 - 7 - 5606 - 6258 - 9/TN

XDUP 6560004 - 3

前　言

　　岁月如梭,《天线与电波传播》首次发行于 2003 年 , 如今 18 年过去了, 本书也历经第二版、第三版直至今日的第四版。第四版的主要框架结构不变。根据新技术的需求, 添加或置换了某些特定内容, 例如手机天线、机械天线以及"中国天眼"(FAST)。

　　由于一些专业的电磁场数值仿真软件在天线的仿真分析中具有重要的应用, 因此从第三版开始, 特别在某些章节中引入了基于电磁场数值仿真软件得到的天线特性, 旨在为该书的读者提供先进的研究手段。读者还可以用手机扫描特定位置处的二维码获取更加生动的图像体验。

　　作为无线通信设备的关键组成部分, 为了适应无线通信领域的飞速发展, 对天线与电波传播的研究日益深入和广泛, 无论从结构、材料还是工艺上, 天线技术都已经取得了长足进步。本书在每一次修订时都会在适当的位置引入特定的天线新技术, 旨在拓展读者的视野。

　　伴随着人类越来越遥远的深空探测, 伴随着越来越高阶的移动通信时代的到来, 人们如此渴求天线与电波传播理论与技术的突破, 行业也亟须专业人才。本书作为天线与电波传播领域内的启蒙教材, 难免挂一漏万, 但是只要能给读者带来一点益处, 总是一件令人高兴的事情。

　　由于作者水平有限, 书中难免会有一些缺点和错误, 敬请广大读者批评指正。

　　本书引用了大量的参考文献, 对其作者表示深深的感谢! 也对广大读者的厚爱表示深深的感谢!

作　者
2021 年 10 月于合肥

第 一 版 前 言

从"重基础，宽口径"的培养方针出发，目前高校课程体系作了较大的改革，一是课时减少，二是注重培养学生的创新素质及能力。"天线与电波传播"课程的教学时数减为 60 以下，但这个领域内的新知识却由于科学技术的飞速发展而不断涌现，为了适应这种变化和现代化教学的需要，我们编写了本书。

本教材的参考学时数为 50～60 学时。全书围绕天线与电波传播两大内容展开，共分为 12 章。第 1～7 章为天线部分，介绍天线的基本理论，对典型线天线和面天线进行了分析并介绍了其工作原理及电特性；为了拓宽学生的知识面以适应宽口径培养的需要，结合当前的科研动态介绍了相应的技术。第 8～12 章介绍电波传播的基本理论和分类，包括地面波传播、天波传播、视距传播以及地面移动通信中的接收场强预测。大部分章节相对独立，可根据不同的教学需求自由取舍。

本书在保持基本理论的严谨和完整的基础上，力图体现简洁、实用并跟踪学科发展动态的风格。针对"天线与电波传播"课程的理论分析较为繁琐且空间概念不易建立的特点，作者运用高性能计算软件 MATLAB，以大量图表形象化地显示了分析结果。附录列出了有关典型计算程序。

本书配有多媒体课件。课件通过对各个动画、图表、数学公式、原理图和文字解说等进行合理编排，为读者提供了一个图文并茂、生动有趣的学习环境，在诠释课程中难点的同时展现了现代教育技术的魅力。

本书的适用对象为电子工程、通信工程专业的大学本科学生，也可供其他专业选用以及供通信及天线工程技术人员参考。

本书由宋铮、张建华、黄冶合作编著，其中，绪论、第 1 章、第 5～8 章、第 11 章由宋铮撰写，第 2～4 章、第 9～10 章由张建华撰写，第 2 章中的引向天线和第 4 章中的对数周期天线由黄冶撰写，第 12 章由宋铮和黄冶共同编写。

苏州大学电子信息学院的郭辉萍老师主审了全书，审阅人及责任编辑对本书提出了许多宝贵意见，在此表示诚挚的感谢。同时，作者对西安电子科技大学出版社的大力支持表示感谢。天线与电波传播领域的研究兼具传统性和新颖性，本书直接参考和引用了大量的国内外文献，这些文献均在书末一一列出，在此对被参考和引用文献的作者表示诚挚的谢意，如果没有他们发表的这些成果，本书无法完成。

由于作者水平有限，书中难免存在一些缺点和错误，敬请广大读者批评指正。

天线与电波传播理论及技术作为电子学中的专门学科，有许多急需研究和尚待探索的新课题，同时也存在许多机遇和挑战，希望本书能为此做一点贡献。

作　者
2003 年 3 月于合肥

目　录

绪　　论

　　自从 1873 年麦克斯韦（Maxwell）从理论上预言电磁波的存在，并于 1897 年由马可尼（Marconi）首次获得一个完整的无线电报系统专利以来，伴随着科学技术的不断进步，人类对自然界广泛存在的电磁波这一物质形态的认识在不断深化，创造了多种多样的电磁波工程系统——无线电通信系统。从电视、广播、移动通信，到雷达、导航、气象、定位、卫星，再到军事领域中的制导武器、电子对抗等应用领域，取得了极为丰硕的研究成果。

　　任何无线电电子系统的信息传输既包含有电波能量的发射和接收，也包含有电磁波在空间的传播过程。天线与电波传播的理论与技术研究作为无线电科学重要组成的分支学科，是具有广泛实用意义与科学意义的应用基础学科和交叉学科，其研究成果将直接影响着电磁波工程系统的整体水平。

　　天线是任何无线电通信系统都离不开的重要前端器件。尽管设备的任务并不相同，但天线在其中所起的作用基本上是相同的。在图 0-1 所示的通信系统示意图中，天线的任务是将发射机输出的高频电流能量（导波）转换成电磁波辐射出去，或将空间电波信号转换成高频电流能量送给接收机。为了能良好地实现上述目的，要求天线具有一定的方向特性，较高的转换效率，能满足系统正常工作的频带宽度。天线作为无线电系统中不可缺少且非常重要的部件，其本身的质量直接影响着无线电系统的整体性能。

图 0-1　通信系统示意图

　　无线通信的技术及业务的迅速发展既对天线提出许多新的研究方向，同时也促使了许多新型天线的诞生。例如多频多极化的微带天线，由于其体积小，剖面低，适应了微型和集成电路的进展；电扫描和多波束天线能同时跟踪多目标，适应了现代化军事技术的发展；在通信环境日益复杂的情况下，具有抗干扰能力的自适应天线能大大地提高接收信号的信噪比；尤其是实现第三代移动通信的关键技术——智能天线，更是一改传统天线作为能量转换器的主要功能，能够智能化地进行来波到达角度（DOA）估计以及具有预定空域特征的数字波束形成（DBF），目前智能天线技术已成为移动通信领域的研究热点。

　　无线电通信系统的多样性使得天线的种类也多种多样。按照用途的不同，可将天线分为通信天线、广播和电视天线、雷达天线、导航和测向天线等；按照工作波长，可将天线分为长波天线、中波天线、短波天线、超短波天线以及微波天线等；按照天线的特色，可将天线分为圆极化天线、线极化天线、窄频带天线、宽频带天线、非频变天线以及数字波束天线等。为了理论分析的方便，通常将天线按照其结构分成两大类：一类是由导线或金属棒构成的线天线，主要用于长波、短波和超短波；另一类是由金属面或介质面构成的面天线，主要用于微波波段。本书有关天线的章节划分基本上采用后一种分类方法。

天线的理论分析是建立在电磁场理论分析的基础上的，求解天线问题实质上就是求解满足特定边界条件的麦克斯韦方程的解，其求解过程是非常繁琐和复杂的。针对实际的天线工程中的设计，具体采用的思路是既有严格的概念，也有近似的处理，甚至依靠数值分析软件进行计算机辅助设计。

电波传播的主要研究领域是电磁波与传播媒质的相互作用及其在有关电子系统工程和环境探测研究中的应用。电波传播研究的基本问题是不同频段的电波通过各种自然环境（包括某些人为环境）媒质的传播效应及其在时、空、频域中的变化规律。电波传播在很大程度上也是一门实验性科学，需要在长期大量的实测积累和应用实践中不断完善和发展，研究应用的领域和问题也将日益广泛和深入。

在众多的可用于数值计算的应用软件中，MATLAB 以其强大的数值计算能力、编程可视化、高级图形处理以及具有涉及各学科专业内容的极为丰富的工具箱，已经成为应用学科计算机辅助分析、设计、仿真等不可缺少的基础软件。由于天线与电波领域中的电磁理论分析复杂且空间概念难以想象的特点，MATLAB 的应用显得更为迫切。MATLAB 的具体应用也将贯穿于全书中，全书的绝大部分图表均用 MATLAB 软件计算而得。为了帮助读者掌握 MATLAB 的应用，附录列出了有关典型程序。

第1章 天线基础知识

1.1 基本振子的辐射

尽管各类天线的结构、特性各有不同，但是分析它们的基础都建立在电、磁基本振子的辐射机理上。电、磁基本振子作为最基本的辐射源，它们的基本性质已在"电磁场"课程中作过介绍。为了本书的系统性，此处再给予简要的回顾。

1.1.1 电基本振子的辐射

电基本振子(Electric Short Dipole)又称电流元，是指一段理想的高频电流直导线，其长度 l 远小于波长 λ，其半径 a 远小于 l，同时振子沿线的电流 I 处处等幅同相。用这样的电流元可以构成实际的更复杂的天线，因而电基本振子的辐射特性是研究更复杂天线辐射特性的基础。

如图 1-1-1 所示，在电磁场理论中，已给出了在球坐标系原点 O 沿 z 轴放置的电基本振子在无限大自由空间中场强的表达式为

$$\left.\begin{aligned}
H_r &= 0 \\
H_\theta &= 0 \\
H_\varphi &= \frac{Il}{4\pi} \sin\theta \left(j\frac{k}{r} + \frac{1}{r^2} \right) e^{-jkr} \\
E_r &= \frac{Il}{4\pi} \frac{2}{\omega\varepsilon_0} \cos\theta \left(\frac{k}{r^2} - j\frac{1}{r^3} \right) e^{-jkr} \\
E_\theta &= \frac{Il}{4\pi} \frac{1}{\omega\varepsilon_0} \sin\theta \left(j\frac{k^2}{r} + \frac{k}{r^2} - j\frac{1}{r^3} \right) e^{-jkr} \\
E_\varphi &= 0
\end{aligned}\right\} \quad (1-1-1)$$

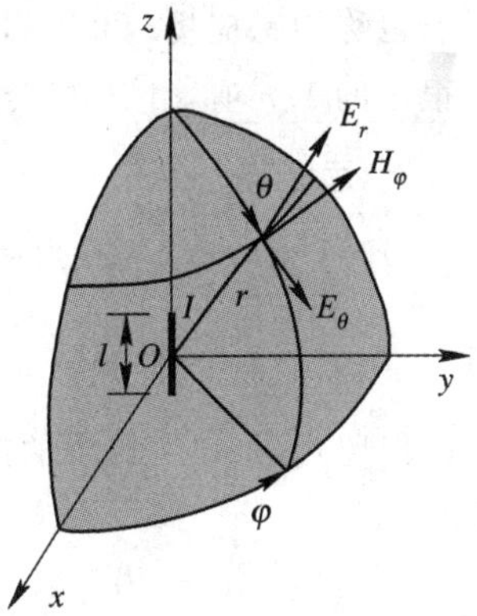

图 1-1-1 电基本振子的坐标

$$\left.\begin{aligned}
\boldsymbol{E} &= E_r \boldsymbol{e}_r + E_\theta \boldsymbol{e}_\theta \\
\boldsymbol{H} &= H_\varphi \boldsymbol{e}_\varphi
\end{aligned}\right\} \quad (1-1-2)$$

式中，$\boldsymbol{E}$ 为电场强度，单位为 V/m；$\boldsymbol{H}$ 为磁场强度，单位为 A/m；场强的下标 r、θ、φ 表示球坐标系中矢量的各分量；$\boldsymbol{e}_r$、$\boldsymbol{e}_\theta$、$\boldsymbol{e}_\varphi$ 分别为球坐标系中沿 r、θ、φ 增大方向的单位矢量；$\varepsilon_0 = \frac{10^{-9}}{36\pi}$(F/m)，为自由空间的介电常数；$\mu_0 = 4\pi \times 10^{-7}$(H/m)，为自由空间导磁率；

$k = \omega \sqrt{\mu_0 \varepsilon_0} = 2\pi/\lambda$，为自由空间相移常数，$\lambda$ 为自由空间波长。式中略去了时间因子 $e^{j\omega t}$。

由此可见，电基本振子的场强矢量由三个分量 H_φ、E_r、E_θ 组成，每个分量都由几项组成，它们与距离 r 有着复杂的关系。根据距离的远近，必须分区讨论场量的性质。

1. 近区场

$kr \ll 1$（即 $r \ll \lambda/(2\pi)$）的区域称为近区，此区域内

$$\frac{1}{kr} \ll \frac{1}{(kr)^2} \ll \frac{1}{(kr)^3}$$

因此忽略式（1-1-1）中的 $1/r$ 项，并且认为 $e^{-jkr} \approx 1$，电基本振子的近区场表达式为

$$\left.\begin{aligned} H_\varphi &= \frac{Il}{4\pi r^2} \sin\theta \\ E_r &= -j \frac{Il}{4\pi r^3} \frac{2}{\omega\varepsilon_0} \cos\theta \\ E_\theta &= -j \frac{Il}{4\pi r^3} \frac{1}{\omega\varepsilon_0} \sin\theta \\ E_\varphi &= H_r = H_\theta = 0 \end{aligned}\right\} \tag{1-1-3}$$

将上式和静电场中电偶极子产生的电场以及恒定电流产生的磁场作比较，可以发现，除了电基本振子的电磁场随时间变化外，在近区内的场振幅表达式完全相同，故近区场也称为似稳场或准静态场。

近区场的另一个重要特点是电场和磁场之间存在 $\pi/2$ 的相位差，于是坡印廷矢量的平均值 $\boldsymbol{S}_{av} = \frac{1}{2} \mathrm{Re}[\boldsymbol{E} \times \boldsymbol{H}^*] = \boldsymbol{0}$，能量在电场和磁场以及场与源之间交换而没有辐射，所以近区场也称为感应场，可以用它来计算天线的输入电抗。必须注意，以上的讨论中我们忽略了很小的 $1/r$ 项，下面将会看到正是它们构成了电基本振子远区的辐射实功率。

2. 远区场

$kr \gg 1$（即 $r \gg \lambda/(2\pi)$）的区域称为远区，在此区域内

$$\frac{1}{kr} \gg \frac{1}{(kr)^2} \gg \frac{1}{(kr)^3}$$

因此保留式（1-1-1）中的最大项后，电基本振子的远区场表达式为

$$\left.\begin{aligned} H_\varphi &= j \frac{Il}{2\lambda r} \sin\theta e^{-jkr} \\ E_\theta &= j \frac{60\pi Il}{\lambda r} \sin\theta e^{-jkr} \\ H_r &= H_\theta = E_r = E_\varphi = 0 \end{aligned}\right\} \tag{1-1-4}$$

由上式可见，远区场的性质与近区场的性质完全不同，场强只有两个相位相同的分量（E_θ，H_φ），其电力线分布如图 1-1-2 所示，场矢量如图 1-1-3 所示。

远区场的坡印廷矢量平均值为

$$\boldsymbol{S}_{av} = \frac{1}{2} \mathrm{Re}[\boldsymbol{E} \times \boldsymbol{H}^*] = \frac{15\pi I^2 l^2}{\lambda^2 r^2} \sin^2\theta \boldsymbol{e}_r \tag{1-1-5}$$

有能量沿 r 方向向外辐射，故远区场又称为辐射场。该辐射场有如下性质：

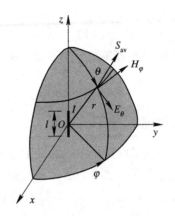

图 1-1-2 电基本振子电力线   图 1-1-3 电基本振子远区场

(1) E_θ、H_φ 均与距离 r 成反比，波的传播速度为 $c = 1/\sqrt{\mu_0\varepsilon_0}$，$E_\theta$ 和 H_φ 中都含有相位因子 e^{-jkr}，说明辐射场的等相位面为 r 等于常数的球面，所以称其为球面波。$\boldsymbol{E}$、$\boldsymbol{H}$ 和 $\boldsymbol{S}_{av}$ 相互垂直，且符合右手螺旋定则。

(2) 传播方向上电磁场的分量为零，故称其为横电磁波，记为 TEM 波。

(3) E_θ 和 H_φ 的比值为常数，称为媒质的波阻抗，记为 η。对于自由空间

$$\eta = \frac{E_\theta}{H_\varphi} = \sqrt{\frac{\mu_0}{\varepsilon_0}} = 120\pi \quad \Omega \tag{1-1-6}$$

这一关系说明在讨论天线辐射场时，只要掌握其中一个场量，另一个即可用上式求出。通常总是采用电场强度作为分析的主体。

(4) E_θ 和 H_φ 均与 $\sin\theta$ 成正比，说明电基本振子的辐射具有方向性，辐射场不是均匀球面波。因此，任何实际的电磁辐射绝不可能具有完全的球对称性，这也是所有辐射场的普遍特性。

电偶极子向自由空间辐射的总功率称为辐射功率 P_r，它等于坡印廷矢量在任一包围电偶极子的球面上的积分，即

$$\begin{aligned}
P_r &= \oiint_S \boldsymbol{S}_{av} \cdot \mathrm{d}\boldsymbol{s} \\
&= \oiint_S \frac{1}{2} \operatorname{Re}[\boldsymbol{E} \times \boldsymbol{H}^*] \cdot \mathrm{d}\boldsymbol{s} \\
&= \int_0^{2\pi} \mathrm{d}\varphi \int_0^\pi \frac{15\pi I^2 l^2}{\lambda^2} \sin^3\theta \, \mathrm{d}\theta \\
&= 40\pi^2 I^2 \left(\frac{l}{\lambda}\right)^2 \quad \mathrm{W}
\end{aligned} \tag{1-1-7}$$

因此，辐射功率取决于电偶极子的电长度，若几何长度不变，频率越高或波长越短，则辐射功率越大。因为已经假定空间媒质不消耗功率且在空间内无其它场源，所以辐射功率与距离 r 无关。

既然辐射出去的能量不再返回波源，为方便起见，将天线辐射的功率看成被一个等效电阻所吸收的功率，这个等效电阻就称为辐射电阻 R_r。类似于普通电路，可以得出：

$$P_r = \frac{1}{2}I^2R_r \qquad\qquad (1-1-8)$$

其中，R_r 称为该天线归算于电流 I 的辐射电阻，这里 I 是电流的振幅值。将上式代入式 $(1-1-7)$，得电基本振子的辐射电阻为

$$R_r = 80\pi^2\left(\frac{l}{\lambda}\right)^2 \quad \Omega \qquad\qquad (1-1-9)$$

1.1.2 磁基本振子的辐射

磁基本振子(Magnetic Short Dipole)又称磁流元、磁偶极子。尽管它是虚拟的，迄今为止还不能肯定在自然界中是否有孤立的磁荷和磁流存在，但是它可以与一些实际波源相对应，例如小环天线或者已建立起来的电场波源，用此概念可以简化计算，因此讨论它是有必要的。

如图 $1-1-4$ 所示，设想一段长为 $l(l\ll\lambda)$ 的磁流元 I_ml 置于球坐标系原点，根据电磁对偶性原理，只需要进行如下变换：

$$\left.\begin{aligned}
&\boldsymbol{E}_e \Leftrightarrow \boldsymbol{H}_m \\
&\boldsymbol{H}_e \Leftrightarrow -\boldsymbol{E}_m \\
&I_e \Leftrightarrow I_m, \ Q_e \Leftrightarrow Q_m \\
&\varepsilon_0 \Leftrightarrow \mu_0
\end{aligned}\right\} \qquad (1-1-10)$$

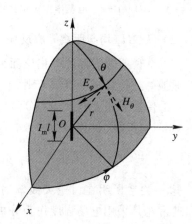

图 $1-1-4$ 磁基本振子的坐标

其中，下标 e、m 分别对应于电源和磁源，则磁基本振子远区辐射场的表达式为

$$\left.\begin{aligned}
&E_\varphi = -\mathrm{j}\,\frac{I_ml}{2\lambda r}\,\sin\theta \mathrm{e}^{-\mathrm{j}kr} \\
&H_\theta = \mathrm{j}\,\frac{I_ml}{2\lambda r}\,\sqrt{\frac{\varepsilon_0}{\mu_0}}\,\sin\theta \mathrm{e}^{-\mathrm{j}kr}
\end{aligned}\right\} \qquad (1-1-11)$$

比较电基本振子的辐射场与磁基本振子的辐射场，可以得知它们除了辐射场的极化方向相互正交之外，其他特性完全相同。

磁基本振子的实际模型是小电流环，如图 $1-1-5$ 所示，它的周长远小于波长，而且

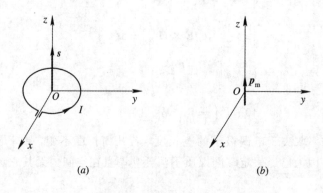

(a)　　　　　　　　　(b)

图 $1-1-5$ 小电流环和与其等效的磁矩

(a) 小电流环；(b) 磁矩

环上的谐变电流 I 的振幅和相位处处相同。相应的磁矩和环上电流的关系为

$$\boldsymbol{p}_m = \mu_0 I \boldsymbol{s} \tag{1-1-12}$$

式中，s 为环面积矢量，方向由环电流 I 按右手螺旋定则确定。

若求小电流环远区的辐射场，我们可把磁矩看成一个时变的磁偶极子，磁极上的磁荷是 $+q_m$、$-q_m$，它们之间的距离是 l。磁荷之间有假想的磁流 I_m，以满足磁流的连续性，则磁矩又可表示为

$$\boldsymbol{p}_m = q_m \boldsymbol{l} \tag{1-1-13}$$

式中，l 的方向与环面积矢量的方向一致。

比较式(1-1-12)和(1-1-13)，得

$$q_m = \frac{\mu_0 I s}{l}, \quad I_m = \frac{\mathrm{d} q_m}{\mathrm{d} t} = \frac{\mu_0 s}{l} \frac{\mathrm{d} I}{\mathrm{d} t}$$

用复数表示的磁流为

$$I_m = \mathrm{j} \frac{\omega \mu_0 s}{l} I \tag{1-1-14}$$

将式(1-1-14)代入式(1-1-11)，经化简可得小电流环的远区场表达式为

$$\left. \begin{array}{l} E_\varphi = \dfrac{\omega \mu_0 s I}{2 \lambda r} \sin\theta \mathrm{e}^{-\mathrm{j}kr} \\[3mm] H_\theta = -\dfrac{\omega \mu_0 s I}{2 \lambda r} \sqrt{\dfrac{\varepsilon_0}{\mu_0}} \sin\theta \mathrm{e}^{-\mathrm{j}kr} \end{array} \right\} \tag{1-1-15}$$

小电流环是一种实用天线，称为环形天线。事实上，对于一个很小的环来说，如果环的周长远小于 $\lambda/4$，则该天线的辐射场方向性与环的实际形状无关，即环可以是矩形、三角形或其它形状。

磁偶极子的辐射总功率是

$$\begin{aligned} P_{\mathrm{r}} &= \oiint_S \boldsymbol{S}_{\mathrm{av}} \cdot \mathrm{d}\boldsymbol{s} \\ &= \oiint_S \frac{1}{2} \operatorname{Re}[\boldsymbol{E} \times \boldsymbol{H}^*] \cdot \mathrm{d}\boldsymbol{s} \\ &= 160\pi^4 I^2 \left(\frac{s}{\lambda^2}\right)^2 \quad \mathrm{W} \end{aligned} \tag{1-1-16}$$

其辐射电阻是

$$R_{\mathrm{r}} = \frac{2P_{\mathrm{r}}}{I^2} = 320\pi^4 \left(\frac{s}{\lambda^2}\right)^2 \quad \Omega \tag{1-1-17}$$

由此可见，同样电长度的导线，绕制成磁偶极子，在电流振幅相同的情况下，远区的辐射功率比电偶极子的要小几个数量级。

1.2 发射天线的电参数

描述天线工作特性的参数称为天线电参数(Basic Antenna Parameters)，又称电指标。它们是定量衡量天线性能的尺度。我们有必要了解天线电参数，以便正确设计或选择

天线。

大多数天线电参数是针对发射状态规定的，以衡量天线把高频电流能量转变成空间电波能量以及定向辐射的能力。下面介绍发射天线的主要电参数，并且以电基本振子或磁基本振子为例说明之。

1.2.1 方向函数

由电基本振子的分析可知，天线辐射出去的电磁波虽然是一个球面波，但却不是均匀球面波，因此，任何一个天线的辐射场都具有方向性。

所谓方向性，就是在相同距离的条件下天线辐射场的相对值与空间方向(子午角 θ、方位角 φ)的关系，如图 $1-2-1$ 所示。

若天线辐射的电场强度为 $\boldsymbol{E}(r,\theta,\varphi)$，则把电场强度(绝对值)可写成

$$|\boldsymbol{E}(r,\theta,\varphi)| = \frac{60I}{r}f(\theta,\varphi) \qquad (1-2-1)$$

式中，I 为归算电流，对于驻波天线，通常取波腹电流 I_m 作为归算电流；$f(\theta,\varphi)$ 为场强方向函数。因此，方向函数可定义为

$$f(\theta,\varphi) = \frac{|\boldsymbol{E}(r,\theta,\varphi)|}{60I/r} \qquad (1-2-2)$$

将电基本振子的辐射场表达式$(1-1-4)$代入上式，可得电基本振子的方向函数为

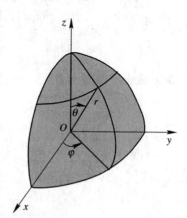

图 $1-2-1$ 空间方位角

$$f(\theta,\varphi) = f(\theta) = \frac{\pi l}{\lambda}|\sin\theta| \qquad (1-2-3)$$

为了便于比较不同天线的方向性，常采用归一化方向函数，用 $F(\theta,\varphi)$ 表示，即

$$F(\theta,\varphi) = \frac{f(\theta,\varphi)}{f_{\max}(\theta,\varphi)} = \frac{|\boldsymbol{E}(\theta,\varphi)|}{|\boldsymbol{E}_{\max}|} \qquad (1-2-4)$$

式中，$f_{\max}(\theta,\varphi)$ 为方向函数的最大值；$\boldsymbol{E}_{\max}$ 为最大辐射方向上的电场强度；$\boldsymbol{E}(\theta,\varphi)$ 为同一距离(θ,φ)方向上的电场强度。

归一化方向函数 $F(\theta,\varphi)$ 的最大值为1。因此，电基本振子的归一化方向函数可写为

$$F(\theta,\varphi) = |\sin\theta| \qquad (1-2-5)$$

为了分析和对比方便，今后我们定义理想点源是无方向性天线，它在各个方向上、相同距离处产生的辐射场的大小是相等的，因此，它的归一化方向函数为

$$F(\theta,\varphi) = 1 \qquad (1-2-6)$$

1.2.2 方向图

式$(1-2-1)$定义了天线的方向函数，它与 r 及 I 无关。将方向函数用曲线描绘出来，称之为方向图(Field Pattern)。方向图就是与天线等距离处，天线辐射场大小在空间中的相对分布随方向变化的图形。依据归一化方向函数而绘出的为归一化方向图。

变化 θ 及 φ 得出的方向图是立体方向图。对于电基本振子，由于归一化方向函数

$F(\theta,\varphi)=|\sin\theta|$，因此其立体方向图如图 1-2-2 所示。

在实际中，工程上常常采用两个特定正交平面方向图。在自由空间中，两个最重要的平面方向图是 E 面和 H 面方向图。E 面即电场强度矢量所在并包含最大辐射方向的平面；H 面即磁场强度矢量所在并包含最大辐射方向的平面。

图 1-2-2 动画

方向图可用极坐标绘制，角度表示方向，矢径表示场强大小。这种图形直观性强，但零点或最小值不易分清。方向图也可用直角坐标绘制，横坐标表示方向角，纵坐标表示辐射幅值。由于横坐标可按任意标尺扩展，故图形清晰。如图 1-2-3 所示，对于球坐标系中的沿 z 轴放置的电基本振子而言，E 面即为包含 z 轴的任一平面，例如 yOz 面，此面的方向函数 $F_E(\theta)=|\sin\theta|$。而 H 面即为 xOy 面，此面的方向函数 $F_H(\varphi)=1$，如图 1-2-4 所示，

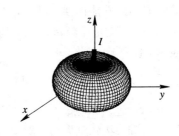

图 1-2-2 基本振子立体方向图

H 面的归一化方向图为一单位圆。E 面和 H 面方向图就是立体方向图沿 E 面和 H 面两个主平面的剖面图。

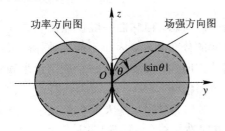

图 1-2-3 电基本振子 E 平面方向图

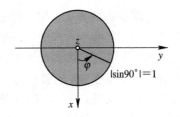

图 1-2-4 电基本振子 H 平面方向图

但是要注意的是，尽管球坐标系中的磁基本振子方向性和电基本振子一样，但 E 面和 H 面的位置恰好互换。

有时还需要讨论辐射的功率密度（坡印廷矢量模值）与方向之间的关系，因此引进功率方向图（Power Pattern）$\Phi(\theta,\varphi)$。容易得出，它与场强方向图之间的关系为

$$\Phi(\theta,\varphi)=F^2(\theta,\varphi) \qquad (1-2-7)$$

电基本振子 E 平面功率方向图也如图 1-2-3 所示。

1.2.3 方向图参数

实际天线的方向图要比电基本振子的复杂，通常有多个波瓣，它可细分为主瓣、副瓣和后瓣，如图 1-2-5 所示。用来描述方向图的参数通常有：

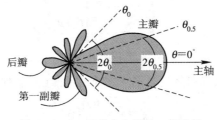

图 1-2-5 天线方向图的一般形状

（1）零功率点波瓣宽度（Beam Width between First Nulls，BWFN）$2\theta_{0E}$ 或 $2\theta_{0H}$（下标 E、H 表示 E、H 面，下同）：指主瓣最大值两边两个零辐射方向之间的夹角。

（2）半功率点波瓣宽度（Half Power Beam Width，HPBW）$2\theta_{0.5E}$ 或 $2\theta_{0.5H}$：指主瓣最大值两边场强等于最大值的 0.707 倍（或等于最大功率密度的一半）的两辐射方向之间的夹角，又叫 3 分贝波束宽度。如果天线的方向图只有一个强的主瓣，其它副瓣均较弱，则它的定向辐射性能的强弱就可以从两个主平面内的半功率点波瓣宽度来判断。

（3）副瓣电平（Side Lobe Lever，SLL）：指副瓣最大值与主瓣最大值之比，一般以分贝表示，即

$$SLL = 10\lg\frac{S_{av,max2}}{S_{av,max}} = 20\lg\frac{E_{max2}}{E_{max}} \quad dB \tag{1-2-8}$$

式中，$S_{av,max2}$ 和 $S_{av,max}$ 分别为最大副瓣和主瓣的功率密度最大值；E_{max2} 和 E_{max} 分别为最大副瓣和主瓣的场强最大值。副瓣一般指向不需要辐射的区域，因此要求天线的副瓣电平应尽可能地低。

（4）前后比：指主瓣最大值与后瓣最大值之比，通常也用分贝表示。

1.2.4　方向系数

上述方向图参数虽能从一定程度上描述方向图的状态，但它们一般仅能反映方向图中特定方向的辐射强弱程度，未能反映辐射在全空间的分布状态，因而不能单独体现天线的定向辐射能力。为了更精确地比较不同天线之间的方向性，需要引入一个能定量地表示天线定向辐射能力的电参数，这就是方向系数（Directivity）。

方向系数的定义是：在同一距离及相同辐射功率的条件下，某天线在最大辐射方向上的辐射功率密度 S_{max}（或场强 $|E_{max}|$ 的平方）和无方向性天线（点源）的辐射功率密度 S_0（或场强 $|E_0|$ 的平方）之比，记为 D。用公式表示如下：

$$D = \frac{S_{max}}{S_0}\bigg|_{P_r=P_{r0}} = \frac{|E_{max}|^2}{|E_0|^2}\bigg|_{P_r=P_{r0}} \tag{1-2-9}$$

式中，P_r、P_{r0} 分别为实际天线和无方向性天线的辐射功率。无方向性天线本身的方向系数为 1。

因为无方向性天线在 r 处产生的辐射功率密度为

$$S_0 = \frac{P_{r0}}{4\pi r^2} = \frac{|E_0|^2}{240\pi} \tag{1-2-10}$$

所以由方向系数的定义得

$$D = \frac{r^2|E_{max}|^2}{60P_r} \tag{1-2-11}$$

因此，在最大辐射方向上

$$E_{max} = \frac{\sqrt{60P_rD}}{r} \tag{1-2-12}$$

上式表明，天线的辐射场与 P_rD 的平方根成正比，所以对于不同的天线，若它们的辐射功率相等，则在同是最大辐射方向且同一 r 处的观察点，辐射场之比为

$$\frac{E_{max1}}{E_{max2}} = \frac{\sqrt{D_1}}{\sqrt{D_2}} \tag{1-2-13}$$

若要求它们在同一 r 处观察点的辐射场相等，则要求

$$\frac{P_{r1}}{P_{r2}} = \frac{D_2}{D_1} \tag{1-2-14}$$

即所需要的辐射功率与方向系数成反比。

天线的辐射功率可由坡印廷矢量积分法来计算，此时可在天线的远区以 r 为半径做出包围天线的积分球面：

$$P_r = \iint_S \boldsymbol{S}_{av}(\theta, \varphi) \cdot \mathrm{d}\boldsymbol{s} = \int_0^{2\pi} \int_0^{\pi} S_{av}(\theta, \varphi) r^2 \sin\theta \, \mathrm{d}\theta \, \mathrm{d}\varphi \tag{1-2-15}$$

由于

$$S_0 = \left.\frac{P_{r0}}{4\pi r^2}\right|_{P_{r0}=P_r} = \frac{P_r}{4\pi r^2} = \frac{1}{4\pi} \int_0^{2\pi} \int_0^{\pi} S_{av}(\theta, \varphi) \sin\theta \, \mathrm{d}\theta \, \mathrm{d}\varphi \tag{1-2-16}$$

所以，由式(1-2-9)可得

$$
\begin{aligned}
D &= \frac{S_{av,max}}{\dfrac{1}{4\pi} \displaystyle\int_0^{2\pi} \int_0^{\pi} S_{av}(\theta, \varphi) \sin\theta \, \mathrm{d}\theta \, \mathrm{d}\varphi} \\
&= \frac{4\pi}{\displaystyle\int_0^{2\pi} \int_0^{\pi} \dfrac{S_{av}(\theta, \varphi)}{S_{av,max}} \sin\theta \, \mathrm{d}\theta \, \mathrm{d}\varphi}
\end{aligned} \tag{1-2-17}
$$

由天线的归一化方向函数(见式(1-2-4))可知

$$\frac{S_{av}(\theta, \varphi)}{S_{av,max}} = \frac{E^2(\theta, \varphi)}{E_{max}^2} = F^2(\theta, \varphi)$$

故方向系数的最终计算公式为

$$D = \frac{4\pi}{\displaystyle\int_0^{2\pi} \int_0^{\pi} F^2(\theta, \varphi) \sin\theta \, \mathrm{d}\theta \, \mathrm{d}\varphi} \tag{1-2-18}$$

显然，方向系数与辐射功率在全空间的分布状态有关。要使天线的方向系数大，不仅要求主瓣窄，而且要求全空间的副瓣电平小。

【例 1-2-1】 求出沿 z 轴放置的电基本振子的方向系数。

解 已知电基本振子的归一化方向函数为

$$F(\theta, \varphi) = |\sin\theta|$$

将其代入方向系数的表达式得

$$D = \frac{4\pi}{\displaystyle\int_0^{2\pi} \int_0^{\pi} \sin^3\theta \, \mathrm{d}\theta \, \mathrm{d}\varphi} = 1.5$$

若以分贝表示，则 $D = 10 \lg 1.5 = 1.76 \text{ dB}$。可见，电基本振子的方向系数是很低的。

为了强调方向系数是以无方向性天线作为比较标准得出的，有时将 dB 写成 dBi，以示说明。

当副瓣电平较低（-20 dB 以下）时，可根据两个主平面的波瓣宽度来近似估算方向系数，即

$$D = \frac{41\,000}{(2\theta_{0.5E})(2\theta_{0.5H})} \tag{1-2-19}$$

式中波瓣宽度均用度数表示。

如果需要计算天线其它方向上的方向系数 $D(\theta,\varphi)$，则可以很容易得出它与天线的最大方向系数 $D_{\max}$ 的关系为

$$D(\theta,\varphi) = \frac{S(\theta,\varphi)}{S_0}\bigg|_{P_r=P_{r0}} = D_{\max}F^2(\theta,\varphi) \qquad (1-2-20)$$

1.2.5 天线效率

一般来说，载有高频电流的天线导体及其绝缘介质都会产生损耗，因此输入天线的实功率并不能全部地转换成电磁波能量。可以用天线效率（Efficiency）来表示这种能量转换的有效程度。天线效率定义为天线辐射功率 P_r 与输入功率 P_{in} 之比，记为 η_A，即

$$\eta_A = \frac{P_r}{P_{in}} \qquad (1-2-21)$$

辐射功率与辐射电阻之间的联系公式为 $P_r = \frac{1}{2}I^2R_r$，依据电场强度与方向函数的联系公式（1-2-1），则辐射电阻的一般表达式为

$$R_r = \frac{30}{\pi}\int_0^{2\pi}\int_0^{\pi} f^2(\theta,\varphi)\,\sin\theta\,\mathrm{d}\theta\,\mathrm{d}\varphi \qquad (1-2-22)$$

与方向系数的计算公式（1-2-18）对比后，可得方向系数与辐射电阻之间的联系为

$$D = \frac{120f_{\max}^2}{R_r} \qquad (1-2-23)$$

类似于辐射功率和辐射电阻之间的关系，也可将损耗功率 P_l 与损耗电阻 R_l 联系起来，即

$$P_l = \frac{1}{2}I^2R_l \qquad (1-2-24)$$

R_l 是归算于电流 I 的损耗电阻，这样

$$\eta_A = \frac{P_r}{P_r+P_l} = \frac{R_r}{R_r+R_l} \qquad (1-2-25)$$

注意，上式中的 R_r、R_l 应归算于同一电流。

一般来讲，损耗电阻的计算是比较困难的，但可由实验确定。从式（1-2-25）可以看出，若要提高天线效率，必须尽可能地减小损耗电阻和提高辐射电阻。

通常，超短波和微波天线的效率都很高，接近于1。

值得提出的是，这里定义的天线效率并未包含天线与传输线失配引起的反射损失，考虑到天线输入端的电压反射系数为 Γ，则天线的总效率为

$$\eta_\Sigma = (1-|\Gamma|^2)\eta_A \qquad (1-2-26)$$

1.2.6 增益系数

方向系数只是衡量天线定向辐射特性的参数，它只取决于方向图；天线效率则表示了天线在能量上的转换效能；而增益系数（Gain）则表示了天线的定向收益程度。

增益系数的定义是：在同一距离及相同输入功率的条件下，某天线在最大辐射方向上的辐射功率密度 $S_{\max}$（或场强 $|E_{\max}|$ 的平方）和理想无方向性天线（理想点源）的辐射功率密度 S_0（或场强 $|E_0|$ 的平方）之比，记为 G。用公式表示如下：

$$G = \frac{S_{max}}{S_0}\bigg|_{P_{in}=P_{in0}} = \frac{|E_{max}|^2}{|E_0|^2}\bigg|_{P_{in}=P_{in0}} \tag{1-2-27}$$

式中，P_{in}、P_{in0} 分别为实际天线和理想无方向性天线的输入功率。理想无方向性天线本身的增益系数为1。

考虑到效率的定义，在有耗情况下，功率密度为无耗时的 η_A 倍，式(1-2-27)可改写为

$$G = \frac{S_{max}}{S_0}\bigg|_{P_{in}=P_{in0}} = \frac{\eta_A S_{max}}{S_0}\bigg|_{P_r=P_{r0}} \tag{1-2-28}$$

即

$$G = \eta_A D \tag{1-2-29}$$

由此可见，增益系数是综合衡量天线能量转换效率和方向特性的参数，它是方向系数与天线效率的乘积。在实际中，天线的最大增益系数是比方向系数更为重要的电参量，即使它们密切相关。

根据上式，可将式(1-2-12)改写为

$$E_{max} = \frac{\sqrt{60P_r D}}{r} = \frac{\sqrt{60P_{in}G}}{r} \tag{1-2-30}$$

增益系数也可以用分贝表示为 $10\lg G$。因为一个增益系数为10、输入功率为1 W的天线和一个增益系数为2、输入功率为5 W的天线在最大辐射方向上具有同样的效果，所以又将 $P_r D$ 或 $P_{in}G$ 定义为天线的有效辐射功率。使用高增益天线可以在维持输入功率不变的条件下，增大有效辐射功率。由于发射机的输出功率是有限的，因此在通信系统的设计中，对提高天线的增益常常抱有很大的期望。频率越高的天线越容易得到很高的增益。

1.2.7 天线的极化

天线的极化(Polarization)是指该天线在给定方向上远区辐射电场的空间取向。一般而言，特指为该天线在最大辐射方向上的电场的空间取向。实际上，天线的极化随着偏离最大辐射方向而改变，天线不同辐射方向可以有不同的极化。

所谓辐射场的极化，即在空间某一固定位置上电场矢量端点随时间运动的轨迹，按其轨迹的形状可分为线极化、圆极化和椭圆极化，其中圆极化还可以根据其旋转方向分为右旋圆极化和左旋圆极化。就圆极化而言，一般规定：若手的拇指朝向波的传播方向，四指弯向电场矢量的旋转方向，这时若电场矢量端点的旋转方向与传播方向符合右手螺旋，则为右旋圆极化；若符合左手螺旋，则为左旋圆极化。图1-2-6显示了某一时刻，以+z轴为传播方向的 x 方向线极化的场强矢量线在空间的分布图。图1-2-7和图1-2-8显示了某一时刻，以+z轴为传播方向的右、左旋圆极化的场强矢量线在空间的分布图。要注意到，固定时间的场强矢量线在空间的分布旋向与固定位置的场强矢量线随时间的旋向相反。椭圆极化的旋向定义与圆极化类似。

电磁波的极化及应用

线极化

右旋圆极化

左旋圆极化

右旋椭圆极化

左旋椭圆极化

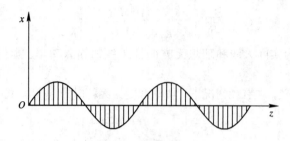

图 1-2-6　某一时刻 x 方向线极化的场强矢量线在空间的分布图
（以 z 轴为传播方向）

图 1-2-7 动画

图 1-2-8 动画

天线的极化匹配与失配

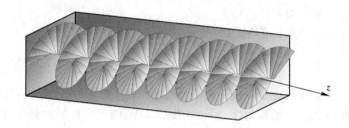

图 1-2-7　某一时刻右旋圆极化的场强矢量线在空间的分布图
（以 z 轴为传播方向）

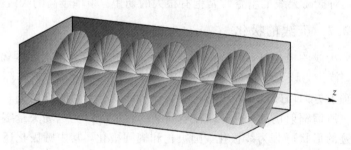

图 1-2-8　某一时刻左旋圆极化的场强矢量线在空间的分布图
（以 z 轴为传播方向）

　　天线不能接收与其正交的极化分量。例如，线极化天线不能接收来波中与其极化方向垂直的线极化波；圆极化天线不能接收来波中与其旋向相反的圆极化分量，对椭圆极化来波，其中与接收天线的极化旋向相反的圆极化分量不能被接收。极化失配意味着功率损失。为衡量这种损失，特定义极化失配因子 ν_p (Polarization-mismatch Factor)，其值在 $0 \sim 1$ 之间。

1.2.8　有效长度

　　一般而言，天线上的电流分布是不均匀的，也就是说天线上各部位的辐射能力不一样。为了衡量天线的实际辐射能力，常采用有效长度（Effective Length）。它的定义是：在保持实际天线最大辐射方向上的场强值不变的条件下，假设天线上的电流分布为均匀分布时天线的等效长度。通常将归算于输入电流 I_{in} 的有效长度记为 l_{ein}，把归算于波腹电流 I_m

的有效长度记为 l_{em}。

如图 1-2-9 所示，设实际长度为 l 的某天线的电流分布为 $I(z)$，根据式(1-1-4)，考虑到各电基本振子辐射场的叠加，此时该天线在最大辐射方向产生的电场为

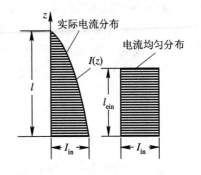
图 1-2-9 天线的电流分布

$$E_{\max} = \int_0^l \text{d}E = \int_0^l \frac{60\pi}{\lambda r} I(z)\ \text{d}z = \frac{60\pi}{\lambda r}\int_0^l I(z)\ \text{d}z$$

$$(1-2-31)$$

若以该天线的输入端电流 I_{in} 为归算电流，则电流以 I_{in} 为均匀分布、长度为 l_{ein} 时天线在最大辐射方向产生的电场可类似于电基本振子的辐射电场，即

$$E_{\max} = \frac{60\pi I_{\text{in}} l_{\text{ein}}}{\lambda r} \qquad (1-2-32)$$

令上两式相等，得

$$I_{\text{in}} l_{\text{ein}} = \int_0^l I(z)\ \text{d}z \qquad (1-2-33)$$

由上式可看出，以高度为一边，则实际电流与等效均匀电流所包围的面积相等。在一般情况下，归算于输入电流 I_{in} 的有效长度与归算于波腹电流 I_m 的有效长度不相等。

引入有效长度以后，考虑到电基本振子的最大场强的计算，可写出线天线辐射场强的一般表达式为

$$|E(\theta,\varphi)| = |E_{\max}|F(\theta,\varphi) = \frac{60\pi I l_{\text{e}}}{\lambda r}F(\theta,\varphi) \qquad (1-2-34)$$

式中，l_{e} 与 $F(\theta,\varphi)$ 均用同一电流 I 归算。

将式(1-2-23)与上式结合起来，还可得出方向系数与辐射电阻、有效长度之间的关系式：

$$D = \frac{30k^2 l_{\text{e}}^2}{R_{\text{r}}} \qquad (1-2-35)$$

在天线的设计过程中，有一些专门的措施可以加大天线的等效长度，用来提高天线的辐射能力。

1.2.9 输入阻抗与辐射阻抗

天线通过传输线与发射机相连，天线作为传输线的负载，与传输线之间存在阻抗匹配问题。天线与传输线的连接处称为天线的输入端，天线输入端呈现的阻抗值定义为天线的输入阻抗(Input Resistance)，即天线的输入阻抗 Z_{in} 为天线的输入端电压与电流之比：

$$Z_{\text{in}} = \frac{U_{\text{in}}}{I_{\text{in}}} = R_{\text{in}} + \text{j}X_{\text{in}} \qquad (1-2-36)$$

式中，R_{in}、X_{in} 分别为输入电阻和输入电抗，它们分别对应有功功率和无功功率。有功功率以损耗和辐射两种方式耗散掉，而无功功率则驻存在近区中。

天线的输入阻抗取决于天线的结构、工作频率以及周围环境的影响。输入阻抗的计算是比较困难的，因为它需要准确地知道天线上的激励电流。除了少数天线外，大多数天线

的输入阻抗在工程中采用近似计算或实验测定。

事实上，在计算天线的辐射功率时，如果将计算辐射功率的封闭曲面设置在天线的近区内，用天线的近区场进行计算，则所求出的辐射功率 P_r 同样将含有有功功率及无功功率。如果引入归算电流(输入电流 I_{in} 或波腹电流 I_m)，则辐射功率与归算电流之间的关系为

$$P_r = \frac{1}{2} \mid I_{in} \mid^2 Z_{r0} = \frac{1}{2} \mid I_{in} \mid^2 (R_{r0} + jX_{r0})$$

$$= \frac{1}{2} \mid I_m \mid^2 Z_{rm} = \frac{1}{2} \mid I_m \mid^2 (R_{rm} + jX_{rm}) \qquad (1-2-37)$$

式中，Z_{r0}、Z_{rm} 分别为归于输入电流和波腹电流的辐射阻抗(Radiation Resistance)；R_{r0} 和 R_{rm}、X_{r0}、X_{rm} 为相应的辐射电阻和辐射电抗。因此，辐射阻抗是一个假想的等效阻抗，其数值与归算电流有关。归算电流不同，辐射阻抗的数值也不同。

Z_r 与 Z_{in} 之间有一定的关系，因为输入实功率为辐射实功率和损耗功率之和，所以当所有的功率均用输入端电流为归算电流时，$R_{in} = R_{r0} + R_{l0}$，其中 R_{l0} 为归算于输入端电流的损耗电阻。

1.2.10 频带宽度

天线的所有电参数都和工作频率有关。任何天线的工作频率都有一定的范围，当工作频率偏离中心工作频率 f_0 时，天线的电参数将变差，其变差的容许程度取决于天线设备系统的工作特性要求。当工作频率变化时，天线的有关电参数变化的程度在所允许的范围内，此时对应的频率范围称为频带宽度(Bandwidth)。根据天线设备系统的工作场合不同，影响天线频带宽度的主要电参数也不同。

根据频带宽度的不同，可以把天线分为窄频带天线、宽频带天线和超宽频带天线。若天线的最高工作频率为 f_{max}，最低工作频率为 f_{min}，对于窄频带天线，常用相对带宽，即 $[(f_{max} - f_{min})/f_0] \times 100\%$ 来表示其频带宽度。而对于超宽频带天线，常用绝对带宽，即 f_{max}/f_{min} 来表示其频带宽度。

通常，相对带宽只有百分之几的为窄频带天线，例如引向天线；相对带宽达百分之几十的为宽频带天线，例如螺旋天线；绝对带宽可达到几个倍频程的称为超宽频带天线，例如对数周期天线。

1.3 互易定理与接收天线的电参数

1.3.1 互易定理

接收天线工作的物理过程是，天线导体在空间电场的作用下产生感应电动势，并在导体表面激励起感应电流，在天线的输入端产生电压，在接收机回路中产生电流。所以接收天线是一个把空间电磁波能量转换成高频电流能量的转换装置，其工作过程就是发射天线的逆过程。

如图 1-3-1 所示，接收天线总是位于发射天线的远区辐射场中，因此可以认为到达

接收天线处的无线电波是均匀平面波。设来波方向与天线轴 z 之间的夹角为 θ，电波射线与天线轴构成入射平面，入射电场可分为两个分量：一个是与入射面相垂直的分量 E_v；一个是与入射面相平行的分量 E_h。只有同天线轴相平行的电场分量 $E_z = -E_h \sin\theta$ 才能在天线导体 $\mathrm{d}z$ 段上产生感应电动势 $\mathrm{d}\widetilde{E}(z) = -E_z\,\mathrm{d}z = E_h \sin\theta\,\mathrm{d}z$，进而在天线上激起感应电流 $I(z)$。如果将 $\mathrm{d}z$ 段看成是一个处于接收状态的电基本振子，则可以看出无论电基本振子是用于发射还是接收，其方向性都是一样的。

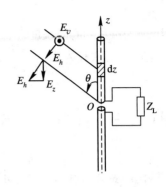

图 1-3-1 接收天线原理

天线无论作为发射还是作为接收，应该满足的边界条件都是一样的。这就意味着任意类型的天线用作接收天线时，它的极化、方向性、有效长度和阻抗特性等均与它用作发射天线时的相同。这种同一天线收发参数相同的性质被称为天线的收发互易性，它可以用电磁场理论中的互易定理予以证明。

易出错的接收问题

尽管天线电参数收发互易，但是发射天线的电参数以辐射场的大小为衡量目标，而接收天线却以来波对接收天线的作用，即总感应电动势 $\widetilde{E} = \int \mathrm{d}\widetilde{E}(z)$ 的大小为衡量目标。

接收天线的等效电路如图 1-3-2 所示。图中 Z_{in} 为接收天线的输入阻抗，Z_L 为负载阻抗。在接收天线的等效电路中，Z_{in} 就是感应电动势 $\widetilde{E}$ 的内阻。

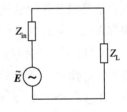

图 1-3-2 接收天线的等效电路

1.3.2 有效接收面积

有效接收面积（Effective Aperture）是衡量接收天线接收无线电波能力的重要指标。接收天线的有效接收面积的定义为：当天线以最大接收方向对准来波方向进行接收，并且天线的极化与来波极化相匹配时，接收天线送到匹配负载的平均功率 $P_{L\max}$ 与来波的功率密度 S_{av} 之比，记为 A_e，即

$$A_e = \frac{P_{L\max}}{S_{\mathrm{av}}} \qquad (1-3-1)$$

由于 $P_{L\max} = A_e S_{\mathrm{av}}$，因此接收天线在最佳状态下所接收到的功率可以看成是被具有面积为 A_e 的口面所截获的垂直入射波功率密度的总和。

在极化匹配的条件下（即图 1-3-1 中的 $E_v = 0$），如果来波的场强振幅为 E_i，则

$$S_{\mathrm{av}} = \frac{|E_i|^2}{2\eta} \qquad (1-3-2)$$

不平行就是极化失配？

在图 1-3-2 所示的接收天线的等效电路中，当 Z_{in} 与 Z_L 共轭匹配时，接收机处于最佳工作状态，此时传送到匹配负载的平均功率为

$$P_{L\max} = \frac{\widetilde{E}^2}{8R_{\mathrm{in}}} \qquad (1-3-3)$$

当天线以最大接收方向对准来波时，此时接收天线上的总感应电动势为

$$\widetilde{E} = E_i l_e \qquad (1-3-4)$$

式中，l_e 为天线的有效长度。

将上述各式代入式(1-3-1)，并引入天线效率 η_A，则有

$$A_e = \frac{30\pi l_e^2}{R_{in}} = \eta_A \times \frac{30\pi l_e^2}{R_r} \qquad (1-3-5)$$

将式(1-2-35)和(1-2-29)代入上式，则接收天线的有效接收面积为

$$A_e = \frac{\lambda^2}{4\pi} G \qquad (1-3-6)$$

例如，理想电基本振子和小电流环的方向系数都为 $D=1.5$，它们的有效接收面积同为 $A_e = 0.12\lambda^2$。如果小电流环的半径为 0.1λ，则小电流环所围的面积为 $0.0314\lambda^2$，而其有效接收面积大于实际占有面积。

1.3.3 等效噪声温度

天线除了能够接收无线电波之外，还能够接收来自空间各种物体的噪声信号。外部噪声通过天线进入接收机，因此，又称天线噪声。外部噪声包含有各种成分，例如地面上有其它电台信号以及各种电气设备工作时的工业辐射，它们主要分布在长、中、短波波段；空间中有大气雷电放电以及来自宇宙空间的各种辐射，它们主要分布在微波及稍低于微波的波段。天线接收的噪声功率的大小可以用天线的等效噪声温度 T_A 来表示。

类似于电路中噪声电阻把噪声功率输送给与其相连接的电阻网络，若将接收天线视为一个温度为 T_A 的电阻，则它输送给匹配的接收机的最大噪声功率 P_n(W)与天线的等效噪声温度 T_A(K)的关系为

$$T_A = \frac{P_n}{K_b \Delta f} \qquad (1-3-7)$$

式中，$K_b = 1.38 \times 10^{-23}$(J/K)，为波耳兹曼常数；$\Delta f$ 为频率带宽(Hz)。T_A 是表示接收天线向共轭匹配负载输送噪声功率大小的参数，它并不是天线本身的物理温度。

当接收天线距发射天线非常远时，接收机所接收的信号电平已非常微弱，这时天线输送给接收机的信号功率 P_s 与噪声功率 P_n 的比值更能实际地反映出接收天线的质量。由于在最佳接收状态下，接收到的 $P_s = A_e S_{av} = \frac{\lambda^2 G}{4\pi} S_{av}$，因此接收天线输出端的信噪比为

$$\frac{P_s}{P_n} = \frac{\lambda^2}{4\pi} \frac{S_{av}}{K_b \Delta f} \frac{G}{T_A} \sim \frac{G}{T_A} \qquad (1-3-8)$$

也就是说，接收天线输出端的信噪比正比于 G/T_A，增大增益系数或减小等效噪声温度均可以提高信噪比，进而提高检测微弱信号的能力，改善接收质量。

噪声源分布在接收天线周围的全空间，它是考虑了以接收天线的方向函数为加权的噪声分布之和，写为

$$T_A = \frac{\int_0^{2\pi} \int_0^{\pi} T(\theta,\varphi) \mid F(\theta,\varphi) \mid^2 \sin\theta \, d\theta \, d\varphi}{\int_0^{2\pi} \int_0^{\pi} \mid F(\theta,\varphi) \mid^2 \sin\theta \, d\theta \, d\varphi} \qquad (1-3-9)$$

式中，$T(\theta,\varphi)$ 为噪声源的空间分布函数；$F(\theta,\varphi)$ 为天线的归一化方向函数。为了减小天线的噪声温度，天线的最大接收方向应避开强噪声源，并应尽量降低副瓣和后瓣电平。

以上的讨论并未涉及到天线和接收机之间的传输线的损耗，如果考虑传输线的实际温度和损耗以及接收机本身所具有的噪声温度，则计算整个接收系统的噪声如图 1-3-3 所示。图中各参数的意义如下：

T：空间噪声源的噪声温度；

T_A：天线输出端的噪声温度；

T_0：均匀传输线的噪声温度；

T_a：接收机输入端的噪声温度；

T_r：接收机本身的噪声温度；

T_s：考虑到接收机影响后的接收机输入端的噪声温度。

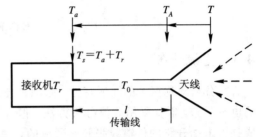

图 1-3-3　接收系统的噪声温度计算示意图

如果传输线的衰减常数为 $\alpha(\mathrm{NP/m})$，则传输线的衰减也会降低噪声功率，因而

$$T_a = T_A e^{-2\alpha l} + T_0(1 - e^{-2\alpha l}) \qquad (1-3-10)$$

整个接收系统的有效噪声温度为 $T_s = T_a + T_r$。T_s 的值可在几开(K)到几千开(K)之间，但其典型值约为 10 K。

【例 1-3-1】 已知天线输出端的有效噪声温度是 150 K。假定传输线是长为 10 m 的 x 波段(8.2～12.4 GHz)的矩形波导(其衰减系数 $\alpha = 0.13$ dB/m)，波导温度为 300 K，求接收机端点的天馈系统的有效噪声温度。

解　因为

$$\alpha(\mathrm{dB/m}) = \alpha(\mathrm{NP/m}) \times 20\, \lg e = 8.68\alpha \quad \mathrm{NP/m}$$

所以

$$\alpha = 0.13 \text{ dB/m} = 0.0149 \text{ NP/m}$$

则天馈系统的有效噪声温度为

$$\begin{aligned}
T_a &= T_A e^{-2\alpha l} + T_0(1 - e^{-2\alpha l}) \\
&= 150 e^{-0.149 \times 2} + 300 \times (1 - e^{-0.149 \times 2}) \\
&= 111.345 + 77.31 \\
&= 188.655 \text{ K}
\end{aligned}$$

从这个例子可以看出，考虑到传输线及接收机本身带来的噪声影响，整个天馈系统的有效噪声温度与天线输出端的有效噪声温度可能相差较大。

1.4　对　称　振　子

如图 1-4-1 所示，对称振子(Symmetrical Center-Fed Dipole)是中间馈电，其两臂是由两段等长导线构成的振子天线。一臂的导线半径为 a，长度为 l。两臂之间的间隙很小，理论上可忽略不计，所以振子的总长度 $L = 2l$。对称振子的长度与波长相比拟，本身已可以构成实用天线。

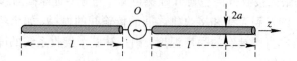

图 1-4-1　对称振子结构及坐标图

1.4.1　电流分布

　　若想分析对称振子的辐射特性，必须首先知道它的电流分布。为了精确地求解对称振子的电流分布，需要采用数值分析方法，但计算比较麻烦。实际上，细对称振子天线可以看成是由末端开路的传输线张开而形成的，理论和实验都已证实，细对称振子的电流分布与末端开路线上的电流分布相似，即非常接近于正弦驻波分布，若取图 1-4-1 的坐标，并忽略振子损耗，则其形式为

$$I(z) = I_m \sin k(l - |z|) = \begin{cases} I_m \sin k(l-z) & z \geqslant 0 \\ I_m \sin k(l+z) & z < 0 \end{cases} \qquad (1-4-1)$$

式中，I_m 为电流波腹点的复振幅；$k = 2\pi/\lambda = \omega/c$ 为相移常数。根据正弦分布的特点，对称振子的末端为电流的波节点；电流分布关于振子的中心点对称；超过半波长就会出现反相电流。

　　图 1-4-2 绘出了理想正弦分布和依靠数值求解方法（矩量法）计算出的细对称振子上的相对电流分布，后者大体与前者相似，但二者也有明显差异，特别在振子中心附近和波节点处差别更大。这种差别对辐射场的影响不大，但对近场计算（例如输入阻抗）有重要影响。

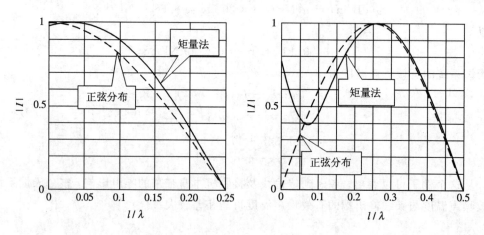

图 1-4-2　对称振子电流分布（理想正弦分布与矩量法计算结果）

1.4.2　对称振子的辐射场

　　确定了对称振子的电流分布以后，就可以计算它的辐射场。

　　欲计算对称振子的辐射场，可将对称振子分成无限多电流元，对称振子的辐射场就是所有电流元辐射场之和。在图 1-4-3 所示的坐标系中，由于对称振子的辐射场与 φ 无关，

而观察点 $P(r,\theta)$ 距对称振子足够远，因而每个电流元到观察点的射线近似平行，各电流元在观察点处产生的辐射场矢量方向也可被认为相同，和电基本振子一样，对称振子仍为线极化天线。

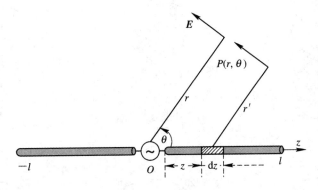

图 1-4-3　对称振子辐射场的计算

如图 1-4-3 所示，在对称振子上距中心 z 处取电流元段 $\mathrm{d}z$，它对远区场的贡献为

$$\mathrm{d}E_\theta = \mathrm{j}\, \frac{60\pi I_m\, \sin k(l-|z|)\, \mathrm{d}z}{r'\lambda}\, \sin\theta\, \mathrm{e}^{-\mathrm{j}kr'} \tag{1-4-2}$$

由于上式中的 r 与 r' 可以看做互相平行，因而以从坐标原点到观察点的路径 r 作为参考时，r 与 r' 的关系为

$$r' \approx r - z\cos\theta \tag{1-4-3}$$

由于 $r-r'=z\cos\theta\ll r$，因此在式(1-4-2)中可以忽略 r' 与 r 的差异对辐射场大小带来的影响，可以令 $1/r'\approx 1/r$，但是这种差异对辐射场相位带来的影响却不能忽略不计。实际上，正是路径差不同而引起的相位差 $k(r-r')=2\pi(r-r')/\lambda$ 是形成天线方向性的重要因素之一。

将式(1-4-2)沿振子全长作积分

$$E_\theta(\theta) = \mathrm{j}\, \frac{60\pi I_m}{\lambda}\, \frac{\mathrm{e}^{-\mathrm{j}kr}}{r}\, \sin\theta \int_{-l}^{l} \sin k(l-|z|)\, \mathrm{e}^{\mathrm{j}kz\,\cos\theta}\, \mathrm{d}z$$

$$= \mathrm{j}\, \frac{60 I_m}{r}\, \frac{\cos(kl\,\cos\theta)-\cos(kl)}{\sin\theta}\, \mathrm{e}^{-\mathrm{j}kr} \tag{1-4-4}$$

此式说明，对称振子的辐射场仍为球面波；其极化方式仍为线极化；辐射场的方向性不仅与 θ 有关，也和振子的电长度有关。

根据方向函数的定义(式(1-2-2))，对称振子以波腹电流归算的方向函数为

$$f(\theta) = \left| \frac{E_\theta(\theta)}{60 I_m/r} \right| = \left| \frac{\cos(kl\,\cos\theta)-\cos(kl)}{\sin\theta} \right| \tag{1-4-5}$$

上式实际上也就是对称振子 E 面的方向函数；在对称振子的 H 面($\theta=90°$ 的 xOy 面)上，方向函数与 φ 无关，其方向图为圆。

图 1-4-4 绘出了对称振子 E 面归一化方向图。由图可见，由于电基本振子在其轴向无辐射，因此对称振子在其轴向也无辐射；对称振子的辐射与其电长度 l/λ 密切相关。当 $l\leqslant 0.5\lambda$ 时，对称振子上各点电流同相，因此参与辐射的电流元越多，它们在 $\theta=90°$ 方向上的辐射越强，波瓣宽度越窄；当 $l=0.5\lambda$ 时，对称振子上出现反相电流，也就开始出现副

瓣；当对称振子的电长度继续增大至 $l=0.72\lambda$ 后，最大辐射方向将发生偏移；当 $l=1\lambda$ 时，在 $\theta=90°$ 的平面内就没有辐射了。

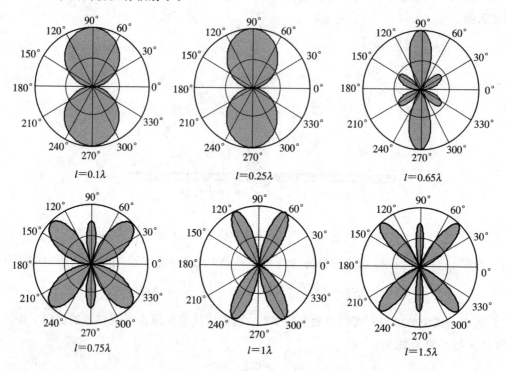

图 1-4-4 对称振子 E 面方向图

对称振子方向图

根据方向系数的计算公式(1-2-18)和以波腹处电流 I_m 为归算电流，可计算出方向系数 D 和辐射电阻 R_r 与其电长度的关系如图 1-4-5 所示。由此图可看出，在一定频率范围内工作的对称振子，为保持一定的方向性，一般要求最高工作频率时，$l/\lambda_{\min}<0.7$。

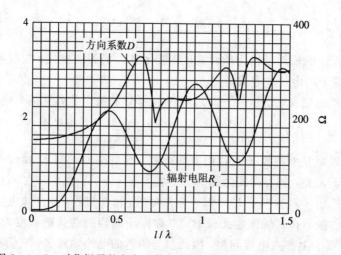

图 1-4-5 对称振子的方向系数与辐射电阻随一臂电长度变化的图形

在所有对称振子中,半波振子($l=0.25\lambda$, $2l=0.5\lambda$)最具有实用性,它被广泛地应用于短波和超短波波段,既可以作为独立天线使用,也可作为天线阵的阵元,还可用作微波波段天线的馈源。

将 $l=0.25\lambda$ 代入式(1-4-5)可得半波振子的方向函数

$$F(\theta) = \left| \frac{\cos\left(\dfrac{\pi}{2}\cos\theta\right)}{\sin\theta} \right| \qquad (1-4-6)$$

其 E 面波瓣宽度为 78°。如图 1-4-5 所示,半波振子的辐射电阻为

$$R_r = 73.1 \ \Omega \qquad (1-4-7)$$

方向系数为

$$D = 1.64 \qquad (1-4-8)$$

比电基本振子的方向性稍强一点。

1.4.3 对称振子的输入阻抗

由于对称振子的实用性,因此必须知道它的输入阻抗,以便与传输线相连。计算天线输入阻抗时,其值对输入端的电流非常敏感,而对称振子的实际电流分布与理想正弦分布在输入端和波节处又有一定的差别,因此若仍然认为振子上的电流分布为正弦分布,对称振子输入阻抗的计算会有较大的误差。为了较准确地计算对称振子的输入阻抗,除了采用精确的数值求解方法之外,工程上也常常采用"等值传输线法"。也就是说,考虑到对称振子与传输线的区别,可将对称振子经过修正等效成传输线后,再借助于传输线的阻抗公式来计算对称振子的输入阻抗。此方法计算简便,有利于工程应用。

对称振子可看做是由长为 l 的开路平行双导线构成的,它与传输线的区别及修正主要有以下两点:

(1)平行双导线的对应线元间距离不变,结构沿线均匀,因此特性阻抗沿线不变;而对称振子对应线元间的距离沿振子臂的中心到末端从小到大变化,故其特性阻抗沿臂长相应地不断变大。对此的修正为用一平均特性阻抗来代替沿振子全长不断变化的特性阻抗。

(2)传输线为非辐射结构,能量沿线传输,主要的损耗为导线的欧姆损耗;而对称振子为辐射电磁波的天线,恰好可忽略欧姆损耗。对此的修正为将对称振子的辐射功率看做是一种电阻损耗,均匀分布在等效传输线上,并由此计算其衰减常数。

经过这两点修正以后,对称振子最终可以等效成具有一平均特性阻抗的有耗传输线。

对称振子平均阻抗的求法如图 1-4-6 所示。设均匀双线的导线半径为 a,双线轴线间的距离为 D,则均匀双线的特性阻抗为

$$Z_0 = 120 \ln\frac{D}{a} \ \Omega \qquad (1-4-9)$$

由此,对称振子对应线元 $\mathrm{d}z$ 所对应的特性阻抗为 $120\ln(2z/a)$,它随 z 而变,对称振子的平均特性阻抗为

$$Z_{0A} = \frac{1}{l}\int_0^l Z_0(z)\,\mathrm{d}z = 120\left(\ln\frac{2l}{a}-1\right) \qquad (1-4-10)$$

由上式可知,振子越粗,Z_{0A} 就越小。Z_{0A} 就是与其对应的等效传输线的特性阻抗。

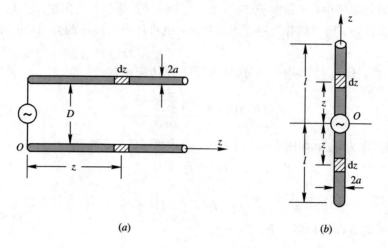

图 1-4-6 对称振子平均特性阻抗的计算

(a) 均匀双线；(b) 对称振子

前面已经指出，将对称振子的辐射功率看做是一种欧姆损耗均匀分布在天线的臂上。若设单位长度损耗电阻为 R_1，则振子上的损耗功率为 $P_l = \int_0^l \frac{1}{2} |I(z)|^2 R_1 \, dz$，应等于这个天线的辐射功率 $P_r = \frac{1}{2} |I_m|^2 R_r$，故

$$R_1 = \frac{\frac{1}{2}|I_m|^2 R_r}{\int_0^l \frac{1}{2}|I(z)|^2 \, dz} = \frac{\frac{1}{2}|I_m|^2 R_r}{\int_0^l \frac{1}{2}|I_m|^2 \sin^2[\beta(l-z)] \, dz}$$

$$= \frac{2R_r}{l\left(1 - \dfrac{\sin(2\beta l)}{2\beta l}\right)} \tag{1-4-11}$$

式中 β 为传输线的相移常数。根据有耗传输线的理论，等效传输线的相移常数与分布电阻和特性阻抗的关系式为

$$\beta = k\sqrt{\frac{1}{2}\left[1 + \sqrt{1 + \left(\frac{R_1}{kZ_{0A}}\right)^2}\right]} \tag{1-4-12}$$

式中，$k = 2\pi/\lambda$。衰减常数为

$$\alpha = \frac{R_1}{2Z_{0A}} = \frac{R_r}{Z_{0A}l\left(1 - \dfrac{\sin 2\beta l}{2\beta l}\right)} \tag{1-4-13}$$

输入阻抗为

$$Z_{in} = Z_{0A}\frac{1}{\text{ch}(2\alpha l) - \cos(2\beta l)}\left[\left(\text{sh}(2\alpha l) - \frac{\alpha}{\beta}\sin(2\beta l)\right) - j\left(\frac{\alpha}{\beta}\text{sh}(2\alpha l) + \sin(2\beta l)\right)\right] \tag{1-4-14}$$

依据上述思路，可算出对称振子的输入阻抗与一臂电长度的变化曲线如图 1-4-7 所示。对称振子越粗，平均特性阻抗 Z_{0A} 越低，对称振子的输入阻抗随 l/λ 的变化越平缓，有利于改善频带宽度。由计算结果还可以得知，对称振子存在着一系列的谐振点。在这些谐

振点上，输入电抗为零，储存在近区中的电场和磁场无功能量是相等的。第一个谐振点位于 $2l/\lambda \approx 0.48$ 处，第二个谐振点位于 $2l/\lambda \approx 0.8 \sim 0.9$ 的范围内，虽然此时的输入电阻很大，但是频带特性不好。

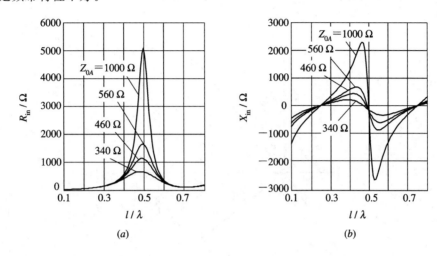

图 1-4-7　对称振子的输入阻抗曲线

实际上，上面的思路还是针对于细振子。当振子足够粗时，振子上的电流分布除了在输入端及波节点处有区别之外，由于振子末端具有较大的端面电容，末端电流实际上不为零，使得振子的等效长度增加，相当于波长缩短。这种现象称为末端效应。显然，天线越粗，波长缩短现象越严重。末端效应的理论分析非常复杂，因此波长缩短系数 $n = \beta/k = \lambda/\lambda_A$ 通常由实验测定。如将 $\beta = nk$ 代入式 $(1-4-13)$ 和 $(1-4-14)$ 中，则较细的对称振子的输入阻抗计算将更为准确。

应该指出的是，对称振子输入端的连接状态也会影响其输入阻抗。在实际测量中，振子的端接条件不同，测得的振子输入阻抗也会有一定的差别。

1.5　天线阵的方向性

单个天线的方向性是有限的，为了加强天线的定向辐射能力，可以采用天线阵（Arrays）。天线阵就是将若干个单元天线按一定方式排列而成的天线系统。排列方式可以是直线阵、平面阵和立体阵。实际的天线阵多用相似元组成。所谓相似元，是指各阵元的类型、尺寸相同，架设方位相同。天线阵的辐射场是各单元天线辐射场的矢量和。只要调整好各单元天线辐射场之间的相位差，就可以得到所需要的、更强的方向性。

1.5.1　二元阵的方向性

1. 方向图乘积定理（Pattern Multiplication）

顾名思义，二元阵（Two Element Array）是指组成天线阵的单元天线只有两个。虽然它是最简单的天线阵列，但是关于其方向性的讨论却适用于多元阵。

如图 1-5-1 所示，假设有两个相似元以间隔距离 d 放置在 y 轴上构成一个二元阵，

以天线 1 为参考天线，天线 2 相对于天线 1 的电流关系为

$$I_2 = mI_1 \mathrm{e}^{\mathrm{j}\xi} \tag{1-5-1}$$

式中 m、ξ 是实数。此式表明，天线 2 上的电流振幅是天线 1 的 m 倍，而其相位以相角 ξ 超前于天线 1。

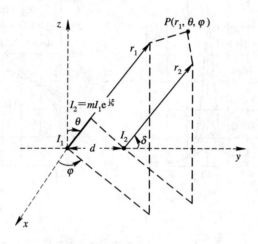

图 1-5-1　二元阵的辐射

由于两天线空间取向一致，并且结构完全相同，因此对于远区辐射场而言，在可以认定它们到观察点的电波射线足够平行的前提下，两天线在观察点 $P(r_1,\theta,\varphi)$ 处产生的电场矢量方向相同，且相应的方向函数相等。即

$$E(\theta,\varphi) = E_1(\theta,\varphi) + E_2(\theta,\varphi) \tag{1-5-2}$$

$$f_1(\theta,\varphi) = f_2(\theta,\varphi) \tag{1-5-3}$$

式中

$$E_1(\theta,\varphi) = \frac{60I_{m1}}{r_1}f_1(\theta,\varphi)\mathrm{e}^{-\mathrm{j}kr_1}, \quad E_2(\theta,\varphi) = \frac{60I_{m2}}{r_2}f_2(\theta,\varphi)\mathrm{e}^{-\mathrm{j}kr_2}$$

若忽略传播路径不同对振幅的影响，则

$$\frac{1}{r_1} \approx \frac{1}{r_2}$$

仍然选取天线 1 为相位参考天线，不计天线阵元间的耦合，则观察点处的合成场为

$$E(\theta,\varphi) = E_1(\theta,\varphi) + E_2(\theta,\varphi) = E_1(\theta,\varphi)(1 + m\mathrm{e}^{\mathrm{j}[\xi+k(r_1-r_2)]}) \tag{1-5-4}$$

在上式中，令 $r_1 - r_2 = \Delta r$，则

$$\Psi = \xi + k(r_1 - r_2) = \xi + k\Delta r \tag{1-5-5}$$

于是

$$E(\theta,\varphi) = E_1(\theta,\varphi)(1 + m\mathrm{e}^{\mathrm{j}\Psi}) \tag{1-5-6}$$

式 (1-5-5) 中的 Ψ 代表了天线 2 在 (θ,φ) 方向上相对于天线 1 的相位差。它由两部分组成，一部分是电流的初始激励相位差，是一个常数，不随方位而变；另一部分是由路径差导致的波程差，只与空间方位有关。在图 1-5-1 所示的的坐标系中，路径差

$$\Delta r = d\cos\delta \tag{1-5-7}$$

式中 δ 为电波射线与天线阵轴线之间的夹角。Δr 在坐标系中的具体表达式，依赖于具体的排阵方式。

根据式（1-5-6），如果以天线 1 为计算方向函数的参考天线，将式（1-5-6）的两边同时除以 $60I_{m1}/r_1$，则天线阵的合成方向函数 $f(\theta,\varphi)$ 写为

$$f(\theta,\varphi) = f_1(\theta,\varphi) \times f_a(\theta,\varphi) \qquad (1-5-8)$$

其中

$$f_a(\theta,\varphi) = |1 + m\mathrm{e}^{\mathrm{j}\Psi}| \qquad (1-5-9)$$

式（1-5-8）表明，天线阵的方向函数可以由两项相乘而得。第一项 $f_1(\theta,\varphi)$ 称为元因子（Primary Pattern），它与单元天线的结构及架设方位有关；第二项 $f_a(\theta,\varphi)$ 称为阵因子（Array Pattern），取决于两天线的电流比以及相对位置，与单元天线无关。也就是说，由相似元组成的二元阵，其方向函数（或方向图）等于单元天线的方向函数（或方向图）与阵因子（或方向图）的乘积，这就是方向图乘积定理。它在分析天线阵的方向性时有很大作用。以后我们将会进一步了解到方向图乘积定理仍然适用于由相似元组成的多元阵。

当单元天线为点源，即 $f_1(\theta,\varphi)=1$ 时，$f(\theta,\varphi)=f_a(\theta,\varphi)$。在形成二元阵方向性的过程中，阵因子 $f_a(\theta,\varphi)$ 的作用十分重要。对二元阵来说，由阵因子绘出的方向图是围绕天线阵轴线回旋的空间图形。通过调整间隔距离 d 和电流比 I_{m2}/I_{m1}，最终调整相位差 $\Psi(\theta,\varphi)$，可以设计方向图形状。

由式（1-5-9），当 m 为正实数时，阵因子取最大值、最小值及其条件分别为

$$f_{a\,\max}(\theta,\varphi) = 1+m \qquad \Psi(\theta,\varphi) = \xi + k\Delta r = \pm 2n\pi;\ n=0,1,2,\cdots$$
$$(1-5-10)$$

$$f_{a\,\min}(\theta,\varphi) = |1-m| \qquad \Psi(\theta,\varphi) = \xi + k\Delta r = \pm(2n+1)\pi;\ n=0,1,2,\cdots$$
$$(1-5-11)$$

2. 方向图乘积定理的应用实例

【例 1-5-1】 如图 1-5-2 所示，有两个半波振子组成一个平行二元阵，其间隔距离 $d=0.25\lambda$，电流比 $I_{m2}=I_{m1}\mathrm{e}^{\mathrm{j}\frac{\pi}{2}}$，求其 E 面（yOz）和 H 面的方向函数及方向图。

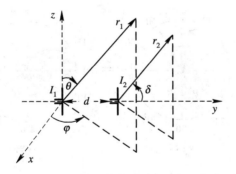

图 1-5-2 动画

图 1-5-2 例 1-5-1 用图

解 此题所设的二元阵属于等幅二元阵，$m=1$，这是最常见的二元阵类型。对于这样的二元阵，阵因子可以简化为

$$f_a(\theta,\varphi) = \left|2\cos\frac{\Psi}{2}\right| \qquad (1-5-12)$$

由于此题只需要讨论 E 面（yOz）和 H 面的方向性，因而下面将 E 面（yOz）和 H 面分别置于纸面，以利于求解。

E 平面(yOz)：

在单元天线确定的情况下，分析二元阵的重要工作就是首先分析阵因子，而阵因子是相位差 Ψ 的函数，因此有必要先求出 E 平面(yOz)上的相位差表达式。如图 1-5-3 所示，路径差

$$\Delta r = d \cos\delta = \frac{\lambda}{4} \cos\delta$$

所以相位差为

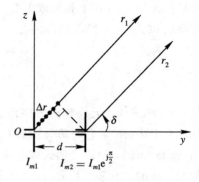

图 1-5-3　例 1-5-1 的 E 平面坐标图

$$\Psi_E(\delta) = \frac{\pi}{2} + kd \cos\delta = \frac{\pi}{2} + \frac{\pi}{2} \cos\delta$$

即在 $\delta=0°$ 和 $\delta=180°$时，Ψ_E 分别为 π 和 0，这意味着阵因子在 $\delta=0°$ 和 $\delta=180°$方向上分别为零辐射和最大辐射。

阵因子可以写为

$$f_a(\delta) = \left| 2\cos\left(\frac{\pi}{4} + \frac{\pi}{4} \cos\delta \right) \right|$$

而半波振子在 E 面的方向函数可以写为

$$f_1(\delta) = \left| \frac{\cos\left(\frac{\pi}{2} \sin\delta \right)}{\cos\delta} \right|$$

根据方向图乘积定理，此二元阵在 E 平面(yOz)的方向函数为

$$f_E(\delta) = \left| \frac{\cos\left(\frac{\pi}{2} \sin\delta \right)}{\cos\delta} \right| \times 2\left| \cos\left(\frac{\pi}{4} + \frac{\pi}{4} \cos\delta \right) \right|$$

由上面的分析，可以画出 E 平面方向图如图 1-5-4 所示。图中各方向图已经归一化。

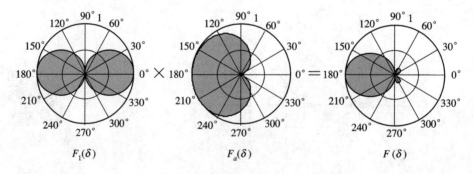

$F_1(\delta)$　　　　　$F_a(\delta)$　　　　　$F(\delta)$

图 1-5-4　例 1-5-1 的 E 平面方向图

图 1-5-4 动画

H 平面(xOy)：

对于平行二元阵，如图 1-5-5 所示，H 面阵因子的表达形式和 E 面阵因子完全一样，只是半波振子在 H 面无方向性。应用方向图乘积定理，直接写出 H 面的方向函数为

$$f_H(\delta) = 2\left| \cos\left(\frac{\pi}{4} + \frac{\pi}{4} \cos\delta \right) \right|$$

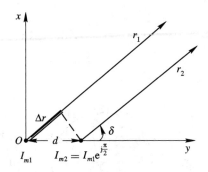

图 1-5-5 例 1-5-1 的 H 平面坐标图

H 面方向图如图 1-5-6 所示。

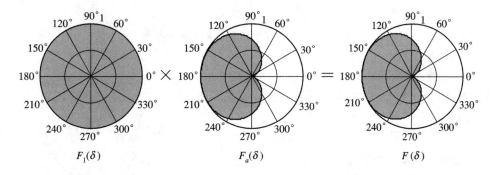

$$F_1(\delta) \qquad F_a(\delta) \qquad F(\delta)$$

图 1-5-6 例 1-5-1 的 H 平面方向图

由例题的分析可以看出，在 $\delta=180°$ 的方向上，波程差和电流激励相位差刚好互相抵消，因此两个单元天线在此方向上的辐射场同相叠加，合成场取最大；而在 $\delta=0°$ 方向上，总相位差为 π，因此两个单元天线在此方向上的辐射场反向相消，合成场为零，二元阵具有了单向辐射的功能，从而提高了方向性，达到了排阵的目的。

【例 1-5-2】 有两个半波振子组成一个共线二元阵，其间隔距离 $d=\lambda$，电流比 $I_{m2}=I_{m1}$，求其 E 面（如图 1-5-7 所示）和 H 面的方向函数及方向图。

解 此题所设的二元阵属于等幅同相二元阵，$m=1$，$\xi=0$。相位差 $\Psi=k\Delta r$。

E 平面（yOz）：

相位差 $\Psi_E(\delta)=2\pi\cos\delta$，在 $\delta=0°$、$60°$、$90°$、$120°$、$180°$ 时，Ψ_E 分别为 2π（最大辐射）、π（零辐射）、0（最大辐射）、$-\pi$（零辐射）、-2π（最大辐射）。

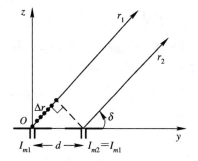

图 1-5-7 例 1-5-2 的 E 平面坐标图

阵因子为

$$f_a(\delta) = | \, 2\cos(\pi\cos\delta) \, |$$

根据方向图乘积定理，此二元阵在 E 平面（yOz）的方向函数为

$$f_E(\delta) = \left| \frac{\cos\left(\frac{\pi}{2}\cos\delta\right)}{\sin\delta} \right| \times |\, 2\cos(\pi\cos\delta)\,|$$

E 面方向图如图 1-5-8 所示。

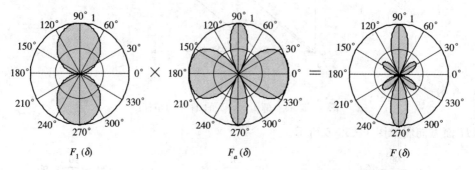

图 1-5-8 例 1-5-2 的 E 平面方向图

H 平面 (xOz):

如图 1-5-9 所示,对于共线二元阵,$\Psi_H(\alpha)=0$,H 面阵因子无方向性。应用方向图乘积定理,直接写出 H 面的方向函数为

$$f_H(\alpha) = 1 \times 2 = 2$$

所以 H 面的方向图为圆。

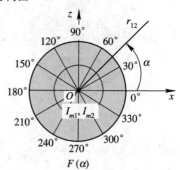

图 1-5-9 例 1-5-2 的 H 平面
坐标及方向图

相位不同时,共线阵方向图随间距的变化而变化,在同相、反相以及相位差为 90°时,各自的变化实况如视频(动画)所示,扫码查看。

  同相

  反相

[二维码] 相位差 90°

【例 1-5-3】 由两个半波振子组成一个平行二元阵,其间隔距离 $d=0.75\lambda$,电流比 $I_{m2}=I_{m1}\mathrm{e}^{\mathrm{j}\frac{\pi}{2}}$,求其方向函数及立体方向图。

解 如图 1-5-10 所示,先求阵因子。

路径差为

$$\Delta r = d\cos\delta = d\boldsymbol{e}_y \cdot \boldsymbol{e}_r = d\sin\theta\sin\varphi$$

所以,总相位差为

$$\Psi = \frac{\pi}{2} + 1.5\pi\sin\theta\sin\varphi$$

由式(1-5-12),阵因子为

$$f_a(\theta,\varphi) = \left| 2\cos\left(\frac{\pi}{4} + 0.75\pi\sin\theta\sin\varphi\right) \right|$$

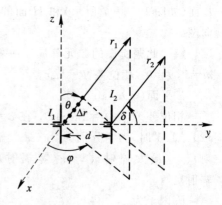

图 1-5-10 例 1-5-3 的坐标图

根据方向图乘积定理，阵列方向函数为

$$f(\theta,\varphi) = \left| \frac{\cos\left(\dfrac{\pi}{2}\cos\theta\right)}{\sin\theta} \right| \times \left| 2\cos\left(\frac{\pi}{4} + 0.75\pi\,\sin\theta\,\sin\varphi\right) \right|$$

图 1 - 5 - 11 为由 MATLAB 软件绘出此二元阵的归一化立体方向图。

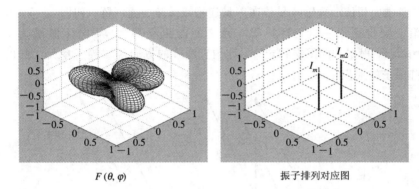

图 1 - 5 - 11　例 1 - 5 - 3 的立体方向图

同相和反相平行二元阵方向图随间距的变化而变化，具体的变化实况如视频（动画）所示，扫码查看。

同相

反相

通过以上实例的分析可以看出，加大间隔距离 d 会加大波程差的变化范围，导致波瓣个数变多；而改变电流激励初始相差会改变阵因子的最大辐射方向。常见二元阵阵因子见图 1 - 5 - 12。

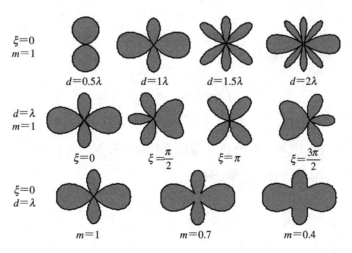

图 1 - 5 - 12　二元阵阵因子图形

1.5.2 均匀直线阵

1. 均匀直线阵阵因子

为了更进一步加强阵列天线的方向性，阵元数目需要加多，最简单的多元阵就是均匀直线阵(Uniform Linear Arrays)。所谓均匀直线阵，就是所有单元天线结构相同，并且等间距、等幅激励而相位沿阵轴线呈依次等量递增或递减的直线阵。如图 1-5-13 所示，N 个天线元沿 y 轴排列成一行，且相邻阵元之间的距离都为 d，电流激励为 $I_n = I_{n-1} e^{j\xi}$ $(n=2,3,\cdots,N)$，根据方向图乘积定理，均匀直线阵的方向函数等于单元天线的方向函数与直线阵阵因子的乘积。

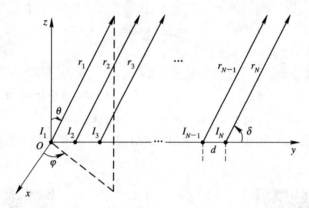

图 1-5-13　均匀直线阵坐标图

设坐标原点(单元天线 1)为相位参考点，当电波射线与阵轴线成 δ 角度时，相邻阵元在此方向上的相位差为

$$\Psi(\delta) = \xi + kd \cos\delta \qquad (1-5-13)$$

与二元阵的讨论相似，N 元均匀直线阵的阵因子为

$$f_a(\delta) = |\, 1 + e^{j\Psi(\delta)} + e^{j2\Psi(\delta)} + e^{j3\Psi(\delta)} + \cdots + e^{j(N-1)\Psi(\delta)} \,| = \left| \sum_{n=1}^{N} e^{j(n-1)\Psi(\delta)} \right|$$

$$(1-5-14)$$

此式是一等比数列求和，其值为

$$f_a(\Psi) = \left| \frac{\sin \dfrac{N\Psi}{2}}{\sin \dfrac{\Psi}{2}} \right| \qquad (1-5-15)$$

当 $\Psi = 2m\pi(m=0,\pm1,\pm2,\cdots)$ 时，阵因子取最大值 N；当 $\Psi = \dfrac{2m\pi}{N}(m=\pm1,\pm2,\cdots)$ 时，阵因子取零值。对上式归一化后，得

$$F_a(\Psi) = \frac{1}{N} \left| \frac{\sin \dfrac{N\Psi}{2}}{\sin \dfrac{\Psi}{2}} \right| \qquad (1-5-16)$$

在实际应用中，不仅要让单元天线的最大辐射方向尽量与阵因子一致，而且单元天线多采用弱方向性天线，所以均匀直线阵的方向性调控主要通过调控阵因子来实现。因此下

面的讨论主要针对阵因子，至于均匀直线天线阵的总方向图，只要将阵因子乘以单元天线的方向图就可以得到了。

图 1-5-14 是 N 元均匀直线阵的归一化阵因子随 Ψ 的变化图形，称为均匀直线阵的通用方向图。由阵因子的分析可以得知，归一化阵因子 $F_a(\Psi)$ 是 Ψ 的周期函数，周期为 2π。在 $\Psi \in 0 \sim 2\pi$ 的区间内，函数值为 1 发生在 $\Psi=0$，2π 处，对应着方向图的主瓣或栅瓣（该瓣的最大值与主瓣的最大值一样大）；由于阵因子的分母随 Ψ 的变化比分子要慢得多，因此阵因子有 $N-2$ 个函数值小于 1 的极大值，发生在分子为 1 的条件下，即

$$\Psi_m = \frac{(2m+1)\pi}{N} \qquad m=1,2,\cdots,N-2 \qquad (1-5-17)$$

处，对应着方向图副瓣；有 $N-1$ 个零点，发生在分子为零而分母不为零时，即

$$\Psi_0 = \frac{2m\pi}{N} \qquad m=1,2,\cdots,N-1 \qquad (1-5-18)$$

处，第一个零点为 $\Psi_{01}=2\pi/N$。

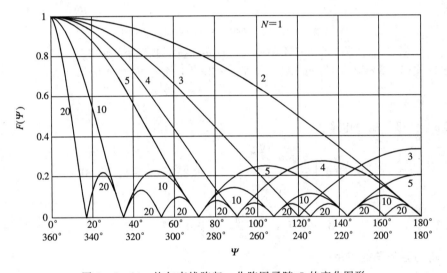

图 1-5-14 均匀直线阵归一化阵因子随 Ψ 的变化图形

由于 δ 的可取值范围为 $0° \sim 180°$，与此对应的 Ψ 变化范围为

$$-kd+\xi < \Psi < kd+\xi \qquad (1-5-19)$$

Ψ 的这个变化范围称为可视区。只有可视区中 Ψ 所对应的 $F(\Psi)$ 才是均匀直线阵的阵因子。可视区的大小与 d 有关，d 越大，可视区越大。可视区内的方向图形状与 d 和 ξ 同时有关，d 与 ξ 的适当配合才能获得良好的阵因子方向图。

将 Ψ 与 δ 的关系式代入阵因子表达式后，即可绘出阵因子的极坐标方向图。同样，将 Ψ 与 δ 的关系代入计算阵因子的副瓣、零点的公式中，可以计算出极坐标方向图中副瓣和零点的位置。

直线阵方向图
随间距变化

【例 1-5-4】 设有一个五元均匀直线阵，间隔距离 $d=0.35\lambda$，电流激励相位差 $\xi=\pi/2$，绘出均匀直线阵阵因子方向图，同时计算极坐标方向图中的第一副瓣位置和副瓣电平、第一零点位置。

解 相位差 $\Psi=\xi+kd\cos\delta=\dfrac{\pi}{2}+0.7\pi\cos\delta$，可视区 $-0.2\pi \leqslant \Psi \leqslant 1.2\pi$，归一化阵因子为

$$F_a[\Psi(\delta)] = \frac{1}{5}\left|\frac{\sin\frac{5\Psi}{2}}{\sin\frac{\Psi}{2}}\right| = \frac{1}{5}\left|\frac{\sin\left[5\left(\frac{\pi}{4}+\frac{1.4\pi}{4}\cos\delta\right)\right]}{\sin\left(\frac{\pi}{4}+\frac{1.4\pi}{4}\cos\delta\right)}\right|$$

根据上式，在均匀直线阵的通用方向图中截取相应的可视区，即可得到五元阵阵因子 $F(\Psi)$ 的变化图形。依据 $F(\delta)$ 可以绘出极坐标方向图，对应图形见图 1-5-15。

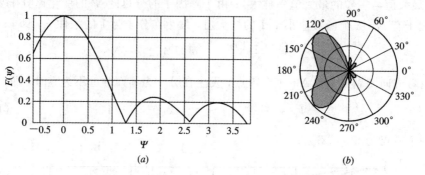

图 1-5-15　例 1-5-4 阵因子方向图

(a) 在可视区内的 $F(\Psi)$；(b) $F(\delta)$ 的极坐标方向图

根据式(1-5-17)，第一副瓣位置 $\Psi_{m1}=3\pi/5$，代入 $\Psi(\delta)$，得

$$\frac{\pi}{2}+0.7\pi\cos\delta_{m1}=\frac{3\pi}{5}$$

解之得 $\delta_{m1}=82°$，副瓣电平为

$$SLL = \left|\frac{1}{5}\frac{\sin\frac{5\Psi_{m1}}{2}}{\sin\frac{\Psi_{m1}}{2}}\right|^2 = |0.25|^2 = -12.14\ dB$$

根据式(1-5-18)，第一零点 $\Psi_{01}=\frac{2\pi}{5}$，即 $\frac{\pi}{2}+0.7\pi\cos\delta_{01}=\frac{2\pi}{5}$，解之得 $\delta_{01}=98.2°$。

2. 均匀直线阵的应用

均匀直线阵在实际应用中有如下几种常见的情况。

1) 边射阵(同相均匀直线阵)(Broadside Array)

当 $\xi=0$ 时，$\Psi=kd\cos\delta$，$\Psi=0$ 对应的最大辐射方向发生在 $\delta_{max}=\pi/2$，由于最大辐射方向垂直于阵轴线，因而这种同相均匀直线阵称为边射或侧射式直线阵。图 1-5-16 给出了一个五元阵实例。当间隔距离加大时，可视区变大，栅瓣出现。栅瓣会造成天线的辐射

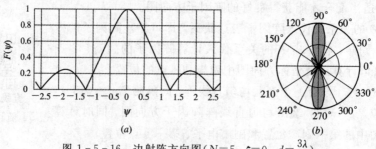

图 1-5-16　边射阵方向图($N=5$，$\xi=0$，$d=\frac{3\lambda}{7}$)

(a) 阵因子直角坐标方向图；(b) $F(\delta)$

功率分散，或受到严重干扰。防止栅瓣出现的条件是可视区的宽度 $\Delta\Psi_{max}=|\Psi(\delta=0)-\Psi(\delta=\pi)|=2kd$ 有一定的限制。对于边射阵，要求

十元边射阵方向图变化

$$\Delta\Psi_{max}<4\pi\Rightarrow d<\lambda \qquad (1-5-20)$$

$d<\lambda$ 就是边射式直线阵不出现栅瓣的条件。

结合图 $1-5-16$ 和图 $1-5-17$ 可以看出，阵元数越多，间隔距离越大，边射阵主瓣越窄，副瓣电平也就越高。

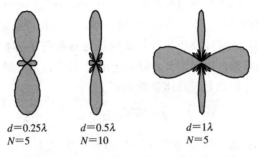

$d=0.25\lambda$ $d=0.5\lambda$ $d=1\lambda$
$N=5$ $N=10$ $N=5$

图 $1-5-17$ 边射阵阵因子极坐标方向图

2）普通端射阵（Ordinary End-fire Array）

端射式天线阵是指天线阵的最大辐射方向沿天线阵的阵轴线（即 $\delta_{max}=0$ 或 π）。此时要求 $\xi+kd\cos0=0$ 或 $\xi+kd\cos\pi=0$，即

端射阵方向变化（$\sigma_{max}=\pi$）

$$\xi=\begin{cases}-kd & \delta_{max}=0\\ +kd & \delta_{max}=\pi\end{cases}\quad\Leftrightarrow\quad \qquad (1-5-21)$$

也就是说，阵的各元电流相位沿最大辐射方向依次滞后 kd。图 $1-5-18$ 给出了一个普通端射阵的实例。

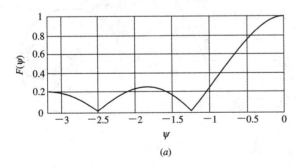 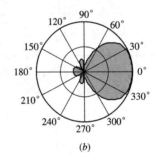

(a) $\qquad\qquad\qquad$ (b)

图 $1-5-18$ 普通端射阵方向图 $\left(N=5,\ d=0.25\lambda,\ \xi=-\dfrac{\pi}{2}\right)$

(a) $F(\Psi)$；(b) $F(\delta)$

普通端射阵同样存在控制栅瓣出现的问题。由于普通端射阵的主瓣比较宽，并且第一零点的位置为 $\Psi_{01}=2\pi/N$，因此普通端射阵不产生栅瓣的条件为

$$|\Delta\Psi_{max}|<2\pi-\frac{\pi}{N}$$

即

$$d<\frac{\lambda}{2}\left(1-\frac{1}{2N}\right) \qquad (1-5-22)$$

比边射阵要求严格。

相扫天线基本原理

改变电流激励相位差 ξ，最大辐射方向将由 $\xi+kd\cos\delta_{max}=0$ 决定，表示为

$$\delta_{max}=\arccos\frac{-\xi}{kd} \qquad (1-5-23)$$

当 d 给定后，δ_{max} 将随 ξ 的变化而变化。连续地调整 ξ，可以让波束在空间扫描，这就是相扫天线的基本原理。

3）强方向性端射阵（汉森—伍德耶特阵）（End-fire Array with Increased Directivity）

由普通端射阵方向图（图 $1-5-18$）的实例可知，尽管普通端射阵的主瓣方向唯一，但是它的方向图主瓣过宽，方向性较弱。为了提高普通端射阵的方向性，汉森和伍德耶特提出了强方向性端射阵的概念。他们指出：对一定的均匀直线阵，通过控制单元间的激励电流相位差可以获得最大方向系数。具体条件是：

$$\xi=\pm kd\pm\frac{\pi}{N} \qquad (1-5-24)$$

即在原始普通端射阵的基础上将相邻单元间的初相差再加上 π/N 的相位延迟，它使得阵轴线方向不再是完全同相了。满足这种条件的均匀直线阵方向系数最大，故这种直线阵称为强方向性端射阵。

图 $1-5-19$ 绘出了一个强方向性端射阵。与图 $1-5-18$ 比较可以看出，在相同元数和相同间隔距离的条件下，强方向性端射阵的主瓣比普通端射阵的主瓣要窄，因此方向性要强；但是它的副瓣电平比较大。对于 $F(\Psi)$ 的图形而言，强方向性端射阵实际上是把可视区稍微平移，从而将普通端射阵的最大值以及附近变化比较缓慢的区域从可视区内移出了。

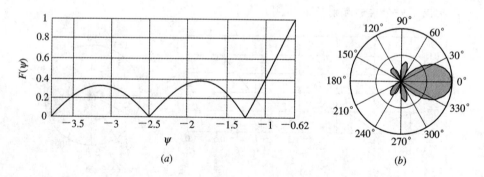

$$(a) \qquad\qquad\qquad (b)$$

图 $1-5-19$　强方向性端射阵方向图 $\left(N=5,\ d=0.25\lambda,\ \xi=-\frac{\pi}{2}-\frac{\pi}{5}\right)$

$(a)\ F(\Psi);\ (b)\ F(\delta)$

为了防止出现栅瓣，应使

$$|\Delta\Psi_{max}|<2\pi-\frac{\pi}{N}-\frac{\pi}{N} \qquad (1-5-25a)$$

即

$$d<\frac{\lambda}{2}\left(1-\frac{1}{N}\right) \qquad (1-5-25b)$$

间隔距离受限的条件略比普通端射阵严格一点。

3. 均匀直线阵的方向系数

如果忽略单元天线的方向性，将均匀直线阵的归一化阵因子代入计算方向系数 D 的公式(1-2-18)，则可以绘出不同均匀直线阵的方向系数变化曲线，见图 1-5-20。此图反映出间距的加大会使得方向系数增大，但是过大的间距会导致栅瓣出现，此时方向系数反而下降。同时，当 N 很大时，方向系数与 N 的关系基本上成线性增长关系。

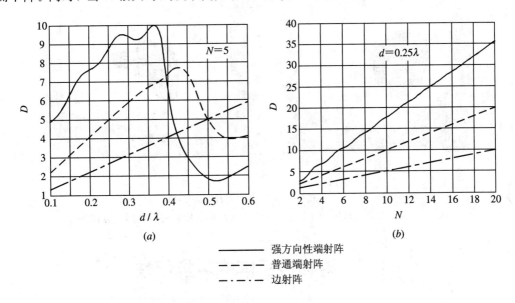

（*a*）

（*b*）

——— 强方向性端射阵

- - - - 普通端射阵

-·-·- 边射阵

图 1-5-20 均匀直线阵方向系数变化曲线

（*a*）方向系数 D~间隔距离 d；（*b*）方向系数 D~阵元数 N

表 1-5-1 给出了当 N 很大时，三种均匀直线阵的方向图参数，可供参考。

表 1-5-1 当 N 很大时均匀直线阵方向图参数

公式 类型 ＼ 参数	零功率波瓣宽度 $2\theta_0$/rad	半功率波瓣宽度 $2\theta_{0.5}$/rad	第一副瓣电平 SLL/dB	方向系数 D
边射阵	$\dfrac{2\lambda}{Nd}$	$0.886\dfrac{\lambda}{Nd}$	-13.5	$\dfrac{2Nd}{\lambda}$
普通端射阵	$2\sqrt{\dfrac{2\lambda}{Nd}}$	$2\sqrt{\dfrac{0.88\lambda}{Nd}}$	-13.5	$\dfrac{4Nd}{\lambda}$
强方向性端射阵	$2\sqrt{\dfrac{\lambda}{Nd}}$	$2\sqrt{\dfrac{0.28\lambda}{Nd}}$	-9.5	$1.789\left(\dfrac{4Nd}{\lambda}\right)$

在结束均匀直线阵方向性的讨论时还应着重指出，本节所讨论的对象虽为直线阵，但是其处理方法却适用于其它形式的阵列。

均匀直线阵是一种最简单的排阵方式，在要求最大辐射方向为任意值时，它并不是最好的选择。图 1-5-21 给出了当要求最大辐射方向为 $\theta_{\max}=45°$，$\varphi_{\max}=90°$ 时，排列在 y 轴上、间隔距离为 0.25λ 的八元均匀直线阵所能达到的最好效果，此时方向系数为 5.5。而以同样的阵元数目和阵轮廓尺寸排列的 xOy 平面上的八元圆环阵（即半径为 $7\times0.25\lambda/2$），却能达到 8.1 的方向系数。实际上，尽管规则布阵对场地或载体有更苛刻要求，但是任意布阵却更具优越性，这对实际的阵列构造是很有价值的，此时，计算机的辅助设计在任意阵列结构优化时就显得十分重要。

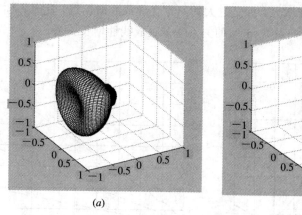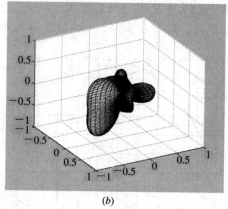

(a) (b)

图 1-5-21　八元均匀直线阵和圆环阵的阵因子方向图
(a) 八元均匀直线阵阵因子方向图；(b) 八元均匀圆环阵的阵因子方向图

1.6　对称振子阵的阻抗特性

当两个以上的天线排阵时，某一单元天线除受本身电流产生的电磁场作用之外，还要受到阵中其它天线上的电流产生的电磁场作用。有别于单个天线被置于自由空间的情况，这种电磁耦合(或感应)的结果将会导致每个单元天线的电流和阻抗都要发生变化。此时，可以认为单元天线的阻抗由两部分组成，即一部分是不考虑相互耦合影响时本身的阻抗，称为自阻抗；另一部分是由相互感应作用而产生的阻抗，称为互阻抗。对于对称振子阵，互阻抗可以利用感应电动势法比较精确地求出，因此这一节以对称振子阵为例介绍天线阵的阻抗特性，其基本思路仍可适用于其它天线阵。

1.6.1　二元阵的阻抗

设空间有两个耦合振子排列，如图 1-6-1 所示，两振子上的电流分布分别为 $I_1(z_1)$ 和 $I_2(z_2)$。以振子 1 为例，由于振子 2 上的电流 $I_2(z_2)$ 会在振子 1 上 z_1 处线元 $\mathrm{d}z_1$ 表面上产生切向电场分量 E_{12}，并在 $\mathrm{d}z_1$ 上产生感应电动势 $E_{12}\,\mathrm{d}z_1$。根据理想导体的切向电场应为零的边界条件，振子 1 上的电流 $I_1(z_1)$ 必须在线元 $\mathrm{d}z_1$ 处产生 $-E_{12}$，以满足总的切向电场为零，也就是说，振子 1 上的电流 $I_1(z_1)$ 也必须在 $\mathrm{d}z_1$ 上产生一个反向电动势 $-E_{12}\,\mathrm{d}z_1$。为了维持这个反向电动势，振子 1 的电源必须额外提供的功率为

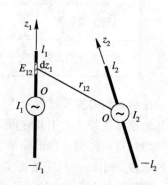

图 1-6-1　耦合振子示意图

— 38 —

$$\mathrm{d}P_{12} = -\frac{1}{2}I_1^*(z_1)E_{12}\,\mathrm{d}z_1 \qquad (1-6-1)$$

因为理想导体既不消耗功率，也不能储存功率，因此 $\mathrm{d}P_{12}$ 被线元 $\mathrm{d}z_1$ 辐射到空中，它实际上就是感应辐射功率。由此，振子 1 在振子 2 的耦合下产生的总感应辐射功率为

$$P_{12} = \int_{-l_1}^{l_1}\mathrm{d}P_{12} = -\frac{1}{2}\int_{-l_1}^{l_1}I_1^*(z_1)E_{12}\,\mathrm{d}z_1 \qquad (1-6-2)$$

同理，振子 2 在振子 1 的耦合下产生的总感应辐射功率为

$$P_{21} = \int_{-l_2}^{l_2}\mathrm{d}P_{21} = -\frac{1}{2}\int_{-l_2}^{l_2}I_2^*(z_2)E_{21}\,\mathrm{d}z_2 \qquad (1-6-3)$$

互耦振子阵中，振子 1 和 2 的总辐射功率应分别写为

$$\left.\begin{aligned} P_{r1} &= P_{11} + P_{12}\\ P_{r2} &= P_{21} + P_{22} \end{aligned}\right\} \qquad (1-6-4)$$

式中，P_{11} 和 P_{22} 分别为振子单独存在时对应 I_{m1} 和 I_{m2} 的自辐射功率。可以将式$(1-6-4)$推广而直接写出 P_{11} 和 P_{22} 的表达式

$$P_{11} = \int_{-l_1}^{l_1}\mathrm{d}P_{11} = -\frac{1}{2}\int_{-l_1}^{l_1}I_1^*(z_1)E_{11}\,\mathrm{d}z_1 \qquad (1-6-5)$$

$$P_{22} = \int_{-l_2}^{l_2}\mathrm{d}P_{22} = -\frac{1}{2}\int_{-l_2}^{l_2}I_2^*(z_2)E_{22}\,\mathrm{d}z_2 \qquad (1-6-6)$$

如果仿照网络电路方程，引入分别归算于 I_{m1} 和 I_{m2} 的等效电压 U_1 和 U_2，则振子 1 和 2 的总辐射功率可表示为

$$\left.\begin{aligned} P_{r1} &= \frac{1}{2}U_1 I_{m1}^*\\ P_{r2} &= \frac{1}{2}U_2 I_{m2}^* \end{aligned}\right\} \qquad (1-6-7)$$

回路方程可写为

$$\left.\begin{aligned} U_1 &= I_{m1}Z_{11} + I_{m2}Z_{12}\\ U_2 &= I_{m1}Z_{21} + I_{m2}Z_{22} \end{aligned}\right\} \qquad (1-6-8)$$

式中，Z_{11}、Z_{22} 分别为归算于波腹电流 I_{m1}、I_{m2} 的自阻抗（Self-impedance）；Z_{12} 为归算于 I_{m1}、I_{m2} 的振子 2 对振子 1 的互阻抗（Mutual Impedance），Z_{21} 为归算于 I_{m2}、I_{m1} 的振子 1 对振子 2 的互阻抗。它们各自的计算公式如下：

$$\left.\begin{aligned} Z_{11} &= -\frac{1}{|I_{m1}|^2}\int_{-l_1}^{l_1}I_1^*(z_1)E_{11}\,\mathrm{d}z_1\\ Z_{22} &= -\frac{1}{|I_{m2}|^2}\int_{-l_2}^{l_2}I_2^*(z_2)E_{22}\,\mathrm{d}z_2\\ Z_{12} &= -\frac{1}{I_{m1}^*I_{m2}}\int_{-l_1}^{l_1}I_1^*(z_1)E_{12}\,\mathrm{d}z_1\\ Z_{21} &= -\frac{1}{I_{m1}I_{m2}^*}\int_{-l_2}^{l_2}I_2^*(z_2)E_{21}\,\mathrm{d}z_2 \end{aligned}\right\} \qquad (1-6-9)$$

可以由电磁场的基本原理证明互易性：$Z_{12} = Z_{21}$。

在用式(1-6-9)计算时，所有沿电流的电场切向分量均用振子的近区场表达式。图1-6-2和1-6-3分别给出了二齐平行、二共线半波振子之间，归算于波腹电流的互阻抗计算曲线(图中 l、a 的定义参见图1-4-1)。

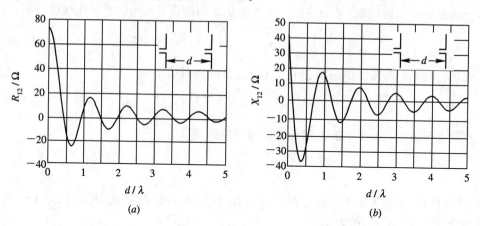

(a)   *(b)*

图 1-6-2　二齐平行半波振子的互阻抗随 d/λ 的计算曲线($a=0.0001l$)

(a) $R_{12} \sim d/\lambda$；(b) $X_{12} \sim d/\lambda$

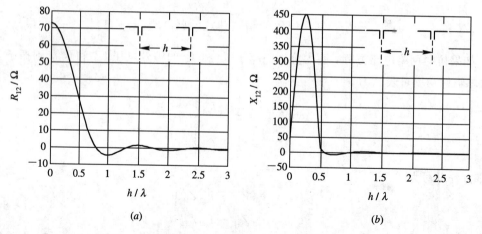

(a)   *(b)*

图 1-6-3　二共线半波振子的互阻抗随 h/λ 的计算曲线($a=0.0001l$)

(a) $R_{12} \sim h/\lambda$；(b) $X_{12} \sim h/\lambda$

从该曲线可以看出，当间隔距离 $d>5\lambda$ 时，二齐平行半波振子之间的互阻抗可以忽略不计；当间隔距离 $h>2\lambda$ 时，二共线半波振子之间的互阻抗可以忽略不计。至于任意放置、任意长度的振子之间的互阻抗计算可以查阅有关文献，而这些互阻抗的计算对于天线阵电参数的分析是十分重要的。应该指出的是，二重合振子的互阻抗即是自阻抗。当 $a/l=0.0001$ 时，半波振子的自阻抗为 $73.1+\text{j}42.5~\Omega$。

将式(1-6-8)的第一式两边同除以 I_{m1}，式(1-6-8)的第二式两边同除以 I_{m2}，则可得出振子 1 和振子 2 的辐射阻抗为

$$\left. \begin{aligned} Z_{r1} &= \frac{U_1}{I_{m1}} = Z_{11} + \frac{I_{m2}}{I_{m1}} Z_{12} \\ Z_{r2} &= \frac{U_2}{I_{m2}} = Z_{22} + \frac{I_{m1}}{I_{m2}} Z_{21} \end{aligned} \right\}$$

$$(1-6-10)$$

由上式可以看出，耦合振子的辐射阻抗除了本身的自阻抗外，还应考虑振子间的相互影响而产生的感应辐射阻抗 $\dfrac{I_{m2}}{I_{m1}}Z_{12}$、$\dfrac{I_{m1}}{I_{m2}}Z_{21}$。在相似二元阵中，尽管自阻抗、互阻抗都相同，但是由于各阵元的馈电电流不同，感应辐射阻抗却不同，因而各阵元的辐射阻抗不同，工作状态也就不同。

如果计算二元振子阵的总辐射阻抗，依据二元阵总辐射功率等于两振子辐射功率之和，即

$$P_{\mathrm{r}\Sigma} = P_{\mathrm{r}1} + P_{\mathrm{r}2} = \frac{1}{2}\mid I_{m1}\mid^2 Z_{\mathrm{r}1} + \frac{1}{2}\mid I_{m2}\mid^2 Z_{\mathrm{r}2} \qquad (1-6-11)$$

选定振子 1 的波腹电流为归算电流，则

$$P_{\mathrm{r}\Sigma} = \frac{1}{2}\mid I_{m1}\mid^2 Z_{\mathrm{r}\Sigma(1)} \qquad (1-6-12)$$

于是，以振子 1 的波腹电流为归算电流的二元阵的总辐射阻抗可表述为

$$Z_{\mathrm{r}\Sigma(1)} = Z_{\mathrm{r}1} + \left|\frac{I_{m2}}{I_{m1}}\right|^2 Z_{\mathrm{r}2} \qquad (1-6-13)$$

如果同样以振子 1 的波腹电流 I_{m1} 为归算电流来计算二元阵的方向函数，根据式 (1-2-23)，则二元阵的最大方向系数为

$$D = \frac{120 f_{\max(1)}^2}{R_{\mathrm{r}\Sigma(1)}} \qquad (1-6-14)$$

应用上式时，要特别注意二元阵的方向函数和总辐射阻抗的归算电流应该一致。

【例 1-6-1】 计算如图 1-6-4 所示的齐平行二元半波振子阵的方向系数 $(a/l=0.0001)$。

解 以振子 1 的波腹电流为归算电流，依据式 (1-6-14)，欲求方向系数，必先求出 $f_{\max(1)}$ 和 $R_{\mathrm{r}\Sigma(1)}$。

此二元阵属于等幅二元阵，根据方向图乘积定理，该阵在平行于阵轴线的左端方向，振子 2 相对于振子 1 的总相位差为 0，因此，该方向为最大辐射方向，$f_{\max(1)}=2$。

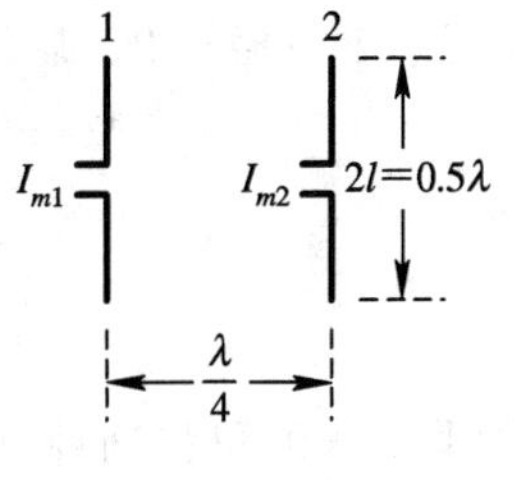

以振子 1 的波腹电流为归算电流，该二元阵的总辐射阻抗为

图 1-6-4　例 1-6-1 的图形
$(I_{m2}=I_{m1}\mathrm{e}^{\mathrm{j}\pi/2})$

$$Z_{\mathrm{r}\Sigma(1)} = Z_{\mathrm{r}1} + \left|\frac{I_{m2}}{I_{m1}}\right|^2 Z_{\mathrm{r}2} = Z_{11} + \frac{I_{m2}}{I_{m1}}Z_{12} + \left|\frac{I_{m2}}{I_{m1}}\right|^2\left(Z_{22} + \frac{I_{m1}}{I_{m2}}Z_{21}\right)$$

若考虑到 $Z_{11}=Z_{22}$，$Z_{12}=Z_{21}$，并将 $\left|\dfrac{I_{m1}}{I_{m2}}\right|=1$ 代入，则上式化简为

$$Z_{\mathrm{r}\Sigma(1)} = 2Z_{11} + \left(\frac{I_{m2}}{I_{m1}} + \frac{I_{m1}}{I_{m2}}\right)Z_{12} = 2\times(73.1+\mathrm{j}42.5) + (\mathrm{j}-\mathrm{j})Z_{12} = 146.2+\mathrm{j}85 \quad \Omega$$

因此

$$R_{\mathrm{r}\Sigma(1)} = 146.2 \ \Omega$$

该二元阵在平行于阵轴线左端的方向系数，也就是最大方向系数为

$$D = \frac{120 f_{\max(1)}^2}{R_{\mathrm{r}\Sigma(1)}} = \frac{120\times2^2}{146.2} = 3.28$$

【例 1-6-2】 若例 1-6-1 的其它条件不变，只是将二振子的馈电电流改为

$I_{m2}=0.5I_{m1}$，求方向系数。

解 仍然以振子 1 的波腹电流为归算电流。由于二元阵两振子的馈电电流同相，因此最大辐射方向改为边射，$f_{\max(1)}=1.5$。二元阵的总辐射阻抗改写为

$$Z_{r\Sigma(1)} = Z_{r1} + \left|\frac{I_{m2}}{I_{m1}}\right|^2 Z_{r2} = Z_{11} + \frac{I_{m2}}{I_{m1}}Z_{12} + \left|\frac{I_{m2}}{I_{m1}}\right|^2\left(Z_{22} + \frac{I_{m1}}{I_{m2}}Z_{21}\right)$$

$$= (1+0.5^2)Z_{11} + \left(0.5 + 0.5^2 \times \frac{1}{0.5}\right)Z_{12}$$

由式(1-6-9)可计算出

$$Z_{12} = 40.8 - j28.3 \ \Omega$$

因此

$$Z_{r\Sigma(1)} = (1+0.5^2) \times (73.1 + j42.5) + \left(0.5 + 0.5^2 \times \frac{1}{0.5}\right) \times (40.8 - j28.3)$$

$$= 132.18 + j24.83 \ \Omega$$

方向系数为

$$D = \frac{120 f_{\max(1)}^2}{R_{r\Sigma(1)}} = \frac{120 \times 1.5^2}{132.18} = 2.04$$

【例 1-6-3】 求长度 $l=3\lambda/4$、以波腹电流为归算电流的对称振子的辐射阻抗($a/l=0.0001$)。

解 如图 1-6-5 所示，将此对称振子(或单导线)可看成是由三个半波振子组成的共线阵。先分别求出每个半波振子的辐射阻抗，然后求此阵的辐射阻抗。

振子 1 与振子 2、振子 3 的组阵参数为

$$d_{12} = 0, \ h_{12} = \frac{\lambda}{2}, \ \frac{I_{m2}}{I_{m1}} = -1$$

$$d_{13} = 0, \ h_{13} = \lambda, \ \frac{I_{m3}}{I_{m1}} = 1$$

由式(1-6-9)可精确计算出：

$$Z_{12} = 26.4 + j20.2 \ \Omega$$

$$Z_{13} = -4.1 - j0.7 \ \Omega$$

$$Z_{r1} = Z_{11} - Z_{12} + Z_{13}$$

$$= (73.1 - 26.4 - 4.1) + j(42.5 - 20.2 - 0.7)$$

$$= 42.6 + j21.6 \ \Omega$$

$$Z_{r2} = -Z_{21} + Z_{22} - Z_{23}$$

$$= (-26.4 + 73.1 - 26.4) + j(-20.2 + 42.5 - 20.2)$$

$$= 20.3 + j2.1 \ \Omega$$

$$Z_{r3} = Z_{r1} = 42.6 + j21.6 \ \Omega$$

$$Z_{r\Sigma(1)} = Z_1 + Z_2 + Z_3 = 105.5 + j45.3 \ \Omega$$

此结果与图 1-4-5 的数值相同。

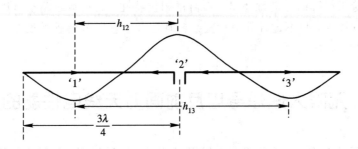

图 1 - 6 - 5　例 1 - 6 - 3 用图

1.6.2　直线阵的阻抗

N 元直线阵的阻抗可以由二元阵的结果推广而成。各振子的等效电压对应的阻抗方程为

$$
\left.\begin{aligned}
U_1 &= I_{m1}Z_{11} + I_{m2}Z_{12} + \cdots + I_{mN}Z_{1N} \\
U_2 &= I_{m1}Z_{21} + I_{m2}Z_{22} + \cdots + I_{mN}Z_{2N} \\
&\quad\vdots \\
U_i &= I_{m1}Z_{i1} + I_{m2}Z_{i2} + \cdots + I_{mi}Z_{iN} \\
U_N &= I_{m1}Z_{N1} + I_{m2}Z_{N2} + \cdots + I_{mN}Z_{NN}
\end{aligned}\right\}
\tag{1-6-15}
$$

式中，下标 i 表示振子的编号；$U_i(i=1,\cdots,N)$ 为归于波幅电流的等效电压；$I_{mi}(i=1,\cdots,N)$ 为振子的波腹电流；$Z_{ij}(i=1,\cdots,N;j=1,\cdots,N)$ 为任意二振子间的互阻抗(或振子的自阻抗)。

仿照二元阵，将上式第 i 个方程两边同除以 $I_{mi}(i=1,\cdots,N)$，可解得各振子的辐射阻抗为

$$
\left.\begin{aligned}
Z_{r1} &= Z_{11} + \frac{I_{m2}}{I_{m1}}Z_{12} + \cdots + \frac{I_{mN}}{I_{m1}}Z_{1N} \\
Z_{r2} &= \frac{I_{m1}}{I_{m2}}Z_{21} + Z_{22} + \cdots + \frac{I_{mN}}{I_{m2}}Z_{2N} \\
&\quad\vdots \\
Z_{rN} &= \frac{I_{m1}}{I_{mN}}Z_{N1} + \frac{I_{m2}}{I_{mN}}Z_{N2} + \cdots + Z_{NN}
\end{aligned}\right\}
\tag{1-6-16}
$$

如果以第 $i(i=1,\cdots,N)$ 个振子的波腹电流 I_{mi} 为归算电流，则天线阵的总辐射阻抗同样可以仿照式(1-6-13)写出

$$
Z_{r\Sigma(i)} = \left|\frac{I_{m1}}{I_{mi}}\right|^2 Z_{r1} + \left|\frac{I_{m2}}{I_{mi}}\right|^2 Z_{r2} + \cdots + Z_{ri} + \cdots + \left|\frac{I_{mN}}{I_{mi}}\right|^2 Z_{rN}
\tag{1-6-17}
$$

N 元直线阵的方向系数仍然可以写为

$$
D = \frac{120 f_{\max(i)}^2}{R_{r\Sigma(i)}}
\tag{1-6-18}
$$

尽管 $f_{\max(i)}$、$R_{r\Sigma(i)}$ 与以哪个振子为参考振子有关，但是方向系数 D 却不会因为参考振子的变化而变化。

无论是讨论天线阵的方向性还是天线阵的阻抗特性，其基本思路都可以从直线阵拓展到平面阵乃至立体阵，只不过计算更加复杂。但是由于它们可调整的变量增多，因而更能适应不同的需要。

1.7　无限大理想导电反射面对天线电性能的影响

前面几节所讨论的问题都假设了天线周围没有金属反射面，即天线位于自由空间。实际上天线大多架设在地面上，而地面在电波频率比较低、投射角比较小的情况下可以被看做良导体。另外，为了改善天线的方向性，有时还特意增加金属反射面或反射网。这样的辐射系统所应满足的边界条件不同于天线位于自由空间时的情况，因而辐射场也就会发生变化。严格地讨论实际反射面对天线电性能的影响是一个很复杂的问题。当地面或金属反射面被认为是无限大理想导电平面时，可以用镜像法求解。

1.7.1　天线的镜像

根据镜像原理，讨论一个电流元在无限大理想导电平面上的辐射场时，应满足在该理想导电平面上的切向电场处处为零的边界条件。为此，可在导电平面的另一侧设置一镜像电流元，该镜像电流元的作用就是代替导电平面上的感应电流，使得真实电流元和镜像电流元的合成场在理想导电平面上的切向值处处为零。由于镜像电流元不位于求解空间内，因而在真实电流元所处的上半空间，一个电流元在无限大理想导电平面上的辐射场就可以由真实电流元与镜像电流元的合成场而得到。不难求出，如图 1-7-1 所示，水平电流元的镜像为理想导电平面另一侧对称位置处的等幅反相电流元，称为负镜像；而垂直电流元的镜像为理想导电平面另一侧对称位置处的等幅同相电流元，称为正镜像；倾斜电流元的镜像与水平电流元的镜像相同，也为对称位置处的负镜像。值得强调的是，镜像法只在真实电流元所处的半空间内有效。

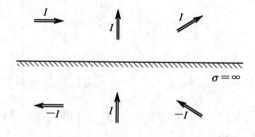

图 1-7-1　电流元的镜像

对于电流分布不均匀的实际天线，可以把它分解成许多电流元，所有电流元的镜像集合起来即为整个天线的镜像。如图 1-7-2 所示，水平线天线的镜像一定为负镜像；垂直对称线天线的镜像为正镜像。至于垂直架设的驻波单导线，其镜像的正负视单导线的长度 l 而定。例如，对于 $l=\lambda/2$ 的驻波单导线，其镜像为正，而对于 $l=\lambda$ 的驻波单导线，其镜像为负。

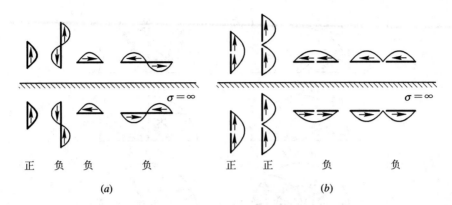

图 1 - 7 - 2　线天线的镜像

（a）驻波单导线；（b）对称振子

正　　负　　负　　　　负　　　　　　正　　正　　负　　　　　负

（a）　　　　　　　　　　　　　　　　　（b）

用镜像天线来代替反射面的作用后，反射面对天线电性能的影响，就转化为实际天线和镜像天线构成的二元阵的相应问题。

1.7.2　无限大理想导电反射面对天线电性能的影响

分析无限大理想导电反射面对天线电性能的影响主要有两个方面，一是对方向性的影响，二是对阻抗特性的影响。这些都可以用等幅同相或等幅反相的二元阵来处理。

如图 1 - 7 - 3 所示的坐标系，以实际天线的电流 I 为参考电流，当天线的架高为 H 时，镜像天线相对于实际天线之间的波程差为 $-2kH\sin\Delta$，于是由实际天线与镜像天线构成的二元阵的阵因子为

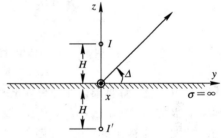

图 1 - 7 - 3　理想导电平面上天线的坐标图

$$
\left.\begin{array}{l}
\text{正镜像时：} F_a(\Delta) = \cos(kH\ \sin\Delta) \\
\text{负镜像时：} F_a(\Delta) = \sin(kH\ \sin\Delta)
\end{array}\right\}
$$

$$(1 - 7 - 1)$$

正、负镜像时的阵因子随天线架高的变化如图 1 - 7 - 4 所示。天线架得越高，阵因子的波瓣个数越多。沿导电平面方向，正镜像始终是最大辐射，负镜像始终是零辐射；负镜像阵因子的零辐射方向和正镜像阵因子的最大辐射方向互换位置，反之亦然。

根据相位差的分析，不难得出，负镜像情况下，最靠近导电平面的第一最大辐射方向对应的波束仰角 Δ_{m1} 所满足的条件为

$$\Delta_{m1} = \arcsin\frac{\lambda}{4H} \qquad (1 - 7 - 2)$$

因此，天线的架高 H 越大，第一个靠近导电平面的最大辐射方向所对应的波束仰角 Δ 越低。理想导电平面上的天线方向图的变化规律对实际天线的架设起着指导作用。

理想导电平面对天线辐射阻抗的影响类似于一般二元阵，可以直接写为

$$
\left.\begin{array}{l}
\text{正镜像：} Z_r = Z_{11} + Z_{12} \\
\text{负镜像：} Z_r = Z_{11} - Z_{12}
\end{array}\right\}
$$

$$(1 - 7 - 3)$$

式中，Z_{12} 是实际天线与镜像天线之间的距离所对应的互阻抗。

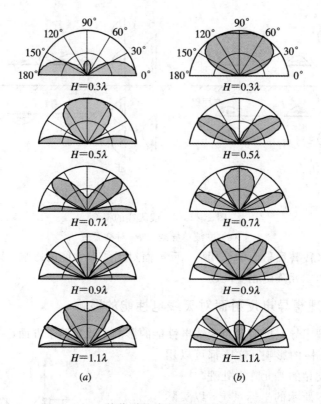

图 1-7-4 镜像时的阵因子随天线架高的变化

(a) 正镜像；(b) 负镜像

【例 1-7-1】 计算架设在理想导电平面上的水平二元半波振子阵的 H 平面方向图、辐射阻抗以及方向系数。$I_{m2} = I_{m1} \mathrm{e}^{-\mathrm{j}\pi/2}$，二元阵的间隔距离 $d = \lambda/4$，天线阵的架高 $H = \lambda/2$。

解 此题可用镜像法分析，如图 1-7-5 所示，该二元阵的镜像为负镜像。取 H 平面为纸面，以 I_{m1} 为参考电流，则 H 平面的方向函数为

$$f(\Delta) = f_1(\Delta) \times f_{a1}(\Delta) \times f_{a2}(\Delta) = 1 \times | \, 1 + \mathrm{e}^{\mathrm{j}(-0.5\pi + 0.5\pi \cos\Delta)} \, | \times | \, 1 - \mathrm{e}^{-\mathrm{j}(2\pi \sin\Delta)} \, |$$

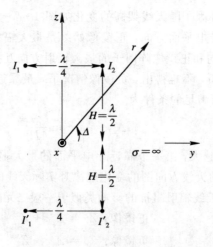

图 1-7-5 例 1-7-1 的 H 平面坐标图

图 1-7-6 绘出了对应的 H 平面方向图，图 1-7-7 绘出了该天线阵的立体方向图。

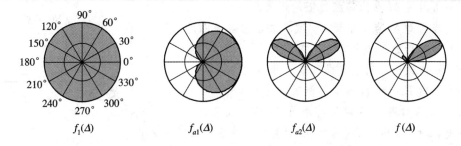

图 1-7-6 例 1-7-1 的 H 平面方向图

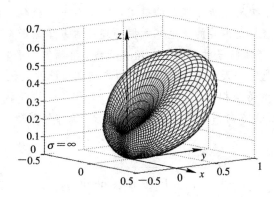

图 1-7-7 例 1-7-1 的立体方向图

以 I_{m1} 为参考电流的阵的总辐射阻抗为

$$Z_{\Sigma(1)} = Z_{r1} + \left| \frac{I_{m2}}{I_{m1}} \right|^2 Z_{r2}$$

$$= Z_{11} + \frac{I_{m2}}{I_{m1}} Z_{12} - Z_{11'} - \frac{I_{m2}}{I_{m1}} Z_{12'} + Z_{22} + \frac{I_{m1}}{I_{m2}} Z_{21} - \frac{I_{m1}}{I_{m2}} Z_{21'} - Z_{22'}$$

$$= 2(Z_{11} - Z_{11'})$$

$$= 2(73.1 + j42.5 - 4.0 - j17.7)$$

$$= 138.2 + j49.6 \ \Omega$$

从方向图可知，天线阵的最大辐射方向位于 H 平面上的 $\Delta = 30°$ 处，因此以 I_{m1} 为参考电流的方向函数的最大值为 $f_{\max(1)} = 3.9704$，因此该天线阵的方向系数为

$$D = \frac{120 f_{\max(1)}^2}{R_{r\Sigma(1)}} = \frac{120 \times 3.9704^2}{138.2} = 13.69$$

习 题 一

1. 电基本振子如图所示放置在 Z 轴上，请解答下列问题：

(1) 指出辐射场的传播方向、电场方向和磁场方向。

(2) 辐射的是什么极化的波?

(3) 指出过 M 点的等相位面的形状。

(4) 若已知 M 点的电场 E,试求该点的磁场 H。

(5) 辐射场的大小与哪些因素有关?

(6) 指出最大辐射的方向和最小辐射的方向。

(7) 指出 E 面和 H 面,并概画方向图。

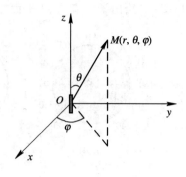

题 1 图

2. 一电基本振子的辐射功率为 25 W,试求 $r=$ 20 km 处,$\theta=0°,60°,90°$ 的场强。θ 为射线与振子轴之间的夹角。

3. 一基本振子密封在塑料盒中作为发射天线,用另一电基本振子接收,按天线极化匹配的要求,它仅在与之极化匹配时感应产生的电动势为最大,你怎样鉴别密封盒内装的是电基本振子还是磁基本振子?

4. 一小圆环与一电基本振子共同构成一组合天线,环面和振子轴置于同一平面内,两天线的中心重合。试求此组合天线 E 面和 H 面的方向图。设两天线在各自的最大辐射方向上远区同距离点产生的场强相等。

5. 计算基本振子 E 面方向图的半功率点波瓣宽度 $2\theta_{0.5E}$ 和零功率点波瓣宽度 $2\theta_{0E}$。

6. 试利用

$$D=\frac{4\pi}{\int_0^{2\pi}\int_0^{\pi}F^2(\theta,\varphi)\sin\theta\,\mathrm{d}\theta\,\mathrm{d}\varphi}$$

的公式计算基本振子的方向系数。

7. 试计算长度为 1 m,铜导线半径 $a=3\times10^{-3}$ m 的电基本振子工作于 10 MHz 时的天线效率。(提示:导体损耗电阻 $R_e=\dfrac{lR_s}{2\pi a}$,其中 $R_s=\sqrt{\dfrac{\omega\mu}{2\sigma}}$ 为导体表面电阻,a 为导线半径,l 为导线长度。对于铜导线,$\mu=\mu_0=4\pi\times10^{-7}$ H/m,$\sigma=5.7\times10^7$ S/m。)

8. 某天线在 yOz 面的方向图如图所示,已知 $2\theta_{0.5}=78°$,求点 $M_1(r_0,51°,90°)$ 与点 $M_2(2r_0,90°,90°)$ 的辐射场的比值。

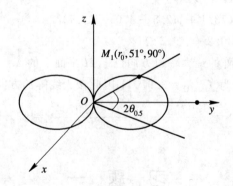

题 8 图

9. 已知某天线的归一化方向函数为

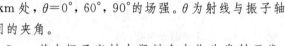

$$F(\theta) = \begin{cases} \cos^2\theta & |\theta| \leqslant \dfrac{\pi}{2} \\ 0 & |\theta| > \dfrac{\pi}{2} \end{cases}$$

试求其方向系数 D。

10. 一天线的方向系数 $D_1 = 10$ dB，天线效率 $\eta_{A1} = 0.5$。另一天线的方向系数 $D_2 = 10$ dB，天线效率 $\eta_{A2} = 0.8$。若将两副天线先后置于同一位置且主瓣最大方向指向同一点 M。

(1) 若二者的辐射功率相等，求它们在 M 点产生的辐射场之比。

(2) 若二者的输入功率相等，求它们在 M 处产生的辐射场之比。

(3) 若二者在 M 点产生的辐射场相等，求所需的辐射功率比及输入功率比。

11. 在通过比较法测量天线增益时，测得标准天线（$G = 10$ dB）的输入功率为 1 W，被测天线的输入功率为 1.4 W。在接收天线处标准天线相对被测天线的场强指示为 1：2，试求被测天线的天线增益。

12. 已知两副天线的方向函数分别是 $f_1(\theta) = \sin^2\theta + 0.5$，$f_2(\theta) = \cos^2\theta + 0.4$，试计算这两副天线方向图的半功率角 $2\theta_{0.5}$。

13. 简述天线接收无线电波的物理过程。

14. 某天线的增益系数为 20 dB，工作波长 $\lambda = 1$ m，试求其有效接收面积 A_e。

15. 有二线极化接收天线，均用最大接收方向对准线极化发射天线，距离分别为 10 km 和 20 km。甲、乙天线分别位于发射天线方向图的最大值和半功率点上，甲天线的极化与来波极化方向成 45°角，乙天线极化方向与来波极化方向平行，二天线均接匹配负载。已知甲天线负载接收功率为 0.1 μW，乙天线为 0.2 μW，求二天线最大增益之比。

16. 某天线接收远方传来的圆极化波，接收点的功率密度为 1 mW/m^2，接收天线为线极化天线，增益系数为 3 dB，$\lambda = 1$ m，天线的最大接收方向对准来波方向，求该天线的接收功率；设阻抗失配因子 $\mu = 0.8$，求进入负载的功率。

17. 一半波振子作接收天线，$R_{in} = 73$ Ω，接收点场强 $E = 100$ μV/m，频率为 75 MHz，设来波方向在 H 面内且电场与天线平行，试求接收天线的等效电势及可能传送给负载的最大功率。

18. $2l \ll \lambda$ 的对称振子上电流分布的近似函数是什么？它的方向图、方向系数、辐射电阻等与同长电流元有何异同？

19. 自由空间对称振子上为什么会存在波长缩短现象？对天线尺寸选择有什么实际影响？

20. 什么是对称振子的谐振长度？为什么谐振长度与振子尺寸（$2l/a$）有关？

21. 总损耗为 1 Ω（归算于波腹电流）的半波振子，与内阻为 $50 + j25$ Ω 的信号源相连接。假定信号源电压峰值为 2 V，振子辐射阻抗 $73.1 + j42.5$ Ω，求：

(1) 电源供给的实功率；

(2) 天线的辐射功率；

(3) 天线的损耗功率。

22. 一半波振子处于谐振状态，它的 $2l/a = 1000$，输入电阻 $R_{in} = 65$ Ω。试计算当用特性阻抗为 300 Ω 的平行无耗传输线馈电时的馈线上的驻波比。

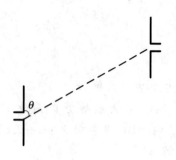

题 24 图

23. 设一直线对称振子，$2l=\lambda/2$，沿线电流为等幅同相分布。根据场的叠加原理，求出此天线的方向函数及方向系数。

24. 如图所示的二半波振子一发一收，均为谐振匹配状态。接收点在发射点的 θ 角方向。两天线相距为 r，辐射功率为 P_r，$\lambda=1$ m。

(1) 求发射天线和接收天线平行放置时的接收功率。已知 $\theta=60°$，$r=5$ km，$P_r=10$ W。

(2) 求接收天线在上述参数情况下的最大接收功率。此时接收天线应如何放置？

25. 欲采用谐振半波振子看频率为 171 MHz 的六频道电视节目，若该振子用直径为 12 mm 的铝管制作，试计算该天线的长度。

附：振子波长缩短率相对于 $2l/a$ 的经验数据

$2l/a$	5000	2500	500	350	50	10	5
缩短率/(%)	2	2	4	4.5	5	9	12

26. 形成天线阵不同方向性的主要因素有哪些？

27. 二半波振子等幅同相激励，如图放置，间距分别为 $d=\lambda/2$、λ，计算其 E 面和 H 面方向函数并概画方向图。

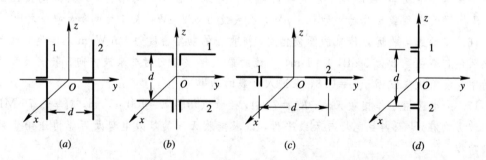

(a)　　　　(b)　　　　(c)　　　　(d)

题 27 图

28. 二半波振子等幅反相激励，排列位置如上题图所示，间距分别为 $d=\lambda/2$、λ，计算其 E 面和 H 面方向函数并概画方向图。

29. 四个电基本振子排列如图所示，各振子的激励相位依图中所标序号依次为

(1) $e^{j0°}$；

(2) $e^{j90°}$；

(3) $e^{j180°}$；

(4) $e^{j270°}$。

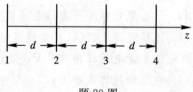

题 29 图

$d=\lambda/4$，试写出 E 面和 H 面方向函数并概画极坐标方向图。

30. 一均匀直线阵，阵元间距离 $d=0.25\lambda$，欲使其最大辐射方向偏离天线阵轴线 $\pm 60°$，相邻单元间的电流相位差应为多少？在设计均匀直线阵时，阵元间距离有没有最大限制？为什么？

31. 五个无方向性理想点源组成沿 z 轴排列的均匀直线阵。已知 $d=\lambda/4$，$\xi=\pi/2$，应用归一化阵因子图绘出含 z 轴平面及垂直于 z 轴平面的方向图。

32. 证明普通端射阵的阵元间距离应满足下式：

$$d \leqslant \frac{\lambda}{2}\left(1-\frac{1}{2N}\right)$$

33. 证明强方向性端射阵的阵元间距离应满足下式：

$$d \leqslant \frac{\lambda}{2}\left(1-\frac{1}{N}\right)$$

34. 证明满足下列条件的 N 元均匀直线阵的阵因子方向图无副瓣：

(1) $d=\dfrac{\lambda}{N}$，$\xi=0$ 的边射阵；

(2) $d=\dfrac{\lambda}{2N}$，$\xi=\pm kd$ 的端射阵。

式中，d 为阵元间距；ξ 为阵元相位差。

35. 两半波细振子如图所示排列，间距 $d=\lambda/2$，用特性阻抗为 $200\ \Omega$ 的平行双线馈电，试求下列两种情况下 AA' 点的输入阻抗：

(1) 输入端在馈线的中央（图(a)）；

(2) 输入端在馈线的一端（图(b)）。

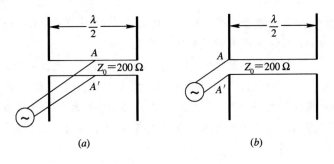

(a) (b)

题 35 图

36. 两等幅同相半波振子平行排列，间距为 1.2λ，试计算该二元阵的方向系数。已知相距 1.2λ 的二平行半波振子之间的互阻抗为 $15.2+j1.9\ \Omega$。

37. 已知相距 $\lambda/4$，互相平行的两元半波天线阵的波腹处的电流有效值之比为 $I_{m1}/I_{m2}=e^{j\pi/2}$，并且 $I_{m1}=1.85\ A$，计算振子"1"和"2"的总辐射阻抗，以及该二元阵的总辐射功率。

38. 一半波振子水平架设地面上空，距地面高度 $h=3\lambda/4$，设地面为理想导体，试画出该振子的镜像，写出 E 面、H 面的方向图函数，并概画方向图。

39. 二等幅同相半波振子平行排列，垂直架设在理想导电地面上空 $\lambda/2$ 处，试求其 E 面和 H 面的方向函数并概画方向图。

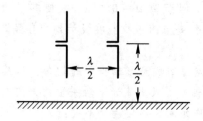

题 39 图

40. 一半波振子水平架设在理想导电地面上，高度为 0.45λ，试求其方向系数。

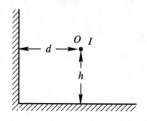

题 41 图

41. 如图所示，半波对称振子置于直角形金属反射屏前的 O 点，$d=h=\lambda/4$，半波对称振子垂直于纸平面，请完成下列问题：

(1) 画出镜像振子；

(2) 写出纸平面内的方向函数；

(3) 画出纸平面内的方向图；

(4) 若已知两平行排列振子，当 $d=\lambda/2$ 时，$Z_{12}=-5.0-\text{j}23.0\ \Omega$，当 $d=\lambda/\sqrt{2}$ 时，$Z_{12}=-20.0+\text{j}0.0\ \Omega$，试计算图中振子的输入阻抗。

42. 一半波振子天线架设如图所示，$d=0.25\lambda$，在理想导电反射面条件下，测得天线远区 z 轴方向某点 A 的电场强度为 E_0，若在保持辐射功率不变的前提下，抽掉反射面，此时测得 A 点的电场强度应为多少？（已知间隔距离为 0.5λ 的两平行半波振子间的互阻抗 $Z_{12}=-12.15-\text{j}29.9\ \Omega$。）如果不抽掉反射面，随着 d 逐渐增大，结果将怎样变化？

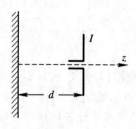

题 42 图

第2章 简单线天线

在 LF~UHF 频段广泛应用线天线（Wire Antenna），在 UHF 高端及微波波段主要应用面天线（Aperture Antenna）。线天线的形式有很多，本章主要介绍得到广泛应用的一些典型线状天线，如双极天线、鞭状天线、引向天线等。

2.1 水平对称天线

在通信、电视或其他无线电系统中，常使用水平天线（Horizontal Antenna）。水平架设天线的优点是：

(1) 架设和馈电方便；

(2) 地面电导率对水平天线方向性的影响较垂直天线的小；

(3) 可减小干扰对接收的影响。因为水平对称天线辐射水平极化波，而工业干扰大多为垂直极化波，故可以减少干扰对接收的影响，这对短波通信是有实际意义的。

2.1.1 双极天线

双极天线即水平对称振子（Horizontal Symmetrical Dipole），如图 2-1-1 所示，又称 π 型天线。天线的两臂可用单根硬拉黄铜线或铜包钢线做成，也可用多股软铜线，导线的直径根据所需的机械强度和功率容量决定，一般为 3~6 mm。天线臂与地面平行，两臂之间有绝缘子。天线两端通过绝缘子与支架相连。为降低天线感应场在附近物体中引起的损耗，支架应距离振子两端 2~3 m。为了降低绝缘子的介质损耗，绝缘子宜采用高频瓷材料。支架的金属拉线中亦应每相隔小于 λ/4 的间距加入绝缘子，这样使拉线不至于引起方向图的失真。

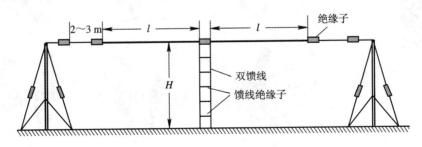

图 2-1-1 双极天线结构示意图

由图 2-1-1 可见，这种天线结构简单，架设撤收方便，维护简易，因而是应用广泛的短波天线，适用于天波传播。

当天线一臂的长度 $l=12$ m 或 22 m 时，天线特性阻抗通常为 1000 Ω 左右，馈线使用 $H=10$ m 长的双导线，馈线特性阻抗为 600 Ω。这就是移动通信常用的 44 m（即 $2H+2l$ 长度）或 64 m 双极天线。当其架设高度小于 0.3λ，向高空方向（仰角 90°）辐射最强，宜作 300 km 范围内的通信用天线。

1. 双极天线的方向性

由于双极天线主要用于天波传播，而天波传播时，电波射线以一定仰角入射到电离层后又被反射回地面，从而构成甲乙两地的无线电通信，通信距离与电波射线仰角有密切关系。为了便于描绘场强随射线仰角 Δ 和方位角 φ 的变化关系，一般直接用 Δ、φ 作自变量表示天线的方向性，而不使用射线与振子轴之间的夹角 θ 作方向函数的自变量。按图 2-1-2 中的几何关系，可得

$$\cos\theta = \frac{OA}{OP} = \frac{OP'}{OP} \cdot \frac{OA}{OP'} = \cos\Delta\ \sin\varphi$$

$$(2-1-1)$$

利用该式可得

$$\sin\theta = \sqrt{1 - \cos^2\Delta\ \sin^2\varphi} \quad (2-1-2)$$

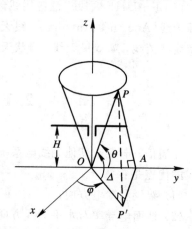

图 2-1-2 双极天线的坐标系统

在分析天线的方向性时，可以把地面看做是理想导电地。因为在大多数情况下水平极化波地面反射系数都接近 −1，可用地面下的负镜像天线来代替地面对辐射的影响。由自由空间对称振子方向函数和负镜像阵因子按方向图乘积定理得

$$f(\Delta,\varphi) = \left| \frac{\cos(kl\ \cos\Delta\ \sin\varphi) - \cos kl}{\sqrt{1 - \cos^2\Delta\ \sin^2\varphi}} \right| \ | \ 2\sin(kH\ \sin\Delta) | \quad (2-1-3)$$

根据该表达式，可以画出双极天线的立体方向图，图 2-1-3 表示双极天线在不同臂长情况下的方向图，图 2-1-4 表示在不同架高时的方向图。

图 2-1-3 动画

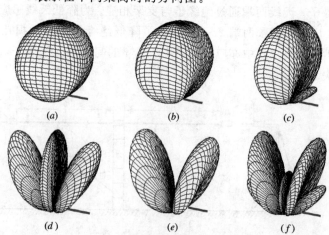

图 2-1-3 双极天线方向图随臂长 l 的变化（$H=0.25\lambda$）

$(a)\ l=0.25\lambda$；$(b)\ l=0.5\lambda$；$(c)\ l=0.65\lambda$；$(d)\ l=0.75\lambda$；$(e)\ l=1.0\lambda$；$(f)\ l=1.2\lambda$

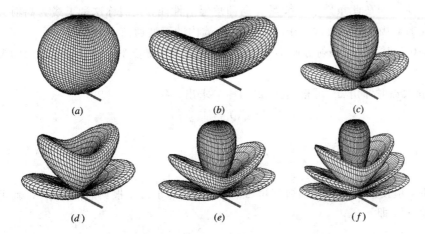

图 2-1-4 动画

图 2-1-4　双极天线方向图随架高 H 的变化($l=\lambda/4$)

(a) $H=0.25\lambda$；(b) $H=0.5\lambda$；(c) $H=0.75\lambda$；(d) $H=1.0\lambda$；

(e) $H=1.25\lambda$；(f) $H=1.75\lambda$

为了便于分析，我们在研究天线方向性时，通常总是研究两个特定平面的方向性，例如在研究自由空间天线方向性时，往往取两个相互垂直的平面即 E 面和 H 面作特定平面。但在研究地面上的天线方向性时，一方面要考虑地面的影响，另一方面要结合电波传播的情况选取两个最能反映天线方向性特点的平面，通常选取铅垂平面和水平平面，这两个平面具有直观方便的特点。

所谓铅垂平面，就是与地面垂直且通过天线最大辐射方向的垂直平面。鉴于实际天线的臂长 $l<0.7\lambda$，单元天线最大辐射方向垂直于对称振子，故取振子的 H 面为垂直平面，在图 2-1-2 中，xOz 平面就是双极天线的垂直平面。水平平面是指对应一定的仰角 Δ，固定 $r(OP)$，观察点 P 绕 z 轴旋转一周所在的平面，在该平面上 P 点场强随 φ 变化的相对大小即为双极天线的水平平面方向图。下面分别讨论天线的垂直平面和水平平面方向图。

1) 垂直平面方向图

图 2-1-2 中，$\varphi=0°$的 xOz 面即为双极天线的垂直平面。将 $\varphi=0°$代入式(2-1-3)，可得

$$f_{xOz}(\Delta,\varphi=0°) = |\,1-\cos kl\,| \cdot |\,2\sin(kH\sin\Delta)\,| \qquad (2-1-4)$$

由于单元天线的 xOz 面方向图是圆，故双极天线的垂直平面方向图形状仅由地因子决定。地因子方向图可以参考第 1 章图 1-7-4。垂直平面方向图也可从立体图图 2-1-4 按垂直于振子轴(即 xOz 面)进行切割获得。

垂直平面方向图具有下列特点：

(1) 垂直平面方向图只与 H/λ 有关，而与 l/λ 无关。这是因为，不管单元振子有多长，元因子在垂直于振子轴的平面内方向图恒为一个圆。故可用改变天线架设高度 H/λ 来控制垂直平面内的方向图。

(2) 无论 H/λ 为何值，沿地面方向(即 $\Delta=0°$方向)均无辐射。这是由于天线与其镜像在该方向的射线行程差为零，且两者电流反相，因而辐射场互相抵消。所以，这种天线不能用作地面波通信。

(3) 当 $H/\lambda\leqslant0.25$ 或放宽到 $H/\lambda\leqslant0.3$ 时，最大辐射方向在 $\Delta=90°$，在 $\Delta=60°\sim90°$

范围内场强变化不大，即在此条件下天线具有高仰角辐射性能，我们称这种天线为高射天线。这种架设不高的双极天线，通常应用在 $0 \sim 300$ km 内的天波通信中。

（4）当 $H/\lambda > 0.3$ 时，最强辐射方向不止一个，H/λ 越高，波瓣数越多，靠近地面的第一波瓣 Δ_{m1} 越低。

第一波瓣的最大辐射仰角 Δ_{m1} 可根据式（2-1-4）求出，令

$$\sin(kH \sin\Delta_{m1}) = 1$$

得

$$\Delta_{m1} = \arcsin \frac{\lambda}{4H} \qquad (2-1-5)$$

在架设天线时，应使天线的最大辐射仰角 Δ_{m1} 等于通信仰角 Δ_0。根据通信仰角 Δ_0 就可求出天线架设高度 H，即

$$H = \frac{\lambda}{4 \sin\Delta_0} \qquad (2-1-6)$$

当双极天线用作天波通信时，工作距离愈远，通信仰角 Δ_0 愈低，则要求天线架设高度越高。

（5）当地面不是理想导电地时，不同架设高度的天线在垂直平面内的方向图的变化规律与理想导电地基本相同，只是场强最大值变小，最小值不为零，最大辐射方向稍有偏移。不同地质对水平振子方向性的影响不大。

2）水平平面方向图

水平平面方向图就是在辐射仰角 Δ 一定的平面上，天线辐射场强随方位角 φ 的变化关系图。显然这时的场强既不是单纯的垂直极化波，也不是单纯的水平极化波。方向函数如式（2-1-3）所示（式中 Δ 固定），即方向函数是下列地因子与元因子的乘积：

$$f_{地}(\Delta) = 2 \mid \sin(kH \sin\Delta) \mid \qquad (2-1-7)$$

$$f_1(\Delta,\varphi) = \left| \frac{\cos(kl \cos\Delta \sin\varphi) - \cos kl}{\sqrt{1 - \cos^2\Delta \sin^2\varphi}} \right| \qquad (2-1-8)$$

因为地因子与方位角 φ 无关，所以水平平面内的方向图形状仅由元因子 $f_1(\Delta,\varphi)$ 决定。图 2-1-5 和图 2-1-6 分别给出了 $l/\lambda = 0.25$ 及 $l/\lambda = 0.50$ 时双极天线在理想导电地面上不同仰角时的水平平面方向图。由图可以看出：

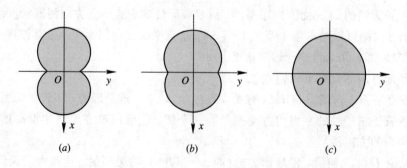

图 2-1-5 $l/\lambda = 0.25$ 时双极天线水平平面方向图
(a) $\Delta = 20°$；(b) $\Delta = 40°$；(c) $\Delta = 60°$

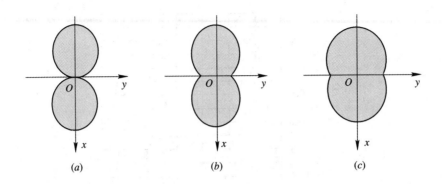

图 2-1-6 $l/\lambda = 0.5$ 时双极天线水平平面方向图

(a) $\Delta = 20°$; (b) $\Delta = 40°$; (c) $\Delta = 60°$

(1) 双极天线水平平面方向图与架高 H/λ 无关。因为当仰角一定而 φ 变化时，直射波与反射波的波程差不变，镜像的存在只影响合成场的大小。

(2) 水平平面方向的形状取决于 l/λ，方向图的变化规律与自由空间对称振子的相同，l/λ 越小，方向性越不明显。当 $l/\lambda < 0.7$ 时，最大辐射方向在 $\varphi = 0°$ 方向；当 $l/\lambda > 0.7$ 时，在 $\varphi = 0°$ 方向辐射很少或没有辐射。因此，一般应选择天线长度使 $l/\lambda \leqslant 0.7$。

(3) 仰角越大时，水平平面方向性越不显著。因为方向图取决于 $\cos\Delta \sin\varphi$，当仰角越大时，φ 的变化引起的场强变化越小。因此，当用双极天线作高仰角辐射时，振子架设的方位对工作影响不大，甚至顺着天线轴线方位仍能得到足够强的信号。

综合双极天线垂直平面和水平平面方向图的分析，可得如下重要结论：

(1) 天线的长度只影响水平平面方向图，而对垂直平面方向图没有影响。架设高度只影响垂直平面方向图，而对水平平面方向图没有影响。因此控制天线的长度，可控制水平平面的方向图。控制天线架设高度，可控制垂直平面的方向图。

(2) 天线架设不高（$H/\lambda \leqslant 0.3$）时，在高仰角方向辐射最强，因此这种天线可作 $0 \sim 300$ km 距离内的侦听、干扰或通信，又由于高仰角的水平平面方向性不明显，因此对天线架设方位要求不严格。

(3) 当远距离通信时，应该根据通信距离选择通信仰角，再根据通信仰角确定天线架设高度，以保证天线最大辐射方向与通信方向一致。

(4) 为保证天线在 $\varphi = 0°$ 方向辐射最强，应使天线一臂的电长度 $l/\lambda \leqslant 0.7$。

2. 双极天线的输入阻抗

为了使天线能从发射机或馈线获得尽可能多的功率，要求天线必须与发射机或馈线实现阻抗匹配，为此，必须了解天线的输入阻抗。

计算双极天线输入阻抗不仅要考虑到振子本身的辐射，还要考虑地面的影响。地面对天线输入阻抗的影响，可用天线的镜像来代替，然后用耦合振子理论来计算。应当说明的是，由于实际地面的电导率为有限值，因此用镜像法和耦合振子理论所得的结果误差较大，一般往往通过实际测量来得出天线的输入阻抗随频率的变化曲线。图 2-1-7 即是一副双极天线的输入阻抗随频率的变化曲线。

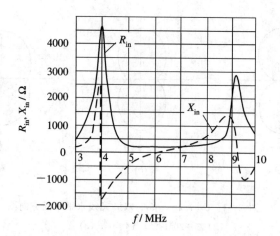

图 2-1-7 $l=20$ m、$H=6$ m 的双极天线输入阻抗

由图可见，双极天线的输入阻抗在波段内的变化比较激烈，如果不采取匹配措施，馈线上的行波系数将有明显变化，传输线的传输效率将受到明显影响。这也是欲在宽频带内使用双极天线时应当注意的问题。

3. 方向系数

天线的方向系数可由下式求得：

$$D = \frac{120 f^2(\Delta_{m1}, \varphi)}{R_r} \qquad (2-1-9)$$

式中，$f(\Delta_{m1}, \varphi)$ 为天线在最大辐射方向的方向函数，Δ_{m1} 按式（2-1-5）计算；R_r 为天线的辐射阻抗。$f(\Delta_{m1}, \varphi)$ 和 R_r 二者应归算于同一电流。对双极天线而言，$R_r = R_{11} - R_{12}$，R_{11} 是振子的自辐射电阻，R_{12} 是振子与其镜像之间（相距 $2H$）的互辐射阻抗。图 2-1-8 表示天线架高 $H > \lambda/2$，且地面为理想导电地时的方向系数与 l/λ 的关系曲线。当 H 较低或地面不是理想导电地面时，天线的方向系数低于图中的数值。

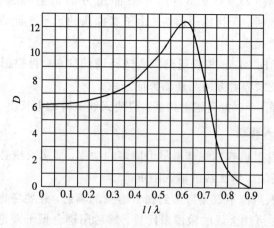

图 2-1-8 双极天线的 $D \sim l/\lambda$ 关系曲线

4. 双极天线的尺寸选择

1）臂长 l 的选择原则

（1）从水平平面方向性考虑。为保证在工作频率范围内，天线的最大辐射方向不发生

变动，应选择振子的臂长 $l < 0.7\lambda_{min}$，其中 λ_{min} 为最短工作波长，满足此条件时，最大辐射方向始终在与振子垂直(即 $\varphi = 0°$)的平面上。

（2）从天线及馈电的效率考虑。若 l/λ 太短，天线的辐射电阻较低，使得天线效率 η_A 降低。同时当 l/λ 太短时，天线输入电阻太小，容抗很大，故与馈线匹配程度很差，馈线上的行波系数很低。若要求馈线上的行波系数不小于0.1，由图2-1-9可见，通常要求

$$l \geqslant 0.2\lambda$$

考虑电台在波段工作，则应满足

$$l \geqslant 0.2\lambda_{max} \qquad (2-1-10)$$

综合以上考虑，天线长度应为

$$0.2\lambda_{max} \leqslant l \leqslant 0.7\lambda_{min} \qquad (2-1-11)$$

若工作波段过宽，一副天线不易满足要求时，宜选用长度不同的两副天线。例如，某单边带电台的工作频率为2～30 MHz，由于波段较宽，就配备两副双极天线，在2～10 MHz时，使用 $2l = 2\times22$ m 的双极天线；在10～30 MHz时，使用 $2l = 2\times12$ m 的双极天线。

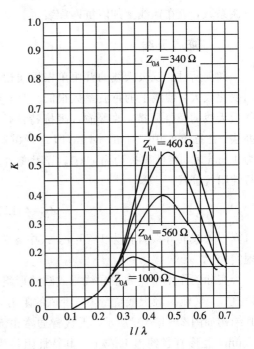

图2-1-9 馈线上行波系数 $K \sim l/\lambda$ 关系曲线
（馈线特性阻抗为600 Ω）

2）天线架高 H 的选择

选择原则是保证在工作波段内通信仰角方向上的辐射较强。

如果通信距离在300 km以内，可采用高射天线，通常取架设高度 $H = (0.1\sim0.3)\lambda$。对中小功率电台，双极天线的架设高度在8～15 m范围内，此时对天线的架设方位要求不严。

如果通信距离较远，则应当使天线的最大辐射方向 Δ_{m1} 与所需的射线仰角 Δ_0 一致，根据式(2-1-6)计算天线架设高度 H，即

$$H = \frac{\lambda}{4 \sin\Delta_0} \qquad (2-1-12)$$

实际工作中往往使用宽波段，当架设高度一定而频率改变时，天线的最大辐射仰角会随之改变，所选定的架设高度对某些频率可能不适用。因此，对一定频段内工作的双极天线架设高度应作全面考虑，一方面架设要方便，另一方面要求各个频率在给定仰角上应有足够强的辐射。幸好对于中、短距离($r < 1000$ km)，若工作波段不是过宽还是可以满足的。例如，工作波段为3～10 MHz，所需仰角 $\Delta_0 = 47.5°$，按10 MHz时的工作条件选择 $H = 10$ m，该高度对于3 MHz来讲只有 0.1λ，虽然此时天线的最大辐射方向指向 $\Delta = 90°$，但在 $\Delta = 47.5°$ 方向上的辐射仍能达到最大方向的0.76，即 Δ_0 仍处于天线的半功率角之内，能够满足工作需要。实际上，双极天线也主要工作于中、短距离。

综上所述，双极天线是一种结构简单、架设维护方便的弱方向性天线，特别适用于半

固定式短波电台。但其主要缺点是工作频带窄，馈线上的行波系数很低，特别是在低频端尤为严重。因此，不宜在大功率电台或馈线很长的情况下使用。必要时为了改善馈线上的行波系数，应在馈线上加阻抗匹配装置。

2.1.2 笼形天线

如前所述，双极天线的臂由单根导线构成，它的特性阻抗较高，输入阻抗在工作频段内变化较大，馈线上的行波系数很低。为了克服这个缺点，可采用加粗振子直径的办法来降低天线的特性阻抗，改善输入阻抗特性，展宽工作频带。然而，单纯用加粗导线直径的办法，往往不实用。例如，64 m(即 2×10(高)+2×22(长)=64 m)双极天线，其导线直径为 4 mm 时，特性阻抗约为 1 kΩ，若用增加直径的办法，使特性阻抗为 350 Ω，根据天线的特性阻抗公式

$$Z_{0A} = 120\left(\ln\frac{2l}{a} - 1\right) \qquad (2-1-13)$$

可算得天线的导线直径为 1.75 m，式中 a 为导线半径。显然，用这样粗的铜管作天线是不现实的。

实际工作中常用几根导线排成圆柱形组成振子的两臂，这样既能有效地增加天线的等效直径，又能减轻天线重量，减少风的阻力，节约材料，这就是笼形天线(Cage Antenna)，其结构如图 2-1-10 所示。天线臂通常由 6～8 根细导线构成，每根导线直径为 3 mm～5 mm，笼形直径约为 1～3 m，其特性阻抗为 250～400 Ω。因特性阻抗较低，天线输入阻抗在波段内变化较平缓，故可以展宽使用的波段。

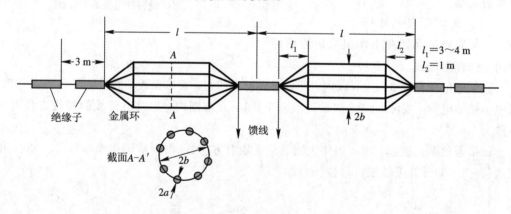

图 2-1-10 笼形天线结构示意图

由于笼形天线的直径很大，振子两臂在输入端有很大的端电容，这样将使天线与馈线间的匹配变差。为了减小在馈电点附近的端电容，以保证天线与馈线间的良好匹配，振子的半径应从距离馈电点 3～4 m 处逐渐缩小，至馈电处集合在一起。为了减小天线的末端效应，便于架设，振子的两端也应逐渐缩小。

笼形天线的等效半径 a_e 可按下式计算：

$$a_e = b \cdot \sqrt[n]{\frac{na}{b}} \qquad (2-1-14)$$

其中，a 为单根导线半径；b 为笼形半径；n 为构成笼的导线根数。若取 $a=2$ mm，$b=1.5$ m，

$n=8$，则 $a_e=0.85$ m，上述 64 m 双极天线的特性阻抗为 353.6 Ω。

笼形天线的方向性、尺寸的选择都与双极天线相同。笼形天线用于移动式电台是很不方便的，它在固定的通信台站中应用较多。

为了进一步展宽笼形天线的工作频带，可将笼形天线改进为分支笼形天线，如图 2-1-11(a) 所示，其等效电路如图 2-1-11(b) 所示，开路线 3-5、4-6 与短路线 3-7-4（分支）有着符号相反的输入阻抗，调节短路线的长度，即改变 3 和 4（参见图 2-1-11(a)）在笼形上的位置，可以改善天线的阻抗特性，展宽频带宽度。

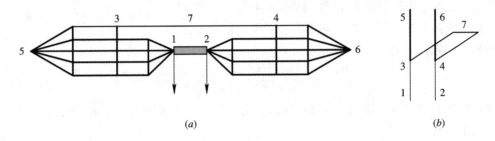

图 2-1-11　分支笼形天线

（a）结构示意图；（b）等效电路

除了采用加粗振子臂直径的方法来展宽阻抗带宽外，还可以将双极天线的臂改成其他形式，如图 2-1-12 所示的笼形构造的双锥天线、图 2-1-13 所示的扇形天线等。在米波波段可应用平面片形臂，如图 2-1-14 所示。

图 2-1-12　笼形构造的双锥天线

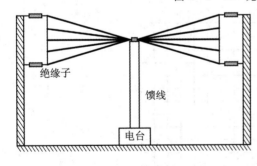

图 2-1-13　扇形天线

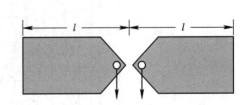

图 2-1-14　平面片形对称振子

2.1.3　V 形对称振子

在第 1 章我们学习了自由空间对称振子。对于这种直线式对称振子，当 $l/\lambda=0.635$ 时，其方向系数达到最大值 $D_{max}=3.296$。如果继续增大 l，由于振子臂上的反相电流的辐射，削弱了 $\theta=90°$ 方向上的场，使该方向的方向系数下降。如果对称振子的两臂不排列在一条直线上，而是张开 $2\theta_0$，构成如图 2-1-15 所示的 V 形对称振子(Vee Dipole)，则可提高方向系数。V 形天线的设计任务是选择适当的张角 $2\theta_0$，使得两根直线段所产生的波瓣指向同一方向。如果希望 V 形天线的最大辐射方向位于 V 形平面的角平分线上，则张角的最佳值是单根直线天线轴与其主瓣夹角的两倍。

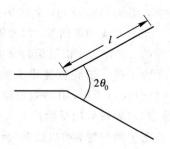

图 2-1-15　V 形对称振子

为了求出 V 形对称振子的远区场，首先考虑振子的一个臂。设线上电流按正弦分布，仿照 1.4 节由电基本振子的场通过积分求对称振子场的方法，可求得这一驻波单导线的远区场为

$$E_{\theta 1}(r,\theta,\varphi) = j\frac{30 I_m}{r}\frac{e^{jkl\cos\theta} - \cos kl - j\cos\theta\sin kl}{\sin\theta}e^{-jkr} \qquad (2-1-15)$$

式中，I_m 为电流的波腹值；l 为导线长度；r 为坐标原点到观察点的距离；θ 为射线与导线轴之间的夹角。

V 形振子的另一个臂的辐射场也可用上述方法求出。在 V 形振子张角平分线方向上，即上式中，$\theta = \theta_0$，两臂的辐射场振幅相等、相位相同，叠加可得 V 形振子角平分线上的辐射场为

$$E_{\theta}(r,\theta,\varphi) = j\frac{60 I_m}{r}\frac{e^{jkl\cos\theta_0} - \cos kl - j\cos\theta_0\sin kl}{\sin\theta_0}e^{-jkr} \qquad (2-1-16)$$

相应地，可求出 V 形振子角平分线方向上的方向系数，如图 2-1-16 所示。对应于最大方向系数的张角称为最佳张角 $2\theta_{\text{opt}}$，一般来说，l/λ 值愈大，$2\theta_{\text{opt}}$ 值也就愈小。对于 $0.5 \leqslant l/\lambda \leqslant 3.0$ 的 V 形天线，有如下的经验公式：

$$\left.\begin{aligned} 2\theta_{\text{opt}} &= 152\left(\frac{l}{\lambda}\right)^2 - 388\frac{l}{\lambda} + 324 & 0.5 \leqslant \frac{l}{\lambda} < 1.5 \\ 2\theta_{\text{opt}} &= 11.5\left(\frac{l}{\lambda}\right)^2 - 70.5\frac{l}{\lambda} + 162 & 1.5 \leqslant \frac{l}{\lambda} \leqslant 3.0 \end{aligned}\right\} \qquad (2-1-17)$$

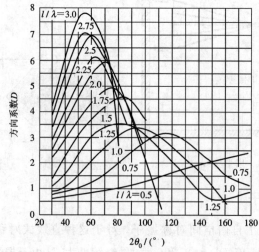

图 2-1-16　V 形振子的方向系数

上述 $2\theta_{\text{opt}}$ 的单位以度表示，对应的角平分线上的最大方向系数为

$$D = 2.94\frac{l}{\lambda} + 1.15 \qquad 0.5 \leqslant \frac{l}{\lambda} \leqslant 3 \qquad (2-1-18)$$

一般将臂长小于 0.5λ 的 V 形天线称为角形天线，其特点是水平平面的方向性很弱。这种天线在短波通信中应用亦较广，天线臂可做成笼形，以增大阻抗工作频带宽度。第 3 章还将介绍行波 V 形天线，线上电流按行波分布，具有宽频带特性。

对称振子的两臂除上述介绍的不排列在一条直线上的外，两臂还可以是其它曲线的形状。振子臂的几何形状由直线改变成曲线后，可以取消振子可使用的长度受到 $2l \leqslant \lambda$ 的限制；同时，若曲线选择得恰当，则还可以降低旁瓣电平，提高增益。以增益最大为出发点进行优化可得出最佳形式的曲线，高斯曲线就是其中的一种。但优化曲线振子的曲线形状复杂，加工不便，增益对振子形状敏感。

2.1.4 电视发射天线

1. 电视发射天线的特点和要求

电视所用的 1~12 频道是甚高频（VHF），其频率范围为 48.5 MHz~223 MHz；13~68 频道是特高频（UHF），其频率范围为 470 MHz~958 MHz。由于电波主要以空间波传播，因而电视台的服务范围直接受到天线架设高度的限制。为了扩大电视台的服务区域，一般天线要架设在高大建筑物的顶端或专用的电视塔上。这样一来，就要求它在结构、防雷、防冰凌等方面满足一定的要求。

电视演播中心及其发射中心一般在城市中央，为了增大服务范围，要求天线在水平平面内应具有全向性。如果在城市边缘的小山或高山上建台，就应考虑某些方向人口多，而某些方向人口少等问题；为了有效地利用发射功率，就必须考虑水平平面具有一定的方向性。而在垂直平面内要有较强的方向性，以便能量集中于水平方向而不向上空辐射。当天线架设高度过高时，还需采用主波束的下倾方式。

从极化考虑，为减小天线受垂直放置的支持物和馈线的影响，减小工业干扰，并且架设方便，应采用水平极化波。因此，电视发射天线都是与地面平行即水平架设的对称振子及其变型。

另外，因为人们的视觉要比听觉灵敏得多（人眼对光的延迟和相位失真的感觉要比耳朵对声音灵敏得多），所以对电视在电特性方面的要求比一般电声广播要高，因而要求天线要有足够带宽，并要满足对驻波比的要求，以保证天线与馈线处于良好的匹配状态。此外，在馈电时还要考虑到"零点补充"问题，以免临近电视台的部分地区的用户收看不好。

2. 旋转场天线

对于电视及调频广播发射天线，要求它为水平平面全向天线，即水平平面的方向图近似一个圆，从而保证各个方向都接收良好。为得到近似于圆的水平方向图，可以采用旋转场天线（Turnstile Antenna）。

下面先以电基本振子组成的旋转场天线为例，说明它的工作原理。

设有两个电基本振子在空间相互垂直放置，如图 2-1-17 所示，馈给两个振子的电流大小相等，相位相差 90°，则在振子组成的平面内的任意点上，两个振子产生的场强分别为

$$\left.\begin{aligned} E_1 &= A\,\sin\theta\,\cos(\omega t - kr) \\ E_2 &= A\,\cos\theta\,\sin(\omega t - kr) \end{aligned}\right\} \qquad (2-1-19)$$

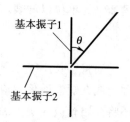

图 2-1-17　相互垂直的
电基本振子

其中 A 是与传播距离、电流和振子电长度有关而与方向性无关的一个因子。在两振子所处的平面内，两振子辐射电场方向相同，所以总场强就是两者的代数和，即

$$E = E_1 + E_2 = A\,\sin(\omega t + \theta - kr) \qquad (2-1-20)$$

由式(2-1-20)可见，在某一瞬间(如 $t=0$)，在振子所在平面内的方向图为一个"8"字形，而在任一点处，E 又是随时间而变化的，变化周期为 ω。也就是说，在任何瞬间，天线在该平面内的方向图为"8"字形，但这个"8"字形的方向图随着时间的增加，围绕与两振子相垂直的中心轴以角频率 ω 旋转，故这种天线称为旋转场天线。天线的稳态方向图为一个圆，如图 2-1-18(a)所示。

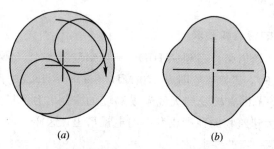

(a) 　　　　　　　　　(b)

图 2-1-18　由电基本振子和半波振子组成的旋转场天线的方向图
(a) 电基本振子组成旋转场天线；(b) 半波振子组成旋转场天线

在与两个振子相垂直的中心轴上，场强是一个常数，因为此时电场

$$E = A\,\sqrt{\cos^2(\omega t - kr) + \sin^2(\omega t - kr)} = A$$

而且在该中心轴上电场是圆极化场。

如果把基本振子用两个半波振子来代替，就是实际工作中常用的一种旋转场天线，其方向图与前者相比略有不同，与一个圆相比约有 $\pm 5\%$ 的起伏变化，如图 2-1-18(b)所示。在半波振子组成的平面内，合成场为

$$E = A\left[\frac{\cos\!\left(\dfrac{\pi}{2}\,\cos\theta\right)}{\sin\theta}\cos(\omega t - kr) + \frac{\cos\!\left(\dfrac{\pi}{2}\,\sin\theta\right)}{\cos\theta}\sin(\omega t - kr)\right] \qquad (2-1-21)$$

在与两个振子相垂直的轴上，电场仍为圆极化波。

这种天线可以架设在一副支撑杆上，杆子与两振子轴垂直。因"8"字形的方向图围绕杆子旋转，故又称绕杆天线。

为了提高天线的增益系数，可以在同一根杆子上安装几层相同的天线。

3. 蝙蝠翼天线

电视发射天线的种类很多，目前在 VHF 频段广泛采用的一种是蝙蝠翼天线(Batty Wing Antenna)。它是由半波振子逐步演变而来的，如图 2-1-19 所示，为了满足宽频带的要求，采用粗振子天线；为了减轻天线重量，用平板代替圆柱体；为了减少风阻，以用钢管或铝管做成的栅板来代替金属板；为了防雷击，还加入接地钢管，在 E-E 处短路，并在中央钢管中间馈电。图 2-1-20 为蝙蝠翼天线的结构示意图。

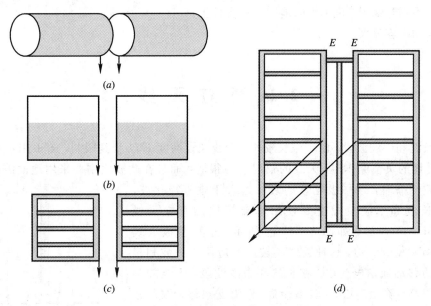

图 2-1-19　蝙蝠翼天线的演变过程

　　由图可见，中间的振子较短，两端的振子较长，这种结构是为了改善其阻抗特性。因为两翼的竖杆组成一平行传输线，两端短路，在 A~E 间形成驻波，短路线的输入阻抗为感抗，其大小从 $E{\rightarrow}D{\rightarrow}C{\rightarrow}B{\rightarrow}A$ 逐渐增大，而在这些点上接入的对称振子的臂长从 D 到 A 逐渐减短，因而其输入容抗逐渐增大，从而与短路线的输入感抗相互抵消，所以具有宽频带特性。经实验测试，天线的输入阻抗约为 150 Ω。顺便指出，这样一组同相激励的振子在垂直平面的方向图大体上与平行排列的、间距为 $\lambda/2$ 的等幅同相两半波振子的方向图相同。

　　实际应用时，为了在水平平面内获得近似全向性，可将两副蝙蝠翼面在空间呈正交。为了增加天线的增益，可增加蝙蝠翼的层数，两层间距为一个波长，如图 2-1-21 所示。

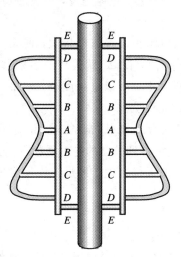

图 2-1-20　蝙蝠翼天线结构示意图

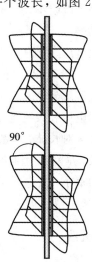

图 2-1-21　多层旋转场蝙蝠翼天线

蝙蝠翼天线的优点是：

（1）频带很宽，在驻波比 $\rho \leqslant 1.1$ 时，相对带宽可达（20～25）％；

（2）不用绝缘子，可很牢固地固定在支柱上；

（3）功率容量大。

2.2　直 立 天 线

在长波和中波波段，由于波长较长，天线架设高度 H/λ 受到限制，若采用水平悬挂的天线，受地的负镜像作用，天线的辐射能力很弱，而且在此波段主要采用地面波传播。由于地面波传播时，水平极化波的衰减远大于垂直极化波，因此在长波和中波波段主要使用垂直接地的直立天线（Vertical Antenna），如图 2-2-1 所示，也称单极天线（Monopole Antenna）。这种天线还被广泛应用于短波和超短波段的移动通信电台中。在长波和中波波段，天线的几何高度很高，除用高塔（木杆或金属）作为支架将天线吊起外，也可直接用铁塔作辐射体，称为铁塔天线或桅杆天线。在短波和超短波波段，由于天线并不长，外形像鞭，故又称为鞭状天线。

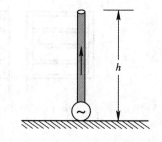

图 2-2-1　直立天线示意图

这类天线的共同问题是，因结构所限而不能做得太高，即使在短波波段的移动通信中，由于天线高度 h（h 为天线高度，区别于架设高度 H）受到涵洞、桥梁等环境和本身结构的限制，也不能架设得太高。这样，直立天线的电高度就小，从而产生下列问题：

（1）辐射电阻小，损耗电阻与辐射电阻相比，相应地就比较大，这样，天线的效率低，一般只有百分之几。

（2）天线输入电阻小，输入电抗大（类似于短的开路线），也就是说，天线的 Q 值很高，因而工作频带很窄。

（3）易产生过压。当输入功率一定时，由于输入电阻小而输入电抗大，使天线输入端的电流很大（$P_{in} = R_{in} I_{in}^2 / 2$），输入电压 $U_{in} = I_{in}(R_{in} + jX_{in}) \approx jI_{in}X_{in}$ 就很高，天线顶端的电压更高，易产生过压现象，这是大功率电台必须注意的问题。所以电高度小，使得天线允许功率低。天线端电压和天线各点的对地电压不应超过允许值。

上述问题中，对长波、中波天线来说，要考虑的主要问题是功率容量、频带和效率问题；在短波波段，虽然相对通频带 $2\Delta f / f_0$ 不大，但仍可得到较宽的绝对通频带 $2\Delta f$，加之距离近，电台功率小，故主要考虑效率问题；对超短波天线来说，只要天线长度选择得不是太小，上述这些问题一般可不考虑。

2.2.1　鞭状天线

鞭状天线（Whip Antenna）是一种应用相当广泛的水平平面全向天线，最常见的鞭状天线就是一根金属棒，在棒的底部与地之间进行馈电，如图 2-2-1 所示。为了携带方便，可将棒分成数节，节间可采取螺接、拉伸等连接方法，如图 2-2-2 所示。

这种天线结构简单以及使用简易，携带方便，比较坚固，因而特别适合运动中的无线电台使用，例如便携式电台以及车辆、飞机、舰船等物体上的电台上均配有这种天线。

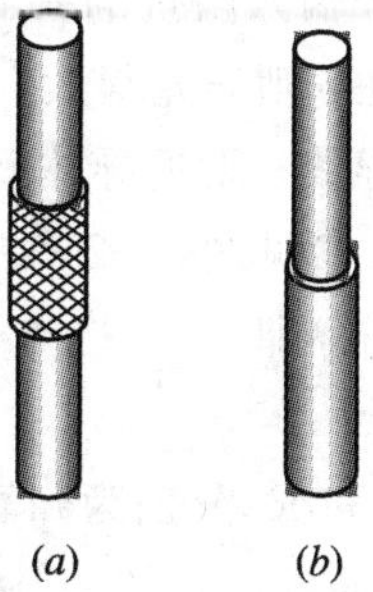

(a)　　　　(b)

图 2-2-2　鞭状天线的几种连接方法
(a) 螺接式；(b) 拉伸式

1. 鞭状天线电性能

1）极化

鞭状天线是一种垂直极化天线，在理想导电地面上，其辐射场垂直于地面，在实际地面上虽有波前倾斜，但仍属垂直极化波。

2）方向图及方向系数

根据 1.7 节的分析，地面对鞭状天线的影响可以用天线的正镜像代替，鞭状天线的方向图与自由空间对称振子的一样，但只取上半空间。

直立天线方向图

在理想导电地上，鞭状天线的辐射电阻是相同臂长自由空间对称振子的一半，而方向系数则是 2 倍。当天线很短，$h/\lambda < 0.1$ 时，方向系数近似等于 3。

3）有效高度

在 1.2.8 节中已经介绍了天线有效长度的概念，对直立天线而言即为有效高度。有效高度是直立天线的一个重要指标，可以定义如下：

假想有一个等效的直立天线，其均匀分布的电流是鞭状天线输入端电流，它在最大辐射方向（沿地表方向）的场强与鞭状天线的相等，则该等效天线的长度就称为鞭状天线的有效高度 h_e。

如图 2-2-3 所示，假设鞭状天线上的电流分布为

$$I(z) = \frac{I_0}{\sin kh} \sin k(h-z) \qquad (2-2-1)$$

其中，I_0 是天线输入端电流；h 为鞭状天线的高度。依据有效高度定义，得

$$h_e = \frac{1}{I_0}\int_0^h I(z)\,\mathrm{d}z = \frac{1}{k}\frac{1-\cos kh}{\sin kh} = \frac{1}{k}\tan\frac{kh}{2}$$

$$(2-2-2)$$

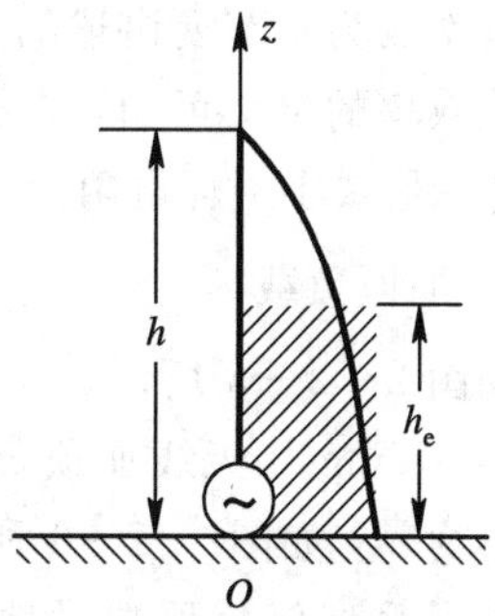

当 $h/\lambda < 0.1$ 时，$\tan\dfrac{kh}{2} \approx \dfrac{kh}{2}$，故

$$h_e \approx \frac{h}{2} \qquad (2-2-3)$$

图 2-2-3　鞭状天线的有效高度

由此可见，当鞭状天线高度 $h \ll \lambda$ 时，其有效高度近似等于实际高度的一半。这是显然的，因为振子很短时，电流近似直线分布，图 2-2-3 中两面积相等时有 $h_e = h/2$。

有效高度表征直立天线的辐射强弱，即辐射场强正比于 h_e。

4）输入阻抗

对理想导电地来说，或在有良好的接地系统的情况下，鞭状天线的输入阻抗等于相应

对称振子输入阻抗的一半。但在实际计算输入阻抗的电阻部分时，若采用自由空间对称振子的方法，则误差很大，因为此时输入到天线的功率，除一部分辐射外，大部分将损耗掉。除天线导线、附近导体及介质等引起的损耗外，还有相当大的功率损耗在电流流经大地的回路中，参见图 2-2-4，传导电流和位移电流构成广义的电流回路概念。因此输入电阻包括两部分，即

$$R_{in} = R_{r0} + R_{l0} \tag{2-2-4}$$

其中 R_{r0} 和 R_{l0} 分别为归算于输入端电流的辐射电阻和损耗电阻，其计算公式如下：

$$\left.\begin{array}{ll} R_{r0} = 29.5(kh_e)^2 & h \ll \lambda，地质为湿地 \\ R_{r0} = 20.4(kh_e)^2 & h \ll \lambda，地质为干地 \end{array}\right\} \tag{2-2-5}$$

$$R_{l0} = A \frac{\lambda}{4h} \tag{2-2-6}$$

式中，A 是取决于地面导电性的常数，干地约为 7，湿地约为 2。

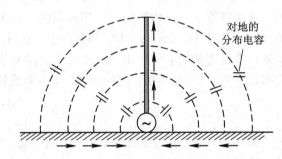

图 2-2-4　鞭状天线的电流回路

5）效率

由于损耗电阻大，同时又由于受到天线高度 h 的限制，辐射电阻通常很小，故短波鞭状天线的效率很低，一般情况下仅为百分之几甚至不到 1%。因此，如何提高短波鞭状天线的效率成为本节要讲述的重要内容之一。

从效率的定义可知，要提高鞭状天线的效率，不外乎从两方面着手，一是提高辐射电阻，另一是减小损耗电阻。

2. 加顶负载

如图 2-2-5 所示，在鞭状天线的顶端加小球、圆盘或辐射叶，这些均称为顶负载 (Top Loading)。天线加顶负载后，使天线顶端的电流不为零，如图 2-2-6 所示，这是由于加顶负载加大了垂直部分顶端对地的分布电容，使顶端不是开路点，顶端电流不再为零，电流的增大使远区辐射场也增大了。只要顶线不是太长，天线距地面的高度不是太大，则水平部分的辐射可忽略不计。因此，天线加顶负载后比无顶负载时辐射特性得到了改善。

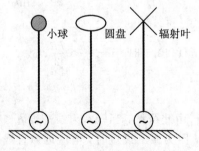

图 2-2-5　加顶负载的鞭状天线

计算顶负载的作用时，可将顶端的电容等效为一段延长线 h'，如图 2-2-6(a) 所示；同时，天线电流分布就比较均匀，如图 2-2-6(b)

所示。设顶端电容为 C_a，垂直线段的特性阻抗为 Z_{0A}，则此等效长度 h' 可计算如下：

$$Z_{0A}\cot kh' = \frac{1}{\omega C_a}$$

$$h' = \frac{1}{k}\arctan(Z_{0A}\omega C_a) \qquad (2-2-7)$$

式中单根垂直导线的特性阻抗为

$$Z_{0A} = 60\left(\ln\frac{2h}{a} - 1\right)\ \Omega \qquad (2-2-8)$$

其中，h 为垂直部分高度；a 为导线半径。经上述变换后，加顶负载天线可以看成是高度为 $h_0 = h + h'$ 的无顶负载天线。

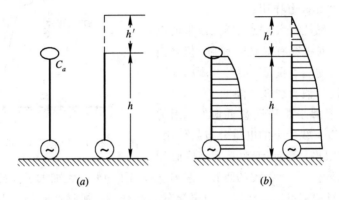

图 2-2-6 加顶负载改善了天线上的电流分布
(a) 顶负载电容等效为一延长线段；(b) 天线电流分布的改善

对于固定电台，天线的顶负载允许大一些，显然这些较长的导线，不能再视为集中电容，而是一分布系统，可以按传输线理论计算其水平部分的输入电抗，然后再按上述方法处理。

对于短波移动电台，顶负载不能太大，否则行动不便。当星形辐射叶片的长度为鞭形天线高度的 $1/5\sim3/10$ 时，h' 约等于 $(0.1\sim0.2)h$。

下面计算加顶负载鞭状天线的有效高度 h_e。设天线上的电流分布为

$$I_z = I_0\frac{\sin[k(h+h'-z)]}{\sin[k(h+h')]} \qquad (2-2-9)$$

式中，z 是天线上一点到输入端的距离；I_0 是输入端电流。于是有效高度为

$$h_e = \frac{1}{I_0}\int_0^h I_z\,\mathrm{d}z = \frac{2\sin\left(k\dfrac{h+2h'}{2}\right)\sin\dfrac{kh}{2}}{k\sin[k(h+h')]} \qquad (2-2-10)$$

当 $(h+h')/\lambda$ 很小时，上式可简化为

$$h_e \approx \frac{h}{2}\left(1+\frac{h'}{h+h'}\right) \qquad (2-2-11)$$

对于高度很小的直立天线，未加顶负载时的有效高度近似等于 $h/2$，加顶负载后由上式可见有效高度大于 $h/2$。这样在不增加天线实际高度的前提下，增加了天线的有效高度，从而达到提高天线辐射电阻的目的。

加顶负载鞭状天线的方向图在水平平面仍是一个圆，在垂直平面内，由于垂直部分的顶端电流不为零，故方向函数为

$$F(\Delta,\varphi) = \left| \frac{\cos(kh') \cos(kh \sin\Delta) - \sin(kh') \sin\Delta \sin(kh \sin\Delta) - \cos[k(h+h')]}{\{\cos(kh') - \cos[k(h+h')]\} \cos\Delta} \right|$$

$$(2-2-12)$$

3. 加电感线圈(Induction Coil)

在短单极天线中部某点加入一定数值的感抗，就可以部分抵消该点以上线段在该点所呈现的容抗，从而使该点以下线段的电流分布趋于均匀，如图 2-2-7 所示，它对加感点以上线段的电流分布并无改善作用。

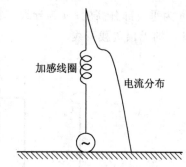

图 2-2-7　加电感线圈改善天线电流分布

从理论上说，感抗愈大，则加感点以下的电流增加量愈大，这对提高有效高度有利；但是当电感过大时，不仅增加了重量，而且线圈的电阻损耗也加大，反而会使天线效率降低。

加感点的位置似乎距顶端愈近愈好，因为线圈仅对加感点以下线段上的电流分布起作用，但靠近顶端容抗很高，要能有效抵消容抗必须加大感抗。如上所述，加大线圈的匝数，这不仅增加了重量，也加大了损耗。

由于线圈仅对加感点以下线段上的电流分布起作用，加感点的位置也不应选得太低。加感点的位置一般选择在距天线顶端$(1/3\sim1/2)h$处，h为天线的实际高度。

无论是加顶负载还是加电感线圈，统称为对鞭状天线的加载，前者称为容性加载，后者称为感性加载。实际上对天线的加载并不限于用集中元件加载，也可用分布在整个天线线段的电抗来加载，例如用一细螺旋线来代替鞭形天线的金属棒，作成螺旋鞭状天线；再如在天线外表面涂覆一层介质，制成分布加载天线。

4. 降低损耗电阻

鞭状天线的损耗包括天线导体的铜耗、支架的介质损耗、邻近物体的吸收、加载线圈的损耗及地面的损耗，其中地面损耗最大。

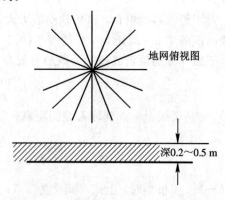

图 2-2-8　鞭状天线地线的埋设

减少地面损耗的办法是改善地面的电性质。对大型电台常采用埋地线的办法，一般是在地面以下采用向外辐射线构成的地网，如图 2-2-8 所示，地网不应埋得太深，因为地电流集中在地面附近，地网埋设的深度一般在 $0.2\sim0.5$ m 之间，导线的根数可以从 15 根到 150 根，导线直径约为 3 mm，导线长度有半波长就够了。若加顶负载，由于加顶部分与地面的耦合作用，则地网导线必须伸出水平横线在地面上的投影。一般 h/λ 越小，地网效果越明显。例如，某工作于 $\lambda=300$ m 的直立天线，高 15 m，不铺地网时，$\eta_A \approx 6.5\%$，架设 120 根直径 3 mm、长 90 m 的地网后，效率提高到 93.3%。

但是埋设地线对于移动电台不方便，这时可在地面上架设地网或平衡器，如图2-2-9所示，地网或平衡器的高度一般为 0.5~1 m，导线数目为 3~8 根，长度为 $0.15\lambda \sim 0.2\lambda$。

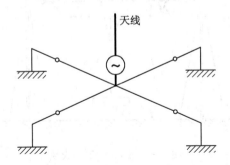

图 2-2-9　平衡器的架设

如果在运动中工作，则架设地网也不可能，这时可利用机器的机壳，对车载电台可利用其车皮代替平衡器。

2.2.2　T 形天线、Γ 形天线及斜天线

当工作频率位于短波低端及以下频段时，由于鞭状天线的电高度太小，所以常采用 T 形天线和 Γ 形天线。

1. T 形天线

T 形天线结构如图 2-2-10 所示，它由水平部分（称为顶容线）、下引线和接地线组成，由图可知，T 形天线类似于加辐射叶的鞭状天线，只是其顶部的辐射叶较长罢了。T 形天线的尺寸通常选择为

$$h+l \leqslant \frac{\lambda}{2} \qquad (2-2-13)$$

且一般使 $l \geqslant h$，尽量让 h 高些。超长波 T 形天线的电高度 h/λ 一般都小于 0.15。T 形天线电流分布如图 2-2-11 所示，直立部分电流分布比较均匀，但水平部分两臂的电流方向则相反。因此，这种天线的垂直平面方向图与鞭状天线的很相似，也主要用于地面波传播。

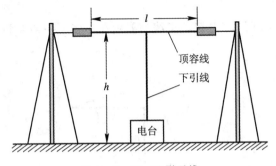

图 2-2-10　T 形天线

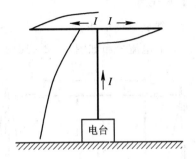

图 2-2-11　T 形天线的电流分布

T 形天线结构简单，架设也不困难，其高度 h 可以比普通的鞭状天线高。为了提高 T 形天线的效率，其水平部分可用多根平行导线构成，如图 2-2-12 所示，也可以附设地网来减小地的损耗。

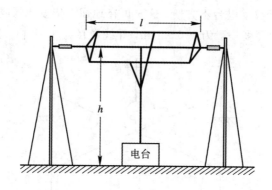

图 2-2-12 宽 T 形天线

2. 斜天线

把直立软天线倾斜架设就成为斜天线，如图 2-2-13 所示，这种天线架设比较方便，把单导线一端挂在树木或其它较高的物体上，另一端接电台并倾斜架设即可。

由于地面波传播中有波前倾斜现象（参考 9.2 节），因而在水平平面内具有微弱的方向性，如图 2-2-14(a) 所示。在垂直平面内的 30°~60° 方向上有较明显的方向性，如图 2-2-14(b) 所示，所以该天线也可用于天波工作。

为了提高效率，也可以架设地网。

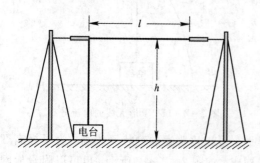

图 2-2-13 斜天线架设图

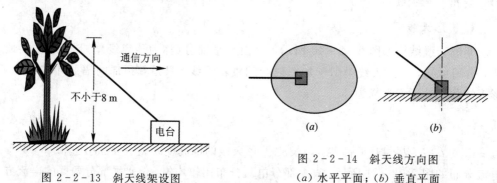

图 2-2-14 斜天线方向图
(a) 水平平面；(b) 垂直平面

3. Γ 形天线

Γ 形天线又称倒 L 形天线，如图 2-2-15 所示，与鞭状天线的差别在于多了一条水平臂。天线上的电流分布如图 2-2-16 所示。

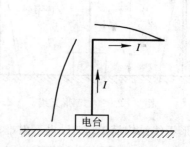

图 2-2-15 Γ 形天线

图 2-2-16 Γ 形天线的电流分布

水平臂的作用是改善垂直部分电流分布，提高辐射效率。但与 T 形天线不同，该部分将会参与辐射，对天线的垂直平面方向图有一定的影响。下面按 l 的长短分三种情况加以讨论。

（1）当水平臂长 l 很短时，其辐射能力很低，与鞭状天线加顶负载的作用相同，对 Γ 形天线方向性影响不大。图 2-2-17(a) 为 h 较低的情况，水平部分的辐射由于负镜像的作用可略而不计。而当 h 较高时，水平臂对高空有辐射，但由于 l 很短，辐射较弱，此时与鞭状天线相比较，有一些差别，如图 2-2-17(b) 所示。

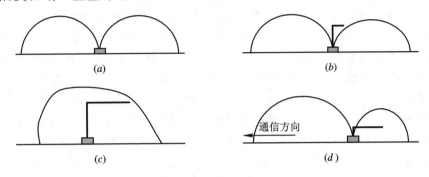

图 2-2-17　Γ 形天线的垂直平面方向图

（a）h 较低，l 较短；（b）h 较高，l 较短；（c）h 较高，l 较长；（d）h 较低，l 较长

（2）当水平臂长 l 较长而 h 较高时，水平臂相当于对称振子的一个臂，对高空有一定的辐射能力，此时对地面波、天波均有较强辐射，方向图如图 2-2-17(c) 所示。这种天线可以同时工作于两种电波传播方式，故称为复合天线。

（3）当水平臂长 l 较长而 h 较低时，水平臂受其地面负镜像的影响而对高空辐射弱，天线仍然沿地面方向辐射最强，但与鞭状天线不同之处在于这种 Γ 形天线在水平平面有明显的方向性。其水平平面方向图如图 2-2-18 所示，垂直平面方向图如图 2-2-17(d) 所示。

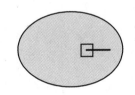

图 2-2-18　h 较低，l 较长时 Γ 形天线水平平面方向图

为什么水平臂较长，h 很低时水平平面会有方向性呢？这可以从接收的观点来定性分析。由于地面波传播过程中存在波前倾斜现象，电场不仅有垂直分量 $E_\perp$，在传播方向上也存在分量 E_z，如图 2-2-19(a) 所示，当电波由"1"方向顺着水平臂传来时，电波在水平臂与垂直臂上的感应电动势方向一致，因而接收最强。反之，当电波由"2"方向顺着水平臂传来时，如图 2-2-19(b) 所示，$E_\perp$ 与 E_z 在垂直臂与水平臂上产生的感应电动势方向相反，接收最弱。若电波从其他方向传来，由于 E_z 与水平臂有一夹角，水平臂感应电动势将减小。故这种 Γ 形天线在水平平面有一定的方向性，在使用时应注意。

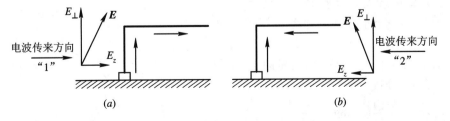

图 2-2-19　Γ 形天线水平平面方向性的解释

若水平臂很短，其感应电动势很小，对水平平面方向性影响很小，此时的水平平面方向图基本上是一个圆。

2.2.3 螺旋鞭天线

提高天线的有效高度的方法之一是对天线加载。前面已讨论了集中加载方法，与之对应的另一方法是分布式加载，其典型天线之一即为螺旋鞭天线(Helical Whip Antenna)。

螺旋鞭天线如图 2-2-20 所示，螺旋线是空心的或绕在低耗的介质棒上，圈的直径可以是相同的，也可以随高度逐渐变小，圈间的距离可以是等距的或变距的。由图可知，它相当于将加载的电感分布在鞭状天线的整个线段中。这种天线被广泛地应用于短波及超短波的小型移动通信电台中。它和单极振子天线相比，最大的优点是天线的长度可以缩短 2/3 或更多。

螺旋天线(Helical Antenna)的辐射特性取决于螺旋线直径 D 与波长的比值 D/λ，此类天线具有三种辐射状态，如图 2-2-21 所示。这里讨论 $D/\lambda < 0.18$ 的细螺旋天线，最大辐射方向在垂直于天线轴的法向，又称为法向模螺旋天线，如图 2-2-21(a) 所示。图 2-2-21(b) 所示为 $D/\lambda = 0.25 \sim 0.42$ 的端射型螺旋天线，这时在天线轴向有最大辐射，又称为轴向模螺旋天线或简称螺旋天线(将在 3.2 节中介绍)。图 2-2-21(c) 所示为 $D/\lambda > 0.46$ 的圆锥型螺旋天线。

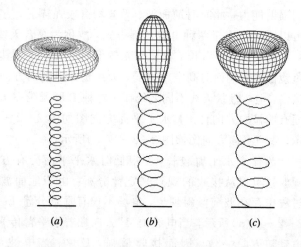

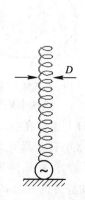

图 2-2-20 螺旋鞭天线

图 2-2-21 螺旋天线的三种辐射状态
(a) 边射型($D/\lambda < 0.18$)；(b) 端射型($D/\lambda = 0.25 \sim 0.42$)；
(c) 圆锥型($D/\lambda > 0.46$)

可以将螺旋鞭天线看成由 N 个单元组成，每个单元又由一个小环和一电基本振子构成，如图 2-2-22 所示，由于环的直径很小，合成单元上的电流可以认为是等幅同相的。小环的辐射场只有 E_φ 分量，即

$$E_\varphi = \frac{30\pi^2}{r} I \frac{\pi D^2}{\lambda^2} \sin\theta \, \mathrm{e}^{-jkr} \qquad (2-2-14)$$

式中 D 为小环的直径。电基本振子的辐射场只

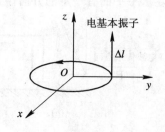

图 2-2-22 螺旋鞭天线一圈的等效示意图

有 E_θ 分量，即

$$E_\theta = \mathrm{j}\frac{60\pi I}{r}\frac{\Delta l}{\lambda}\sin\theta\, \mathrm{e}^{-\mathrm{j}kr} \qquad (2-2-15)$$

式中 Δl 为螺距。一圈的总辐射场为上两式的矢量和。两个相互垂直的分量均具有 $\sin\theta$ 的方向图，并且相位差为 $90°$，合成电场是椭圆极化波。

椭圆极化波的长轴与短轴之比称为轴比，用 AR 表示，即

$$|\,\mathrm{AR}\,| = \frac{|\,E_\theta\,|}{|\,E_\varphi\,|} = \frac{2\lambda\Delta l}{(\pi D)^2} \qquad (2-2-16)$$

一般而言，由于 $D \ll \lambda$，其辐射场是一轴比很大的椭圆极化波，E_φ 分量很小，因此在计算中主要考虑 E_θ 分量，这与集中加载的情况是相同的。

理论和实验表明，沿螺旋线的轴线方向的电流分布仍接近正弦分布，它是一种慢波结构，电磁波沿轴线传播的相速比沿直导线传播的相速小。

螺旋鞭天线多用作垂直极化方式，以取代车载或船载鞭状天线。由于电磁波沿螺旋轴线传播的相速比垂直偶极天线小，故其谐振长度可以缩短，从而可使天线的垂直高度大大降低。

螺旋鞭天线由于绕制螺旋的导线细而长，导线损耗较大，使天线效率比同高度鞭天线要低一些。但如果与调谐匹配电路一起考虑，其效率并不比一般鞭状天线差，因为螺旋鞭天线可以工作在谐振点附近，其输入阻抗是纯电阻，或带有不大的电抗，这样调谐回路可采用低耗的电容元件，而短鞭状天线中的调谐电路的损耗是很大的。故从总的效果看，螺旋鞭天线的增益比等高度的普通鞭状天线高。但其带宽比较窄，驻波比小于 1.5 的相对带宽约为 5%。

2.2.4 中馈鞭状天线

常用的鞭状天线是在底部馈电的直立单极天线，又称底馈天线。在 VHF 频段其高度一般选在 $\lambda/4$ 附近，故底部电流很大。当这种天线安装在车辆上时，天线与车体之间存在较强的电磁耦合，随着车型或在车上的安装位置的改变，天线的输入阻抗也会随之变化，原来设计好的匹配装置将失去原有效能。中馈鞭状天线（Elevated-feed Whip Antenna）就是为了克服底馈天线的这一缺陷而研究设计的。

图 2-2-23 为中馈鞭状天线示意图。天线由两部分组成，一部分为辐射体，另一部分为基座。辐射体是用同轴线"中间"馈电的直立不对称偶极天线。因其直立，外观仍像一根"鞭"，故称中馈鞭状天线。馈电点以上的部分为上辐射体，又称上鞭，它是同轴线内导体的延伸；馈电点以下部分为下辐射体，又称下鞭，它是馈电同轴线的外导体。相比于普通的偶极天线，它的一臂终端是开路的，另一臂的终端则端接一负载。辐射体的外部套有塑料壳或玻璃钢管，以增加其机械强度并防止行进中辐射体直接与市电高压线碰撞而损坏电台。

馈线引入馈点前，中间插入一段同轴线阻抗变换器，其内径较细，特性阻抗较高，将高的天线输入阻抗在宽频带内转换成低阻抗，即起阻抗变换作用，以便与馈电同轴线匹配。

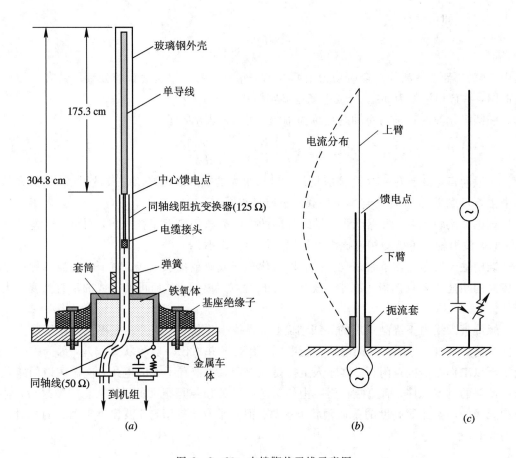

图 2 - 2 - 23   中馈鞭状天线示意图

(a) 结构图；(b) 原理图；(c) 等效偶极天线

基座部分由弹簧、扼流套、步进电机和波段开关以及相应的电抗元件构成。弹簧的作用是防止运动中天线与树枝等碰撞造成折断并适应车体运动带来的晃动。

在天线的底端安装一扼流装置，使天线底端与安装天线的车体之间的阻抗非常大，以减小天线底端的电流，从而减小车体与天线之间的耦合，构成中馈对地无关天线。扼流套由一个在同轴电缆四周填充铁氧体的套筒构成，也可将电缆缠绕在低损耗铁氧体芯线上构成扼流圈。这样，铁氧体上的电缆便形成了具有一定电感量的扼流线圈，且该扼流圈的一端接下辐射体，另一端接地。但只有一个扼流套很难在宽波段内满足阻抗匹配要求，故在不同频率接入不同电纳值，等效关系如图 2 - 2 - 23(c) 所示。实际工作中往往将整个波段划分成多个分波段（例如 10 个分波段），在每个分波段中，通过遥控步进继电器并联不同的电纳值，以满足馈电阻抗的要求。

辐射体总高度的选择原则是在尽量降低高度的前提下保证天线增益，而馈电点位置则是保证鞭上有足够大的电流。例如对工作于 30 MHz～76 MHz 的中馈鞭状天线，总高度选为 3 m，在 30 MHz 的频段低端，电高度为 0.3λ，其电高度不算很低；而在 76 MHz 的频段高端时约为 0.77λ，天线上也没有出现反向电流，从而保证了在整个频带内的天线增益。

可以通过类似于鞭状天线加载的方法来降低中馈鞭状天线的高度。

2.2.5 宽频带直立天线

在许多应用中，都要求天线能在较宽的频率范围内有效地工作。通常，当天线的相对带宽达百分之几十以上时，则称之为宽频带天线。对于天线上电流分布为驻波分布的线天线，限制其工作频带的主要因素通常是它的阻抗特性，即在宽频带内天线的输入阻抗随频率变化很大，理论分析与实验均说明这种天线的线径及形状对天线带宽有明显影响。例如，在短波波段将双极天线的臂改成笼形，增大了天线臂的有效半径，从而达到展宽阻抗带宽的目的。又如，也可以将偶极天线的臂改成锥体而变成双锥天线(Biconical Antenna)，如图 2-2-24 所示，双锥天线具有很宽的工作带宽。盘锥天线和套筒天线则是另一种结构简单的宽带天线。

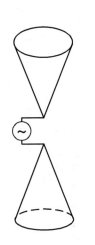

图 2-2-24 双锥天线

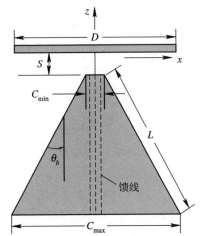

图 2-2-25 盘锥天线

盘锥天线

1. 盘锥天线

盘锥天线(Discone Antenna)出现于 1945 年，结构如图 2-2-25 所示，它由一个圆盘和圆锥构成，二者之间有一间隙。该天线由穿过锥体内部的同轴线馈电，同轴线的内导体接在顶部圆盘的中心处，外导体在间隙处与圆锥顶部相连。与双锥天线相比较，可将盘锥天线看成是双锥天线的变形，即将双锥天线的上部改为圆盘，换用同轴线馈电。盘锥天线通常用于 VHF 和 UHF 频段，作为水平面全向的垂直极化天线，可以在 5∶1 的频率范围内保持与 50 Ω 同轴馈线上的驻波比不大于 1.5。

圆盘直径 D 的大小对天线方向图影响很大。若直径过大，相当于在锥顶上加了一块相当大的金属板，会减小高于水平方向处的场强；若直径太小，又会破坏天线的阻抗宽带特性，而且使天线方向图主瓣明显偏离水平方向。锥顶 C_{min} 的大小与天线带宽成反比，一般使 C_{min} 仅比同轴馈线的外导体稍稍大一点。圆盘与锥顶之间的间隙 S 对天线性能影响较小，要求不严。

盘锥天线存在最佳设计尺寸，实验中得出的一组最佳尺寸为 $S=0.3C_{min}$，$D=0.7C_{max}$，取锥角 $\theta_h=30°$，$C_{min}=L/22$，其中 L 为锥的斜高。在此尺寸下，带宽可以进一步展宽。

一个经优化设计后的盘锥天线的设计参数为 $S=1$ mm、$D=34$ mm、$C_{min}=4$ mm、

$\theta_h = 30°$、$L = 44$ mm，在 Ansoft HFSS[①] 环境下，该天线电特性仿真结果如图 2 - 2 - 26 所示，图(a)是天线在 6 GHz 时的垂直平面方向图，图(b)是输入阻抗随频率的变化曲线图，图(c)是传输线特性阻抗取 50 Ω 时的电压驻波比随频率的变化曲线图。由于顶盘的存在，辐射波瓣被限制在下半空间，天线的方向系数趋近于 4。该天线的输入阻抗呈现出良好的近行波特性，匹配带宽几乎可以达到 10.7 GHz/1.6 GHz≈6.7。进一步的仿真结果也可以表明无论是盘上表面电流，还是锥上的表面电流，都呈现了比较好的外向衰减特性，因此输入端的反射波成分较小，所以盘锥天线可以实现超宽带的频率特性。

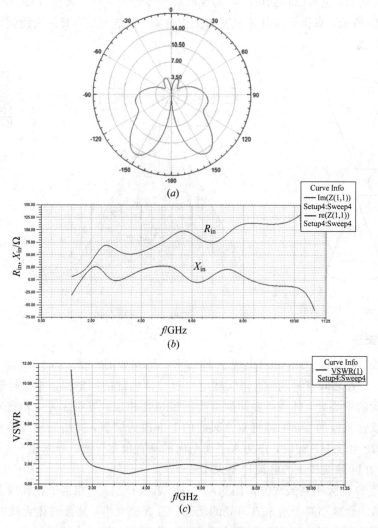

图 2 - 2 - 26　盘锥天线电特性仿真

---

① Ansoft HFSS 是 Ansoft 公司推出的三维电磁仿真软件。Ansoft HFSS 是世界上第一个商业化的三维结构电磁场仿真软件，可分析仿真任意三维无源结构的高频电磁场，直接得到特征阻抗、传播常数、S 参数及电磁场、辐射场、天线方向图等结果。该软件被广泛应用于无线和有线通信、计算机、卫星、雷达、半导体和微波集成电路、航空航天等领域。

为了降低重量并减小风的阻力,盘锥天线可设计成线状结构,即用辐射状的金属棒取代金属片,如图2-2-27所示。为携带方便,有时也采用伞状结构,不用时可收成一束。

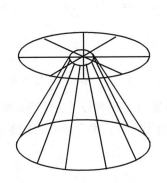

图 2-2-27 线状结构示意图

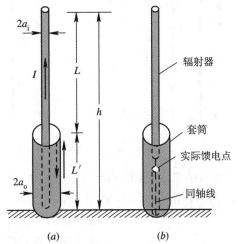

图 2-2-28 套筒天线结构

2. 套筒天线

如前面指出的,谐振式天线的输入阻抗对频率的变化是非常敏感的,但如果在单极天线外面增加一个套筒,就可以将它们的带宽增加到大于一个倍频程。图2-2-28示出了两种套筒天线(Sleeve Monopole),套筒的外表面起辐射元的作用,图2-2-28(a)中的箭头表示当$L+L'\leqslant\lambda/2$时电流的极性,套筒外表面上的电流与单极天线的上部分的电流几乎是同相的,电流的最大值出现在套筒天线的底部。

套筒天线与中馈天线的不同之处在于:套筒天线底部接地,而中馈天线底部接扼流套和调谐元件,以保证中馈天线底端对地的阻抗非常大,从而使天线底部电流为零,构成对地无关天线。

为了使问题简化,假设沿高度h天线具有均匀截面和等值半径a_e($a_i < a_e \leqslant a_o$,其中a_o为套筒半径,a_i为辐射器半径),并假设地面是无限大理想导电平面,由镜像原理可得图2-2-29所示的等效天线,这一天线可看成是两个不对称激励的天线的叠加。不对称激励天线可以看做是两个单极接地天线组成的,如图2-2-30所示。由于单极天线的输入阻抗等于同等臂长对称振子输入阻抗的一半,因此不对称天线的输入阻抗等于两臂各自构成的对称振子的输入阻抗的平均值,即

$$Z_{in} = \frac{Z_{in1} + Z_{in2}}{2} \qquad (2-2-17)$$

式中,Z_{in1}为臂长等于L的对称振子的输入阻抗;Z_{in2}为臂长等于$L+2L'$的对称振子的输入阻抗。由此结果再按图2-2-29所示的叠加方法就可计算出套筒天线的输入阻抗。以上这种处理方法是很粗糙的,但比较简便。

套筒天线的阻抗随频率的变化较一般单极天线的平缓,这是由于:① 等效半径较粗,平均特性阻抗低;② 辐射器与其镜像构成一段开路线,而套筒与其镜像构成一段短路线,两者的输入电抗性质相反,具有互补性。因而套筒天线具有工作频带宽的优点。

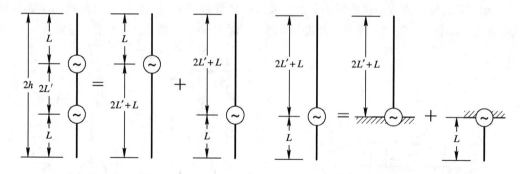

图 2-2-29 套筒天线的分析　　　　　　图 2-2-30 不对称天线的分析

实验结果表明，当 $L/L' = 2.25$ 时，在 4:1 的带宽内天线有最佳方向图，即对频率来说，方向性几乎是不变的，表 2-2-1 列出了最佳方向图设计的套筒天线的技术规格。

表 2-2-1　最佳方向图设计的套筒天线的技术规格

方向图带宽	4:1
$L+L'$	$\lambda_{min}/4$
L/L'	2.25
套筒直径/辐射器直径	3.0

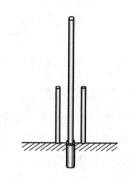

图 2-2-31　开式套筒天线

用靠近内导体两侧的两根导线（寄生元）来代替套筒就构成了开式套筒天线（Open-sleeve Antenna），如图 2-2-31 所示，其频带宽度可达一倍频程，例如从 310 MHz 到 510 MHz，与 50 Ω 电缆连接时，电压驻波比可在 1.8 以下。

2.3　环　形　天　线

环形天线（Loop Antenna）是一种结构简单的天线，它有许多不同的形式，如矩形、方形、三角形、菱形、椭圆形和圆形等。为了分析上和结构上的简单性，通常多使用圆环天线。本节主要讨论的就是圆环天线，其它形状的环形天线的分析方法与此类似，其性能也与具有相同电流分布的圆环天线的性能相似。

环形天线按尺寸大小可分为小环天线与大环天线。若圆环的半径 b 很小，其周长 $C = 2\pi b \leqslant 0.2\lambda$，则称为小环天线。小环天线上沿线电流的振幅和相位变化不大，近似均匀分布。当环的周长可以和波长相比拟时，称为大环天线，此时必须考虑导线上电流的振幅和相位的变化，可近似地将电流看成驻波分布，这种天线的电特性和对称振子的电特性有明显的相似之处，均属谐振型天线。若在天线适当部位接入负载电阻，使线上载行波电流，便构成了非谐振型环天线或称加载环天线。该天线具有较好的宽带特性。小环天线主要用于测向及广播接收等场合，大环天线应用于广播和通信中。

2.3.1 小环天线

由第 1 章的分析可知，如图 2-3-1 所示的小环天线(Small Loop Antenna)的辐射场为

$$E_{\varphi} = \frac{120\pi^2 I}{r} \frac{S}{\lambda^2} \sin\theta e^{-jkr} \qquad (2-3-1)$$

$$H_{\theta} = -\frac{E_{\varphi}}{120\pi} \qquad (2-3-2)$$

其中，I 为环线上的电流，由于环的直径很小，故可设环的电流沿线均匀分布；S 为环的面积。小环天线的辐射电阻为

$$R_r = 20(k^2 S)^2 = 320\pi^4 \frac{S^2}{\lambda^4} \qquad (2-3-3)$$

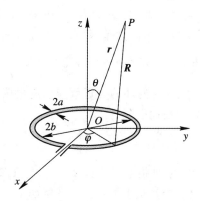

图 2-3-1 环形天线坐标

当电尺寸很小时，小环天线实际上相当于一个带有少量辐射的电感器，它的辐射电阻很小，其值通常小于导线的损耗电阻 R_l，因而天线辐射效率很低，其效率由下式计算：

$$\eta_A = \frac{R_r}{R_r + R_l} \qquad (2-3-4)$$

通常假设小环的损耗电阻与长度为环周长的直导线的损耗电阻相同。设环线的电导率为 σ，导线半径为 a，环半径为 b，则欧姆损耗电阻为

$$R_l = \frac{b}{a} R_S \qquad (2-3-5)$$

式中，R_S 为表面电阻，$R_S = \sqrt{\omega\mu_0/(2\sigma)}$。

如上所述，小环天线辐射电阻小，效率低，因而在无线电通信中很少用它作发射天线，在一些通信应用中，常用它作接收天线，因为在接收情况下，天线效率没有信噪比那样重要。小环天线的方向系数 $D=1.5$，其有效接收面积为

$$A_e = \frac{\lambda^2}{4\pi} D\eta_A = \frac{3}{8\pi}\lambda^2 \eta_A \qquad (2-3-6)$$

【例 2-3-1】 设均匀电流的小环半径为 $\lambda/25$，求环的几何面积，并把该面积与有效接收面积比较。

解 几何面积为

$$S = \pi b^2 = \pi \left(\frac{\lambda}{25}\right)^2 = 5.03 \times 10^{-3} \lambda^2$$

有效接收面积为

$$A_e = \frac{3\lambda^2 \eta_A}{8\pi} = 0.119\lambda^2 \eta_A$$

$$\frac{A_e}{S} = \frac{0.119\lambda^2 \eta_A}{5.03 \times 10^{-3} \lambda^2} = 23.66\eta_A$$

利用例 $2-3-2$，$\eta_A = 42.8\%$，则 $A_e/S = 10$。从电性能上看，环的作用相当于它的几何面积的 10 倍。对这一点不必奇怪，为了高效，小环在电性能上必须大大地超过它的几何面积。

为提高天线辐射电阻，多匝小环是一种非常可取而且很实用的结构，小电偶极振子却没有这个优点。由于多匝小环天线（简称多环天线）具有电尺寸小（其绕制导线总长度小于 $\lambda/2$，通常为 $\lambda/4$ 左右）、较隐蔽、相对尺寸而言增益较高、结构简单等优点，因而在背负或车载电台、船舶中的高频电台、地震遥测系统中都有使用，适用的频率范围为 $2 \sim 300$ MHz。N 匝小环天线的辐射电阻为单匝值的 N^2 倍，即

$$R_{rN} = 20N^2(k^2 S)^2 = 320\pi^4 N^2 \frac{S^2}{\lambda^4} \qquad (2-3-7)$$

对于多匝环的损耗电阻，紧挨着的环的邻近效应引起的附加损耗电阻可能大于趋肤效应引起的损耗电阻，N 匝环总的损耗电阻为

$$R_{lN} = \frac{Nb}{a} R_S \left(\frac{R_p}{R_0} + 1\right) \qquad (2-3-8)$$

式中，R_p 为邻近效应引起的附加损耗电阻；R_0 为单位长度趋肤效应的欧姆电阻，$R_0 = NR_S/(2\pi a)$。为了给大家一个数量上的概念，举例如下。

【例 $2-3-2$】 设小环天线的半径为 $\lambda/25$，导线半径为 $10^{-4}\lambda$，匝间距为 $4 \times 10^{-4}\lambda$，天线导线是铜制的，电导率为 5.7×10^7（S/m）。试求工作在 $f = 100$ MHz 的单匝和 8 匝小圆环天线的辐射效率（已知 $R_p/R_0 = 0.38$）。

解 单匝环的辐射电阻为

$$R_r = 320\pi^4 \frac{S^2}{\lambda^4} = 320\pi^4 \left(\frac{\pi}{25^2}\right)^2 = 0.788 \ \Omega$$

8 匝环的辐射电阻为

$$R_{r8} = 0.788 \times 8^2 = 50.43 \ \Omega$$

单匝环的损耗电阻为

$$R_l = \frac{b}{a} \sqrt{\frac{\omega \mu_0}{2\sigma}} = \frac{1}{25 \times 10^{-4}} \sqrt{\frac{\pi \times 10^8 \times 4\pi \times 10^{-7}}{5.7 \times 10^7}} = 1.053 \ \Omega$$

8 匝环的损耗电阻为

$$R_{l8} = 8 \times R_l \left(\frac{R_p}{R_0} + 1\right) = 8 \times 1.053 \times (0.38 + 1) = 11.62 \ \Omega$$

单匝环的辐射效率为

$$\eta_A = \frac{0.788}{0.788 + 1.053} = 42.8\%$$

8 匝环的辐射效率为

$$\eta_{A8} = \frac{50.43}{50.43 + 11.62} = 81.3\%$$

计算结果表明，多匝环天线相对于单匝环天线而言，辐射效率有较明显的提高。

提高小环天线效率的另一种方法是在环线内插入高磁导率铁氧体磁芯，以增加磁场强度，从而提高辐射电阻，这种形式的天线称为磁棒天线，如图 2-3-2 所示。磁棒通常用锰锌铁氧体(呈黑色)或镍锌铁氧体(呈棕色)制成。前者用于中波，后者用于短波。磁棒天线的辐射电阻 R_r' 由下式给出：

$$R_r' = R_r \left(\frac{\mu_e}{\mu_0} \right)^2 \qquad (2-3-9)$$

式中，R_r 为空芯环天线的辐射电阻；μ_e 为铁氧体磁芯的有效磁导率。

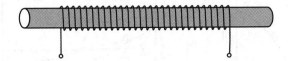

图 2-3-2　磁棒天线　　　　　　　　　　　收音机摆放与收听

由于在小铁氧体棒上绕几匝而成的铁氧体天线的小型化，它特别适用于作袖珍半导体收音机的天线。这种天线通常与射频放大器的调谐电容并联，它除了作天线外还提供了一个必需的电感，以构成调谐回路。因为这个电感只用几匝线圈，所以损耗电阻仍很小，Q 值通常很高，从而获得良好的信号选择能力和较大的感应电压。

2.3.2　电流非均匀分布的大环天线

1. 大圆环天线

环的半径加大以后，必须考虑沿环电流的振幅和相位分布。J. E. Storer 分析获得了单匝圆环上的电流振幅及相位分布，如图 2-3-3 所示。其中 φ 角如图 2-3-1 所示，环天线的几何特征参量用 $\Omega = 2\ln(2\pi b/a)$ 表示，其中 a 为导线半径，b 为环的半径。

由图可见，当 $kb = 0.1$ 时，电流近似于均匀分布；当 $kb = 0.2$ 时，电流变化稍大；当 kb 再增加时，电流变化就很大了。根据这些结果，当环参数远大于 $kb = 0.2$(半径远大于 $0.03\lambda \sim 0.04\lambda$)时就不能认为是小环了。当 $kb = 1$ 即环的周长为一个波长时，在 $\varphi = 0°$ 和 $180°$ 处为电流波腹点，在 $\varphi = 90°$ 和 $270°$ 处为电流波节点。

这里分析常用的一种情况，即周长 $C = 2\pi b = \lambda$ 的圆环。环形天线坐标如图 2-3-1 所示，设环上电流按下式分布：

$$I_\varphi = I_m \cos\varphi' \qquad (2-3-10)$$

已知自由空间矢量位 $\boldsymbol{A}$ 的表示式为

$$\boldsymbol{A}(x,y,z) = \frac{\mu_0}{4\pi} \int_C I_\varphi(x',y',z') \frac{e^{-jkR}}{R} \, dl' \qquad (2-3-11)$$

式中，凡带上标"'"的表示源点的坐标，不带上标"'"的表示场点的坐标。对于远区的辐射场，仅取 r^{-1} 项，则电场化简为

$$\left. \begin{array}{l} E_r \approx 0 \\ E_\theta \approx -j\omega A_\theta \\ E_\varphi \approx -j\omega A_\varphi \end{array} \right\} \qquad (2-3-12)$$

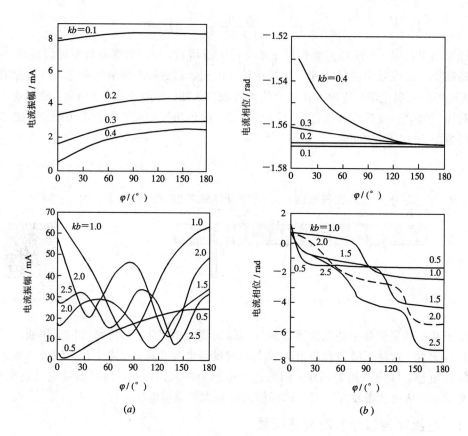

图 2 - 3 - 3　圆环天线的电流分布($\Omega = 2 \ln \dfrac{2\pi b}{a} = 10$)

(a) 振幅分布；(b) 相位分布

为了求得远区场，环上一点到场点的距离 R 可近似为

$$R = \sqrt{r^2 + b^2 - 2br\,\sin\theta\,\cos(\varphi - \varphi')}$$
$$\approx r - b\,\sin\theta\,\cos(\varphi - \varphi') \tag{2 - 3 - 13}$$

将 R 的近似式代入 A 矢位的表达式(2 - 3 - 11)，可得球坐标系中 A 矢位的三个分量表示：

$$A_r = \frac{\mu_0 b}{4\pi r}\mathrm{e}^{-\mathrm{j}kr}\int_0^{2\pi} I_\varphi\,\sin\theta\,\sin(\varphi - \varphi')\,\mathrm{e}^{\mathrm{j}kb\,\sin\theta\cos(\varphi - \varphi')}\,\mathrm{d}\varphi' \tag{2 - 3 - 14a}$$

$$A_\theta = \frac{\mu_0 b}{4\pi r}\mathrm{e}^{-\mathrm{j}kr}\int_0^{2\pi} I_\varphi\,\cos\theta\,\sin(\varphi - \varphi')\,\mathrm{e}^{\mathrm{j}kb\,\sin\theta\cos(\varphi - \varphi')}\,\mathrm{d}\varphi' \tag{2 - 3 - 14b}$$

$$A_\varphi = \frac{\mu_0 b}{4\pi r}\mathrm{e}^{-\mathrm{j}kr}\int_0^{2\pi} I_\varphi\,\cos(\varphi - \varphi')\mathrm{e}^{\mathrm{j}kb\,\sin\theta\cos(\varphi - \varphi')}\,\mathrm{d}\varphi' \tag{2 - 3 - 14c}$$

在 yOz 平面，即 $\varphi = 90°$ 的平面，$kb = 1$ 时，由上式积分可得

$$\left.\begin{array}{l} A_\theta = \dfrac{\mu b I_m}{4r}\cos\theta[\mathrm{J}_0(\sin\theta) + \mathrm{J}_2(\sin\theta)]\mathrm{e}^{-\mathrm{j}kr} \\[2mm] A_\varphi = 0 \end{array}\right\} \tag{2 - 3 - 15}$$

式中，J_0 和 J_2 分别是第一类 0 阶和 2 阶贝塞尔函数。在 xOz 平面，即 $\varphi = 0°$ 或 $180°$ 的平面

$$A_\theta = 0$$
$$A_\varphi = \frac{\mu b I_m}{4r}\left[J_0(\sin\theta) - J_2(\sin\theta)\right]e^{-jkr}$$

(2-3-16)

由式(2-3-12)可求出辐射电场,从而这两个平面的方向函数为

yOz 平面:
$$f_\theta(\theta) = \cos\theta\left[J_0(\sin\theta) + J_2(\sin\theta)\right]$$

(2-3-17)

xOz 平面:
$$f_\varphi(\theta) = J_0(\sin\theta) - J_2(\sin\theta)$$

(2-3-18)

根据上述两式画出的方向图如图 2-3-4 所示。

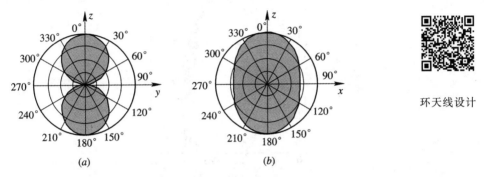

环天线设计

图 2-3-4　一个波长的圆环天线方向图

(a) yOz 平面;(b) xOz 平面

由图可见,一个波长的圆环天线在环面法向上有最大辐射,这完全不同于小环天线,小环天线在环面法向上无辐射。一个波长环的方向性与两平行排列、间距为 0.27λ 的半波振子相似。

根据图 2-3-3 的电流分布而计算的天线输入阻抗如图 2-3-5 所示。图中画出了在 $0\leqslant kb=C/\lambda\leqslant2.5$ 时输入阻抗随周长 C(以波长计)的变化关系。由图可见,天线具有明显的谐振特性,当电尺寸 kb 较小时,小环呈感抗性质。当环周长大约是 $\lambda/2$ 时发生第一个谐

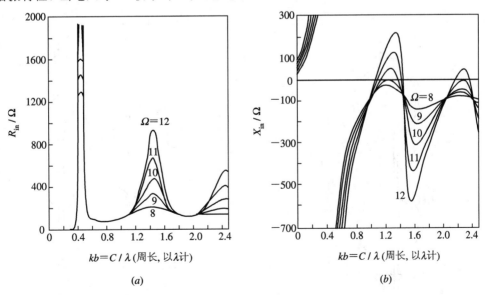

图 2-3-5　圆环天线的输入阻抗

(a) 电阻;(b) 电抗

振点，其形状十分尖锐；当环的线径增加时，谐振特性很快消失；若 $\Omega = 2\ln\dfrac{2\pi b}{a} < 9$，阻抗曲线上就只有一个明显的并联谐振点。显然，这对阻抗带宽特性有利。当 $kb > 1$ 时，其电抗曲线在性质上和数值上都和对称振子相似。通常使用一个波长的圆环天线（$kb=1$），$\Omega \approx 8$，其输入阻抗约为 100 Ω。

图 2-3-6 给出了不同尺寸时环的轴线方向（z 轴）上的方向系数。

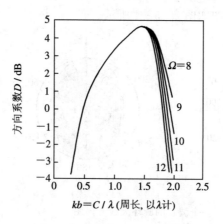

图 2-3-6　圆环天线轴向方向系数

2. 双环天线

将两个周长约等于一个波长的大圆环通过平行双导线并联起来，在平行双导线的中点馈电就构成了双环天线，如图 2-3-7 所示。平行双导线的长度通常选为 $(0.3\sim0.5)\lambda$。在实用中，为了提高增益，还可以将几组这样的环通过 0.5λ 的平行双导线串联起来。根据环的数目，这些环组分别称为 2L 形、4L 形、6L 形双环天线，如图 2-3-8 所示。

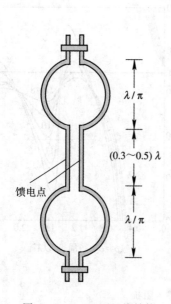

图 2-3-7　双环天线结构

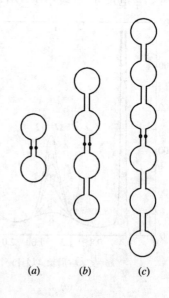

图 2-3-8　双环天线阵
（a）2L 形；（b）4L 形；（c）6L 形

双环天线的优点是：

(1) 馈电简单，馈电点少。多环天线可以只有两个馈电点，因而馈线系统简单。

(2) 阻抗具有宽频带特性。

(3) 增益高，可通过反射板来增加增益。

(4) 可利用多面组合得到任意的水平平面方向图。

这些优点使得双环天线在电视发射台中获得广泛的应用。

由前面的分析可知，当 $kb=1$ 时，大圆环上的电流基本上按余弦分布，输入电抗约为零，输入电阻约为 100 Ω。环上电流如图 2-3-9(a) 箭头所示，环的上边和下边是同方向的，它可以等效为两个同方向间距 0.27λ 的半波振子。因此，一个 2L 形双环天线即可等效为如图 2-3-7(b) 所示的四个半波对称振子的天线阵，因而提高了增益。图中，反射板用网状或栅状导线做成，透风省料。使用中，双环天线的环面垂直于地面架设。对于远区辐射场，每一个环上电流的垂直分量所辐射的场强由于对称关系而相互抵消，只有水平分量的辐射起作用，故辐射的电磁波具有水平极化的性质。

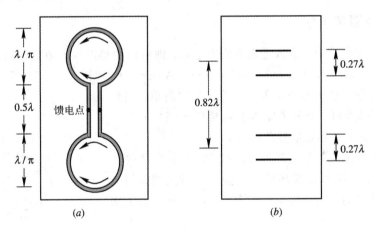

图 2-3-9 2L 形双环天线及其等效天线

(a) 双环天线上的电流分布；(b) 等效半波振子阵

通过天线阵的分析，不难由单个环的方向图得出多个环在垂直于地面的方向上串联后的方向图。2L、4L、6L 形双环天线的水平平面方向性都和带反射板的一个波长圆环天线的水平平面方向性相同。

采用图 2-3-10(a) 的坐标系时，根据镜像原理，放在反射板前的双环天线的水平平面方向图如图 2-3-10(b) 所示(此时 $H=0.25λ$)。2L、4L、6L 形双环天线的垂直平面方向图可用方向图乘积原理，但要考虑到环上的电流分布是有衰减的，图 2-3-10(c) 是用直角坐标系表示的垂直平面方向图。

影响双环天线的输入阻抗的因素很多，其中包括：① 单个圆环的自阻抗；② 圆环振子与反射板之间的互阻抗；③ 相邻环之间的互阻抗；④ 平行线的阻抗；⑤ 两个环的末端短路线的影响。由于互阻抗和两端短路线的补偿作用，使得双环天线的阻抗具有较宽的频带特性。当电压驻波比 $\rho \leqslant 1.05$ 时，相对带宽约为 16%；$\rho \leqslant 1.1$ 时，相对带宽约为 20%。

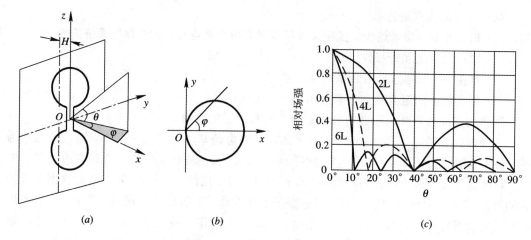

图 2-3-10 双环天线的方向性

(a) 坐标系;(b) 水平平面方向图;(c) 垂直平面方向图

2.3.3 加载圆环天线

若在小环天线的中点串入适当数值的电阻,则可以使得沿线电流近似行波分布,这种天线称为加载圆环天线(Loaded Circular Loop Antenna),如图2-3-11所示,其具有良好的宽频带特性,且为单向辐射。该天线结构简单,造价低,特别适用作 VHF 全频道室内电视接收天线,但由于效率较低,故只适宜在强信号区使用。

根据传输线理论可知,若负载阻抗 R_L 等于小环的平均特性阻抗 Z_{0A},则加载圆环可看成是一行波天线。用类似计算对称振子的平均特性阻抗的方法,可以近似求出加载圆环的平均特性阻抗为

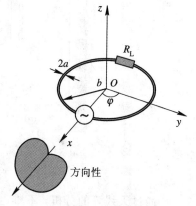

$$Z_{0A} = \frac{1}{\pi}\int_0^\pi 120 \ln\frac{2b\,\sin\varphi'}{a}\,\mathrm{d}\varphi' = 120\ln\frac{b}{a}$$

$$(2-3-19)$$

上式在 kb 较小时是足够准确的。图 2-3-12(a)给出了特性阻抗随几何参量 $\Omega=2\ln(2\pi b/a)$ 的变化曲线,图

图 2-3-11 加载圆环天线

(b)给出了 $R_L=325\ \Omega$,尺寸 $\Omega=9.4$ 时加载圆环天线的输入阻抗计算曲线。由图可见,输入电阻约为 300 Ω。当 kb 较小时,输入电抗为感抗,几乎为零,而当 kb 较大时,输入电抗为 200~300 Ω 的容抗。与无载圆环天线相比,阻抗特性有明显的改善。

当 $kb\leqslant1$ 时,天线为单向辐射,其最大辐射方向沿环面的中心线由负载端指向馈电端,如图 2-3-11 所示的心脏形方向图;当 $kb>1$ 时,最大辐射方向偏离馈电端,而且随着周长 C/λ 的增大,方向图出现副瓣。因此,应按照在工作频段内的最高频率上 $C/\lambda_{\min}\leqslant1$ 的原则来选择环天线尺寸。

由于环内接有负载电阻,故天线效率很低,当天线尺寸不大时,效率可用下式估算:

$$\eta_A \approx \frac{513}{Z_{0A}}\left(\frac{2\pi b}{\lambda}\right)^4 \qquad\qquad (2-3-20)$$

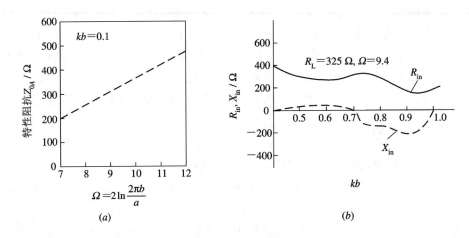

图 2-3-12　加载圆环天线的特性阻抗与输入阻抗

(a) 特性阻抗；(b) 输入阻抗

由上式可见，平均特性阻抗愈低，效率愈高，因此使用宽的金属带制成的加载环天线，比使用细导线制成的天线效率要高些。在靠近馈电点或加载点时，环形金属带的宽度逐渐变窄，这样可使沿线的特性阻抗比较均匀。由于这种天线的效率很低，故天线增益小于 1，仅能作接收天线用。

2.4　引向天线与背射天线

引向天线(Yagi-Uda Antenna)最早由日本 Uda(宇田)用日文(1926 年)，Yagi(八木)用英文(1927 年)先后作了介绍，故常称"八木—宇田"天线。它是一个紧耦合的寄生振子端射阵，结构如图 2-4-1 所示，由一个(有时由两个)有源振子及若干个无源振子构成。有源振子近似为半波振子，主要作用是提供辐射能量；无源振子的作用是使辐射能量集中到天线的端向。其中稍长于有源振子的无源振子起反射能量的作用，称为反射器；较有源振子稍短的无源振子起引导能量的作用，称为引向器。无源振子起引向或反射作用的大小与它们的尺寸及离开有源振子的距离有关。

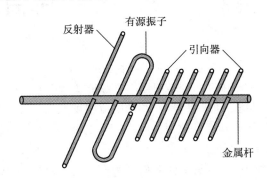

图 2-4-1　引向天线

通常有几个振子就称为几单元或几元引向天线。例如，图 2-4-1 共有八个振子，就称八元引向天线。

由于每个无源振子都近似等于半波长，中点为电压波节点；各振子与天线轴线垂直，它们可以同时固定在一根金属杆上，金属杆对天线性能影响较小；不必采用复杂的馈电网络，因而该类天线具有体积不大、结构简单、牢固、便于转动、馈电方便等优点。其增益可以做到十几个分贝，具有较高增益。缺点是调整和匹配较困难，工作带宽较窄。

2.4.1 引向天线的工作原理

1. 引向器(Director)与反射器(Reflector)

为了分析产生"引向"或"反射"作用时振子上的电流相位关系，我们先观察两个有源振子的情况。

设有平行排列且相距 $\lambda/4$ 的两个对称振子，如图 2-4-2 所示。若两振子的电流幅度相等，但振子"2"的电流相位超前振子"1"90°，即 $I_2 = I_1 e^{j90°}$，如图 2-4-2(a)所示。此时在 $\varphi = 0°$ 方向上，振子"2"的辐射场要比振子"1"的辐射场少走 $\lambda/4$ 路程，即由路程差引起的相位差，振子"2"超前于振子"1"90°，同时，振子"2"的电流相位又超前振子"1"的电流相位90°，则两振子辐射场在 $\varphi = 0°$ 方向的总相位差为 180°，因而合成场为零。反之，在 $\varphi = 180°$ 方向上，振子"2"的辐射场要比振子"1"的辐射场多走 $\lambda/4$ 路程，相位落后 90°，但其电流相位却领先 90°，则两振子辐射场在该方向是同相相加的，因而合成场强最大。在其它方向上，两振子辐射场的路程差所引起的相位差为 $(\pi/2)\cos\varphi$，而电流相位差恒为 $\pi/2$。因而合成场强介于最大值与最小值(零值)之间。所以当振子"2"的电流相位领先于振子"1"90°，即 $I_2 = I_1 e^{j90°}$ 时，振子"2"的作用好像把振子"1"朝它方向辐射的能量"反射"回去，故振子"2"称为反射振子(或反射器)。如果振子"2"的馈电电流可以调节，使其相位滞后于振子"1"90°，即 $I_2 = I_1 e^{-j90°}$，如图 2-4-2(b)所示，则其结果与上面相反，此时振子"2"的作用好像把振子"1"向空间辐射的能量引导过来，则振子"2"称为引向振子(或引向器)。

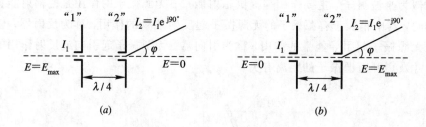

图 2-4-2　引向天线原理
(a) 振子"2"为反射器；(b) 振子"2"为引向器

现在继续分析这一问题。如果将振子"2"的电流幅度改变一下，例如减小为振子"1"的 1/2，它的基本作用会不会改变呢？此时，E_2 对 E_1 的相位关系并没有因为振幅变化而改变。虽然在 $\varphi = 0°$ 方向，$E = 1.5E_1$，在 $\varphi = 180°$ 方向，$E = 0.5E_1$，但相对于振子"1"，振子"2"仍然起着引向器的作用。这一结果使我们联想到：在一对振子中，振子"2"起引向器或反射器作用的关键不在于两振子的电流幅度关系，而主要在于两振子的间距以及电流间的相位关系。

实际工作中，引向天线振子间的距离一般在 $0.1\lambda \sim 0.4\lambda$ 之间，在这种条件下，振子"2"对振子"1"的电流相位差等于多少才能使振子"2"成为引向器或反射器呢？下面作一般性分析。为了简化分析过程，我们只比较振子中心联线两端距天线等距离的两点 M 和 N 处辐射场的大小(图2-4-3)。若振子"2"所在方向的 M 点辐射场较强，则"2"为引向器；反之，则为反射器。设 $I_2 = mI_1\mathrm{e}^{\mathrm{j}\alpha}$，间距 $d = 0.1\lambda \sim 0.4\lambda$，则在 M 点 E_2 对 E_1 的相位差 $\Psi = \alpha + kd$。根据 d 的范围，$36° \leqslant kd \leqslant 144°$。如果 $0° < \alpha < 180°$，即 I_2 的初相导前于 I_1 时，在 N 点 E_2 对 E_1 导前的电流相位差将与落后的波程差有相互抵消的作用，辐射场较强，所以振子"2"起反射器的作用。如果 $-180° < \alpha < 0°$，即 I_2 落后于 I_1 时，则在 M 点 E_2 对 E_1 导前的波程差与落后的电流相位差相抵消，辐射场较强，振子"2"起引向器作用。

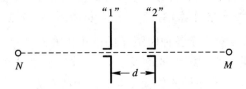

图 2-4-3 电流相位条件

由此可知，在 $d/\lambda \leqslant 0.4$ 的前提下，振子"2"作为引向器或反射器的电流相位条件是

$$\left.\begin{array}{l}\text{反射器：} 0° < \alpha < 180° \\ \text{引向器：} -180° < \alpha < 0°\end{array}\right\} \tag{2-4-1}$$

2. 二元引向天线(Two Element Yagi-Uda Antenna)

实用中为了使天线的结构简单、牢固、成本低，在引向天线中广泛采用无源振子作为引向器或反射器，如图2-4-4所示。由于一般只有一个有源振子，在引向天线中无源振子的引向或反射作用都是相对于有源振子而言的。

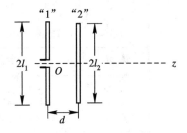

图 2-4-4 二元引向天线

为什么无源振子能够起引向或反射器的作用呢？我们可以从最简单的二元引向天线进行分析。

如图2-4-4所示，假定有源振子"1"的全长为 $2l_1$，无源振子"2"的全长为 $2l_2$，二者平行排列，间距为 d，则从概念上讲，在有源振子电磁场的作用下，无源振子将被感应出电流 I_2。有电流就会有辐射，无源振子的辐射场将对二元引向天线做出贡献，因而就方向性而论，无源振子实质上也是一个有效天线单元。只不过 I_2 不是由振子"2"本身的电源而是由它自身的尺寸以及与有源振子的相对关系决定而已。

考虑到天线阵的阻抗特性，振子"2"的电流由下式决定：

$$\frac{I_2}{I_1} = -\frac{Z_{21}}{Z_{22}} = m\mathrm{e}^{\mathrm{j}\alpha} \tag{2-4-2}$$

式中

$$\left.\begin{array}{l} m = \sqrt{\dfrac{R_{21}^2 + X_{21}^2}{R_{22}^2 + X_{22}^2}} \\[3mm] \alpha = \pi + \arctan\dfrac{X_{21}}{R_{21}} - \arctan\dfrac{X_{22}}{R_{22}} \end{array}\right\} \tag{2-4-3}$$

其中，R_{21} 和 X_{21} 分别为两振子间的互阻抗 Z_{21} 的电阻与电抗部分；$\arctan \dfrac{X_{21}}{R_{21}}$ 为互阻抗 Z_{21} 的辐角；R_{22} 和 X_{22} 分别为无源振子自阻抗 Z_{22} 的电阻与电抗部分，大小与相同尺寸的对称振子的一样；$\arctan \dfrac{X_{22}}{R_{22}}$ 为 Z_{22} 的辐角。由该式可以看出，只要适当改变间距 d（可以改变互阻抗 Z_{21}）或无源振子的长度 $2l_2$（可以主要改变自阻抗 Z_{22}），就可以调整 I_2 的振幅和相位，使无源振子"2"起引向器或反射器的作用。

在引向天线中，有源振子和无源振子的长度基本上都在 $\lambda/2$ 附近，此时方向函数及互阻抗随 l 的变化不太大，所以在近似计算时可以把单元天线的方向函数及单元间的互阻抗均按半波振子处理。至于自阻抗，则因其对 l/λ、a/λ 的变化敏感，需要按振子的实际尺寸计算。

表 2-4-1 给出了（按严格计算）有源振子长度 $2l_1 = 0.475\lambda$，振子半径 a 为 0.0032λ 时，三种不同无源振子长度对应于各种间距 d 的电流比 $I_2/I_1 (= me^{j\alpha} = m\angle\alpha)$。图 2-4-5 是根据该表作出的无源振子 $2l_2/\lambda = 0.450$ 及 0.500，d/λ 分别是 0.1、0.25 及 0.50 时的二元引向天线 H 面方向图，无源振子的位置在有源振子的右方。

表 2-4-1 电流比（$2l_1/\lambda = 0.475$）

$\dfrac{d}{\lambda}$	$I_2/I_1 = m\angle\alpha$		
	$2l_2/\lambda = 0.450$	$2l_2/\lambda = 0.475$	$2l_2/\lambda = 0.500$
0.10	$0.800\angle-142.45°$	$0.806\angle180.01°$	$0.673\angle158.67°$
0.15	$0.728\angle-163.35°$	$0.731\angle168.34°$	$0.607\angle146.19°$
0.20	$0.659\angle-175.90°$	$0.661\angle155.37°$	$0.548\angle132.79°$
0.25	$0.597\angle170.50°$	$0.598\angle141.51°$	$0.496\angle118.67°$
0.30	$0.542\angle156.12°$	$0.544\angle126.97°$	$0.452\angle103.96°$
0.35	$0.495\angle141.16°$	$0.497\angle111.90°$	$0.413\angle88.78°$
0.40	$0.454\angle125.71°$	$0.455\angle96.39°$	$0.379\angle73.21°$
0.45	$0.418\angle109.89°$	$0.420\angle80.53°$	$0.349\angle57.31°$
0.50	$0.386\angle93.78°$	$0.388\angle64.39°$	$0.323\angle41.13°$

分析图 2-4-5 可以看出：

（1）当有源振子 $2l_1/\lambda$ 一定时，只要无源振子长度 $2l_2/\lambda$ 及两振子间距 d/λ 选择得合适，无源振子就可以成为引向器或反射器。对应于合适的 d/λ 值，通常用比有源振子短百分之几的无源振子作引向器，用比有源振子长百分之几的无源振子作反射器。

（2）当有源及无源振子长度一定时，d/λ 值不同，无源振子所起的引向或反射作用不同，例如对于 $2l_2/\lambda = 0.450$，当 $d/\lambda = 0.1$ 时有较强的引向作用，而当 $d/\lambda \geqslant 0.25$ 以后就变成了反射器。因此，为了得到较强的引向或反射作用，应正确选择或调整无源振子的长度及两振子的间距。

（3）为了形成较强的方向性，引向天线振子间距 d/λ 不宜过大，一般 $d/\lambda < 0.4$。

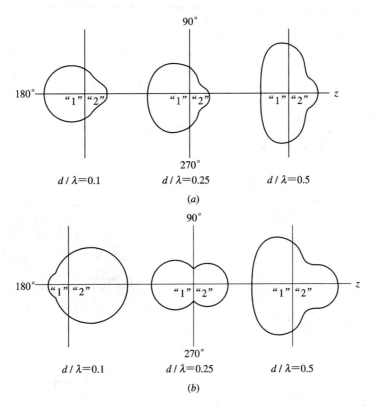

图 2-4-5 二元引向天线方向图

(a) $2l_1/\lambda=0.475$，$2l_2/\lambda=0.500$；(b) $2l_1/\lambda=0.475$，$2l_2/\lambda=0.450$

3. 多元引向天线(Multiple Element Antenna)

为了得到足够的方向性，实际使用的引向天线大多数是更多元数的，图 2-4-6(a)就是一个六元引向天线，其中的有源振子是普通的半波振子。

通过调整无源振子的长度和振子间的间距，可以使反射器上的感应电流相位超前于有源振子(满足式(2-4-1))；使引向器"1"的感应电流相位落后于有源振子；使引向器"2"的感应电流相位落后于引向器"1"；引向器"3"的感应电流相位再落后于引向器"2"……如此下去便可以调整得使各个引向器的感应电流相位依次落后下去，直到最末一个引向器落后于它前一个为止。这样就可以把天线的辐射能量集中到引向器的一边(z方向，通常称z方向为引向天线的前向)，获得较强的方向性。图 2-4-6(b)、(c)、(d)示出了某六元引向天线($2l_r=0.5\lambda$，$2l_0=0.47\lambda$，$2l_1=2l_2=2l_3=2l_4=0.43\lambda$，$d_r=0.25\lambda$，$d_1=d_2=d_3=d_4=0.30\lambda$，$2a=0.0052\lambda$)的$E$面、$H$面和立体方向图。图 2-4-6$(e)$、$(f)$分别给出了该六元引向天线的输入阻抗和输入端反射系数S_{11}(传输线特性阻抗取 50 Ω)参数。

由于已经有了一个反射器，再加上若干个引向器对天线辐射能量的引导作用，在反射器的一方(通常称为引向天线的后向)的辐射能量已经很弱，再加多反射器对天线方向性的改善不是很大，通常只采用一个反射器就够了。至于引向器，一般来说数目越多，其方向性就越强。但是实验与理论分析均证明：当引向器的数目增加到一定程度以后，再继续加多，对天线增益的贡献相对较小。

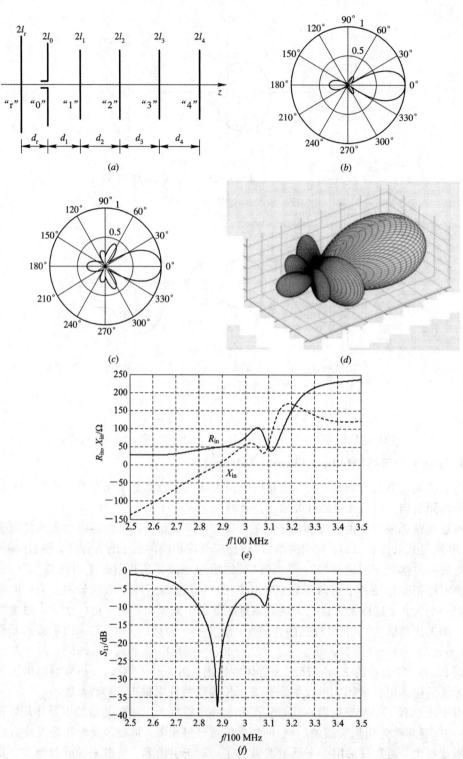

图 2 - 4 - 6 某六元引向天线的电特性

(a) 引向天线示意图；(b) E 面方向图；(c) H 面方向图；

(d) 立体方向图；(e) 输入阻抗；(f) 输入端反射系数

图 2-4-7 给出了包括引向器、反射器在内的所有相邻振子间距都是 0.15λ，振子直径均为 0.0025λ 的引向天线增益与元数的关系曲线。由图可以看出，若采用一个反射器，当引向器由一个增加到两个时（$N=3$ 增至 $N=4$），天线增益能大约增大 1 dB，而引向器个数由 7 个增至 8 个（$N=9$ 增至 $N=10$）时，增益只能增加约 0.2 dB。不仅如此，引向器个数多了还会使天线的带宽变窄、输入阻抗减小，不利于与馈线匹配。加之从机械上考虑，引向器数目过多，会造成天线过长，也不便于支撑。因此，在米波波段实际应用的引向天线引向器的数目通常很少超过十三四个。

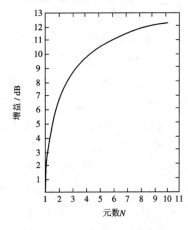

图 2-4-7 典型引向天线的增益与总元数的关系

$(d_r=d_1=d_2=\cdots=0.15\lambda, 2a/\lambda=0.0025)$

2.4.2 引向天线的电特性

虽然实际应用的引向天线不一定是等间距的，引向器也不一定是等长的，但为了大致了解引向天线的电特性，还是通过表 2-4-2 给出了等间距、等长引向器的一些引向天线的典型数据，包括不同元数、不同振子长度、不同间距时引向天线的增益、输入阻抗以及 E 面和 H 面方向图的波束宽度、副瓣电平前后辐射比。所谓前后辐射比，是指方向图中前向与后向的电场振幅比，它在引向天线中具有一定的实际意义。

表 2-4-2 引向天线的电参数

元数 N	间隔 d/λ	单元长度 $2l/\lambda$			增益 /dB	前后辐射比 /dB	输入阻抗 /Ω	H 面		E 面	
		$\dfrac{2l_r}{\lambda}$	$\dfrac{2l_0}{\lambda}$	$\dfrac{2l_1}{\lambda}\sim\dfrac{2l_2}{\lambda}$				$2\theta_{0.5H}/(°)$	SLL /dB	$2\theta_{0.5E}/(°)$	SLL /dB
3	0.25	0.479	0.453	0.451	9.4	5.6	22.3+j15.0	84	−11.0	66	−34.5
4	0.15	0.486	0.459	0.453	9.7	8.2	36.7+j9.6	84	−11.6	66	−22.8
4	0.20	0.503	0.474	0.463	9.3	7.5	5.6+j20.7	64	−5.2	54	−25.4
4	0.25	0.486	0.463	0.456	10.4	6.0	10.3+j23.5	60	−5.8	52	−15.8
4	0.30	0.475	0.453	0.446	10.7	5.2	25.8+j23.2	64	−7.3	56	−18.5
5	0.15	0.505	0.476	0.456	10.0	13.1	9.6+j13.0	76	−8.9	62	−23.2
5	0.20	0.486	0.462	0.449	11.0	9.4	18.4+j17.6	68	−8.4	58	−18.7
5	0.25	0.447	0.451	0.442	11.0	7.4	53.3+j6.2	66	−8.1	58	−19.1
5	0.30	0.482	0.459	0.451	9.3	2.9	19.3+j39.4	42	40	40	−9.6
6	0.20	0.482	0.456	0.437	11.2	9.2	51.3−j1.9	68	−9.0	58	−20.0
6	0.25	0.484	0.459	0.446	11.9	9.4	23.2+j21.0	56	−7.1	50	−13.8
6	0.30	0.472	0.449	0.437	11.6	6.7	61.2+j7.7	56	−7.4	52	−14.8
7	0.20	0.489	0.463	0.444	11.8	12.6	20.6+j16.8	58	−7.4	52	−14.1
7	0.25	0.477	0.454	0.434	12.0	8.7	57.2+j1.9	58	−8.1	52	−15.4
7	0.30	0.475	0.455	0.439	12.7	8.7	35.9+j21.7	50	−7.3	46	−12.6

1. 输入阻抗

引向天线是由若干个振子组成的，由于存在着互耦，在无源振子的影响下，有源振子的输入阻抗将发生变化，不再和单独一个振子时相同。如图 2-4-6(e)所示，这种影响主要体现在两个方面，一个是使有源振子的输入阻抗下降，二是使输入阻抗随频率变化得更厉害。单独一个半波振子的输入电阻一般约 70 Ω，在引向天线中如果用半波振子作有源振子，天线的输入电阻往往会大大下降，有时只有十几欧姆。加之有的馈电平衡转换装置(简称平衡器，将在下面介绍)，例如 U 形管本身具有阻抗变换作用，便使得天线很难与常用的同轴电缆匹配(标准同轴电缆的特性阻抗为 50 Ω 或 75 Ω)。为此，必须设法提高引向天线的输入电阻。除了通过调整天线尺寸提高输入电阻的方法以外，最有效也是最常用的措施是采用下面将要介绍的"折合振子"。另外，已知对称振子的输入阻抗随频率的变化比较厉害，现在又加上了无源振子的影响，变化得就更厉害。因此，引向天线一般只能在很窄的带宽(典型值为 2%)内与馈线保持良好匹配。

实用中常常不注重引向天线输入阻抗的精确值，主要以馈线上的驻波比为标准进行调整。当要求引向天线在稍宽的频带内工作时，只有牺牲对驻波比的要求。此时，往往只要求驻波比小于 2 或者更差一点。

2. 方向图的半功率角与副瓣电平

原则上引向天线的方向图可以用矩量法(MoM)按照实际结构计算，由于元数较多时各振子电流的计算比较复杂，因此在工程上多用近似公式、曲线和经验数据来估算。引向天线半功率角的估算公式为

$$2\theta_{0.5} \approx 55\sqrt{\frac{\lambda}{L}} \quad (°) \qquad (2-4-4)$$

图 2-4-8 为半功率角的估算曲线。上式及图中的 L 为引向天线的长度，是由反射器到最后一个引向器的几何长度；λ 为工作波长。按照式(2-4-4)或图 2-4-8 得到的半功率角是个平均值。实际上，引向天线的 H 面的方向图比 E 面的要宽一些，因为单元天线在 H 面内没有方向性，而在 E 面却有方向性。

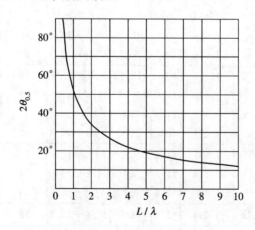

图 2-4-8　$2\theta_{0.5} \sim L/\lambda$ 的关系

由图 $2-4-8$ 可以看出，当 $L/\lambda>2$ 以后，$2\theta_{0.5}$ 随 L/λ 的增大下降得相当缓慢，所以引向天线的半功率角不可能做到很窄，通常都是几十度。

引向天线的副瓣电平一般也只有负几分贝到负十几分贝，H 面的副瓣电平一般总是较 E 面的高(参看表 $2-4-2$)。由表 $2-4-2$ 还可以看出，引向天线的前后辐射比往往不是很高，即引向天线往往具有较大的尾瓣，这也是不够理想的。为了进一步减小引向天线的尾瓣，可以将单根反射器换成反射屏或"王"形反射器等形式。图 $2-4-9$ 为带"王"字形反射器的引向天线。

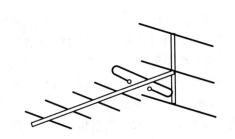

图 $2-4-9$ 带"王"字形反射器的引向天线

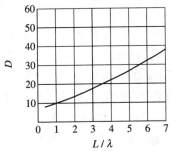

图 $2-4-10$ $D\sim L/\lambda$ 的关系

3. 方向系数和增益系数

引向天线的方向系数可由图 $2-4-10$ 估算。一般的引向天线长度 L/λ 不是很大，它的方向系数只有 10 左右。当要求更强的方向性时，若频率不很高，则可采用将几副引向天线排列成天线阵的方法。

引向天线的效率很高，差不多都在 90% 以上，可以近似看成 1，因而引向天线的增益系数也就近似等于它的方向系数，即

$$G = \eta D \approx D \qquad (2-4-5)$$

4. 极化特性

常用的引向天线为线极化天线，它的辐射场在空间任一点随着时间的推移都始终在一条直线上变化。当振子面水平架设时，工作于水平极化；当振子面垂直架设时，工作于垂直极化。

5. 带宽特性

引向天线的工作带宽主要受方向性和输入阻抗的限制，一般只有百分之几。在允许馈线上驻波比 $S\leqslant2$ 的情况下，引向天线的工作带宽可能达到 10%。

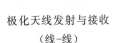

极化天线发射与接收
（线-线）

极化天线发射与接收
（圆-线）

用单根无源振子作反射器时，由于自阻抗、互阻抗以及电间距 d/λ 均与频率关系密切，因而引向天线的工作带宽很窄。如图 $2-4-6(f)$ 所示，S_{11} 参数随频率的变化呈现明显的谐振性。此时可以采用排成平面的多振子(例如"王"形振子)或由金属线制成的反射屏作为反射器，这样不仅可以增大前后辐射比，还可以增加工作带宽。

有源振子的带宽对引向天线的工作带宽有着重要影响。为了宽带工作，可以采用直径粗的振子，如扇形振子、"X"形振子以及折合振子等等。图 $2-4-11$ 为扇形振子及"X"形振子。有关折合振子的介绍将在下面给出。

图 2 - 4 - 11　扇形和"X"形振子

(a) 扇形振子；(b)"X"形振子

2.4.3　半波折合振子

前已指出，由于振子间的相互影响，引向天线的输入阻抗往往比半波振子的降低较多，很难与同轴线直接匹配。加之同轴线是非对称馈线，给对称振子馈电时需要增加平衡变换器，而有的平衡变换器又具有阻抗变换作用，进一步将天线的输入阻抗变小，例如，U形管同轴平衡变换器能把作为平衡器负载的天线输入阻抗变成 1/4 原阻抗，再与主馈线相接，这样就更难实现阻抗匹配。实验证明，有源振子的结构与类型对引向天线的方向图影响较小，因此可以主要从阻抗特性上来选择合适的有源振子的尺寸与结构，工程上常常采用折合振子，因为它的输入阻抗可以变为普通半波振子的 K 倍 $(K>1)$。

半波折合振子 (Half-Wave Folded Dipole) 的结构如图 2 - 4 - 12 所示，振子长度 $2l \approx \lambda/2$，间隔 $D \ll \lambda$。图 2 - 4 - 12(a) 为等粗细的型式，图 2 - 4 - 12(b) 为不等粗细的型式。

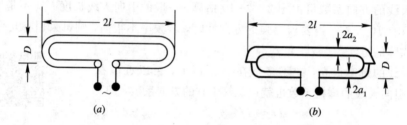

图 2 - 4 - 12　半波折合振子

粗略地说，可以把半波折合振子看做是一段 $\lambda/2$ 的短路线从其中点拉开压扁而成，如图 2 - 4 - 13 所示。折合振子的两个端点为电流节点，导线上电流同相，当 $D \ll \lambda$ 时，折合振子相当于一电流为 $I_M = I_{M1} + I_{M2}$ 的半波振子，故方向图将和半波振子的一样。

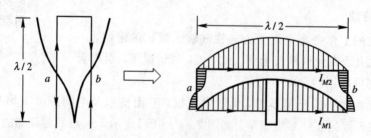

图 2 - 4 - 13　半波折合振子的构成及电流分布

为什么半波折合振子能够具有较高的输入电阻呢？这与它的特殊结构有关。对于等粗细的半波折合振子 (图 2 - 4 - 12(a))，$I_{M1} = I_{M2}$，折合振子相当于具有波腹电流 $I_M = I_{M1} + I_{M2} = 2I_{M1}$ 的一个等效半波振子。因此，不仅它的方向性与半波振子的相同，而且它的辐射功率也可以写成：

$$P_r = \frac{1}{2} \mid I_M \mid^2 R_r \qquad (2-4-6)$$

其中，R_r 为以波腹电流计算的辐射电阻，也刚好是等效半波振子的输入电阻，一般约为70 Ω。

对于半波折合振子来说，馈电点的输入电流实际上为 I_{M1}，而不是 I_M，所以它的输入功率为

$$P_{in} = \frac{1}{2} \mid I_{M1} \mid^2 R_{in} \qquad (2-4-7)$$

由于天线的效率 $\eta = 1$，半波折合振子的输入功率 P_{in} 等于它的辐射功率 P_r，令式 (2-4-6) 与 (2-4-7) 相等，便可以求得

$$R_{in} = \left| \frac{I_M}{I_{M1}} \right|^2 R_r \qquad (2-4-8)$$

计及 $I_M = 2 I_{M1}$，则

$$R_{in} = 4 R_r \qquad (2-4-9)$$

即等粗细半波折合振子的输入电阻等于普通半波振子输入电阻的 4 倍。因此折合振子具有高输入电阻的突出特点。

实际工作中不一定刚好要求半波折合振子的输入电阻是半波振子的 4 倍，这时可以采用图 2-4-12(b) 所示的不等粗细折合振子。下面将会证明，此时半波折合振子的输入电阻与半波振子输入电阻之间满足以下关系：

$$R_{in} = \left(1 + \frac{\ln \dfrac{D}{a_1}}{\ln \dfrac{D}{a_2}} \right)^2 R_r = K R_r \qquad (2-4-10)$$

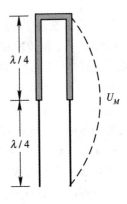

图 2-4-14 等效短路线

式中 D 及 a_1，a_2 的意义见图 2-4-12(b)。

由式 (2-4-10) 可知：

当 $a_1 = a_2$ 时，$\ln \dfrac{D}{a_1} = \ln \dfrac{D}{a_2}$，$K = 4$；

当 $a_1 > a_2$ 时，$\ln \dfrac{D}{a_1} < \ln \dfrac{D}{a_2}$，$K < 4$；

当 $a_1 < a_2$ 时，$\ln \dfrac{D}{a_1} > \ln \dfrac{D}{a_2}$，$K > 4$。

为什么 $a_1 \neq a_2$ 时会有以上结果呢？可以作如下解释。将折合振子"还原"成如图 2-4-14 所示的短路线时，两段 $\lambda/4$ 线的特性阻抗不等。当 $a_1 > a_2$ 时，$Z_{c1} < Z_{c2}$；当 $a_1 < a_2$ 时，$Z_{c1} > Z_{c2}$。

对于终端短路长线，有

$$\left. \begin{array}{l} I_{M1} = \dfrac{U_{M1}}{Z_{c1}} \\[2mm] I_{M2} = \dfrac{U_{M2}}{Z_{c2}} \end{array} \right\} \qquad (2-4-11)$$

对于半波折合振子，$U_{M1} = U_{M2} = U_M$。代入式 (2-4-8)，半波折合振子的输入电阻为

$$R_{\text{in}} = \left| \frac{I_M}{I_{M1}} \right|^2 R_{\text{r}} = \left| \frac{I_{M1}+I_{M2}}{I_{M1}} \right|^2 R_{\text{r}} = \left| 1+\frac{I_{M2}}{I_{M1}} \right|^2 R_{\text{r}} = \left| 1+\frac{Z_{c1}}{Z_{c2}} \right|^2 R_{\text{r}} \qquad (2-4-12)$$

由传输线理论可知,平行双导线的特性阻抗 $Z_c = 120 \ln \frac{2D}{d}$,$D$ 为双导线的间距,$d = 2a$ 为双导线导线的直径,a 为半径。因此上式又可写成:

$$R_{\text{in}} = \left(1+\frac{\ln \dfrac{D}{a_1}}{\ln \dfrac{D}{a_2}} \right)^2 R_{\text{r}}$$

这就是式(2-4-10)。

半波折合振子除了输入电阻大的优点之外,因为它的横断面积较大,相当于直径较粗的半波振子,而振子越粗,振子的等效特性阻抗越低,输入电阻随着频率的变化就比较平缓,有利于在稍宽一点的频带内保持阻抗匹配,所以半波折合振子还具有工作带宽较普通半波振子稍宽的优点。实验证明,D 值选得大一些,不仅容易弯曲加工,而且工作频带较宽,但 D 值太大时,两个窄边将产生辐射,使天线增益下降,方向性变坏,故通常取 $D = (0.01 \sim 0.03)\lambda$。

当把半波折合振子用于引向天线时,可以证明它仍然能把用半波振子作有源振子时的引向天线的输入电阻扩大 K 倍。因此在引向天线中半波折合振子被广泛地被用作有源振子。

2.4.4 平衡器——对称天线的馈电

线天线总要通过传输线馈电,常用的传输线有平行双导线和同轴线,前者为平衡传输线,后者为不平衡传输线,因平行双导线对"地"是对称的,故是平衡的。实际工作中,许多天线本身是"平衡"的,例如对称振子,折合振子以及后面将要介绍的等角螺旋天线等都是对称平衡的。因而这些天线要求平衡馈电。用平行双导线馈电时,不存在问题,但用同轴线馈电时,就存在"平衡"与"不平衡"之间的转换问题。另外,在平衡传输线与非平衡传输线之间连接时,也同样存在这种问题。为了解决这一问题,就需要采用平衡与不平衡转换器,简称为平衡器,或称为其英文名 balun 的直译"巴仑"。

为什么由非平衡传输线给对称振子等平衡负载馈电时会出现问题呢?图 2-4-15 对此作了说明:如果用平行双导线馈电,对称振子两臂上的电流等幅、对称(见图 2-4-15(a))。但用同轴线馈电时,假如直接把同轴线的内外导体分别端接振子的左右两臂,则由于同轴线外导体外表面与右臂间的分布电容,使得它相当于左臂的一部分,起到分流(存在 I_4)的作用,如图 2-4-15(b)所示。这种现象有时称为电流"外溢"。根据电流连续性定理,在馈电点 $I_1 = I_2$,而 $I_2 = I_3 + I_4$,故由于 I_4 的存在,导致 $I_3 < I_1$,振子两臂的电流不再相等,失去了原来的"对称"性。另外,I_4 的存在所产生的辐射,还会造成交叉极化分量,破坏了原来的正常极化,这些都是人们所不希望的。为此,应采取适当措施加以克服,该措施就是采用平衡器。

针对同轴线馈电时产生不平衡的原因,大体上有三种方法可以使之平衡:一是扼止 I_4,即在馈电点让 $I_4 = 0$,$\lambda/4$ 扼流套即基于此原理;另一个就是让左、右臂均有分流,且为均衡分流,但让它们不能对外产生辐射,附加平衡段平衡器就基于这一设想;还有一种就是让振子的两臂均接同轴线内导体,形成对"地"自然平衡,与此同时,还要保证两臂等幅馈电, U 形管就是这样做的。

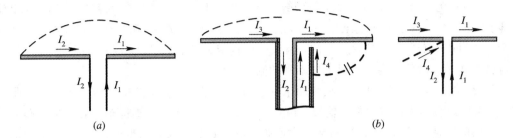

图 2-4-15 对称振子的平衡与不平衡馈电
(a) 平衡馈电; (b) 不平衡馈电及其等效电路

1. λ/4 扼流套(Quarter-Wave Choke Balun)

λ/4 扼流套的结构如图 2-4-16 所示。它是在原同轴线的外边增加一段长为 $\lambda_0/4$ 的

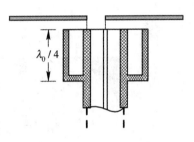

金属罩, 罩的下端与同轴线外导体短接。这时, 罩的内表面与原同轴线外导体的外表面便形成一段 $\lambda_0/4$ 终端短路的新同轴线, 它的输入阻抗为 ∞, 使得馈电点处的 $I_4 = 0$, 因而扼止了 I_4, 保证了振子两臂电流的对称性。

当工作频率改变时, 扼流套的输入阻抗减小, I_4 会相应增大起来, 平衡将遭到破坏。故这种平衡器的工作带宽很窄, 属窄带器件。

图 2-4-16 λ/4 扼流套

由 λ/4 扼流套的结构可知, 这种平衡器适用于硬同轴线给对称天线馈电的情况。

2. 附加平衡段平衡器(Split Coaxial Balun)

附加平衡段平衡器的结构如图 2-4-17 所示。它是在同轴线外面平行接上一段(长度为 $\lambda_0/4$)与同轴线等粗细的金属柱体, 圆柱体底部与同轴线外导体短接, 形成一段特性阻抗为 Z_0 的 $\lambda_0/4$ 终端短路平行双导线。同轴线外导体直接接天线一臂, 内导体与附加圆柱体连接后接天线的另一臂。

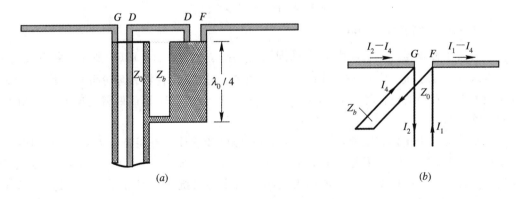

图 2-4-17 附加平衡段平衡器
(a) 结构; (b) 等效电路

由图 2-4-17 可以看出，同轴线的内外导体被均衡分流，因而天线两臂的电流左臂为 I_2-I_4，右臂为 I_1-I_4，因 $I_1=I_2$，故两臂电流相等。当 $\lambda=\lambda_0$ 时，$\lambda/4$ 短路线的输入端电流为零（即 $I_4=0$），振子两臂电流相等；当 $\lambda\neq\lambda_0$ 时，虽有 I_4 存在，但仍然保持相等。故就平衡而言，附加平衡段平衡器是宽带的，因而又称宽带 $\lambda/4$ 平衡器。同时由于 I_4 是流入平行双导线的电流，对外不会产生对工作不利的附加辐射。

图 2-4-18 是图 2-4-17 演变而来的微带线宽带平衡器：图中虚线所示的中心带线 a 和 b 与接地金属板构成微带传输线，相当于图 2-4-17 中的主馈同轴线和附加开路同轴线，它们的特性阻抗分别为 Z_0 和 Z_b；中心带线在 DD 处相接，相当于图 2-4-17 中的同轴线在 DD 处连接；金属接地板开槽构成的共面平板薄导体平衡末端短路传输线相当于主馈同轴线和附加圆柱体构成的末端短路双导线；G、F 为馈电点，接天线双臂。因此，只要尺寸选择合适，微带线平衡器同样可以做到不仅能保证平衡，而且能在较宽的频带内实现阻抗匹配。同时，为了保证微带线无漏辐射，在尺寸上要求接地板宽度 $B>3b$，b 为中心线宽。

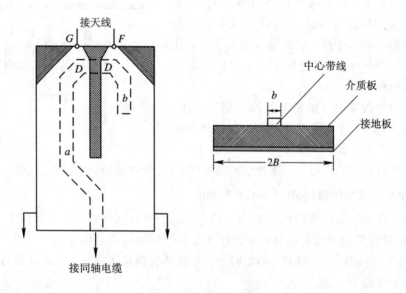

图 2-4-18　微带线平衡器

3. U 形管平衡器（U-balun）

U 形管平衡器是一段长度为 $\lambda_g/2$ 的同轴线，结构如图 2-4-19(a) 所示。由于天线两臂均接内导体，对"地"是对称的，因而它是平衡的。同时，由传输线理论可知，因 A，B 两点相距 $\lambda_g/2$，对地的电位将等幅反相，V_A 为"＋"，V_B 为"－"，因而两臂的电流大小相等，得到对称分布。

U 形管除了平衡作用之外，由图 2-4-19(b) 可知它还兼有阻抗变换作用。由于 $\lambda_g/2$ 的阻抗重复性，在主馈同轴线的输入端，输入阻抗为两个 $Z_A/2$ 的并联，因而它的负载是天线输入阻抗 Z_A 的 $1/4$。因此，在考虑天线与同轴线的阻抗匹配时必须注意到这一点。例如，采用 75 Ω 同轴线给天线馈电时，为使阻抗匹配，要求天线的输入阻抗 $Z_A=4\times75=300$ Ω。这时用普通半波振子是不合适的，但用等粗细的半波折合振子就能达到良好的效果。

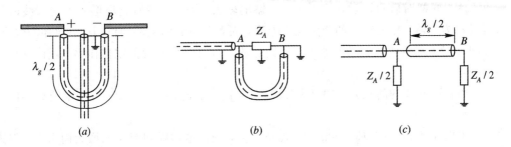

图 2-4-19　U 形管及其等效电路

U 形管平衡器是窄带的。因当 $\lambda \neq \lambda_0$ 时，其长度不再是 $\lambda_g/2$，就难以保证天线两臂电流的对称性。

通常用软同轴线制作 U 形管，也可以用微带线制作 U 形管平衡器，如图 2-4-20 所示。

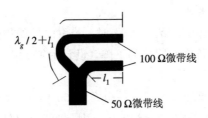

图 2-4-20　微带线平衡器

2.4.5　环形元引向天线

引向天线既可用对称振子组成，也可用其它形式的辐射元构成，例如圆环、方环等按引向天线原理组合起来就构成了环形元引向天线（Loop Element Yagi-Uda Antenna），如图 2-4-21 所示。

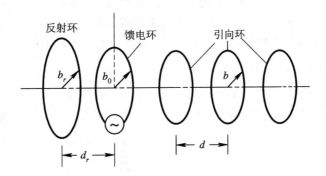

图 2-4-21　环形元引向天线

依据环天线有关理论可知，当环的周长约为一个波长时，在垂直于环面方向上，增益近似为 3.2 dB，输入阻抗基本上是一约为 100 Ω 的纯电阻。仿照普通引向天线，选用若干个周长近似为一个波长的圆环或方环，调节环的周长与环间距离，就可以获得较好的端射阵天线的电特性。实验证明，反射环的半径 b_r 及其与主环（激励环）间的距离 d_r 对增益影响不明显，但它对后向辐射和输入导纳有较大的控制作用；激励环的尺寸及线径对增益的影响也不大，同样对后向辐射和输入导纳的影响较大。因此，在研究环形元引向天线时往往将两者视为一体，作为统一的激励元来处理，而着重研究引向环的作用。引向环的数目、尺寸和间距对天线各项指标均有影响，特别是环的数目对增益起关键性作用。理论计算和实验表明：

（1）当各引向环的间距 $d = (0.1 \sim 0.3)\lambda$ 时，选择引向环 $kb = 0.9$，可获得较高的前向增益。

（2）当引向环 kb 一定时，在 $d \leqslant 0.3\lambda$ 范围内，前向增益随间距 d 的增大而增大，但递增率却随着引向环数目的增多而变慢。在 $kb = 0.7$，间距 $d \geqslant 0.15\lambda$ 时，前向增益几乎与 d 无关。对于这种较小尺寸的引向环，可以在保持前向增益一定的前提下，调节 d 以满足其它电指标的要求。

（3）H 面的半功率波瓣宽度比 E 面宽，一般情况下，输入阻抗都有一非零值的电抗成分，可以微调主环的尺寸、线径、反射环以及第一、二个引向环的几何参数并采用匹配装置，以满足馈线与驻波比的要求。

（4）当 $kb_0 = 1.1$，$kb_r = 1.05$，$d_r = 0.1\lambda$ 时，若引向环的周长接近一个波长，环间将发生强烈的耦合作用，前向增益会有明显的下降，设计时必须避免此现象的出现。通常引向环的尺寸 kb 总是稍小于 1 的。

环形元引向天线结构简单、增益高，一个在 1200 MHz 设计的这种天线，激励环的周长约为 1.2λ，共 25 元，其增益在 20 dB 以上，用同轴线直接馈电。

按一个波长环的分析，可以将环等效为两平行排列的半波振子，故也可将环形元引向天线等效为上下两层并列的引向天线阵。

2.4.6　背射（返射）天线概述

背射天线是 20 世纪 60 年代初在引向天线基础上发展起来的一种新型天线。由于其结构简单、馈电方便、纵向长度短、增益高（可达数百分贝）和副瓣背瓣较小（可分别作到 -20 dB 和 -30 dB 以下）等优点，而得到天线工作者的重视。其中的短背射天线，更由于它效率高、能平装及可用介质材料密封等优点，而在宇航和卫星上得到重视和应用。

1. 背射天线（Back Fire Antenna）

在引向天线最末端的引向器后面再加一反射盘 T，就构成背射天线，如图 2-4-22 所示。当电波沿引向天线的慢波结构传播到反射盘 T 后即发生返射，再一次沿慢波结构向相

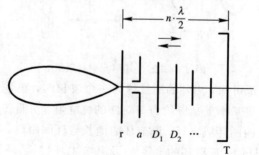

图 2-4-22　背射天线

反方向传播，最后越过反射器向外辐射，故又称为返射天线。它相当于将原来的引向天线长度增加了 1 倍，故在同样长度上可望多获得 3 dB 的增益，此外，由于反射盘的镜像作用，增益还可以再加大一些（理想情况下是再增加 3 dB）。反射盘一般称为表面波反射器，它的直径大致与同一增益的抛物面天线的直径相等；反射盘与反射器之间的距离应为 $\lambda/2$ 的整数倍。如果在反射盘的边缘上再加一圈反射环（边框），则可使增益再加大 2 dB 左右。一个设计良好的背射天线，可以做到比同样长度的引向天线多 8 dB 的增益，其增益可用下式大致估算：

$$G = 60 \frac{L}{\lambda} \qquad\qquad (2-4-13)$$

当要求天线的增益为 15～30 dB 时，采用背射天线是比较恰当的，因为在此增益范围内，引向天线的长度太大，不易实现，对称振子阵列的馈电系统复杂，而用抛物面天线时，结构、工艺上均较为复杂。

2. 短背射天线 (Short Back Fire Antenna)

这种天线由一根有源振子（或开口波导、小喇叭）和两个反射盘组成，如图 2-4-23 所示。小反射盘的直径为 $(0.4～0.6)\lambda$，大反射盘的直径为 2λ，边缘上有宽度 $W = \lambda/4～\lambda/2$ 的边框——反射环。电波在两个反射盘之间来回反射，其中一部分越过小反射盘向外辐射。各部分的巧妙组合形成了一个较为理想的开口电磁谐振腔，使其定向辐射性能加强而杂散能量减弱，因而能获得较高增益和较低副瓣。其增益约为 8.5～17 dB，在同样增益下，其长度可为引向天线的 1/10。目前该天线主要依靠经验数据进行设计，再通过实验进行调整。

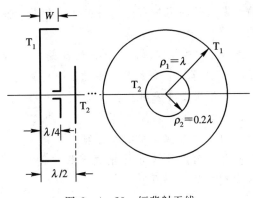

图 2-4-23　短背射天线

习　题　二

1. 有一架设在地面上的水平振子天线，其工作波长 $\lambda = 40$ m。若要在垂直于天线的平面内获得最大辐射仰角 Δ 为 $30°$，则该天线应架设多高？

2. 假设在地面上有一个 $2l = 40$ m 的水平辐射振子。求使水平平面内的方向图保持在与振子轴垂直的方向上有最大辐射和使馈线上的行波系数不低于 0.1 时，该天线可以工作的频率范围。

3. 为了保证某双极天线在 4～10 MHz 波段内馈线上的驻波比不致过大且最大辐射方向保持在与振子垂直的方向上,该天线的臂长应如何选定?

4. 今有一双极天线,臂长 $l=20$ m,架设高度 $h=8$ m,试估算它的工作频率范围以及最大辐射仰角范围。

5. 为什么频率为 3～20 MHz 的短波电台通常至少配备两副天线(一副臂长 $l=10$ m,另一副臂长 $l=20$ m)?

6. 两半波对称振子分别沿 x 轴和 y 轴放置并以等幅、相位差 90°馈电。试求该组合天线在 z 轴和 xOy 平面上的辐射场。若用同一振荡馈源馈电,馈线应如何联接?

7. 简述蝙蝠翼电视发射天线的工作原理。

8. 怎样提高直立天线的效率?

9. 一紫铜管构成的小圆环,已知 $\sigma=5.8\times10^7$ S/m,环的半径 $b=15$ cm,铜管的半径 $a=0.5$ cm,工作波长 $\lambda=10$ m。求此单匝环天线的衰减电阻、电感量和辐射电阻,并计算这一天线的效率。有哪些办法可提高其辐射电阻?

10. 设某平行二元引向天线由一个电流为 $I_{m1}=1e^{j0°}$ 的有源半波振子和一个无源振子构成,两振子间距 $d=\lambda/4$,已知互阻抗 $Z_{12}=40.8-j28.3=49.7e^{-j34.7°}$ Ω,半波振子自阻抗 $Z_{11}=73.1+j42.5=84.6e^{j30.2°}$ Ω。

(1) 求无源振子的电流 I_{m2};

(2) 判断无源振子是引向器还是反射器;

(3) 求该二元引向天线的总辐射阻抗。

11. 短于有源振子的无源振子一定是引向器吗?为什么不能采用通过过度增加引向器的个数来提高引向天线的增益?

12. 一个七元引向天线,反射器与有源振子间的距离是 0.15λ,各引向器之间以及与主振子之间的距离均为 0.2λ,试估算其方向系数和半功率波瓣宽度。

13. 为什么引向天线的有源振子常采用折合振子?

14. 天线与馈线连接有什么基本要求?

15. 简述 U 形管平衡－不平衡变换器的工作原理。

16. 请打开彩色电视机天线输入孔与外接接收天线之间使用的 300 Ω/75 Ω 转换器,绘出该转换器的结构图并说明它的工作原理。

第3章 行波天线

为改善天线的工作带宽，可采取加粗振子线径（如笼形），或适当改变振子形状（如双锥、盘锥）等方法，这些方法已在第 2 章介绍过。本章将介绍另一种获得宽频带的途径。

由传输线理论可知，若在导线末端接匹配负载，则导线上载行波，其输入阻抗等于传输线的特性阻抗，且不随频率改变。显然，用载行波的导线构成天线，其输入阻抗将具有宽频带特性。

我们把天线上的电流按行波分布的天线称为行波天线（Traveling-Wave Antenna）。为了使天线电流按行波分布，可在导线末端接匹配负载，以避免反射，或用很长的天线辐射大部分功率，使仅有很少的功率传输到末端，只产生微弱反射。

相对于行波天线而言，我们前面学过的天线，如对称振子、双极天线和鞭状天线等，其天线上的电流为驻波分布，称为驻波天线（Standing-Wave Antenna），或称为谐振天线（Resonant Antenna），其输入阻抗具有明显的谐振特性，因此天线的工作频带较窄，相对带宽约百分之几到百分之十几。

由于行波天线工作于行波状态，频率变化时，输入阻抗近似不变，方向图随频率的变化也较缓慢，因而频带较宽，绝对带宽可达(2～3)∶1，是宽频带天线。但是行波天线的宽频带特性是用牺牲效率（或增益）来换取的，因为有部分能量被负载吸收，故天线效率低于谐振式驻波天线。

本章主要介绍短波波段最常用的菱形天线、V 形天线和螺旋天线等。

3.1 行波单导线及菱形天线

3.1.1 行波单导线

行波单导线（Traveling-Wave Long Wire Antenna）是指天线上的电流按行波分布的单导线天线。设长度为 l 的导线沿 z 轴放置，如图 3-1-1 所示，导线上电流按行波分布，即天线沿线各点电流振幅相等，相位连续滞后，其馈电点置于坐标原点。设输入端电流为 I_0，忽略沿线电流的衰减，则线上电流分布为

$$I(z') = I_0 e^{-jkz'} \quad (3-1-1)$$

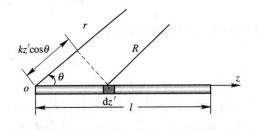

图 3-1-1　行波单导线及坐标

行波单导线辐射场的分析方法与对称振子相似，即把天线分割成许多个电基本振子，而后取所有电基本振子辐射场的总和，故

$$E_\theta = j\frac{60\pi I_0}{r\lambda}\sin\theta\int_0^l e^{-jkz'}\, e^{-jk(r-z'\cos\theta)}\, dz'$$

$$= j\frac{60I_0}{r}e^{-jkr}\frac{\sin\theta}{1-\cos\theta}\sin\left[\frac{kl}{2}(1-\cos\theta)\right]e^{-j\frac{kl}{2}(1-\cos\theta)} \qquad (3-1-2)$$

式中，r 为原点至场点的距离；θ 为射线与 z 轴之间的夹角。由上式可得行波单导线的方向函数为

$$f(\theta) = \left|\sin\theta\frac{\sin\left[\frac{kl}{2}(1-\cos\theta)\right]}{1-\cos\theta}\right| \qquad (3-1-3)$$

根据上式可画出行波单导线的方向图如图 3-1-2 所示，由图可以看出行波单导线的方向性具有如下特点：

（1）沿导线轴线方向没有辐射。这是由于基本振子沿轴线方向无辐射之故。

（2）导线长度愈长，最大辐射方向愈靠近轴线方向，同时主瓣愈窄，副瓣愈大且副瓣数增多。

（3）当 l/λ 很大时，主瓣方向随 l/λ 变化趋缓，即天线的方向性具有宽频带特性。

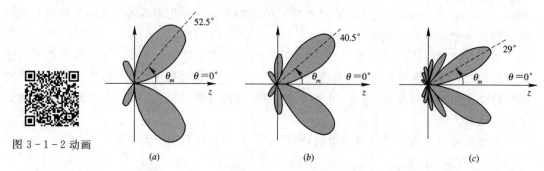

图 3-1-2 动画

图 3-1-2 行波单导线的方向图

(a) $l=\lambda$；(b) $l=1.5\lambda$；(c) $l=3\lambda$

最大辐射角的求解，可通过对 $F(\theta)$ 取导数来计算，也可以近似计算如下：

当 l/λ 很大时，方向函数中的 $\sin\left[\frac{kl}{2}(1-\cos\theta)\right]$ 项随 θ 的变化比起 $\frac{\sin\theta}{1-\cos\theta}=\cot\frac{\theta}{2}$ 项快得多，因此行波单导线的最大辐射方向可由前一个因子决定，即由

$$\sin\left[\frac{kl}{2}(1-\cos\theta)\right]_{\theta=\theta_m} = 1$$

决定，由该式可得最大辐射角

$$\theta_m = \arccos\left(1-\frac{\lambda}{2l}\right) \qquad (3-1-4)$$

上式适用于 l/λ 很大时的最大辐射角的计算。行波天线的输入阻抗近似为一纯电阻，可以利用坡印廷矢量在远区封闭球面上的积分求出辐射电阻，如图 3-1-3 所示，与驻波天线的辐射阻抗图 1-4-5 对比，可以看出，行波单导线的阻抗具有宽频带特性。

行波单导线的方向系数可以用下列近似公式计算：

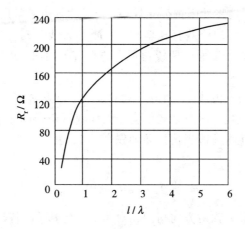

图 3-1-3 行波单导线辐射电阻

$$D \approx 10 \lg \frac{l}{\lambda} + 5.97 - 10 \lg\left(\lg \frac{l}{\lambda} + 0.915\right) \quad \text{dB} \qquad (3-1-5)$$

3.1.2 菱形天线

1. 菱形天线的结构和工作原理

为了增加行波单导线天线的增益，可以利用排阵的方法。用 4 根行波单导线可以构成如图 3-1-4 所示的菱形天线(Rhombic Antenna)。菱形天线水平地悬挂在四根支柱上，从菱形天线的一只锐角端馈电，另一只锐角端接一个与菱形天线特性阻抗相等的匹配负载，使导线上形成行波电流。菱形天线可以看成是将一段匹配传输线从中间拉开，由于两线之间的距离大于波长，因而将产生辐射。菱形天线被广泛应用于中、远距离的短波通信，它在米波和分米波中也有应用。

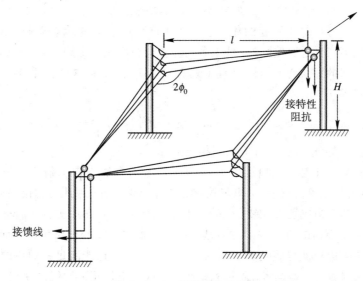

图 3-1-4 菱形天线示意图

由于菱形天线两线之间的距离是变化的，故菱形线上各点的特性阻抗不等，从锐角端的 600～700 Ω 变化到钝角处的 1000 Ω。各点特性阻抗的不均匀性引起天线上局部的反射，从而破坏行波状态。为了使特性阻抗变化较小，菱形的各边通常用 2～3 根导线并在钝角处分开一定距离，使天线导线的等效直径增加，以减小天线各对应线段的特性阻抗的变化。菱形天线的最大辐射方向位于通过两锐角顶点的垂直平面内，指向终端负载方向，具有单向辐射特性。

行波单导线的辐射场可由式(3-1-2)计算获得，求解菱形天线的辐射场即相当于求解四根导线在空间的合成场。如何才能使菱形天线获得最强的方向性，并使最大辐射方向指向负载方向呢？这可以通过适当选择菱形锐角 $2\theta_0$、边长 l 来实现。如图 3-1-5 所示，选择菱形半锐角

$$\theta_0 = \theta_m = \arccos\left(1 - \frac{\lambda}{2l}\right) \qquad (3-1-6)$$

即菱形四根导线各有一最大辐射方向指向长对角线方向，下面将证明图 3-1-5 中 4 个带阴影波瓣能在长对角线方向同相叠加。

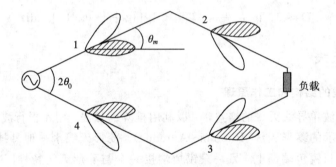

图 3-1-5　菱形天线的辐射

参考图 3-1-6(a)，在长对角线方向，1、2 两根行波导线合成电场矢量的总相位差应该由下列三部分组成：

$$\Delta\Psi = \Delta\Psi_r + \Delta\Psi_i + \Delta\Psi_E \qquad (3-1-7)$$

其中，$\Delta\Psi_r$ 为射线行程差所引起的相位差，射线行程从各边的始端算起，$\Delta\Psi_r = kl \cos\theta_0$；$\Delta\Psi_i$ 为电流相位不同引起的相位差，线上各对应点电流滞后 kl，即 $\Delta\Psi_i = -kl$；$\Delta\Psi_E$ 为电场的极化方向所引起的相位差，由图可直观地看出 $\Delta\Psi_E = \pi$，将这些关系代入式(3-1-7)，可以得出总相位差

$$\Delta\Psi = kl \cos\theta_0 \big|_{\theta_0 = \theta_m} - kl + \pi = kl\left(1 - \frac{\lambda}{2l}\right) - kl + \pi = 0 \qquad (3-1-8)$$

即长对角线方向上导线 1、2 的合成场同相叠加。

再研究行波导线 1 和 4，如图 3-1-6(b)，在长对角线方向上射线行程差引起的相位差 $\Delta\Psi_r = 0$，电流相位差 $\Delta\Psi_i = \pi$，电场极化相位差 $\Delta\Psi_E = \pi$，因此总相位差 $\Delta\Psi = 2\pi$。

根据以上分析，构成菱形天线的四条边的辐射场在长对角线方向上都是同相的，因此菱形天线在水平平面内的最大辐射方向是从馈电点指向负载的长对角线方向。而在其他方向上，不但不是各边行波导线的最大辐射方向，而且不一定能满足各导线的辐射场同相的条件，因此形成副瓣，且副瓣多，副瓣电平较大，这也正是菱形天线的缺点。

2. 菱形天线方向函数

上面我们定性地分析了菱形天线的方向特性。欲定量分析，其推导较繁，下面仅给出

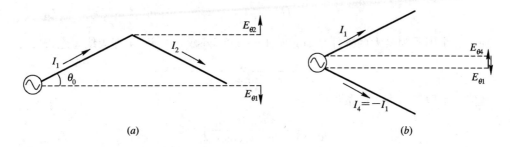

(a) (b)

图 3 - 1 - 6 菱形天线的工作原理

在理想地面上的公式。

过长轴的垂直平面的方向函数为

$$f(\Delta) = \left| \frac{8 \cos\Phi_0}{1 - \sin\Phi_0 \cos\Delta} \sin^2\left[\frac{kl}{2}(1 - \sin\Phi_0 \cos\Delta)\right] \sin(kH \sin\Delta) \right| \quad (3-1-9)$$

式中，Φ_0 为菱形的半钝角；Δ 为仰角；H 为天线的架设高度。

当 $\Delta = \Delta_0$（Δ_0 为最大辐射方向仰角）时，水平平面的方向函数为

$$f(\varphi) = \left| \left[\frac{\cos(\Phi_0 + \varphi)}{1 - \sin(\Phi_0 + \varphi)\cos\Delta_0} + \frac{\cos(\Phi_0 - \varphi)}{1 - \sin(\Phi_0 - \varphi)\cos\Delta_0} \right] \right.$$

$$\left. \cdot \sin\left\{\frac{kl}{2}[1 - \sin(\Phi_0 + \varphi)\cos\Delta_0]\right\} \sin\left\{\frac{kl}{2}[1 - \sin(\Phi_0 - \varphi)\cos\Delta_0]\right\} \right| \quad (3-1-10)$$

式中 φ 为从菱形长对角线量起的方位角。在上述两个平面上电场仅有水平分量。方向图可由以上两式绘出，如图 3 - 1 - 7 所示。一般而言，菱形天线每边的电长度愈长，波瓣愈窄，仰角变小，副瓣增多。

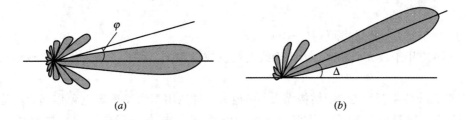

(a) (b)

图 3 - 1 - 7 菱形天线的方向图
(a) 水平平面方向图；(b) 过长轴的垂直平面方向图

当工作频率变化时，由于 l/λ 较大，θ_m 基本上没有多大变化，故自由空间菱形天线的方向图带宽是很宽的。然而，实际天线是架设在地面上的，天线在垂直平面上的最大辐射方向的仰角是与架设电高度 H/λ 直接相关的，频率的改变将引起垂直平面方向图的变化，这限制了天线方向图的带宽，一般绝对带宽仅能做到 2：1 或 3：1。

菱形天线载行波，其输入阻抗带宽是很宽的，通常可达到 5：1。

3. 菱形天线的尺寸选择及其变形天线

当通信仰角 Δ_0 确定以后，选择主瓣仰角等于通信仰角。由菱形天线的垂直平面方向函数可知，为使 $f(\Delta_0)$ 最大，可分别确定式(3-1-9)各个因子为最大，要使第三个因子为最大，应有 $\sin(kH \sin\Delta_0) = 1$，即选择天线架高

— 111 —

$$H = \frac{\lambda}{4 \sin\Delta_0} \tag{3-1-11}$$

使第二个因子为最大的条件是 $\sin[kl(1 - \sin\Phi_0 \cos\Delta_0)/2] = 1$，即天线每边长度

$$l = \frac{\lambda}{2(1 - \sin\Phi_0 \cos\Delta_0)} \tag{3-1-12}$$

使第一个因子为最大的条件是

$$\frac{\mathrm{d}}{\mathrm{d}\Phi_0}\left(\frac{8 \cos\Phi_0}{1 - \sin\Phi_0 \cos\Delta_0}\right) = 0$$

由此得到半钝角 Φ_0 和仰角 Δ_0 应满足如下关系：

$$\Phi_0 = 90° - \Delta_0 \tag{3-1-13}$$

根据以上三个结果，在通信方向的仰角 Δ_0 和工作波长 λ 确定以后，便可直接算出 H、l 和 Φ_0。不过，根据上述最佳尺寸算出的结果，菱形的边长可能很大，往往因占地面积过大而难以做到，所以常根据最佳尺寸适当缩小。实践证明，将边长缩为最佳值的 $(1\sim1.5)/2$ 时，可以得到满意的电性能。

菱形天线一般有 $30\%\sim40\%$ 的功率消耗在终端电阻中，特别是作为大功率电台的发射天线，终端电阻必须能承受足够大的功率，通常用几百米长的二线式铁线来代替。铁线的特性阻抗等于天线的特性阻抗，它沿着菱形天线的长对角线的方向平行地架设在天线下面。铁线的长度取决于线上电流的衰减情况，例如取 $300\sim500$ m 长，可以使铁线末端电流衰减到始端电流的 $20\%\sim30\%$，这样菱形天线上的反射波就很微弱了。铁线末端接碳质电阻或短路后接地，这样也起避雷的作用。

菱形天线的主要优点是：

(1) 结构简单，造价低，维护方便；

(2) 方向性强；

(3) 频带宽，工作带宽可达 $(2\sim3):1$；

(4) 可应用于较大的功率，因为天线上驻波成分很小，因此不会发生电压或电流过大的问题。

菱形天线的主要缺点是：结构庞大，场地大，只适用于大型固定电台作远距离通信使用；副瓣多，副瓣电平较高；效率低，由于终端有负载电阻吸收能量，故天线效率为 $50\%\sim80\%$ 左右。

为了改善菱形天线的特性参数，常采用双菱天线，它是由两个水平菱形天线组成的，如图 3-1-8 所示，菱形对角线之间的距离 $d\approx0.8\lambda$，其方向函数表达式为

$$f_2(\Delta,\varphi) = f_1(\Delta,\varphi)\left|\cos\left(\frac{kd}{2}\cos\Delta\sin\varphi\right)\right| \tag{3-1-14}$$

式中 $f_1(\Delta,\varphi)$ 是单菱形天线的方向函数表达式。双菱天线的旁瓣电平比单菱形天线低，增益系数约为单菱形天线的 $1.5\sim2$ 倍。为了进一步改善菱形天线的方向性，可以将两副双菱天线并联同相馈电，它的增益和天线效率可以比双菱天线增加 $1.7\sim2$ 倍，其缺点是占地面积太大。

为了提高菱形天线的效率，可采用回授式菱形天线结构，如图 3-1-9 所示。回授式菱形天线没有终端吸收电阻，它是将终端剩余能量送回输入端，再激励天线"2"。如果回授至输入端的电流相位与输入端的馈源电流相位相同，那么剩余的能量也就能辐射出去，从

而提高了天线的效率。但是由于只能对某一频率做到同相回授，使天线具有频率选择性，而菱形天线主要侧重于它的宽频带特性，所以回授式菱形天线较少采用。

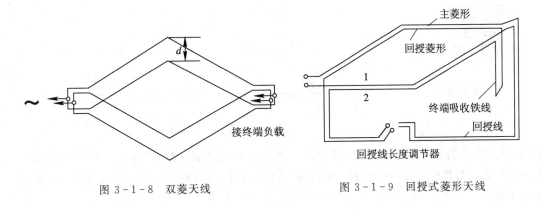

图 3-1-8 双菱天线

图 3-1-9 回授式菱形天线

3.1.3 行波 V 形天线(Traveling-Wave Vee Antenna)

在现代高增益的短波天线中，常常使用庞大的天线(如菱形天线)，它们或者占地面积大，或者结构和架设都比较复杂，因此只能在固定台站中使用。然而，如图 3-1-10 所示的 V 形斜天线(Sloping Vee Antenna)，仅由一根支杆和两根载有行波电流的导线组成，架设很简单，因而适用于移动的台站中。

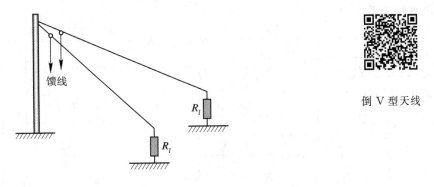

倒 V 型天线

图 3-1-10 V 形斜天线

V 形斜天线的工作性质是一种行波天线，根据行波单导线的辐射性质可知，V 形斜天线具有下列基本特点：

(1) 最大辐射方向在过角平分线的垂直平面内，与地面有一夹角 Δ，具有单向辐射特性，天线可以宽频带工作，带宽通常可达 2:1。

(2) 终端接匹配负载，其阻值等于天线的特性阻抗，通常为 400 Ω 左右。由于终端负载上要吸收部分功率，故天线效率约为 60%~80%。

(3) 由于天线导线倾斜架设在地面上，且彼此不平行，特别是考虑地面影响时，电波的极化特性就更为复杂。一般而言，在过角平分线的垂直平面内，电波为水平极化波，在其它平面内为椭圆极化波，但当射线仰角 Δ 较低时，天线主要辐射的是水平极化波。

还有一种行波 V 形天线，称为倒 V 形天线(Inverted Vee Antenna)，如图 3-1-11 所示，又称为 Λ(形)天线，它相当于将水平的行波单导线从中部撑起。这种天线可以看成是

— 113 —

半个菱形天线，它的最大辐射方向指向终端负载方向，在包含天线的垂直平面内，电场是垂直极化波。

近地半菱形天线

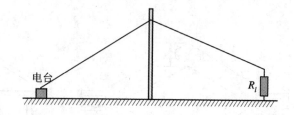

图 3-1-11　倒 V 形天线

倒 V 形天线的优点是只需要一根木杆支撑，当与水平天线架设在一起时，它们之间的影响很小。此外，与其他行波天线一样，倒 V 形天线具有较宽的频带特性，但效率低，占地面积也较大。

当倒 V 形天线的撑高高度为 14 m、两边线长均为 25 m、终端吸收负载为 300 Ω 时，利用相关的电磁场数值计算方法仿真其电特性如下所示。

当架设地面为潮湿地面($\varepsilon_r = 30$，$\sigma = 10^{-2}$ S/m)时，图 3-1-12(a)为该天线的输入阻抗随频率的变化曲线，实部的变化范围不是很大，虚部在零点附近振荡，电抗值较小。因此，近地倒 V 形天线是比较容易匹配的，在该天线的输入端串接 500 Ω 的宽频带阻抗匹配器以后，如图 3-1-12(b)所示，在短波全频段内输入端反射系数 S_{11} 基本在 -10 dB 以下，可以免调谐工作。

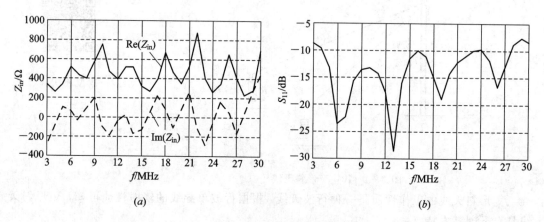

图 3-1-12　输入阻抗随频率的变化

(a) 输入阻抗曲线；(b) S_{11} 曲线

当工作频率为 20 MHz 时，该天线的辐射特性如图 3-1-13 所示。从该图可以看出，倒 V 形天线在水平面是有方向性的，天线的主波束由激励源指向负载，但是更多的仿真数据表明，频率越低，其定向性能越差。综合地面波损耗与频率负相关、而倒 V 形天线的定向性与频率正相关的因素，对于倒 V 形天线，当通信距离以及地面参数一定时，存在着最佳的通信频率。

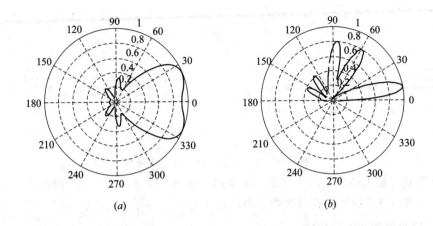

图 3-1-13 20 MHz 湿地面倒 V 形天线水平面和垂直面方向图

(a) 水平方向图；(b) 垂直方向图

3.1.4 低架行波天线

低架行波天线由终端接有电阻的单导线构成，如图 3-1-14 所示，导线与地面平行架设，架设高度通常为 0 m(铺地)、0.5 m 及 1 m。当负载阻抗等于天线特性阻抗时，线上载行波。这种天线架设方便、隐蔽。

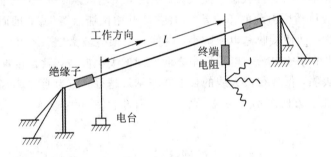

图 3-1-14 低架行波天线

1. 低架行波天线的工作原理

根据收发天线的互易性，同一天线作为接收天线和发射天线时，电性能相同，因此分析天线的电性能时，既可作为发射天线来分析，又可作为接收天线来分析。为了简便起见，我们应用接收天线工作原理来分析低架行波天线。

设电波传播方向如图 3-1-15(a) 所示，且取纸平面为地面，由于地波传播过程中的波前倾斜现象，来波电场包含两个分量，一个是垂直地面的垂直分量 $E_\perp$，一个是位于传播方向上的纵向分量 $E_{/\!/}$。$E_\perp$ 在水平导线上不产生感应电动势，而 $E_{/\!/}$ 只有与导线平行的分量 $E_{/\!/}\cos\varphi$ 才能在导线上产生感应电动势。若电场的相位以 $x=0$ 点为参考点，则在导线单元 $\mathrm{d}x$ 上的感应电动势 $\mathrm{d}\varepsilon = E_{/\!/}\cos\varphi\, \mathrm{e}^{-\mathrm{j}\beta x \cos\varphi}\,\mathrm{d}x$，这一感应电动势将在接收机输入端产生电流 $\mathrm{d}I$；导线上各单元感应电动势在接收机输入端所产生的电流总和，即为总的接收电流。这就是接收天线将电磁波能量转换为高频电流能量的简单物理过程。

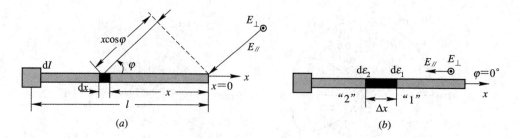

图 3-1-15　低架行波天线接收过程

由于低架行波天线接收的是电波波前倾斜中电场的纵向分量 $E_{//}$，因此在使用该天线时，应尽可能地将天线架设在导电性能差的地面上。

2. 低架行波天线的方向性

我们仍从接收天线的角度来分析，如图 3-1-15(b) 所示，设电波从右侧 $\varphi=0°$ 方向传来，观察天线上任意两点——如"1"点与"2"点的感应电动势。首先射线行程差将产生感应电动势的相位差，"1"点的相位超前"2"点的相位为 $\beta\Delta x$（β 为地面波的相移常数）。其次，当"1"点的感应电动势所产生的电流沿导线传播到接收机输入端时，由于"1"点较"2"点远 Δx，故由电流沿导线传播而引起的相位"1"点滞后"2"点 $\beta'\Delta x$（β' 为导线上的相移常数）。二者所引起的相位差起相消作用，因此，天线各点感应电动势所产生的流至接收机输入端的电流基本上同相相加，因而接收总电流最大。反之，当电波从 $\varphi=180°$ 方向传来时，由射线行程差和电流沿线传播所引起的相位差，均使"1"点相位滞后"2"点，因而在接收机输入端各电流相位差较大，而使接收总电流减小，这就是低架行波天线具有单向接收（或辐射）性能的原因。接收机的接收电流与电波传来方向之间的关系曲线，就是接收天线的方向图。

理论和实践表明，低架行波天线的长度并非越长越好，因为通常 $\beta\neq\beta'$，使长度有一个最佳值 l_{opt}，若过短，方向图不够尖锐，而过长，则可能使 $\varphi=0°$ 方向上辐射场强为 0，如图 3-1-16 所示。

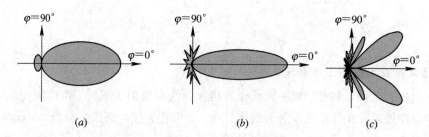

图 3-1-16　低架行波天线方向图
(a) $l\ll l_{\mathrm{opt}}$；(b) $l=l_{\mathrm{opt}}$；(c) $l=2l_{\mathrm{opt}}$

3. 最佳长度 l_{opt} 简介

低架行波天线之所以存在最佳长度，是因为天线低架使损耗及天线与地之间的分布电容增大，使导线上的传播速度 $v=1/\sqrt{L_1 C_1}$ 降低，呈现出导线上的波长缩短现象。在中等潮湿地面测出的实验数据如表 3-1-1 所示。

表 3-1-1　中等潮湿地面的波长缩短系数

天线架高/m	波长缩短系数(λ'/λ)
1	0.9
0.6	0.84
0.4	0.8
0(铺地)	0.51

由于导线上有波长缩短现象，在 $\varphi=0°$ 方向上天线各点感应电动势所产生的流到接收机输入端的电流不能真正达到同相相加，存在一定的相位差 $(\beta'-\beta)\Delta x$，因此低架行波天线就存在一个最佳长度，在此长度，$\varphi=0°$ 方向上接收电流最大。

低架行波天线最佳长度的表达式为

$$l_{opt} = \frac{\lambda}{2(\lambda/\lambda'-1)} \qquad (3-1-15)$$

式中 λ、λ' 分别为地面波和导线上的波长。

低架行波天线与其它行波天线一样，由于天线上的电流为行波电流，输入阻抗为纯电阻，随频率变化很小，故可适用于宽波段工作（需保证在频率的最高端 $l \approx l_{opt}$）。由于它架设方便、隐蔽，可用于近距离专向侦听或通信。但是低架行波天线由于天线电流以大地为回路，造成较大的损耗，同时终端匹配电阻也要损耗一部分能量，故该天线效率偏低。

3.2　螺　旋　天　线

在 2.2.3 节已经介绍了螺旋天线（Helical Antenna）的三种辐射状态，本节将介绍螺旋柱直径 $D=(0.25\sim0.42)\lambda$ 的端射型螺旋天线。这一天线又称为轴向模螺旋天线，简称为螺旋天线，它的主要特点是：

(1) 沿轴线方向有最大辐射；

(2) 辐射场是圆极化波；

(3) 天线导线上的电流按行波分布；

(4) 输入阻抗近似为纯电阻；

(5) 具有宽频带特性。

螺旋天线是一种最常用的典型的圆极化天线（Circular Polarized Antenna）。下面首先介绍圆极化波的性质和应用。

3.2.1　圆极化波及其应用

如果通信的一方或双方处于方向、位置不定的状态，例如在剧烈摆动或旋转的运载体（如飞行器等）上，为了提高通信的可靠性，收发天线之一应采用圆极化天线。在人造卫星和弹道导弹的空间遥测系统中，信号穿过电离层传播后，因法拉第旋转效应产生极化畸变，这也要

圆极化波能除重影？

求地面上安装圆极化天线作发射或接收天线。

圆极化波具有下述重要性质：

（1）圆极化波是一等幅旋转场，它可分解为两正交等幅、相位相差 90° 的线极化波；

（2）辐射左旋圆极化波的天线，只能接收左旋圆极化波，对右旋圆极化波也有相对应的结论；

（3）当圆极化波入射到一个平面上或球面上时，其反射波旋向相反，即右旋波变为左旋波，左旋波变为右旋波。

圆极化波的上述性质，使其具有广泛的应用价值。第一，使用一副圆极化天线可以接收任意取向的线极化波。第二，为了干扰和侦察对方的通信或雷达目标，需要应用圆极化天线。第三，在电视中为了克服杂乱反射所产生的重影，也可采用圆极化天线，因为它只能接收旋向相同的直射波，抑制了反射波传来的重影信号。当然，这需对整个电视天线系统作改造，目前应用的仍是水平线极化天线。此外，在雷达中，可利用圆极化波来消除云雨的干扰，在气象雷达中可利用雨滴的散射极化响应的不同来识别目标。

圆极化天线的形式很多，如上一章所介绍的旋转场天线以及下一章将要介绍的等角螺旋天线和阿基米德螺旋天线等都是圆极化天线。当然，这些天线仅是在某一定空间角度范围内轴比近似地等于 1，其它角度辐射的则是椭圆极化波或线极化波。

本节主要介绍轴向模螺旋天线，这是一种广泛应用于米波和分米波段的圆极化天线，它既可独立使用，也可用作反射器天线的馈源或天线阵的辐射单元。

3.2.2　螺旋天线的工作原理

螺旋天线的直径 D 既可以是固定的，也可以是渐变的。直径 D 固定的螺旋天线，如图 3-2-1 所示，称为圆柱形螺旋天线；直径 D 渐变的螺旋天线，如图 3-2-2 所示，称为圆锥形螺旋天线。将圆柱形螺旋天线改型为圆锥形螺旋天线可以增大带宽。螺旋天线通常用同轴线来馈电，螺旋天线的一端与同轴线的内导体相连接，它的另一端处于自由状态，或与同轴线的外导体相连接。同轴线的外导体一般与垂直于天线轴线的金属板相连接，该板即为接地板。接地板可以减弱同轴线外表面的感应电流，改善天线的辐射特性，同时又可以减弱后向辐射。圆形接地板的直径约为 $(0.8 \sim 1.5)\lambda$。

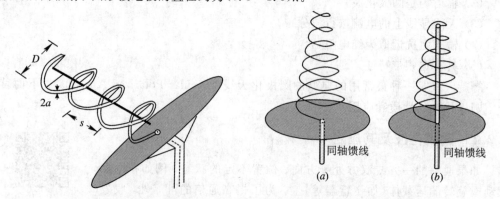

图 3-2-1　螺旋天线的结构

图 3-2-2　圆锥形螺旋天线

（a）底馈；（b）顶馈

参考图 3-2-3，螺旋天线的几何参数可用下列符号表示：

D——螺旋的直径；

a——螺旋线导线的半径；

s——螺距，即每圈之间的距离；

α——螺距角，$\alpha = \arctan \dfrac{s}{\pi D}$；

螺旋天线

l_0——一圈的长度，$l_0 = \sqrt{(\pi D)^2 + s^2} = s/\sin\alpha$；

N——圈数；

h——轴向长度，$h = Ns$。

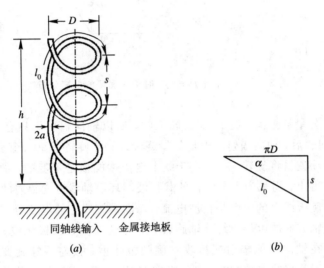

图 3-2-3　螺旋天线的几何参数

(a) 几何图形；(b) 一圈展开图形

　　分析螺旋天线时，可以近似地将其看成是由 N 个平面圆环串接而成的，也可以把它看成是一个用环形天线作单元天线所组成的天线阵。下面我们先讨论单个圆环的辐射特性。为简便起见，设螺旋线一圈周长 l_0 近似等于一个波长，则螺旋天线的总长度就为 N 个波长。由于沿线电流不断向空间辐射能量，因而达到终端的能量就很小了，故终端反射也很小，这样可以认为沿螺旋线传输的是行波电流。

　　设在某一瞬间 t_1 时刻，圆环上的电流分布如图 3-2-4(a) 所示，该图左侧图表示将圆环展成直线时线上的电流分布，右侧图则是圆环的情况。在平面圆环上，对称于 x 轴和 y 轴分布的 A、B、C 和 D 四点的电流都可以分解为 I_x 和 I_y 两个分量，由图可看出：

$$\left.\begin{array}{r} I_{xA} = -I_{xB} \\ I_{xC} = -I_{xD} \end{array}\right\} \qquad (3-2-1)$$

　　上式对任意两对称于 y 轴的点都成立。因此，在 t_1 时刻，对环轴（z 轴）方向辐射场有贡献的只是 I_y，且它们是同相叠加，其轴向辐射场只有 E_y 分量。

　　由于线上载有行波，线上的电流分布将随时间而沿线移动。为了说明辐射特性，再研究另一瞬间 $t_2 = t_1 + T/4$（T 为周期）时刻的情况，此时电流分布如图 3-2-4(b) 所示，对称点 A、B、C 和 D 上的电流发生了变化，由图可看出

$$\left.\begin{array}{r} I_{yA} = -I_{yB} \\ I_{yC} = -I_{yD} \end{array}\right\} \qquad (3-2-2)$$

— **119** —

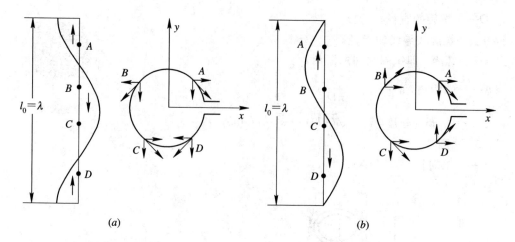

图 3-2-4　t_1 和 $t_1 + T/4$ 时刻平面环的电流分布

(a) t_1；(b) $t_1 + T/4$

同理，此时 y 分量被抵消，而 I_x 都是同相的，所以轴向辐射场只有 E_x 分量。这说明经过 $T/4$ 的时间间隔后，轴向辐射的电场矢量绕天线轴 z 旋转了 $90°$。显然，经过一个周期 T 的时间间隔，电场矢量将旋转 $360°$。由于线上电流振幅值是不变的，故轴向辐射的场值也不会变。由此可得出，周长为一个波长的载行波圆环沿轴线方向辐射的是圆极化波。

综上所述，螺旋天线上的电流是行波电流，每圈螺旋线上的电流分布绕 z 轴以 ω 频率不断旋转，因而 z 轴方向的电场也绕 z 轴旋转，这样就产生了圆极化波。按右手螺旋方式绕制的螺旋天线，在轴向只能辐射或接收右旋圆极化波；按左手螺旋方式绕制的螺旋天线，在轴向只能辐射或接收左旋圆极化波。此外还应注意，用螺旋天线作抛物面天线的初级馈源，如果抛物面天线接收右旋圆极化波，则反射后右旋变成左旋，因此螺旋天线必须是左旋的。

3.2.3　螺旋天线的电参数估算

理论分析表明，螺旋结构天线上的电流可以用传输模 T_v 表示，下标 v 表示沿一圈螺线电流的相位变化 $2\pi v$。各传输模在螺线天线总电流中所占的地位与螺线圈长 l_0 有很大关系。当 $l_0 < 0.5\lambda$ 时，T_0 模占主要地位，而且电流几乎不衰减地传输，传至终端后发生反射，形成驻波分布，即 2.2.3 节中螺旋鞭天线的情况，如图 2-2-21(a) 所示。当 $l_0 = (0.8 \sim 1.3)\lambda$ 时，T_1 模占优势，T_1 模表示每圈螺旋线的电流相位变化一个周期，这时 T_0 模很快衰减，天线上的电流接近行波分布，在天线轴向有最大辐射，即本节所讨论的轴向模螺旋天线。当 $l_0 > 1.3\lambda$ 时，T_2 模被激励起来，T_2 模表示在一圈螺旋线上有两个周期的相位变化，随着 l_0/λ 的增大，T_2 模取代 T_1 模而占支配地位，这时的方向图变为圆锥形，如图 2-2-21(c) 所示。

行波电流使螺旋天线产生沿轴向的端射波瓣，其方向图可通过将其视为 N 元均匀激励等间距端射阵求出，相邻阵元之间的电流相位差

$$\xi = \beta_1 l_0 = k \frac{c}{v_{\varphi1}} \frac{s}{\sin\alpha}$$

其中 β_1、$v_{\varphi1}$ 分别为 T_1 模的相移常数和相速。但实际上 $\alpha \neq 0$，这时单个环除 I_x、I_y 分量外，

还有 I_z 分量，所以严格计算辐射方向图函数的过程较复杂，这里只给出计算结果。按图 3-2-4 所示的坐标系，当螺线圈数 N 为整数时，电场矢量的两分量 E_θ、E_φ 在相位上有 $90°$ 相差，它们的归一化方向图函数分别为

$$
\left.
\begin{aligned}
F_\theta(\theta) &\approx \left| \frac{2}{\pi N} J_0\left(\frac{kD\ \sin\theta}{2}\right) \cos\theta\ \frac{\sin(\pi Nq)}{q^2-1} \right| \\
F_\varphi(\theta) &\approx \left| \frac{2}{\pi N} J_0\left(\frac{kD\ \sin\theta}{2}\right) q\ \frac{\sin(\pi Nq)}{q^2-1} \right|
\end{aligned}
\right\}
\tag{3-2-3}
$$

式中
$$
q = \frac{s}{\lambda}\left(\frac{c}{v_{\varphi 1}\sin\alpha} - \cos\theta\right)
$$

在 $\theta=0°$ 的 z 轴向获得圆极化波的条件为 $q|_{\theta=0°}=1$，即

$$
\frac{c}{v_{\varphi 1}} = \frac{\lambda+s}{l_0}
\tag{3-2-4}
$$

计算两相邻圈的轴向辐射场的总相差时将上式代入，即得

$$
\Psi_\Sigma = -\beta_1 l_0 + ks = -\frac{2\pi}{\lambda}\left(\frac{c}{v_{\varphi 1}}l_0 - s\right) = -2\pi
\tag{3-2-5}
$$

式中，$\beta_1 l_0$ 为相邻两圈之间电流相位差，ks 为相邻两圈之间射线行程差所产生的相位差。可见式(3-2-4)也是保证各圈的辐射场能在轴向同相叠加的条件，即满足普通端射阵条件。但这时的方向系数并不是最大，按汉森-伍德耶特强方向性端射阵的条件，要在轴向有最大方向系数，第一圈和最后一圈的场强应有一附加相位差 π，据此，相邻两圈的相位差应为

$$
\Psi_\Sigma = -\frac{2\pi}{\lambda}\left(\frac{c}{v_{\varphi 1opt}}l_0 - s\right) = -2\pi - \frac{\pi}{N}
\tag{3-2-6}
$$

由此可求出

$$
\frac{v_{\varphi 1opt}}{c} = \frac{l_0}{\lambda+s+\dfrac{\lambda}{2N}}
\tag{3-2-7}
$$

当 $v_{\varphi 1}$ 满足上式时，则在沿螺旋轴方向可得到最大方向系数。图 3-2-5 绘出了 $\alpha=12.6°$、$N=6$ 时，$v_{\varphi 1}$ 与 l_0/λ 的关系的测量结果，图中虚线所表示的就是式(3-2-7)，圈点是实验结果。这说明，T_1 模的相速 $v_{\varphi 1}$ 在很宽的频率范围内($f_{max}/f_{min}=1.8\sim2$)能自动调整到保持最大方向系数所需的数值。

当然，在 $v_{\varphi 1}=v_{\varphi 1opt}$ 时，不能保证圆极化的条件，不过当圈数 N 较大时，式(3-2-4)和式(3-2-7)是相差不大的。以上是轴向辐射状态的螺旋天线能在较宽频带工作的重要原因。

根据大量测试可得出有关螺旋天线的方向系数、波束宽度等经验公式。下面介绍工程上常用的估算公式，这些公式适用于螺距角 $\alpha=12°\sim16°$，圈数 $N>3$，每圈长度 $l_0=(3/4\sim4/3)\lambda$。

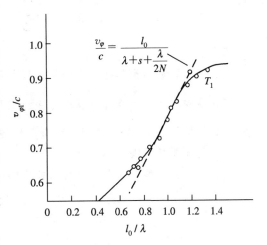

图 3-2-5　T_1 模相速 $v_{\varphi 1}$ 与 l_0/λ 关系曲线

（1）天线的方向系数或增益为

$$G \approx D = 15 \left(\frac{l_0}{\lambda} \right)^2 \frac{Ns}{\lambda} \qquad (3-2-8)$$

（2）方向图的半功率角为

$$2\theta_{3\mathrm{dB}} = \frac{52°}{\dfrac{l_0}{\lambda} \sqrt{Ns/\lambda}} \qquad (3-2-9)$$

（3）方向图的零功率张角为

$$2\theta_0 = \frac{115°}{\dfrac{l_0}{\lambda} \sqrt{Ns/\lambda}} \qquad (3-2-10)$$

（4）输入阻抗为

$$Z_{\mathrm{in}} \approx R_{\mathrm{in}} = 140 \frac{l_0}{\lambda} \quad \Omega \qquad (3-2-11)$$

（5）极化椭圆的轴比为

$$| \mathrm{AR} | = \frac{2N+1}{2N} \qquad (3-2-12)$$

由于螺旋天线在 $l_0 = (3/4 \sim 4/3)\lambda$ 的范围内保持端射方向图，轴向辐射接近圆极化，因而螺旋天线的绝对带宽可达

$$\frac{f_{\max}}{f_{\min}} = \frac{4/3}{3/4} = 1.78 \qquad (3-2-13)$$

天线增益 G 与圈数 N 及螺距 s 有关，即与天线轴向长度 h 有关。计算表明，当 $N>15$ 以后，随 h 的增加，G 增加不明显，所以圈数 N 一般不超过 15 圈。为了提高增益，可采用螺旋天线阵。

习 题 三

1．说明行波天线与驻波天线的差别与优缺点。

2．已知行波单导线第一波瓣与导线夹角 $\theta_m = \arccos \left(1 - \dfrac{\lambda}{2l} \right)$。试证明当调整菱形天线锐角之半 θ_0 等于 θ_m 时，自由空间菱形天线的最大辐射方向指向负载端。

3．简述菱形天线的工作原理。

4．简述轴向模螺旋天线产生圆极化辐射的工作原理。

第4章 非频变天线

4.1 非频变天线的基本概念

研究天线除了要分析、研究天线的方向特性和阻抗特性外，还应考虑它的使用带宽问题。现代通信中，要求天线具有较宽的工作频带特性，以扩频通信为例，扩频信号带宽较之原始信号带宽远远超过 10 倍，再如通信侦察等领域均要求天线具有很宽的频带。

习惯上，当天线的阻抗特性和方向性在 1 倍频左右或更高时没有显著的变化，则把这类天线称为宽频带天线。若天线的阻抗特性和方向性在一个更宽的频率范围内(例如频带宽度为 10∶1 或更高)保持不变或稍有变化，则把这一类天线称为非频变天线(Frequency-Independent Antenna)。非频变天线的概念于 20 世纪 50 年代末至 60 年代初，由美国伊利诺伊(Illinois)大学拉姆西(Victor H. Rumsey)教授等人提出。当时在该校从事此类天线理论和实验研究的还有戴森(John D. Dyson)、梅斯(Poul E. Mayes)和德尚(George A. Deschamps)等教授。这个概念的提出使天线的发展产生了突破，带宽扩展到超过 40∶1，而之前具有宽频带方向性和阻抗特性的天线其带宽不超过 2∶1。

天线的电性能取决于它的电尺寸，所以当几何尺寸一定时，频率的变化导致电尺寸的变化，因而天线的性能也将随之变化。非频变天线的导出基于相似原理，相似原理是：若天线的所有尺寸和工作频率(或波长)按相同比例变化时天线的特性保持不变。对于实用的天线，要实现非频变特性必须满足以下两个条件：

(1) 角度条件。角度条件是指天线的几何形状仅仅由角度来确定，而与其它尺寸无关。例如无限长双锥天线就是一个典型的例子。由于锥面上只有行波电流存在，故其阻抗特性和方向特性将与频率无关，仅仅取决于圆锥的张角。要满足"角度条件"，天线结构需从中心点开始一直扩展到无限远。

(2) 终端效应弱。实际天线的尺寸总是有限的，与无限长天线的区别就在于它有一个终端的限制。若天线上电流衰减得快，则决定天线辐射特性的主要部分是载有较大电流的部分，而其延伸部分的作用很小，若将其截除，对天线的电性能不会造成显著的影响。在这种情况下，有限长天线就具有无限长天线的电性能，这种现象就是终端效应弱的表现，反之，则为终端效应强。

由于实际结构不可能是无限长，因此实际有限长天线有一工作频率范围，工作频率的下限是截断点处的电流变得可以忽略的频率，而存在频率上限是由于馈电端不能再视为一点，通常约为 1/8 高端截止波长。

非频变天线可以分成两类，一类是天线的形状仅由角度来确定，可在连续变化的频率上得到非频变特性，如无限长双锥天线、平面等角螺旋天线以及阿基米德螺旋天线等。另一类是天线的尺寸按某一特定的比例因子 τ 变化,则天线在 f 和 τf 两频率上性能是相同的,当然,从 f 到 τf 的中间频率上天线性能是变化的,只要 f 与 τf 的频率间隔不大,在中间频率上天线的性能变化也不会太大,则用这种方法构造的天线也是宽频带的。这种结构的一个典型例子是对数周期天线。非频变天线主要应用于 $10 \sim 10\,000$ MHz 频段的诸如电视、定点通信、反射面和透镜天线的馈源等方面。

4.2 平面等角螺旋天线

4.2.1 平面等角螺旋天线的结构和工作原理

图 4-2-1 为平面等角螺旋天线(Planar Equiangular Spiral Antenna)示意图,是拉姆西提出的一种角度天线。等角螺旋天线的双臂用金属片制成,具有对称性,每一臂都有两条边缘线,均为等角螺旋线。等角螺旋线如图 4-2-2 所示,其极坐标方程为

$$r = r_0 e^{a\varphi} \qquad (4-2-1)$$

式中,r 为螺旋线矢径;φ 为极坐标中的旋转角;r_0 为 $\varphi = 0°$ 时的起始半径;$1/a$ 为螺旋率,取决于螺旋线张开的快慢。

由于螺旋线与矢径之间的夹角 Ψ 处处相等,所以这种螺旋线称为等角螺旋线,Ψ 称为螺旋角,它只与螺旋率有关,关系如下:

$$\Psi = \arctan \frac{1}{a} \qquad (4-2-2)$$

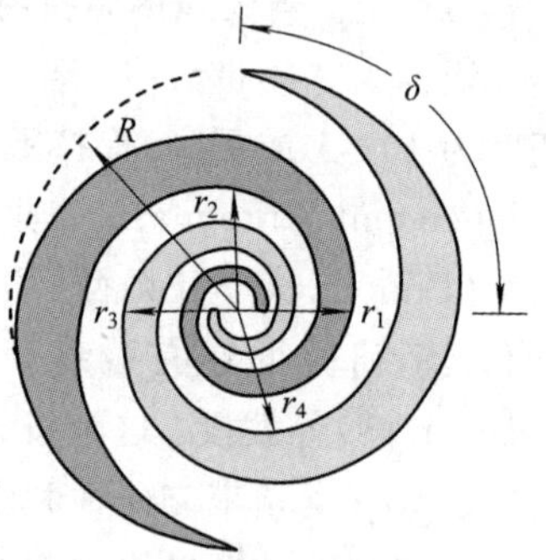

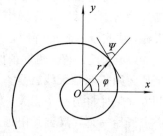

图 4-2-1 平面等角螺旋天线

在图 4-2-1 所示的等角螺旋天线中,两个臂的四条边缘具有相同的 a,若一条边缘线为 $r_1 = r_0 e^{a\varphi}$,则只要将该边缘旋转 δ 角,就可得该臂的另一边缘线 $r_2 = r_0 e^{a(\varphi-\delta)}$。另一臂相当于该臂旋转 $180°$ 而构成,即 $r_3 = r_0 e^{a(\varphi-\pi)}$,$r_4 = r_0 e^{a(\varphi-\pi-\delta)}$。由于平面等角螺旋天线臂的边缘仅由角度描述,因而满足非频变天线对形状的要求。如果取 $\delta = \pi/2$,则天线的金属臂与两臂之间的空气缝隙是同一形状,称为自补结构。

当两臂的始端馈电时,可以把两臂等角螺旋线看成是一对变形的传输线,臂上电流沿线边传输、边辐射、边衰减。

图 4-2-2 等角螺旋线

螺旋线上的每一小段都是一基本辐射片,它们的取向沿螺旋线而变化,总的辐射场就是这些元辐射场的叠加。实验表明,臂上电流在流过约一个波长后就迅速衰减到 20 dB 以下,终端效应很弱。因此,辐射场主要是由结构中周长约为一个波长以内的部分产生的,这个部分通常称为有效辐射区,传输行波电流。换句话说,螺旋天线存在"电流截断效应",超过截断点的螺旋线部分对辐射没有重大贡献,在几何上截去它们将不会对保留部分的电性能造成显著影响,因而,可以用有限尺寸的等角螺旋天线在相应的宽频带内实现近似的非频变特性。波长改变后,有效区的几何大小将随波长成比例地变化,从而可以在一定的频带内得到近似的与频率无关的特性。

典型自补结构平面等角螺旋天线的电流分布和增益如图 4-2-3 所示，在表面电流分布图中最白的区域对应电流的最大值，而最暗的区域对应零电流，清晰地诠释了前述平面等角螺旋天线的非频变工作原理；增益图形的形状变化不大，体现了天线良好的宽带特性。对应的电压驻波比（Voltage Standing Wave Ratio，VSWR）和输入阻抗随工作频率的变化曲线如图 4-2-4 所示，在 2 GHz～8 GHz 的范围内，电压驻波比不超过 1.26；除去工作频率低端的较窄频率范围，输入电阻几乎不变，约为 155 Ω，输入电抗的变化范围很小，约为正负十几欧姆，这又从阻抗的角度充分体现了天线良好的宽带特性。

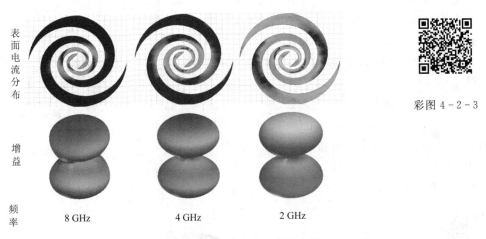

彩图 4-2-3

图 4-2-3　平面等角螺旋天线的电流分布和立体方向图

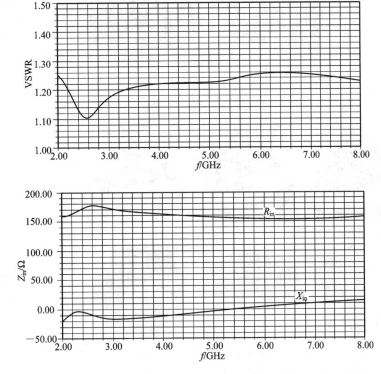

图 4-2-4　平面等角螺旋天线的电压驻波比和输入阻抗（$Z_{\text{in}} = R_{\text{in}} + jX_{\text{in}}$）

4.2.2 平面等角螺旋天线的电参数

1. 方向性

自补平面等角螺旋天线的辐射是双向的，最大辐射方向在平面两侧的法线方向上。若设 θ 为天线平面的法线与射线之间的夹角，则方向图可近似表示为 $\cos\theta$，半功率波瓣宽度近似为 $90°$。

因为平面等角螺旋天线是双向辐射的，为了得到单向辐射可采用附加反射（或吸收）腔体，也可以做成圆锥形等角螺旋天线（Conical Equiangular Spiral Antenna），如图 4-2-5 所示。典型背腔平面等角螺旋天线的电流分布、增益和方向图如图 4-2-6 所示。

典型圆锥等角螺旋天线的电流分布和增益如图 4-2-7 所示。同样，在表面电流分布图中最白的区域对应电流的最大值，而最暗的区域对应零电流，清晰地诠释了前述圆锥等角螺旋天线的非频变工作原理；增益图形体现出天线良好的宽带特性和单向辐射。

图 4-2-5 圆锥等角螺旋天线

彩图 4-2-6

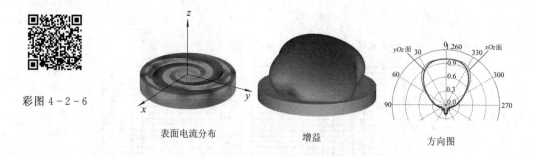

表面电流分布　　　　增益　　　　方向图

图 4-2-6 背腔平面等角螺旋天线的电流分布、增益和方向图

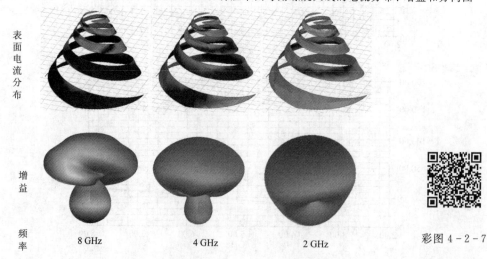

表面电流分布

增益

频率　　　　8 GHz　　　　4 GHz　　　　2 GHz

彩图 4-2-7

图 4-2-7 圆锥等角螺旋天线的电流分布和增益

2. 阻抗特性

如前所述，当 $\delta = \pi/2$ 时，天线为自补结构，自补是互补的特殊情况。互补天线类似于摄影中的像片和底片，互补天线的一个例子是金属带做成的对称振子和无限大金属平面上的缝隙，互补天线的阻抗具有下列性质：

$$Z_{缝隙} Z_{金属} = \left(\frac{\eta_0}{2}\right)^2 \qquad (4-2-3)$$

对于自补结构，由上式可得

$$Z_{缝隙} = Z_{金属} = \frac{\eta_0}{2} = 188.5 \ \Omega \qquad (4-2-4)$$

上式说明具有自补结构的天线，输入阻抗是一纯电阻，与频率无关。

需要指出的是，式(4-2-4)是基于电磁互补原理(Babinet Principle)得到的理想自补天线的输入阻抗，一副实际的自补平面等角螺旋天线的输入阻抗可参阅图 4-2-4 及其文字描述。为便于比较，图 4-2-8 给出了与图 4-2-7 对应的实际圆锥等角螺旋天线的电压驻波比和输入阻抗随工作频率的变化曲线，在 2~8 GHz 的范围内，电压驻波比不超过 1.44；除去工作频率低端的较窄频率范围，输入电阻几乎不变，约为 135 Ω，输入电抗的变化范围很小，约为 ±25 Ω，尽管驻波比和阻抗特性不如平面等角螺旋天线，但还是能够从阻抗的角度体现天线良好的宽带特性，并获得较为理想的单向辐射。

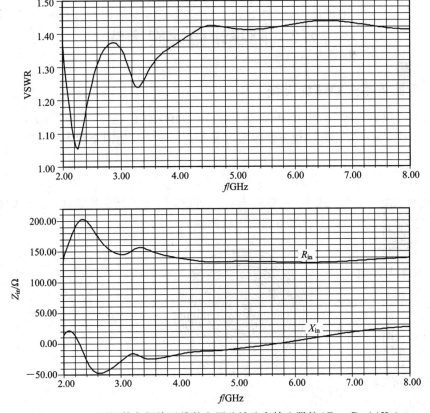

图 4-2-8 圆锥等角螺旋天线的电压驻波比和输入阻抗($Z_{in} = R_{in} + jX_{in}$)

3. 极化特性

一般而言，平面等角螺旋天线在 $\theta \leqslant 70°$ 锥形范围内接近圆极化。事实上，天线有效辐射区内的每一段螺旋线都是基本辐射单元，但它们的取向沿螺旋线变化，总的辐射场是这些单元辐射场的叠加，因此等角螺旋天线轴向辐射场的极化与臂长相关。当频率很低且全臂长比波长小得多时，为线极化；当频率增高时，最终会变成圆极化。在许多实用情况下，轴比小于等于 2 的典型值发生在全臂长约为一个波长时。极化旋向与螺旋线绕向有关，例如图 4 - 2 - 1 所示平面等角螺旋天线沿纸面对外的方向辐射右旋圆极化波，沿相反方向辐射左旋圆极化波。

4. 工作带宽

等角螺旋天线的工作带宽受其几何尺寸影响，由内径 r_0 和最外缘的半径 R 决定。实际的圆极化等角螺旋天线，外径 $R \approx \lambda_{max}/4$，内径 $r_0 \approx (1/4 \sim 1/8)\lambda_{min}$。根据臂长为 1.5～3 圈的实验结果看，当 $a = 0.221$ 对应 1.5 圈螺旋时，其方向图最佳。此时，外半径 $R = r_0 e^{0.221(3\pi)} = 8.03 r_0 = \lambda_{max}/4$，在馈电点，$r = r_0 e^0 = r_0 = \lambda_{min}/4$，所以该天线可具有带宽为

$$\frac{\lambda_{max}}{\lambda_{min}} = \frac{\lambda_{max}/4}{\lambda_{min}/4} = \frac{8.03 r_0}{r_0} = 8.03 \tag{4-2-5}$$

即典型带宽为 8：1。若要增加带宽，必须增加螺旋线的圈数或改变其参数，带宽有可能达到 20：1。

4.3　阿基米德螺旋天线

4.3.1　平面阿基米德螺旋天线

阿基米德螺旋天线(Archimedean Spiral Antenna)如图 4 - 3 - 1(a)所示，这种天线像许多螺旋天线一样，采用印刷电路技术很容易制造。该天线的两个螺旋臂方程分别是

$$\left. \begin{array}{ll} r_1 = r_0 + a\varphi & \varphi \geqslant 0 \\ r_2 = r_0 + a(\varphi - \pi) & \varphi \geqslant \pi \end{array} \right\} \tag{4-3-1}$$

式中，r_0 对应于 $\varphi = 0°$ 的矢径；a 为增长率。这一天线的性能基本上和等角螺旋天线的性能类似。

极化天线发射与接收

（圆-圆）

左右旋

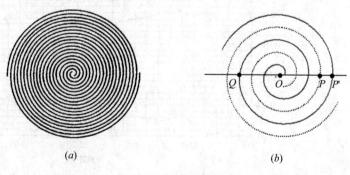

(a)　　　　　　　　　(b)

图 4 - 3 - 1　阿基米德螺旋天线

可以近似地将螺旋线等效为双线传输线。根据传输线理论，两根传输线上的电流反相，当两线之间的间距很小时，传输线不产生辐射。因此表面看，似乎螺旋线的辐射是彼此抵消的，事实并不尽然。为了明显地将两臂分开，在图 4-3-1(b) 中分别用虚线和实线表示这两个臂。研究图中 P、P' 点处的两线段，设 $\overline{OP}=\overline{OQ}$，即 P 和 Q 为两臂上的对应点，对应线段上的电流相位差为 $180°$，由 Q 点沿螺旋臂到 P' 点的弧长近似等于 πr，这里 r 为 $\overline{OQ}$ 的长度，故 P 点和 P' 点电流的相位差为 $\pi+(2\pi/\lambda)\pi r$ rad。若设 $r=\lambda/2\pi$，则 P 和 P' 点相位差为 2π rad。因此，若满足上述条件，则两线段的辐射是同相叠加而非相消的。

换句话说，天线主要辐射是集中在周长约等于 λ 的螺旋环带上，称之为有效辐射带。随着频率的变化，有效辐射带也随之变化，故阿基米德天线具有宽频带特性。因为阿基米德螺旋天线是双向辐射的，为了得到单向辐射可以做成圆锥形阿基米德螺旋天线(Conical Archimedean Spiral Antenna)，也可采用附加反射(或吸收)腔体，如图 4-3-2 所示，通过在螺旋平面一侧装置圆柱形反射腔构成背腔式(Cavity-Backed)阿基米德螺旋天线，可得到单一主瓣，它可以嵌装在运载体的表面下。

图 4-3-2　背腔式阿基米德螺旋天线

典型平面阿基米德螺旋天线的电流分布和增益如图 4-3-3 所示，在表面电流分布图中最白的区域对应电流的最大值，而最暗的区域对应零电流。增益图形的形状变化不大，体现了天线良好的宽带特性。

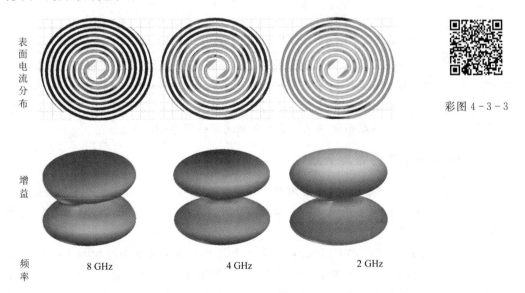

彩图 4-3-3

表面电流分布

增益

频率

8 GHz　　　　4 GHz　　　　2 GHz

图 4-3-3　平面阿基米德螺旋天线的电流分布和增益

对应的电压驻波比(VSWR)和输入阻抗 Z_{in} 随工作频率的变化曲线如图 4-3-4 所示，在 2～8 GHz 的范围内，电压驻波比不超过 1.26；输入电阻从低频端的 180 Ω 缓慢变化到高频端的 150 Ω，输入电抗基本是电容性的，变化范围很小，约为 -12 Ω，这又从阻抗的角度充分体现了天线良好的宽带特性。

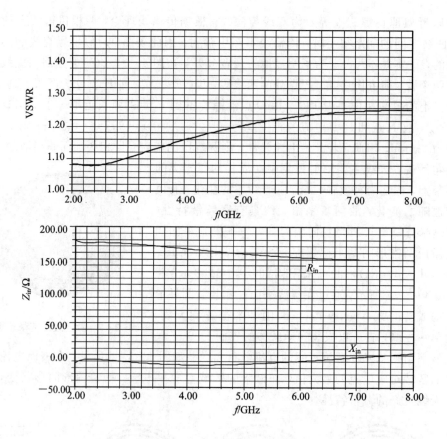

图 4-3-4　平面阿基米德螺旋天线的电压驻波比和输入阻抗($Z_{in} = R_{in} + jX_{in}$)

把以上计算结果与平面等角螺旋天线对应的计算结果相比较，发现前者的性能明显不如后者。这是因为虽然平面阿基米德螺旋天线可以在很宽的频带上工作，但它不是一个真正的非频变天线，因为电流在工作区后不明显减小，这一点可以从图 4-3-3 中的电流分布明显看出，因而不能满足截断要求，必须在末端加载以避免波的反射。

4.3.2　圆锥阿基米德螺旋天线

典型圆锥阿基米德螺旋天线的电流分布和增益如图 4-3-5 所示，同样在表面电流分布图中最白的区域对应电流的最大值，而最暗的区域对应零电流，清晰地体现出阿基米德螺旋天线良好的宽带特性和单向辐射。

对应的电压驻波比（VSWR）和输入阻抗 Z_{in} 随工作频率的变化曲线如图 4-3-6 所示，在 2~8 GHz 的范围内，电压驻波比不超过 1.34；除去工作频率低端的较窄频率范围，输入电阻几乎不变，约为 150 Ω，输入电抗的变化范围不大，约为 −30~15 Ω；尽管驻波特性和阻抗特性不如平面阿基米德螺旋天线，但还是能够从阻抗的角度体现天线良好的宽带特性，并获得较为理想的单向辐射。

把以上计算结果与圆锥等角螺旋天线对应的计算结果相比较，发现前者性能稍差，其原因与平面阿基米德螺旋天线的相同。

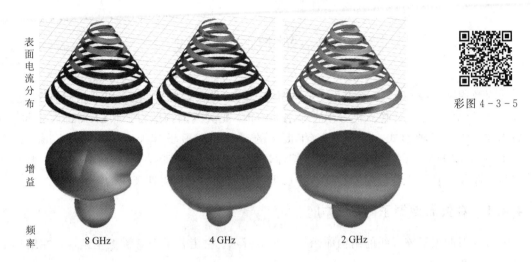

表面电流分布

增益

频率

8 GHz   4 GHz   2 GHz

图 4 - 3 - 5 圆锥阿基米德螺旋天线的电流分布和增益

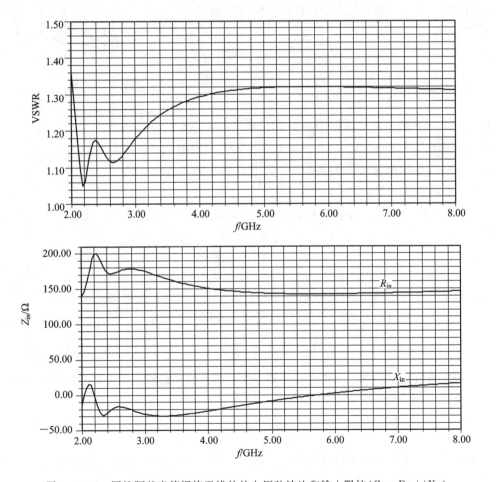

图 4 - 3 - 6 圆锥阿基米德螺旋天线的的电压驻波比和输入阻抗($Z_{in} = R_{in} + jX_{in}$)

4.4 对数周期天线

对数周期天线于 1957 年提出，是非频变天线的另一类型。它基于以下相似概念：当天线按某一比例因子 τ 变换后仍等于它原来的结构，则天线的频率为 f 和 τf 时性能相同。对数周期天线有多种形式，其中 1960 年提出的对数周期振子阵天线（Log-Periodic Dipole Antenna，LPDA），因具有极宽的频带特性，而且结构比较简单，所以很快在短波、超短波和微波波段得到了广泛应用。下面将以 LPDA 为例说明对数周期天线的特性。

4.4.1 对数周期振子阵的结构

对数周期振子阵天线的结构如图 4-4-1 所示。它由若干个对称振子组成，在结构上具有以下特点：

（1）所有振子尺寸以及振子之间的距离等都有确定的比例关系。若用 τ 来表示该比例系数并称为比例因子，则要求：

$$\frac{L_{n+1}}{L_n} = \frac{a_{n+1}}{a_n} = \tau \qquad (4-4-1)$$

$$\frac{R_{n+1}}{R_n} = \tau \qquad (4-4-2)$$

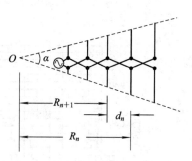

图 4-4-1 对数周期振子阵天线

式中，L_n 和 a_n 是第 n 个对称振子的全长及半径；R_n 为第 n 个对称振子到天线"顶点"（图 4-4-1 中的"O"点）的距离；n 为对称振子的序列编号（从离开馈电点最远的振子，即最长的振子起算）。

由图 4-4-1 可知，相邻振子之间的距离为 $d_n = R_n - R_{n+1}$，$d_{n+1} = R_{n+1} - R_{n+2}$，…，其比值

$$\frac{d_{n+1}}{d_n} = \frac{R_{n+1} - R_{n+2}}{R_n - R_{n+1}} = \frac{R_{n+1}(1-\tau)}{R_n(1-\tau)} = \tau \qquad (4-4-3)$$

即间距也是成 τ 的比例关系（亦间距比为 τ）。综合以上几何关系可知，不论是振子的长度、半径，还是振子之间的距离等，所有几何尺寸都按同一比例系数 τ 变化：

$$\frac{L_{n+1}}{L_n} = \frac{a_{n+1}}{a_n} = \frac{R_{n+1}}{R_n} = \frac{d_{n+1}}{d_n} = \tau \qquad (4-4-4)$$

实用中常常用间隔因子 σ 来表示相邻振子间的距离，它被定义为相邻两振子间的距离 d_n 与 2 倍较长振子的长度 $2L_n$ 之比，即

$$\sigma = \frac{d_n}{2L_n} \qquad (4-4-5)$$

图 4-4-1 中的 α 称为对数周期振子阵天线的顶角，它与 τ 及 σ 之间具有如下关系：

$$\sigma = \frac{d_n}{2L_n} = \frac{1-\tau}{4\tan\frac{\alpha}{2}} \qquad (4-4-6a)$$

或

$$\alpha = 2 \arctan \frac{1-\tau}{4\sigma} \qquad (4-4-6b)$$

这里利用了 $d_n = (1-\tau)\dfrac{L_n}{2\tan(\alpha/2)}$ 的关系式，该式由 $d_n = R_n - R_{n+1} = R_n(1-\tau)$ 和 $R_n = \dfrac{L_n/2}{\tan(\alpha/2)}$ 得出。

（2）相邻振子交叉馈电（Cross Feed）。实际应用于超短波的对数周期振子阵天线大都采用同轴电缆馈电。为了实现交叉馈电，通常由两根等粗细的金属管构成集合线，让同轴电缆从其中的一根穿入到馈电点以后，将外导体焊在该金属管上，将内导体引出来焊到另一根金属管上，振子的两臂分别交替地焊在集合线的两根金属管上，如图 4-4-2 所示。显然，对数周期振子阵天线是用同轴电缆作馈线的，但在给各振子馈电时转换成了平行双导线。通常把给各振子馈电的那一段平行线称为"集合线"，以区别于整个天线系统的馈线。

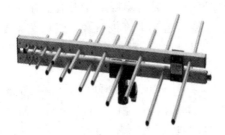

图 4-4-2 超短波 LPDA

在集合线的末端（最长振子处）可以端接与它的特性阻抗相等的负载阻抗，也可以端接一段短路支节。适当调节短路支节的长度可以减少电磁波在集合线终端的反射，当然在最长振子处也可以不端接任何负载，具体情况可由调试结果选定。为了缩小对数周期振子阵天线的横向尺寸，可以对其中较长的几个振子施用类似于鞭状天线加感、加容的方法。

对数周期振子阵天线的馈电点选在最短振子处。天线的最大辐射方向将由最长振子端朝向最短振子的这一边。天线的几何结构参数 σ 和 τ（当然也包括 α）对天线电性能有着重要的影响，是设计对数周期振子阵天线的主要参数。

4.4.2 对数周期振子阵的工作原理

在前面的学习中大家已经看到天线的方向特性、阻抗特性等等都是天线电尺寸的函数。如果设想当工作频率按比例 τ 变化时，仍然保持天线的电尺寸不变，则在这些频率上天线就能保持相同的电特性。

就对数周期振子阵天线来说，假定工作频率为 $f_1(\lambda_1)$ 时，只有第一个振子工作，其电尺寸为 L_1/λ_1，其余振子均不工作；当工作频率升高到 $f_2(\lambda_2)$ 时，换成只有第二个振子工作，电尺寸为 L_2/λ_2，其余振子均不工作；当工作频率升高到 $f_3(\lambda_3)$ 时，只有第"3"个振子工作，电尺寸为 L_3/λ_3；依次类推。显然，如果这些频率能保证 $\dfrac{L_1}{\lambda_1} = \dfrac{L_2}{\lambda_2} = \dfrac{L_3}{\lambda_3} = \cdots$，则在这些频率上天线可以具有不变的电特性。因为对数周期振子阵天线各振子尺寸满足 $L_{n+1}/L_n = \tau$，就要求这些频率满足 $\lambda_{n+1}/\lambda_n = \tau$ 或 $f_{n+1}/f_n = 1/\tau$。如果把 τ 取得十分接近于 1，则能满足以上要求的天线的工作频率就趋近连续变化。假如天线的几何结构为无限大，那么该天线的工作频带就可以达到无限宽。

由于能实现天线电性能不变的频率满足 $f_{n+1}/f_n = 1/\tau$，对它取对数得到：

$$\ln f_{n+1} = \ln f_n + \ln \frac{1}{\tau} \tag{4-4-7}$$

该式表明，只有当工作频率的对数作周期性变化时（周期为 $\ln(1/\tau)$），天线的电性能才保持不变，所以，把这种天线称为对数周期天线。

实际上并不是对应于每个工作频率只有一个振子在工作，而且天线的结构也是有限的。这样一来，以上的分析似乎完全不能成立。然而值得庆幸的是，实验证实了对数周期振子阵天线上确实存在着类似于一个振子工作的一个电尺寸一定的"辐射区"或"有效区"，这个区域内的振子长度在 $\lambda/2$ 附近，具有较强的激励，对辐射将作出主要贡献。当工作频率变化时，该区域会在天线上前后移动（例如频率增加时向短振子一端移动），使天线的电性能保持不变。另外，实验还证实，对数周期振子阵天线上存在着"电流截断效应"，即"辐射区"后面的较长振子激励电流呈现迅速下降的现象，正因为对数周期振子阵天线具有这一特点，才有可能从无限大结构上截去长振子那边无用的部分以后，还能在一定的频率范围内近似保持理想的无限大结构时的电特性。

图 4-4-3 给出 $\tau=0.917$，$\sigma=0.169$，工作频率为 $200\sim600$ MHz 的对数周期振子阵天线（图 (a)）及其在频率分别为 200 MHz、400 MHz 和 600 MHz 时各振子激励电流的分布情况（图 (b)）。该图说明在不同频率时确实有相应的部分振子得到较强的激励，超过该区域以后的较长振子的激励电流很快地受到"截断"。

原则上，在 $f_{n+1} \left(= \frac{1}{\tau} f_n\right)$ 和 f_n 之间的频率上，天线难以满足电尺寸不变。但是大量实验证实，只要设计得当，即便比例因子 τ 值不是非常接近于 1，也能使该频率之间的天线电性能与 f_n 或 f_{n+1} 时的相当接近。所以对数周期振子阵天线能得到广泛应用。

根据对数周期振子阵天线上各部分对称振子的工作情况，人们把整个天线分成三个区域：除"辐射区"以外，从电源到辐射区之间的一段，称为"传输区"；"辐射区"以后的部分为叫"非激励区"，又称"非谐振区"。下面分别介绍这三个区域的工作情况。

在"传输区"，各对称振子的电长度很短，振子的输入阻抗（容抗）很大，因而激励电流很小，所以它们的辐射很弱，主要起传输线的作用。

在"非激励区"，由于辐射区的对称振子处于谐振状态，振子的激励电流很大，已将传输线送来的大部分能量辐射出去，能够传送到非激励区的能量剩下很少，所以该区的对称振子激励电流也就变得很小，这种现象就是前面提到的"电流截断"现象。由于振子的激励电流很小，对外辐射自然也很弱。

通常把辐射区定义为激励电流值等于最大激励电流 1/3 的那两个振子之间的区域。这个区域的振子数 N_a 原则上由几何参数 τ 和 σ 决定，通常可以通过经验公式

$$N_a = 1 + \frac{\lg(K_2/K_1)}{\lg\tau} \tag{4-4-8}$$

近似确定。其中 K_1 和 K_2 分别为工作频带高端和低端的"截断常数"，由下列经验公式确定：

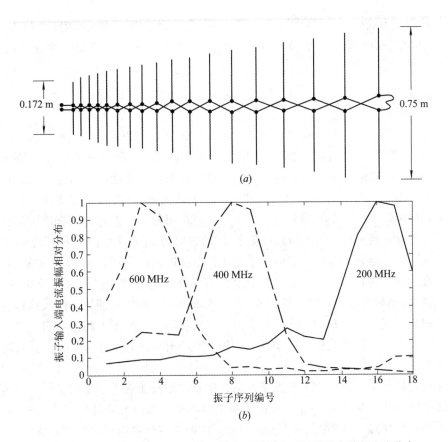

图 4-4-3 对数周期振子阵天线及其在不同频率下振子输入端的电流分布

$$K_1 = 1.01 - 0.519\tau \tag{4-4-9}$$

$$K_2 = 7.10\tau^3 - 21.3\tau^2 + 21.98\tau - 7.30 + \sigma(21.82 - 66\tau + 62.12\tau^2 - 18.29\tau^3) \tag{4-4-10}$$

辐射区的振子数一般不少于三个。辐射区内的振子数越多，天线的方向性就越强，增益也会越高。为了简明地分析辐射区的工作原理，不妨只取三个振子作为代表，如图 4-4-4 所示。

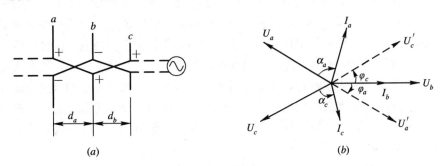

图 4-4-4 辐射区的工作原理

假定振子"b"谐振($L_b = \lambda/2$)，则该振子输入端的电压 U_b 和电流 I_b 同相，如图 4-4-4(b) 所示。图中假定 U_b 的相位为 0°。对于振子"a"来讲，从"b"到"a"要经过一段集合线，由于集合线上近似载行波，如果不进行交叉馈电，则它输入端的电压 U_a' 将比 U_b 落后一个相角 φ_a。

（通常 $\sigma < 0.25$，由式（4-4-5）可知 $d_n = 2L_n \cdot \sigma$，在辐射区内 L_n 在 $\lambda/2$ 附近，所以 $d_n \approx \lambda \cdot \sigma < \lambda/4$，相邻振子由于集合线传输而引起的相差 φ_a 将小于 $\pi/2$）。当交叉馈电时，振子"a"输入端的电压 U_a 的相位比 U_b 落后 $\varphi_a + \pi$，与 U_a' 反相，如图 4-4-4(b) 所示。同理，对于振子"c"来说，如果不交叉馈电，U_c' 应比 U_b 超前 φ_c，交叉以后，U_c 应比 U_b 超前 $\varphi_c + \pi$，如图 4-4-4(b) 所示。

关于振子"a"和"c"的输入端电流 I_a 和 I_c（即激励电流）可以这样分析：I_a 和 I_c 的大小与相位不仅与 U_a 和 U_c 有关。而且也取决于振子的输入阻抗。振子"a"的长度比"b"的长，即大于半波谐振长度，其输入阻抗为感性，所以 I_a 将落后于 U_a，落后的相角为 α_a（见图 4-4-4(b)），振子"c"的长度比"b"的短，小于谐振长度，输入阻抗为容性，I_c 将超前于 U_c，超前的相角为 α_c（见图 4-4-4(b)）。这样，由图 4-4-4(b) 可知，从 I_a 到 I_c 具有依次落后的电流相位关系。在由 a 到 c 的方向上如果以振子"b"的辐射场 E_b 为基准；振子"c"的辐射场 E_c 的相位差在波程差上导前，初相上落后，二者具有相互抵消的作用；振子"a"的辐射场 E_a 的相位差则在初相上导前，波程差上落后，也具有相互抵消的作用。所以在天线小端（馈电点）方向可以得到最大辐射，形成端射阵。以上分析表明，对数周期振子阵天线辐射区的工作情况和引向天线的非常相似，较长振子相当于反射器，较短振子相当于引向器。所不同的在于对数周期振子阵天线辐射区中的各个振子都是有源的，而引向天线的引向器和反射器则是无源的。

由于对数周期振子阵天线上的振子几何长度及间距按比例因子 τ 改变，当工作频率改变时，谐振振子（$L_n \approx \lambda/2$）的位置就可以沿着天线的集合线向前或向后移动，同时，还能始终保持谐振点到顶点"O"的电尺寸不变，因而天线的电特性可以保持基本不变。

4.4.3 对数周期振子阵的电参数

1. 输入阻抗

对数周期振子阵天线的输入阻抗是指它在馈电点（集合线始端）所呈现的阻抗。当高频能量从天线馈电点输入以后，电磁能将沿集合线向前传输，传输区的那些振子，电长度很小，输入端呈现较大的容抗，因而它们输入端的电流很小，它们的主要影响相当于在集合线的对应点并联上一个个附加电容，从而改变了集合线的分布参数，使集合线的特性阻抗降低（传输线的特性阻抗与分布电容的平方根成反比）。辐射区是集合线的主要负载，由集合线送来的高频能量几乎被辐射区的振子全部吸收，并转向空间辐射。辐射区后面的非谐振区的振子比谐振长度大得多，由于它们能够得到的高频能量很小，能从集合线终端反射的能量也就非常小。如果再加上集合线终端所接的短路支节长度的适当调整，就可以使集合线上的反射波成分降到最低程度，于是可以近似地认为集合线上载行波。因而对数周期振子阵天线的输入阻抗就近似地等于考虑到传输区振子影响后的集合线特性阻抗，基本上是电阻性的，电抗成分不大。

图 4-4-5 给出了图 4-4-3 所示的对数周期振子阵天线在不同频率上的方向图、增益 G 和输入阻抗 Z_{in}。由该图可以看出，对数周期振子阵天线的输入阻抗在工作频带（$200 \sim 600$ MHz）内确实具有较小的电抗成分，而且电阻部分变化也不太大，因而便于在带宽内与馈线实现阻抗匹配。

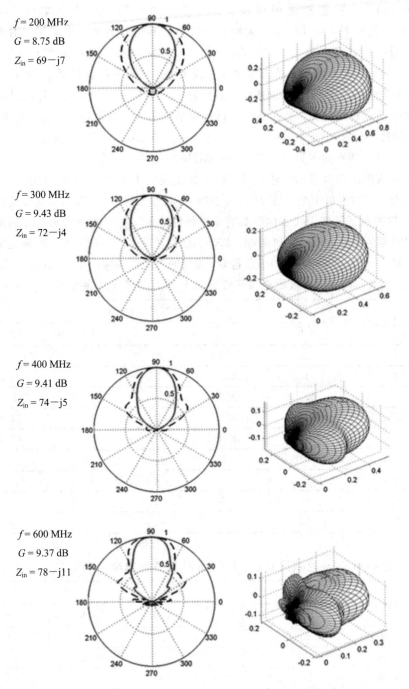

$f = 200$ MHz
$G = 8.75$ dB
$Z_{in} = 69 - j7$

$f = 300$ MHz
$G = 9.43$ dB
$Z_{in} = 72 - j4$

$f = 400$ MHz
$G = 9.41$ dB
$Z_{in} = 74 - j5$

$f = 600$ MHz
$G = 9.37$ dB
$Z_{in} = 78 - j11$

图 4-4-5　LPDA 的方向图、增益和输入阻抗

2．方向图和方向系数

由前面的分析可知，对数周期振子阵天线为端射式天线，最大辐射方向为沿着集合线从最长振子指向最短振子的方向。因为当工作频率变化时，天线的辐射区可以在天线上前后移动而保持相似的特性，其方向图随频率的变化也是较小的，如图 4-4-5 所示。图中给出了频率分别为 200、400 和 600 MHz 时的 E 面和 H 面方向图，实线为 E 面方向图，虚

线为 H 面方向图。根据该图可以预计，当工作频率低于频带低端频率(本图中为 200 MHz)时，例如 150 MHz，由于天线的最长振子不能满足该频率辐射区对天线长度的要求(150 MHz 时，要求辐射区中的最长振子 $L_1/\lambda \geqslant 1/2$，而该天线的 $L_1 = 0.75$ m，$L_1/\lambda = 0.75/2 = 0.375 < 0.5$)，故天线将有着较大的尾瓣，增益比设计值 10 dB 要低得多；反之，当工作频率高于频带高端频率时，如果最短振子长度过长，则不能满足辐射区的要求，方向图也会有较大变化。而在本图中设计时多加了一个最短振子，其尺寸为 0.172 m，在 $f = 650$ MHz 时，相当于 $L/\lambda = 0.172/0.462 = 0.37 < 0.5$，仍基本满足 650 MHz 时对辐射区的要求，所以其方向图只比频率为 600 MHz 时的稍差一点。

另外，由该图还可以看出，对数周期振子阵天线的 E 面方向图总是较 H 面的要窄一些。这是合理的，因为单个振子在 H 面内没有方向性，而在 E 面却有一定的方向性。

除了对数周期振子阵天线方向图具有宽带特性之外，它的半功率角与几何参数 τ 以及 σ 还有一定的关系，表 4-4-1 和 4-4-2 分别给出了 E 面和 H 面半功率角与 τ 及 σ 的关系。总的来看，τ 越大，辐射区的振子数越多，天线的方向性越强，方向图的半功率角就越小。

表 4-4-1 对数周期振子阵天线 E 面方向图半功率角 $2\theta_{0.5E}$(°)

间隔因子 σ	比例因子 τ				
	0.80	0.875	0.92	0.95	0.97
0.06		51.3	50	49	47
0.08	51.5	50.3	49	48.3	46.3
0.10	50.0	49.5	48.2	47.4	45.4
0.12	50	48.7	47.5	46.5	44.3
0.14	50	48.3	46.8	45.5	42.7
0.16	51	48.2	46.5	44	41
0.18	53	49.6	46.7	43.5	40
0.20	57	52.5	48.3	44.5	41
0.22	62	56.4	50.4	46.5	43

表 4-4-2 对数周期振子阵天线 H 面方向图半功率角 $2\theta_{0.5H}$(°)

间隔因子 σ	比例因子 τ				
	0.80	0.875	0.92	0.95	0.97
0.06			110	101	91
0.08	153	128	105	98	88
0.10	145	124	102	93	82
0.12	132	120	100	88	75
0.14	123	111	97	80	70
0.16	125	104	89	72	64
0.18	136	104	87	69	61
0.20	155	113	94	72	63
0.22	185	125	98		

对数周期振子阵天线的方向系数也与几何参数 τ 和 σ 有关。它们的关系示于图 4-4-6。该图说明对应于某一 τ 值,间隔因子存在一个最佳值 σ_{opt}。

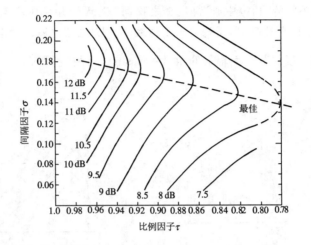

图 4-4-6　方向系数 D 与 τ 和 σ 的关系曲线

对数周期振子阵天线的效率也比较高,所以它的增益系数近似地等于方向系数,即

$$G = \eta \cdot D \approx D \tag{4-4-11}$$

前面的分析表明,在任何一个工作频率上,对数周期振子阵天线只有辐射区的部分振子对辐射起主要作用,而并非所有振子都对辐射作重要贡献,所以它的方向性不可能做到很强。方向图的波束宽度一般都是几十度,方向系数或天线增益也只有 10 dB 左右,属于中等增益天线范畴。

3. 极化

和引向天线相似,对数周期振子阵天线也是线极化天线。当它的振子面水平架设时,辐射或接收水平极化波;当它的振子面垂直架设时,辐射或接收垂直极化波。

4. 带宽

对数周期振子阵天线的辐射区对振子长度有一定要求,所以它的工作带宽基本上受最长和最短振子尺寸的限制。一般要求频带低端的最长振子长度 L_1 满足:

$$L_1 = K_1 \lambda_L \tag{4-4-12}$$

高端的最短振子长度 L_N 满足:

$$L_N = K_2 \lambda_H \tag{4-4-13}$$

式中,λ_L 和 λ_H 分别为最低及最高工作频率对应的工作波长;K_1 和 K_2 分别由式(4-4-9)及(4-4-10)确定。

4.4.4　短波对数周期振子阵天线的结构与应用

对数周期振子阵天线在短波波段也得到了应用。图 4-4-7 是一种主要利用天波传播工作的水平振子短波对数周期天线(Horizontal Dipole Short Wave LPA),它的阵面对地面倾斜 ψ 角,且短振子一端高度较低。这样架设的好处是,当频率改变时能保持天线的电高度（H/λ）近似不变，从而保持天线的最大辐射方向不变。其原理可通过图4-4-8说明：当工作频率发生变化时，对数周期天线上的辐射区随之移动，频率低时在高处，频率高时向低处移，因而天线辐射的"相位中心"高度随之移动。若天线相位中心与O的距离为d，则$H=d\sin\psi$。当工作频率升高时，λ减小，d值减小，H也随之减小，但因d/λ保持不变，H/λ仍可保持不变，确保其最大辐射仰角$\Delta=\arcsin\dfrac{\lambda}{4H}$保持不变。

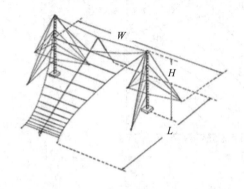

图4-4-7　水平振子短波LPA

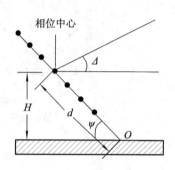

图4-4-8　水平振子LPA的架设

图4-4-9是一种主要利用地面波传播工作的垂直振子短波对数周期天线（Vertical Dipole Short Wave LPA），该天线在低频振子部分采取了加电感和振子加顶的结构方式，延展了有效带宽。天线使用外敷硅橡胶的多股铜线为辐射振子，在提升辐射效率的同时也增强了天线的耐候性和防腐防锈性能。

图4-4-9　垂直振子LPA

4.4.5　其他形式的对数周期天线

对数周期天线是一种频带很宽的天线。除了前面讲过的对数周期振子阵天线以外，还有其他许多成功的形式。它们的基本特点是几何结构具有一定的比例，比例因子为τ。图4-4-10～图4-4-13给出了几种常见的结构形式。

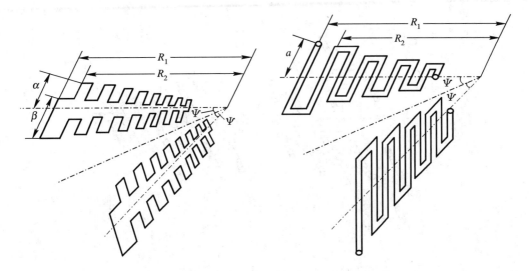

图 4 - 4 - 10 梯形片齿结构对数周期天线   图 4 - 4 - 11 梯形线齿结构对数周期天线

图 4 - 4 - 10 为梯形片齿结构（Log-Periodic Toothed Trapezoid Planar Antenna）；图 4 - 4 - 11 为梯形线齿结构（Log-Periodic Toothed Trapezoid Wire Antenna）；图 4 - 4 - 12 为三角形线齿结构（Log-Periodic Zig-Zag Wire Antenna）；图 4 - 4 - 13 为振子型结构，其中图（a）为楔形，图（b）为共面的对数周期振子阵天线。对于楔形结构，天线的最大辐射方向为楔形尖所指的方向。振子型结构可以认为是由片齿结构演变而来：将图 4 - 4 - 10 的齿片宽度减小到接近于零，就得到了图 4 - 4 - 13 所示的振子型结构。再让 $2\Psi=0$ 就得到了图 4 - 4 - 13（b）所示的结构，即前面讨论过的对数周期振子阵天线。

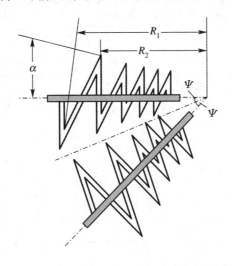

图 4 - 4 - 12 三角形线齿结构对数周期天线

所有对数周期天线都不是整个结构同时对辐射作出贡献，因而实际上是牺牲了部分天线增益来换取天线的宽带特性。正因为对数周期天线的方向图较宽，增益不很高，实际工作中除了单独作天线使用之外，有时也利用它的宽带特性作为反射面天线的馈源（参看反射面天线有关内容）。

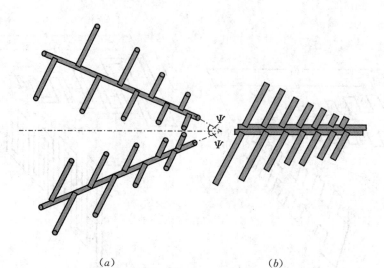

（a）　　　　　　　　　　（b）

图 4-4-13　振子形结构对数周期天线

表 4-4-3 给出了梯形线齿结构对数周期天线的一些电特性，可供参考。

表 4-4-3　梯形线齿结构对数周期天线的电性能

比例因子 τ	张角 Ψ	半顶角 $\alpha/2/(°)$	$2\theta_{0.5E}/(°)$	$2\theta_{0.5H}/(°)$	D/dB	SLL/dB
0.63	15	30	85	153	5.0	−12
0.63	15	37.5	74	155	5.6	−12.4
0.71	15	30	70	118	7.0	−17.7
0.71	15	37.5	66	126	7.0	−17.0
0.63	22.5	30	86	112	6.3	−8.6
0.63	22.5	37.5	72	125	6.6	−11.4
0.71	22.5	30	71	95	7.9	−14.0
0.71	22.5	37.5	67	106	7.6	−14.9
0.77	22.5	30	67	85	8.6	−15.8
0.84	22.5	22.5	66	66	9.8	−12.3
0.84	22.5	30	64	79	9.1	−15.8
0.63	30	30	87	87	7.4	−7.0
0.63	30	37.5	83	103	7.4	−8.6
0.71	30	30	71	77	8.8	−9.9
0.71	30	37.5	68	93	8.1	−12.8

习　题　四

1. 简述等角螺旋天线的工作原理。

2. 简述阿基米德螺旋天线的工作原理。

3. 简述对数周期振子阵天线的工作原理。

4. 设计一副工作频率为 $200\sim400$ MHz 的对数周期天线，要求增益 9.5 dB。已知在满足 $D\geqslant9.5$ dB 的条件下，$\tau=0.895$，$\sigma=0.165$。

5. 已知某对数周期振子阵天线的周期率 $\tau=0.88$，间隔因子 $\sigma=0.14$，最长振子 $L_1=100$ cm，最短振子长 25.6 cm。试估算它的工作频率范围。

提示：对于 LPDA，常定义为

结构带宽

$$B_s=\frac{L_{\max}}{L_{\min}}$$

工作带宽

$$B=\frac{B_s}{B_{ar}}$$

其中，$L_{\max}$ 为最长振子臂长，$L_{\min}$ 为最短振子臂长，辐射区带宽 $B_{ar}=1.1+30.7\sigma(1-\tau)$。

第 5 章　缝隙天线与微带天线

在波导或空腔谐振器上开出一个或数个缝隙以辐射或接收电磁波的天线称为缝隙天线（Slot Antennas）。微带天线是由微带传输线发展起来的一种天线。缝隙天线是无突出部的平面天线，微带天线是低剖面的平面型天线，它们都特别适用于高速飞行体，也比较容易组成阵列天线。

5.1　缝　隙　天　线

尽管实际的缝隙天线通常是由多个开在有限面积导体板上的激励缝隙而组成的阵列天线，但它们的分析基础是理想缝隙天线。

5.1.1　理想缝隙天线

如图 5-1-1 所示，理想缝隙天线是开在无限大、无限薄的理想导体平面上（yOz）的直线缝隙，它可以由同轴传输线激励。缝隙的宽度 w 远小于波长，而其长度 $2l$ 通常为 $\lambda/2$。无论缝隙被何种方式激励，缝隙中只存在切向的电场强度，电场强度一定垂直于缝隙的长边，并对缝隙的中点呈上下对称的驻波分布，即

$$E(z) = -E_m \sin[k(l-|z|)]e_y \tag{5-1-1}$$

式中 E_m 为缝隙中波腹处的场强值。如果引入等效的磁流源，在 $x>0$ 的半空间内，缝隙相当于一个等效磁流源，其等效磁流密度为

$$J_m = -n \times E\,|_{x=0} = E_m \sin[k(l-|z|)]e_z \tag{5-1-2}$$

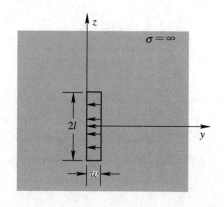

图 5-1-1　理想缝隙的坐标图

也就是说，缝隙最终可以被等效成一个片状的、沿 z 轴放置的、与缝隙等长的磁对称振子。当讨论远区的辐射问题时，可以将缝隙视为线状磁对称振子，根据与全电流定律对偶的全磁流定律

$$-I^m = \oint_l E \cdot dl \tag{5-1-3}$$

对于 $x>0$ 的半空间内，其等效磁流强度为

$$I^m = 2E_m w \sin[k(l-|z|)] \tag{5-1-4}$$

上式中的磁流最大值为 $2E_m w$。

根据电磁场的对偶原理，磁对称振子的辐射场可以直接由电对称振子的辐射场对偶得出为

$$E^m = -\mathrm{j}\,\frac{E_m\omega}{\pi r}\,\frac{\cos(kl\ \cos\theta) - \cos(kl)}{\sin\theta}\mathrm{e}^{-\mathrm{j}kr}\boldsymbol{e}_\varphi \qquad (5-1-5)$$

$$H^m = \mathrm{j}\,\frac{E_m\omega}{\pi r}\sqrt{\frac{\varepsilon}{\mu}}\,\frac{\cos(kl\ \cos\theta) - \cos kl}{\sin\theta}\mathrm{e}^{-\mathrm{j}kr}\boldsymbol{e}_\theta \qquad (5-1-6)$$

在 $x<0$ 的半空间内，由于等效磁流的方向相反，因此电场和磁场表达式分别为 $(5-1-5)$ 式和 $(5-1-6)$ 的负值。

我们通常称理想缝隙与和它对偶的电对称振子为互补天线，因为它们相结合时形成单一的导体屏而没有重叠或孔隙。它们的区别在于场的极化不同：H 面（通过缝隙轴向并且垂直于金属板的平面）、E 面（垂直于缝隙轴向和金属板的平面）互换，参见图 $5-1-2$，但是两者具有相同的方向性，其方向函数为

$$f(\theta) = \left| \frac{\cos(kl\ \cos\theta) - \cos kl}{\sin\theta} \right| \qquad (5-1-7)$$

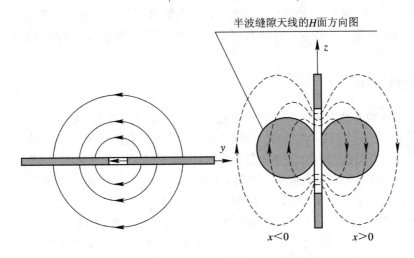

图 $5-1-2$　缝隙的场矢量线分布图
(a) 电力线；(b) 磁力线

例如，理想半波缝隙天线 $(2l=\lambda/2)$ 的 H 面方向图如 $5-1-2(b)$ 图所示，而其 E 面无方向性。理想缝隙天线同样可以计算其辐射电阻。如果以缝隙的波腹处电压值 $U_m = E_m w$ 为计算辐射电阻的参考电压，缝隙的辐射功率 $P_{\mathrm{r},m}$ 与辐射电阻 $R_{\mathrm{r},m}$ 之间的关系为

$$P_{\mathrm{r},m} = \frac{1}{2}\frac{|U_m|^2}{R_{\mathrm{r},m}} \qquad (5-1-8)$$

将电对称振子的场强表达式 $(1-4-4)$ 与缝隙的场强表达式 $(5-1-5)$ 对比可知，若理想缝隙天线与其互补的电对称振子的辐射功率相等，则 U_m 和电对称振子的波腹处电流值 I_m^e 应满足下面的等式：

$$U_m = 60\pi I_m^e \qquad (5-1-9)$$

因为电对称振子的辐射功率 $P_{\mathrm{r},e}$ 与其辐射电阻 $R_{\mathrm{r},e}$ 的关系为

$$P_{r,e} = \frac{1}{2} \mid I_m^e \mid^2 R_{r,e} \tag{5-1-10}$$

由式(5-1-8)、(5-1-9)和式(5-1-10)，可推导出理想缝隙天线的辐射电阻与其互补的电对称振子的辐射电阻之间关系式：

$$R_{r,m} R_{r,e} = (60\pi)^2 \tag{5-1-11}$$

因此，理想半波缝隙天线的辐射电阻为

$$R_{r,m} = \frac{(60\pi)^2}{73.1} \approx 500 \ \Omega$$

与之对应的辐射电导 $G_{r,m} \approx 0.002$ S。和半波振子类似，理想半波缝隙天线的输入电阻也为 500 Ω，该值很大，所以在用同轴线给缝隙馈电时存在困难，必须采用相应的匹配措施。

式(5-1-11)可以推广到辐射阻抗，即

$$Z_{r,m} Z_{r,e} = (60\pi)^2 \tag{5-1-12}$$

还可以推广到输入阻抗，即

$$Z_{in,m} Z_{in,e} = (60\pi)^2 \tag{5-1-13}$$

式(5-1-12)和式(5-1-13)表明，任意长度的理想缝隙天线的输入阻抗、辐射阻抗均可以由与其互补的电对称振子的相应值求得。由于谐振电对称振子的输入阻抗为纯阻，因此谐振缝隙的输入电阻也为纯阻，并且其谐振长度同样稍短于 $\lambda/2$，且缝隙越宽，缩短程度越大。

5.1.2 缝隙天线

最基本的缝隙天线是由开在矩形波导壁上的半波谐振缝隙构成的。

由电磁场理论，对 TE_{10} 波而言，如图 5-1-3 所示，在波导宽壁上有纵向和横向两个电流分量，横向分量的大小沿宽边呈余弦分布，中心处为零，纵向电流沿宽边呈正弦分布，中心处最大；而波导窄壁上只有横向电流，且沿窄边均匀分布。如果波导壁上所开的缝隙能切割电流线，则中断的电流线将以位移电流的形式延续，缝隙因此得到激励，波导内的传输功率通过缝隙向外辐射，这样的缝隙也就被称为辐射缝隙，例如图 5-1-3 所示的缝隙 a、b、c、d、e。当缝隙与电流线平行时，不能在缝隙区内建立激励电场，这样的缝隙因得不到激励，不具有辐射能力，因而被称为非辐射缝隙，如缝隙 f。缝隙 g 虽然与纵向电流平行，但是其旁边设置了电抗振子 h，电抗振子是插入波导内部的螺钉式金属杆，由于该

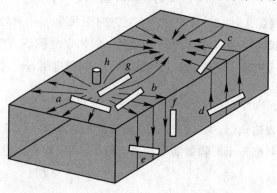

图 5-1-3 TE_{10} 波内壁电流分布与缝隙配置示意图

螺钉平行于波导内部的电场，因此被感应出的传导电流流向螺钉底部处的波导内壁而形成径向电流，于是纵缝 g 可以切断其中的一部分而得到激励。

受激励的波导缝隙形成了开在有限金属面上的窄缝。当金属面的尺寸有限时，缝隙天线的边界条件发生了变化，对偶原理不能应用，有限尺寸导电面引起的电波绕射会使得天线的辐射特性发生改变。严格的求解缝隙的辐射场需要几何绕射理论或数值求解方法。

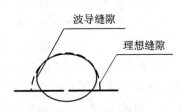

图 5-1-4 宽边上纵缝的 E 面方向图

实验和计算均表明，对于开在矩形波导上的缝隙，E 面(垂直于缝隙轴向和波导壁面的平面)方向图与理想缝隙天线相比有一定的畸变。对于宽边上的纵缝，由于沿 E 面的电尺寸对标准波导来说只有 0.72λ，所以其 E 面方向图的差别较大(如图 5-1-4 所示)；而开在宽边上的横缝，随着波导的纵向尺寸变长，其 E 面方向图逐渐趋向于理想的半圆形。矩形波导缝隙天线的 H 面(通过缝隙轴向并且垂直于波导壁的平面)沿金属面方向的辐射为零，所以波导的有限尺寸带来的影响相对较小，因此其 H 面方向图与理想缝隙天线差别不大。

考虑到波导缝隙天线和理想缝隙天线的辐射空间不同，波导缝隙天线的辐射功率相当于理想缝隙天线的一半，因此波导缝隙天线的辐射电导也就为理想缝隙天线的一半，对于半波谐振波导缝隙，其辐射电导为 $G_{r,m} \approx 0.001\,\text{S}$。

波导上的辐射缝隙给波导内的传输带来的影响，不仅是将传输的能量经过缝隙辐射出去，还引起了波导内等效负载的变化，从而引起波导内部传输特性的变化。根据波导缝隙处电流和电场的变化，可以把缝隙等效成传输线中的并联导纳或串联阻抗，从而建立起各种波导缝隙的等效电路。

由微波技术知识可知，波导可以等效为双线传输线，所以波导上的缝隙可以等效为和传输线并联或串联的等效阻抗。如图 5-1-5 所示，由于宽壁横缝截断了纵向电流，因而纵向电流以位移电流的形式延续，其电场的垂直分量在缝隙的两侧反相，导致缝隙的两侧总电场发生突变，故此种横缝可等效成传输线上的串联阻抗。而如图 5-1-6 所示的波导宽壁纵缝却使得横向电流向缝隙两端分流，因而造成此种缝隙两端的总纵向电流发生突变，所以矩形波导宽壁纵缝等效成传输线上的并联阻抗或导纳。若某种缝隙同时引起纵向电流和电场的突变，则可以把它等效成一个四端网络。图 5-1-7 给出了矩形波导壁上典型缝隙的等效电路。

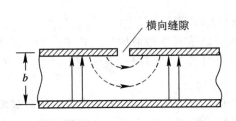

图 5-1-5 波导宽壁横缝附近的电场

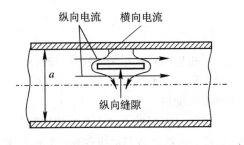

图 5-1-6 波导宽壁纵缝附近的电流

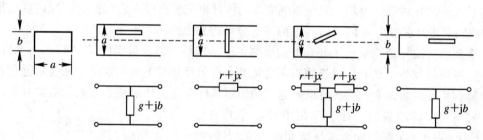

图 5-1-7　矩形波导壁上各种缝隙的等效电路

如果波导缝隙采用了谐振长度，它们的输入电抗或输入电纳为零，即它们的等效串联阻抗或并联导纳中只含有实部，不含有虚部。图 5-1-8 显示了三种典型缝隙的位置参数。图 5-1-8(a)是宽边纵向半波谐振缝隙，其归一化电导为

$$g = 2.09 \frac{a\lambda_g}{b\lambda} \sin^2 \left(\frac{\pi x_1}{a} \right) \cos^2 \left(\frac{\pi \lambda}{2\lambda_g} \right) \tag{5-1-14}$$

式中，a、b 分别为波导宽边、窄边的口径尺寸；λ_g、λ 分别为波导波长、自由空间波长；x_1 为缝隙中心到波导对称轴的垂直距离（下同）。

图 5-1-8(b)是宽边横向半波谐振缝隙，其归一化电阻为

$$r = 0.523 \left(\frac{\lambda_g}{\lambda} \right)^3 \frac{\lambda^2}{ab} \cos^2 \left(\frac{\pi\lambda}{4a} \right) \cos^2 \left(\frac{\pi x_1}{a} \right) \tag{5-1-15}$$

图 5-1-8(c)是窄边斜半波谐振缝隙，其归一化电导为

$$g = 0.131 \frac{\lambda_g \lambda^3}{a^3 b} \left[\frac{\cos \left(\frac{\pi}{2} \frac{\lambda}{\lambda_g} \sin\theta \right)}{1 - \left(\frac{\lambda}{\lambda_g} \sin\theta \right)^2} \sin\theta \right]^2 \tag{5-1-16}$$

计算任意缝隙的等效阻抗或导纳是一个极复杂的问题，也没有其等效电路的一般公式，等效电路的参数可以由实验来决定。

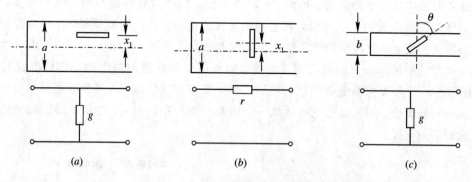

图 5-1-8　三种缝隙位置的等效电路

有了相应的等效电路，波导内的传输特性就可以依赖于微波网络理论来分析，例如后向散射系数 $|s_{11}|$ 及频率响应曲线，从而更方便地计算矩形波导缝隙天线的电特性，例如传输效率及匹配情况。

在已获得匹配的波导上开出辐射缝隙，将会破坏波导的匹配情况。为了使带有缝隙的波导匹配，可以在波导的末端短路，利用短路传输线的反射消去谐振缝隙带来的反射，使得缝隙波导得到匹配。

5.1.3 缝隙天线阵

为了加强缝隙天线的方向性,可以在波导上按一定的规律开出一系列尺寸相同的缝隙,构成波导缝隙阵(Slot Arrays)。由于波导场分布的特点,缝隙天线阵的组阵形式更加灵活和方便,但主要有以下两类组阵形式。

1. 谐振式缝隙阵(Resonant Slot Arrays)

波导上所有缝隙都得到同相激励,最大辐射方向与天线轴垂直,为边射阵,波导终端通常采用短路活塞。

图 5-1-9 给出了常见的谐振式缝隙阵,其中图(a)为开在宽壁上的横向缝隙阵,为保证各缝隙同相,相邻缝隙的间距应取为 λ_g。由于波导波长 λ_g 大于自由空间波长,这种缝隙阵会出现栅瓣,同时在有限长度的波导壁上开出的缝隙数目受到限制,增益较低,因此实际中较少采用。

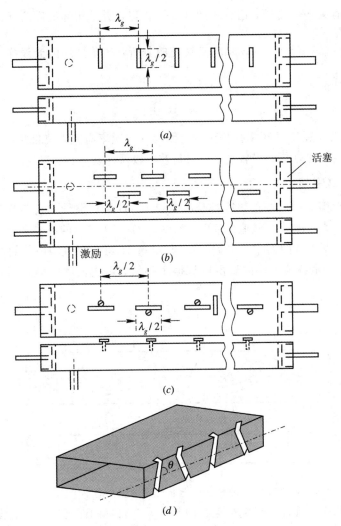

图 5-1-9 谐振式缝隙阵

实际应用中的谐振式纵向缝隙阵多为图 5-1-9(b)、(c)显示的结构。图(b)对应的缝隙阵，利用了在宽壁中心线两侧对称位置处横向电流反相、沿波导每隔 $\lambda_g/2$ 场强反相的特点，纵缝每隔 $\lambda_g/2$ 交替地分布在中心线两侧即可得到同相激励。而图(c)对应的螺钉也需要交替地分布在中心线两侧。对于开在窄壁上的斜缝，如图(d)所示，相邻斜缝之间的距离为 $\lambda_g/2$，斜缝通过切入宽壁的深度来增加缝隙的总长度，并且依靠倾斜角的正负来获得附加的 π 相差，以补偿横向电流 $\lambda_g/2$ 所对应的 π 相差而得到各缝隙的同相激励。

2. 非谐振式缝隙阵(Nonresonant Slot Arrays)

在图 5-1-9 所示的结构中，如果将波导末端改为吸收负载，让波导载行波，并且间距不等于 $\lambda_g/2$，就可以构成非谐振式缝隙阵。

显然，非谐振缝隙天线各单元不再同相。由传输线理论可知，类似于图 5-1-9(a)的缝隙天线阵，相邻缝隙的相位依次落后 $\alpha = \dfrac{2\pi}{\lambda_g}d$。类似于图 5-1-9(b)的缝隙天线阵，相邻缝隙除行波的波程差 $\dfrac{2\pi}{\lambda_g}d$ 之外，还有附加的 $180°$ 相移，所以相邻缝隙之间的相位差将沿行波方向依次落后 $\alpha = \dfrac{2\pi}{\lambda_g}d \pm \pi$。根据均匀直线阵的分析，非谐振缝隙天线阵的最大辐射方向偏离阵法线的角度为

$$\theta_{\max} = \arcsin \frac{\lambda\alpha}{2\pi d} \qquad (5-1-17)$$

非谐振缝隙天线适用于频率扫描天线，因为 α 与频率有关，波束指向 $\theta_{\max}$ 可以随之变化。非谐振式天线的优点是频带较宽，缺点是效率较低。

3. 匹配偏斜缝隙阵

如果谐振式缝隙天线阵中的缝隙都是匹配缝隙，即不在波导中产生反射，波导终端接匹配负载，就构成了匹配偏斜缝隙天线阵。如图 5-1-10 显示的波导宽壁上的匹配偏斜缝隙天线阵，适当地调整缝隙对中线的偏移 x_1 和斜角 δ，可使得缝隙所等效的归一化输入电导为1，其电纳部分由缝隙中心附近的电抗振子补偿，各缝隙可以得到同相，最大辐射方向与宽壁垂直。

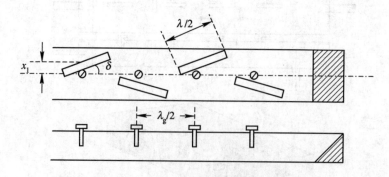

图 5-1-10 匹配偏斜缝隙天线

匹配偏斜缝隙天线阵能在较宽的频带内与波导有较好的匹配，带宽主要受增益改变的限制，通常是 5%～10%。它的缺点是调配元件使波导功率容量降低。

矩形波导缝隙天线阵的方向图也可用方向图乘积定理求出，单元天线的方向图即为与

半波缝隙互补的半波对称振了的方向图，阵因子决定于缝隙的间距以及各缝隙的相对激励强度和相位差。

工程上波导缝隙天线阵的方向系数可用下式估算：

$$D \approx 3.2N \qquad\qquad (5-1-18)$$

式中 N 为阵元缝隙个数。

近年来，波导缝隙阵列由于其低损耗、高辐射效率和性能稳定等一系列突出优点而得到广泛应用。缝隙天线不仅仅是指矩形波导缝隙天线，而且还有异形波导面上的缝隙天线，例如为了保证与承载表面共形，波导的一个表面或两个表面常常是曲面形状，图 5-1-11 显示了扇面波导缝隙天线和圆突—矩形波导缝隙天线，其主要的研究热点为精确地计算相应缝隙的等效阻抗[19]。另外，圆极化径向缝隙天线即 RLSA(Radial Line Slot Antenna)[20] 也在接收卫星直播电视及各种地面移动体卫星通信中得到应用，这是一种高效率、高增益的平板式天线。还有利用印刷工艺制作的毫米波缝隙天线[21]，将覆盖有薄膜的介质基片作为波导壁，在金属薄膜上腐蚀出相应的缝隙阵列，该天线精度高、成本低，可以在一定的程度上抑制旁瓣电平。

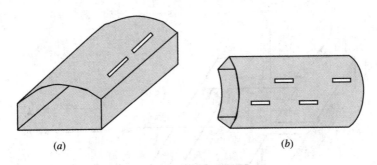

图 5-1-11　曲面波导缝隙天线

(a) 圆突—矩形波导缝隙天线；(b) 扇面波导缝隙天线

5.2　微带天线

微带天线(Microstrip Antennas)是由导体薄片粘贴在背面有导体接地板的介质基片上形成的天线。微带辐射器的概念首先由 Deschamps 于 1953 年提出来。但是，过了 20 年，到了 20 世纪 70 年代初，当较好的理论模型以及对敷铜或敷金的介质基片的光刻技术发展之后，实际的微带天线才制造出来，此后这种新型的天线得到长足的发展。和常用的微波天线相比，它有如下一些优点：体积小，重量轻，低剖面，能与载体共形；制造成本低，易于批量生产；天线的散射截面较小；能得到单方向的宽瓣方向图，最大辐射方向在平面的法线方向；易于和微带线路集成；易于实现线极化和圆极化，容易实现双频段、双极化等多功能工作。微带天线已得到愈来愈广泛的重视，已用于大约 100 MHz～100 GHz 的宽广频域上，包括卫星通信、雷达、遥感、制导武器以及便携式无线电设备上。相同结构的微带天线组成微带天线阵可以获得更高的增益和更大的带宽。

5.2.1　矩形微带天线

　　微带天线的基本工作原理可以通过考察矩形微带贴片来理解。对微带天线的分析可以用数值方法求解，精确度高，但编程计算复杂，适合异形贴片的微带天线；还可以利用空腔模型法或传输线法近似求出其内场分布，然后用等效场源分布求出辐射场，例如矩形微带天线(Rectangular-Patch Microstrip Antenna)的分析。

　　矩形微带天线是由矩形导体薄片粘贴在背面有导体接地板的介质基片上形成的天线。如图 5-2-1 所示，通常利用微带传输线或同轴探针来馈电，使导体贴片与接地板之间激励起高频电磁场，并通过贴片四周与接地板之间的缝隙向外辐射。微带贴片也可看作为宽为 W、长为 L 的一段微带传输线，其终端($y=L$ 边)处因为呈现开路，将形成电压波腹和电流的波节。一般取 $L \approx \lambda_g/2$，λ_g 为微带线上波长。于是另一端($y=0$ 边)也呈现电压波腹和电流的波节。此时贴片与接地板间的电场分布也如图 5-2-1 所示。该电场可近似表达为(设沿贴片宽度和基片厚度方向电场无变化)

$$E_x = E_0 \cos \frac{\pi y}{L} \tag{5-2-1}$$

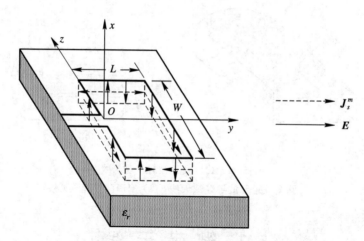

图 5-2-1　矩形微带天线结构及等效面磁流密度

　　由对偶边界条件，贴片四周窄缝上等效的面磁流密度为

$$\boldsymbol{J}_s^m = - \boldsymbol{e}_n \times \boldsymbol{E} \tag{5-2-2}$$

式中，$\boldsymbol{E} = \boldsymbol{e}_x E_x$，$\boldsymbol{e}_x$ 是 x 方向单位矢量；$\boldsymbol{e}_n$ 是缝隙表面(辐射口径)的外法线方向单位矢量。由(5-2-2)式，缝隙表面上的等效面磁流均与接地板平行，如图 5-2-1 虚线箭头所示。可以分析出，沿两条 W 边的磁流是同向的，故其辐射场在贴片法线方向(x 轴)同相相加，呈最大值，且随偏离此方向的角度的增大而减小，形成边射方向图。沿每条 L 边的磁流都由反对称的两个部分构成，它们在 H 面(xOz 面)上各处的辐射互相抵消；而两条 L 边的磁流又彼此呈反对称分布，因而在 E 面(xOy 面)上各处，它们的场也都相消。在其他平面上这些磁流的辐射不会完全相消，但与沿两条 W 边的辐射相比，都相当弱，成为交叉极化分量。

　　由上可知，矩形微带天线的辐射主要由沿两条 W 边的缝隙产生，该二边称为辐射边。首先计算 $y=0$ 处辐射边产生的辐射场，该处的等效面磁流密度 $\boldsymbol{J}_s^m = - \boldsymbol{e}_z E_0$。采用矢位法，对远区观察点 $P(r,\theta,\varphi)$(θ 从 z 轴算起，φ 从 x 轴算起)，等效磁流产生的电矢位可以由电流产生的磁矢位对偶得出：

$$\boldsymbol{F} = -\boldsymbol{e}_z \frac{\varepsilon_0}{4\pi r} \int_{-W/2}^{W/2} \int_{-h}^{h} E_0 \, \mathrm{e}^{-\mathrm{j}k(r-x\sin\theta\cos\varphi+z\cos\theta)} \, \mathrm{d}z \, \mathrm{d}x \tag{5-2-3}$$

式中已经计入了接地板引起的 $\boldsymbol{J}_s^m$ 正镜像效应。积分得

$$\boldsymbol{F} = -\boldsymbol{e}_z \frac{\varepsilon_0 E_0 h}{\pi r} \frac{\sin(kh \, \sin\theta \, \cos\varphi)}{kh \, \sin\theta \, \cos\varphi} \frac{\sin\left(\frac{1}{2}kW \, \cos\theta\right)}{k \, \cos\theta} \mathrm{e}^{-\mathrm{j}kr} \tag{5-2-4}$$

由电矢位引起的电场为

$$\boldsymbol{E} = -\frac{1}{\varepsilon_0} \nabla \times \boldsymbol{F} \tag{5-2-5}$$

对于远区，只保留 $1/r$ 项，得

$$\boldsymbol{E} = \boldsymbol{e}_\varphi \mathrm{j} \frac{E_0 h}{\pi r} \frac{\sin(kh \, \sin\theta \, \cos\varphi)}{kh \, \sin\theta \, \cos\varphi} \frac{\sin\left(\frac{1}{2}kW \, \cos\theta\right)}{\cos\theta} \sin\theta \mathrm{e}^{-\mathrm{j}kr} \tag{5-2-6}$$

现在再计入 $y=L$ 处辐射边的远场，考虑到间隔距离为 $\lambda_g/2$ 的等幅同相二元阵的阵因子为

$$f_n = 2 \cos\left(\frac{1}{2}kL \, \sin\theta \, \sin\varphi\right) \tag{5-2-7}$$

微带天线远区辐射场为

$$\boldsymbol{E} = \boldsymbol{e}_\varphi \mathrm{j} \frac{2E_0 h}{\pi r} \frac{\sin(kh \, \sin\theta \, \cos\varphi)}{kh \, \sin\theta \, \cos\varphi} \frac{\sin\left(\frac{1}{2}kW \, \cos\theta\right)}{\cos\theta} \sin\theta \cos\left(\frac{1}{2}kL \, \sin\theta \, \sin\varphi\right) \mathrm{e}^{-\mathrm{j}kr} \tag{5-2-8}$$

实际上，$kh \ll 1$，上式中地因子约为1，故方向函数可表示为

$$F(\theta,\varphi) = \left| \frac{\sin\left(\frac{1}{2}kW \, \cos\theta\right)}{\frac{1}{2}kW \, \cos\theta} \sin\theta \cos\left(\frac{1}{2}kL \, \sin\theta \, \sin\varphi\right) \right| \tag{5-2-9}$$

H 面($\varphi = 0°$，xOz 面)：

$$F_H(\theta) = \left| \frac{\sin\left(\frac{1}{2}kW \, \cos\theta\right)}{\frac{1}{2}kW \, \cos\theta} \sin\theta \right| \tag{5-2-10}$$

E 面($\theta = 90°$，xOy 面)：

$$F_E(\varphi) = \left| \cos\left(\frac{1}{2}kL \, \sin\varphi\right) \right| \tag{5-2-11}$$

图 5-2-2 显示了某特定矩形微带天线的计算和实测方向图。两者略有差别，因为在以上的理论分析中，假设了接地板为无限大的理想导电板，而实际上它的面积是有限的。

原则上将方向函数 $F(\theta,\varphi)$ 代入方向系数的一般公式(1-2-18)，就可以求得矩形微带天线的方向系数。当 $W \ll \lambda$ 时，矩形微带天线的方向系数 $D \approx 3 \times 2 = 6$，因子3是单个辐射边的方向系数。

如果定义 $U_m = E_0 h$，按辐射电导的定义式

$$P_r = \frac{1}{2}U_m^2 G_{r,m}$$

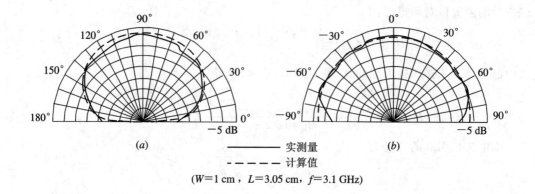

実測量
------ 計算値

($W = 1$ cm，$L = 3.05$ cm，$f = 3.1$ GHz)

图 5-2-2　矩形微带天线方向图

(a) H 面(xOz 面)；(b) E 面(xOy 面)

可求得每一条辐射边的辐射电导

$$G_{r,m} = \frac{1}{\pi} \sqrt{\frac{\varepsilon}{\mu}} \int_0^\pi \frac{\sin^2\left(\frac{\pi W}{\lambda} \cos\theta\right)}{\cos^2\theta} \sin^3\theta \ \mathrm{d}\theta \qquad (5-2-12)$$

当 $W \ll \lambda$ 时，

$$G_{r,m} \approx \frac{1}{90}\left(\frac{W}{\lambda}\right)^2 \qquad (5-2-13)$$

当 $W \gg \lambda$ 时，

$$G_{r,m} \approx \frac{1}{120}\frac{W}{\lambda} \qquad (5-2-14)$$

矩形微带天线的输入阻抗可用微带传输线法进行计算。图 5-2-3 表示其等效电路。每一条辐射边等效为并联的导纳 $G + jB$。如果不考虑两条辐射边的互耦，则每一条辐射边都可以等效成相同的导纳，它们被长度为 L、宽度为 W 的低阻微带隔开。设该低阻微带线的特性导纳为 Y_c，则输入端的输入导纳为

$$Y_{in} = (G + jB) + Y_c \frac{G + j[B + Y_c\tan(\beta L)]}{Y_c + j(G + jB)\tan(\beta L)} \qquad (5-2-15)$$

式中，$\beta = \dfrac{2\pi}{\lambda_g} = \dfrac{2\pi}{\lambda}\sqrt{\varepsilon_e}$ 为微带线的相移常数，ε_e 为其有效介电常数。当辐射边处于谐振状态时，输入导纳 $Y_{in} = 2G_{r,m}$。

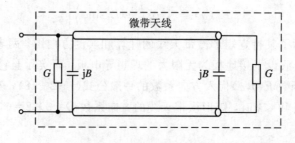

图 5-2-3　矩形微带天线等效电路

5.2.2 双频微带天线(Duel-Band Microstrip Antenna)

许多卫星及通信系统需要同一天线工作于两个频段，如 GPS(Global Positioning System，全球定位系统)、GSM(Global System for Mobile Communications，全球移动通信系统)/PCS(Personal Communication Services，个人通信业务)系统等。同时，对于频谱资源日益紧张的现代通信领域，迫切需要天线具有双极化功能，因为双极化可使它的通信容量增加1倍。对于有些系统，则要求系统工作于双频，且各个频段的极化又不同。微带天线的工作频率非常适合于这些通信系统，而微带天线的设计灵活性也使得微带天线在这些领域中得到了广泛的应用。目前已有很多关于双频、双极化或双频双极化微带天线的研究报道[22]。

实现双频工作，对于矩形贴片应用较多的是利用激励多模来获得双频的[23]，如图 5-2-4 所示，在矩形贴片非辐射边开两条长度相等的缝隙，在离贴片中心一适当距离处馈电，能得到较好的匹配。此种天线激励了一种介于 TM_{10} 与 TM_{20} 之间的模式，新模的表面电流分布与 TM_{10} 相似，与 TM_{10} 具有相同的极化平面和相似的辐射特性，由这种模式与 TM_{10} 一起实现双频工作。

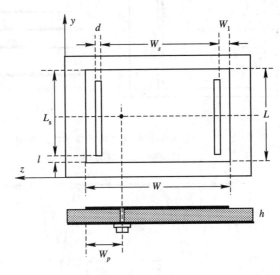

图 5-2-4   同轴线馈缝隙负载贴片天线结构

当天线尺寸为 $W=15.5$ mm，$L=11.5$ mm，$l=0.5$ mm，$W_1=d=1$ mm，$W_p=5.5$ mm，基片的相对介电常数 $\varepsilon_r=2.2$、厚度 $h=0.8$ mm 时，图 5-2-5 利用 FDTD(时域有限差分法)计算了该天线的 s_{11} 参数随馈电位置的频率变化曲线[24]。图中可以看出明显的双频特性，馈电位置对于天线的频率特性有较明显的影响，改变馈电位置，可以影响天线的阻抗特性，这也为寻找最佳匹配提供了依据。

采用分层结构则是实现双频工作的另一重要途径。图 5-2-6 给出了工作于 GPS 两个频率的近耦合馈电双频微带天线的结构图。该天线包括三层介质结构、两个谐振于所需工作频率的近方形贴片和一微带线馈电结构，两个近方形贴片分别置于第一层介质和第三层介质的顶部，而微带线的馈电线则夹于两贴片之间，位于第二层介质的顶部。在三层介质层具有相同介电常数 $\varepsilon_r=2.2$ 的条件下，图 5-2-7 仍然利用 FDTD 方法计算了该天线的 s_{11} 参数曲线，并与实测值进行了比较。

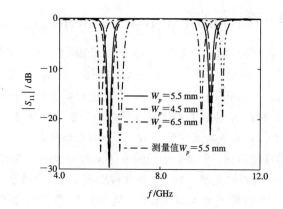

图 5 - 2 - 5　天线的 $|s_{11}|$ 参数曲线

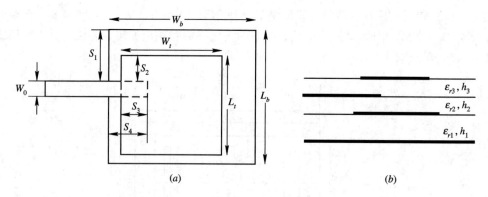

图 5 - 2 - 6　分层双频圆极化微带天线结构示意图

(a) 俯视图；(b) 侧视图

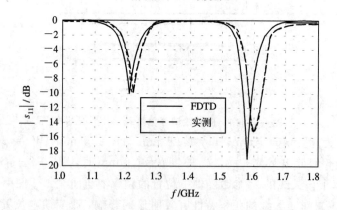

图 5 - 2 - 7　分层双频圆极化微带天线的 $|s_{11}|$ 参数曲线

$L_t = 62.275$ mm，$W_t = 58.750$ mm，$L_b = 78.765$ mm，$W_b = 75.5$ mm，$S_1 = 20.79$ mm

$S_2 = 8.36$ mm，$S_3 = 10.40$ mm，$W_0 = 9.8$ mm，$h_1 = 31.4$ mm，$h_2 = h_3 = 1.57$ mm

　　微带天线的研究方向除了多频工作、实现圆极化以外，还有展宽频带、小型化、组阵等。近来利用微带传输线上开出的缝隙，形成漏波（Leak Wave），实现了新型微带馈电线缝隙天线阵[25]。随着对微带天线的理论分析的不断深入，微带天线将获得更广泛的应用。

5.2.3 可重构微带天线

现代大容量、多功能、超宽带综合信息系统的迅猛发展，使得在同一信息平台上搭载的天线数量也相应增加，这种状态不利于系统整体的优化设计。"可重构天线"（Reconfigurable Antenna）就是为克服这一瓶颈而提出来的。该天线的设计目标为能够将诸多天线的功能融合到同一天线口径中，通过动态改变其物理尺寸，使得一个天线可以被重构为多个天线使用，因而被称为可重构天线。现代可重构天线研制依赖于微机电系统（Micro-Electro-Mechanical Systems，MEMS）技术，将 MEMS 开关集成在通用天线口径中，通过实时调整开关状态，从而重构天线特性。可重构天线按功能一般分为：频率重构、方向图重构、频率以及方向图同时重构、极化重构，等等。尽管重构的原理适合于很多类天线，但是易于在工程上实现的却是可重构微带天线。

可重构微带天线将其贴片分解成多个微元，依靠集成在天线表面上的 MEMS 开关来控制微元之间的通断状态，获得不同的天线口径，实现重构的目标。

当矩形贴片天线沿对角线馈电时，在同一个频点可以同时激励起 TM_{10} 模和 TM_{01} 模，如果 TM_{10} 模和 TM_{01} 模满足圆极化的条件，单片微带天线的单点馈电方式即可以实现圆极化工作。蒲洋于 2010 年设计并制作了一种左/右旋圆极化可重构的微带天线。如图 5-2-8 所示，在底馈的矩形微带贴片的两条边上各增加枝节 S，贴片与枝节通过 PIN 二极管开关连接，通过控制 PIN 二极管的通断来改变正交模式的相位差。为了控制 PIN 开关的通断，枝节与 $\lambda/4$ 短路线 $\left(\dfrac{\lambda}{4} \text{ Short-circuited line}\right)$ 相连作为直流接地，对于射频信号，该短路线在与枝节连接位置等效为开路，因此不会干扰射频信号。控制电压通过与 SMA 接头连接的同轴电缆的提供，即射频信号与直流信号在同一馈电传输线上传输，当控制电压为正电压时，开关 SW_1 断开、SW_2 导通，天线为左旋圆极化；当控制电压为负电压时，开关 SW_2 导通，开关 SW_1 断开，天线为右旋圆极化。该天线通过简洁的电路结构实现了期望的开关切换要求，实现了左旋圆极化（Left Hand Circular Polarization，LHCP）和右旋圆极化（Right Hand Circular Polarization，RHCP）的重构目标。

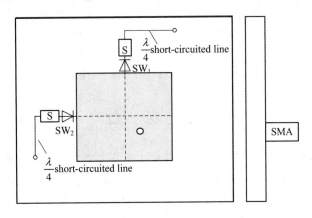

图 5-2-8 极化可重构天线示意图

由于微带天线的电特性直接与贴片的形状相关，将贴片微元化以后，控制微元的选择即可以调整天线的电特性。如图 5-2-9 所示，以一个正方形贴片天线为例，其基本参数

为 $W = 82$ mm、h（介质板厚度）$= 10$ mm、ε_r（介质板相对介电常数）$= 2.2$、贴片被微元化为 6×6 个。从该基础形状以及重构优化后天线的输入端反射系数曲线可以看出，重构后的带宽可以达到未优化前的 2 倍。如图 5 - 2 - 10 所示，同样对该基础形状的天线进行另一种重构优化后，可以实现双频工作。

天线的重构概念和天线的优化设计理论相结合，可以寄予可重构天线很多期望，使之具有较大的发展前景。

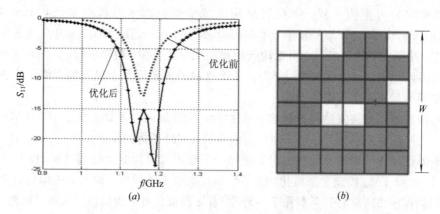

图 5 - 2 - 9 宽频优化的结果
（a）S_{11} 与频率的关系曲线；（b）优化后贴片的形状

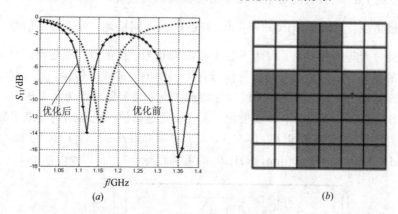

图 5 - 2 - 10 双频优化的结果
（a）S_{11} 与频率的关系曲线；（b）优化后贴片的形状

习 题 五

1. 何谓缝隙天线？何谓缝隙天线阵？缝隙天线阵主要有哪几种？各自的特点是什么？

2. 如图 5 - 1 - 9(d)所示，分析开在窄壁上的斜缝构成的缝隙天线阵为什么可以依靠倾斜角的正负来获得附加的 π 相差，以补偿横向电流 $\lambda_g / 2$ 所对应的 π 相差而得到各缝隙的同相激励。

3. 理想缝隙天线和与之互补的电对称振子的辐射场有何异同？

4. 为什么矩形微带天线有辐射边和非辐射边之分？

第6章 手 机 天 线

随着信息技术、半导体技术和无线通信技术的高速发展，蜂窝移动通信系统已从 AMPS(Advanced Mobile Phone System)和 TACS(Total Access Communications System) 为代表的第一代(称为1G)模拟系统、以 GSM(Global System for Mobile)和 CDMA(Code Division Multiple Access)为代表的第二代(称为2G)窄带数字系统、以 UMTS(Universal Mobile Telecommunications System)为代表的第三代(称为3G)移动通信系统，进入了传输速率更快、智能化程度更高的4G、5G时代。

6.1 我国移动通信的发展

移动通信所具有的方便灵活的特点以及人们对个人通信急剧膨胀的需求，使其投入运营以来一直处于飞速发展的阶段，尤其是数字技术的引入和竞争机制的建立，使我国的移动通信自20世纪80年代以来以超乎寻常的速度高速发展，从最初较为单一的通话及短信业务发展到现在的移动上网、移动支付、智慧生活、休闲娱乐等多样化的服务。

我国自1994年开始建设 GSM 数字移动通信网，GSM900 是最早的 GSM 系统，它使用 900MHz 频段，在一个大的范围内提供蜂窝移动通信，手机的最大输出功率一般从1W到7W。由于手机用户数量的激增，造成了手机通信网络系统处于超负荷运转状态，最终导致了手机在通信时很容易出现类似于掉线、串音、话音质量不好、难以上网等现象。为了满足手机用户迅速增长的需要，通常的解决办法是在现有的系统上增加新的频段，于是 GSM1800 便应运而生了，其又被称为 DCS(Digital Communication System)1800。它的出现，使基于 GSM900、GSM1800 的双频网络变为现实。GSM1800 是 GSM900 的一个延伸，它增加了一个新的频段，扩展了 GSM 信道资源。

GSM 系统执行的是时分多址(Time Division Multiple Access，TDMA)标准，采用时分多路复用技术(Time-Division Multiplexing)来提供无线数字服务。TDMA 把一个射频分成多个时隙，再把这些时隙分给多组通话，这样，一个射频可以同时支持多个数据频道。

2002年初，移动通信业务即 CDMA800MHz 数字网开通。CDMA 是码分多址的英文缩写，它是在数字技术的分支——扩频通信技术上发展起来的一种崭新而成熟的无线通信技术。它能够满足市场对移动通信容量和品质的高要求，具有频谱利用率高、话音质量好、保密性强、掉话率低、电磁辐射小、容量大、覆盖广等优点，可以大量减少投资和降低运营成本。

2009年初，我国的移动通信技术正式进入第三代(3G)。3G 能够处理图像、音乐、视频流等多种媒体形式，提供包括网页浏览、电话会议、电子商务等多种信息服务，支持更高的数据传输速度。3G 技术执行 TD-SCDMA(Time Division-Synchronous Code Division Multiple Access)、CDMA2000、WCDMA(Wideband Code Division Multiple Access)以及 WiMAX(World Interoperability for Microwave Access)四种标准，前三种的频率分配如表 6-1-1 所示。为了满足未来移动通信发展的需求，3G 频率分配后还留有相当的频率资源作为储备。

表 6-1-1　我国 3G 移动通信应用的频段

标准	上行频段/MHz	下行频段/MHz	运营商
TD-SCDMA	1880~1900	2010~2025	中国移动
CDMA2000	1920~1935	2110~2125	中国电信
WCDMA	1940~1955	2130~2145	中国联通

2013 年底，LTE/第四代数字蜂窝移动通信业务(Time Division Long Term Evolution，TD-LTE)，即 4G 时代正式在我国登场，4G 将 WLAN(Wireless Local Area Network)技术与 3G 通信技术相结合，使图像的传输速度更快、质量更高，看起来更加清晰。在智能通信设备中应用 4G 通信技术让用户的上网速度更加迅速，速度可以高达 100 Mb/s。4G 的使用频段如表 6-1-2 所示。4G 已全面商用，2020 年我国 4G 用户总数达到12.89 亿。

表 6-1-2　我国 4G 移动通信应用的频段

运营商	频段/MHz
中国移动	1880~1900、2320~2370、2575~2635
中国电信	1765~1780、1860~1875、2370~2390、2635~2655
中国联通	1745~1765、1840~1860、2300~2320、2555~2575

2019 年第五代移动通信技术(5G)开始进入商用，5G 网络的主要优势在于，数据传输速率远远高于以前的蜂窝网络，最高可达 10 Gb/s，比当前的有线互联网要快，比 4G LTE 蜂窝网络快 100 倍。另一个优点是较低的网络延迟(更快的响应时间)，低于 1 ms，满足自动驾驶、远程医疗等实时应用，而 4G 的网络延迟为 30~70 ms。5G 具有超大网络容量，提供千亿设备的连接能力，满足物联网通信要求。5G 包括了两大频谱范围(Frequency Range，FR)，如表 6-1-3 所示，FR1 的优点是频率低，绕射能力强，覆盖效果好，是当前 5G 的主用频谱。FR2 的优点是超大带宽，频谱干净，干扰较小，作为 5G 后续的扩展频率。

表 6-1-3　我国 5G 移动通信应用的频段

频率范围名称	频率范围/MHz	频段号
FR1	450~ 6000	从 n1 到 n255
FR2	24250 ~52600	从 n257 到 n511

随着各种智能终端的普及，移动数据流量将呈爆炸式增长，5G 可实现成为以用户为中心的更灵活、智能、高效和开放的新型网络。5G 网络正朝着网络多元化、宽带化、综合化、智能化的方向发展，将进一步推动万物互联，有力地促进社会的数字化转型。

6.2 手机天线

6.2.1 背景

伴随着移动通信业的高速发展，手机普及率越来越高，手机作为一种沟通工具已经进入了千家万户，成为人们日常生活中不可缺少的一部分。人们也越来越注重手机的通话质量以及手机辐射可能对人体造成的伤害，而天线恰是影响这两个方面的重要因素。由于市场竞争的激烈和人们对手机的性能以及外观的要求，手机趋于向小型化、重量轻以及多功能方向发展，这就使得天线的设计从一个次要的地位上升成为手机设计的重要组成部分。

手机天线设计的核心问题就是使天线满足更为苛刻的技术要求，并且超越原有天线型式，满足新的系统要求。在许多系统中，要求优化的参数是小尺寸、宽带、坚固性、易于操作以及降低加工成本。合适的天线将提高手机整体性能，减小功率损耗，持久耐用并且能具有更强的市场竞争力。

手机天线设计必须考虑以下的电性能：

(1) 输入端的匹配；

(2) 带宽；

(3) 增益和波束宽度；

(4) 工作频率；

(5) 分集；

(6) 手机辐射对人体的安全性。

以上前4项指标与所有的传统天线的设计思路相似。第5项的考虑源于移动通信的复杂电波传播环境即多径效应的需求，期望利用分集天线在多径信号中选择两个或两个以上的信号，提高手机与接收端的瞬时信噪比和平均信噪比。

手机辐射对人体的安全性也是一个重要指标。SAR(Specific Absorption Rate，即电磁波能量吸收比值)是人体组织单位质量、单位时间吸收的电磁辐射能量，单位为瓦/千克(W/kg)。美国、欧洲均采用SAR值作为度量手机辐射的标准，国际电联、国际卫生组织等国际组织也推荐采用SAR值。我国正在制定的电磁辐射防护标准，也将采用SAR值。目前通用的安全标准为美国国家标准学会(ANSI)标准C95.1—1982[66]所制定的射频对人体照射的安全规则。该标准推荐，在30 MHz～15 GHz频区，对在非控制照射条件下的人员，非控制照射极限为：SAR限量峰值为1.6 W/kg，人体全身平均为0.08 W/kg，平均时间为30 min。

天线是手机的最前端部件，根据天线相对于手机的位置，手机天线可以分为外置式天线和内置式天线，下面分别介绍。

6.2.2 外置式天线

早期受制造工艺的影响，手机只能采用外置天线。这种天线的优点是频带范围宽、接收信号比较稳定、制造简单、费用相对低；缺点是天线暴露于机体外易于损坏、天线靠近人体时导致性能变坏、不易加诸如反射层和保护层等来减小天线对人体的辐射伤害，接收和发送必须使用不同的匹配电路等。尽管有为了手机外壳的简约美观而去掉外置式天线的趋势，但是相对于内置天线增益较低，在基站信号较弱的地方有容易掉话的缺点，手机外置式天线在手机业中仍占有一席之地，研究并做好、做小手机外置式天线仍是市场的需求。

最常见的手机外置式天线有单极式和螺旋天线，在大多数情况下，天线是垂直放置的。天线的尺寸以及接地面的尺寸及形状会影响天线的辐射特性。

在如图6-2-1所示的坐标系以及图6-2-2给定的尺寸下，图6-2-3为利用Ansoft公司的三维电磁数值模拟仿真软件HFSS(High Frequency Structure Simulator)分析有限手机尺寸对单极天线辐射特性的影响。

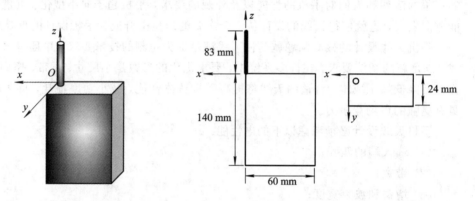

图6-2-1　外置式单极天线手机模型的坐标系　　图6-2-2　单极天线手机的几何尺寸

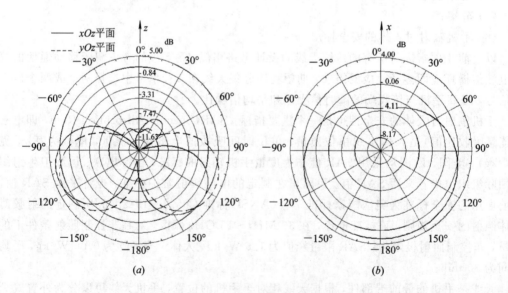

图6-2-3　手机单极天线方向图
（a）垂直平面方向图；（b）水平平面方向图

图6-2-3显示，与无限大理想导电地面上的单极天线的方向性相比，考虑手机影响以后的单极天线方向图在水平平面不具有旋转对称性，原因在于单极天线假设置于手机顶部的角点处；另外，由于手机外壳向下延伸，所以垂直平面方向图的波束向下倾斜；xOz

平面方向图也由于天线的不对称架设，导致方向图关于z轴不对称，并出现明显的副瓣。

仍然由 Ansoft HFSS 仿真分析手机单极天线的输入阻抗。图6-2-4表明，当单极天线的直径为 3 mm，接地孔的直径为 3 mm×2.303 mm 时，在 900 MHz 可获得近似 50 Ω 的输入电阻，但是由于输入电抗的存在，仍需要相应的匹配网络。

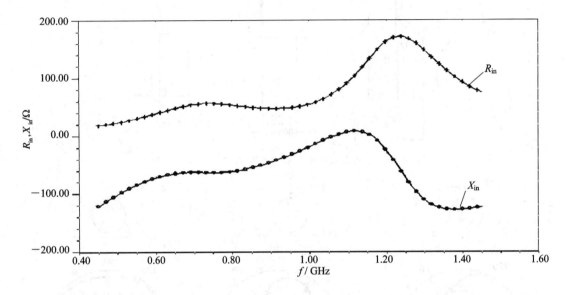

图6-2-4　手机单极天线的输入阻抗计算值

如图6-2-5所示，手机外置天线常用的还有法向模螺旋天线。该天线的方向图、极化特性类似于单极天线，但是由于其输入阻抗对频率很敏感，因而具有窄带特性。由于鞭状螺旋天线的分布加感效应，其应用长度要比 λ/4 的单极天线短，因此短长度、低剖面的法向模螺旋天线及其变体仍然受到手机生产厂家的青睐。

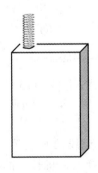

图6-2-5　法向模螺旋天线手机示意图

由于手机通信过程中人体处于天线的近区场中，手机天线辐射特性明显受到人体的影响，同时由于外置式天线不适合加反射板，所以外置式天线的手机对人体的辐射伤害的研究近年来也受到重视。有许多人对此做了大量的艰苦与细致的工作，其中周晓明等人基于医学解剖学的核磁共振技术，建立了适合于应用时域有限差分法(FDTD)模拟手机辐射问题的人体几何电磁模型，模拟计算了人体影响下的普通单极式和螺旋式手机天线的辐射方向图(频率 $f=900$ MHz)，比较了人体模型对这两款手机天线辐射特性的影响。在图6-2

-6 所示的外置式单极天线手机与人体几何结构模型中，考虑人体影响下的手机天线的方向图如图 6-2-7 所示。

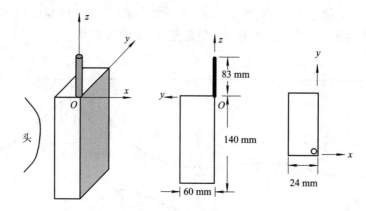

图 6-2-6　外置式单极天线手机与人体几何结构模型

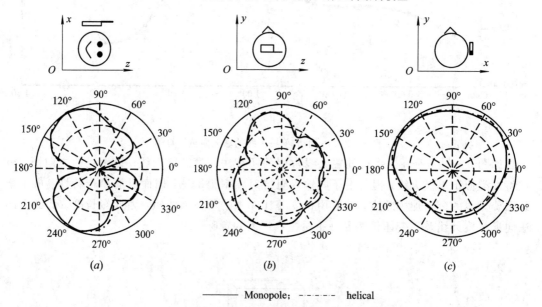

—— Monopole；　-·-·-·- helical

图 6-2-7　考虑人体影响的单极手机天线方向图

(a) xOz 平面方向图；(b) yOz 平面方向图；(c) xOy 平面方向图

研究结果还表明：

(1) 同等手机外壳尺寸下，螺旋天线的长度约为单极天线的 1/5 时，效率下降不到 10%。可见以较小的效率降低代价来换取手机长度的明显缩短还是值得的，适合人们对手机外形小巧玲珑的时尚需求。

(2) 人体会明显地降低手机天线的效率。人体会吸收掉手机辐射能量的大部分，几乎可达半数左右。计算还发现，手对计算方向图影响不大，但对天线效率具有较大影响，人手吸收天线输出功率的比例可达人体吸收的一半以上。

为了适应移动通信的工作频率，也有的生产厂家将均匀的法向模螺旋天线和它中心的单极天线组成为手机外置天线，螺旋线天线用于 GSM900 频带，而鞭状天线用于 GSM1800 频带。这种天线在高频段具有非常宽的带宽，如果使用适当的匹配电路，可以满足 GSM1800 频带通信。

6.2.3 内置式天线

外置式天线有许多缺点：不能集成到印制电路板或设备外壳上，增加了设备的总尺寸；易于折断和弯曲，需小心维护；天线难于屏蔽导致比吸收率 SAR 值较高，人体对天线的性能影响较大；外置天线，尤其是螺旋天线难以精确批量生产，需要匹配电路，使成本和损耗都增加，难以迎合手机使用者对手机外形的时尚需求。

内置天线则与外置天线相反，它有很多优点：内置天线可被集成到通信设备的印制电路板或外壳上；具有机械刚性，不易被损坏；不额外增加设备尺寸，利于手机外形的时尚设计；不要求用户在使用时小心维护天线，可以采用高水平的屏蔽技术来屏蔽天线，使其 SAR 值非常小，而天线几乎不受人体的影响；更重要的是，可以安装多个天线，方便组阵，从而实现手机天线的智能化，这一点对未来的移动通信系统来说非常重要。由于内置天线的诸多优点，所以手机采用内置天线已成为趋势。

常见的内置天线的类型有：

(1) 单极天线平面化；

(2) 缩短天线的谐振长度，以获得具有低剖面的内置天线；

(3) 微带天线。

针对第一种类型，一种办法是应用平面曲折线结构，如图 6-2-8 所示。这种类型的天线由于可以减小天线的谐振长度而得到研究。调整相应的天线总长 L（或纵向几何长度 L_{ax}）、线间间隔 e_1、水平方向线长 e_2、介质基板厚度等参数，不仅可以缩短天线的高度，同时还具有多频点的工作特性。为了获得更佳的电性能，折线天线还伴有渐变型等其他改进结构。这种折线天线因具有低剖面特性而可以替代普通的单极天线置于手机中。

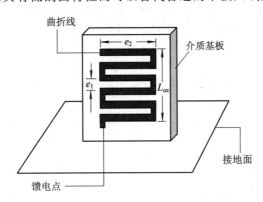

图 6-2-8　有限尺寸接地面上的折线天线

为了缩短单极天线的高度，另一种有效的途径是采用平面单极天线，其中 Kin-Lu wong 等人 2003 年提出了一种有代表性的设计思路，如图 6-2-9 所示。

图 6-2-9 所示的平面单极天线的辐射部分为 30 mm×10 mm 的矩形贴片，其上的狭缝将矩形片分为较大的外片和较小的内片，由于外片上的电流需沿着狭缝流动，因而增加了电流的流向长度，也就是在不增加高度的前提下，降低了天线的谐振频率。

利用 Ansoft HFSS 建模仿真计算图 6-2-9 所示尺寸下的平面单极天线输入端反射

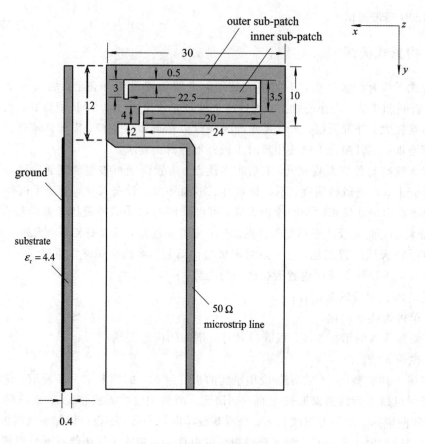

图 6 - 2 - 9   平面单极天线结构图(长度单位为 mm)

系数随工作频率的关系，图 6 - 2 - 10 表示该天线能够应用在多频段的移动通信方面，天线覆盖的频带包括 GSM(890～960 MHz)、DCS(1710～1880 MHz)、PCS(1850～1990 MHz)乃至更高。

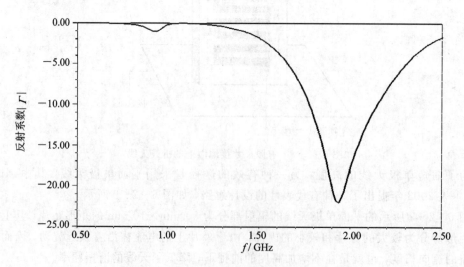

图 6 - 2 - 10   反射系数随频率的变化关系

图 6-2-11 仿真计算的方向图显示了平面单极天线仍属于弱方向性天线，图 6-2-12 给出了该天线在各频段的实测增益值，与传统单极天线的方向性相当。

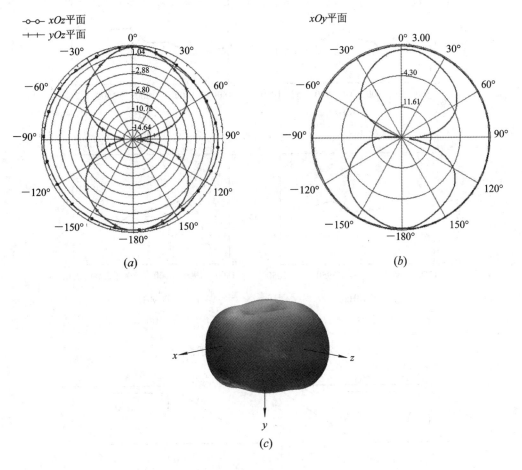

图 6-2-11　平面单极天线的方向图（$f=1.8$ GHz）

（a）xOz 平面和 yOz 平面方向图；（b）xOy 平面方向图；（c）立体方向图

平面单极天线的设计思路还有很多，研究的重点多集中于结构简单紧凑、多频工作、易于集成和平面印刷、满足超宽带（UWB）需求。

缩短天线的谐振长度，以获得具有低剖面的内置天线，其中最具代表性的还有平面倒 F 天线（Planar Inverted-F Antenna，PIFA），该天线因为具有低剖面、易与手机集成等优点，因而得到广泛的研究和应用。

倒 F 天线是从 20 世纪 60 年代早期用于导弹的倒 L 形天线引申而来的。从图 6-2-13（a）可以看出，把单极天线相对于地面弯曲就获得了倒 L 形天线，降低天线高度可以降低天线的谐振频率，L 形天线的短臂在垂直于短臂的平面内全方向辐射，天线的长臂也会辐射一部分能量。而倒 F 天线是倒 L 形天线的变型，它在天线上增加了一个短路段以获得输入阻抗的改变，天线因附加特征呈倒 F 形并因此命名，如图 6-2-13（b）所示。手机中线状 PIFA 的结构如图 6-2-14 所示。

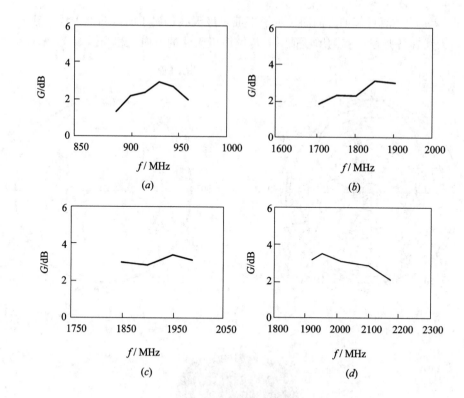

图 6-2-12　平面单极天线的实测增益

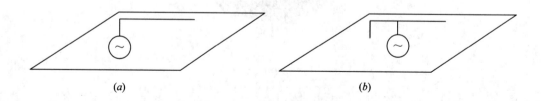

图 6-2-13　倒 L 形天线演变成倒 F 形天线

（a）倒 L 形天线；（b）倒 F 形天线

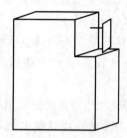

图 6-2-14　手机中倒 F 形天线的基本结构

　　PIFA 是由两端短路的微带天线演变而成的。如图 6-2-15 所示的是一个两端短路的平板天线，若去掉"短路板 1"，保留"短路板 2"，就成为普通的 PIFA。

　　设天线的长度为 L，其低次模的波长为 λ_1，频率为 f_1，高次模的波长为 λ_2，频率为 f_2，当仅有"短路板 1"存在时，双频工作时的条件为

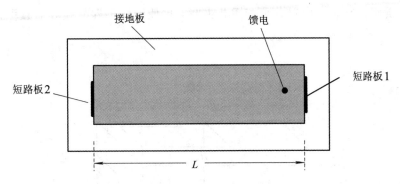

接地板　　　　　馈电

短路板2　　　　　　　　　　　短路板1

L

图 6 - 2 - 15　两端短路平板天线

$$L = \frac{\lambda_1}{4} = \frac{3\lambda_2}{4}$$

由上式可知，$f_2/f_1 = 3$，$f_1 = 900$ MHz，则 $f_2 = 2700$ MHz，该频率远大于所需要的 1800 MHz，因此，仅有"短路板 1"的天线不满足手机双频天线的工作要求。

当两个短路板同时存在时，则有下式成立：

$$L = \frac{\lambda_1}{2} = \lambda_2$$

由上式可知 $f_2/f_1 = 2$，$f_1 = 900$ MHz，则 $f_2 = 1800$ MHz，恰好是我们所需要的频率，因此，两端短路的平板天线满足双频天线工作要求，但其缺点是占用空间较大。

田方等人于 2003 年提出了一种新型双频 PIFA 天线，如图 6 - 2 - 16 以及图 6 - 2 - 17 所示。该天线是在普通 PIFA 天线上开一个槽，然后在槽的两侧各加一块短路板。该 PIFA 天线结构可看做是两端短路平板天线对折的结果，它们的工作原理是一样的。因此开槽的 PIFA 天线同样满足双频天线的工作要求，然而其占用的空间却大大减少了。另外，此天线

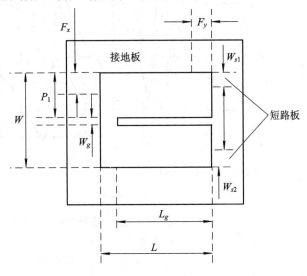

W=50 mm，L=62 mm，W_g=6 mm，L_g=50 mm，P_g=22 mm，
W_{s1}=4 mm，W_{s2}=4 mm，F_x=10 mm，F_y=10 mm

图 6 - 2 - 16　开槽的 PIFA 结构以及参数

的低剖面性质使得它易于内置并可与手机共形，这使天线不容易损坏而且手机外形更加美观。

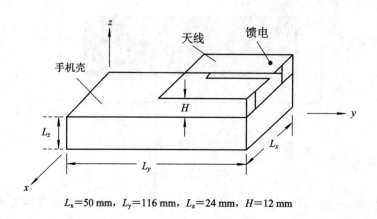

$L_x=50$ mm，$L_y=116$ mm，$L_z=24$ mm，$H=12$ mm

图 6-2-17　PIFA 以及手机外壳

　　针对图 6-2-16 和图 6-2-17 设定的参数，利用电磁场数值计算方法仿真得到的天线输入端阻抗以及反射损失的特性由图 6-2-18 给出。计算结果显示了典型的双频特性，表明了这种天线非常适合于手机的工作频率。

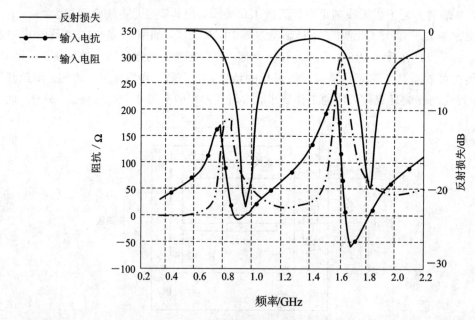

图 6-2-18　天线的输入端电特性

　　仿真计算结果还表明，当 L 变大时，低频频率变低；当 L_g 变大时，高频频率变低。当 L_g 固定为 52 mm，L 的改变范围为 58 mm~66 mm 时，高频段的反射损失不变，低频段的反射损失最小值基本不变，最小值对应频率改变 100 MHz 左右；当 L 固定为 62 mm，L_g 的改变范围为 48 mm~56 mm 时，低频段的反射损失不变，高频段的反射损失最小值稍有变化，在 -17 dB~-24 dB 之间，最小值对应频率改变 200 MHz 左右。因此，改变 L 和 L_g 的值，从而达到可以独立调节高低工作频率的目的，这对消除手机制造误差带来谐振频率的改变是非常有好处的。

图 6-2-19 为 PIFA 在如上参数设定条件下，由 Ansoft HFSS 软件计算的方向特性，结果表明与单极天线的方向性相似。

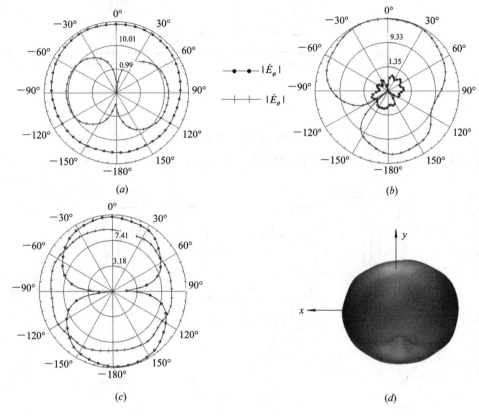

图 6-2-19　PIFA 方向图($f=940$ MHz)

(a) xOz 面场强(dB)方向图($f=940$ MHz)；(b) yOz 面场强(dB)方向图($f=940$ MHz)；

(c) xOy 面场强(dB)方向图($f=940$ MHz)；(d) 立体方向图($f=940$ MHz)

现代无线通信技术的飞速发展对天线的要求越来越高。微带天线以其低轮廓、重量轻、低成本和易于制造等优点，使双频(或多频)微带天线已成为手机天线近年来的研究热点。为了能够使微带天线双频工作，通常可以通过多贴片、缝隙加载、集总元件加载(包括短路针)几种方法实现。后两种方式又被统称为抗性加载。多贴片和集总元件加载都会使天线的结构变得复杂，而缝隙加载作为一种简单的加载方式，可以在单层微带天线上实现双频，制作生产相对简单，且易于和微波电路集成。

例如图 6-2-20 所示的同轴线馈电的缝隙加载矩形微带天线，由于在其辐射边开有对称缝隙，因而可以实现双频工作模式，又因为在非辐射边开有回旋缝隙，增加了电流的流向长度，可以非常有效地降低天线的谐振频率。

戚冬生等人于 2003 年在借鉴他人成功经验的基础上设计并分析了一种微带天线，如图 6-2-21 所示。外围总尺寸为 $W \times L$，中间凹陷部分为 $d \times s$，介质层厚度为 h，其介电常数为 ε_r，两个 U 形缝隙靠近天线的两个辐射边，宽度均为 W_s，缝隙的长度为 $2L_m + L_s$，距离贴片上下边界的距离为 d_1，左右边界的距离为 d_2，两个 U 形缝隙关于天线的纵轴对

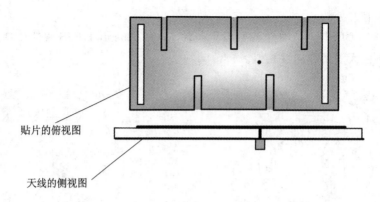

图 6 - 2 - 20　同轴线馈电的缝隙负载贴片天线示意图

称，微带天线的馈电点在横向轴线上，且离贴片的中心点距离为 d_f。

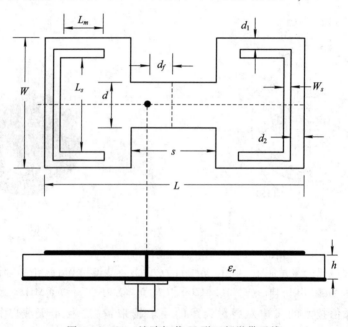

图 6 - 2 - 21　缝隙加载 H 形双频微带天线

　　H 形天线延长了原先矩形贴片天线的上电流的路径，降低了天线的谐振频率，这样可以使天线尺寸缩小很多。在天线的总尺寸固定的情况下，在没有加缝隙时，可以通过改变 d 的大小来改变天线的谐振频率。在常规矩形天线的辐射边附近加上两条矩形或者 U 形缝隙都可以产生双频的效果。本设计中在 H 形天线上采用两个 U 形的缝隙加载，在可以产生双频效应的同时，可以进一步减小天线的尺寸。

　　在该天线的参数为 $W = 42$ mm，$L = 70$ mm，$W_s = d_1 = d_2 = 1$ mm，$s = 34$ mm，$L_s = 38$ mm，$d = 21$ mm，$L_m = 8$ mm，$d_f = 6.5$ mm，$\varepsilon_r = 2.8$，$h = 2$ mm，地平面尺寸为 140 mm×140 mm，内导体半径为 1 mm，外导体半径为 2.303 mm 的条件下，由 HFSS 软件仿真计算其输入阻抗特性如图 6 - 2 - 22 所示。该图表明该天线具有典型的符合移动通信要求的双频特性。

　　该天线的双频工作点的调整可以通过调整 L_m 和 d 来实现。实际上，在设计天线时，可

以同时调节 d 和 L_m，因为两者对对应频率的影响几乎是独立的。调整馈电点的位置 d_f 可以调整阻抗匹配的效果。这些都给设计调试带来很大的灵活性。

图 6-2-23 为该天线由矢量网络分析仪实测的输入端反射损失 S_{11} 频率特性。可以看出，该微带天线在双频工作点的带宽还略显不足，这个主要是由于 H 形微带天线本身的窄带特性造成的，可以采用厚度较大的低介电常数的介质或者采用接地板缝隙耦合馈电的方式来改进。顺便指出的是，针对双频工作点进一步展宽频带，也是其他相关的手机内置微带天线所要进一步研究的问题。

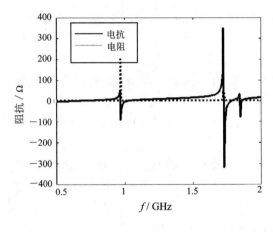

图 6-2-22　缝隙加载 H 形双频微带天线的
输入阻抗随频率的关系

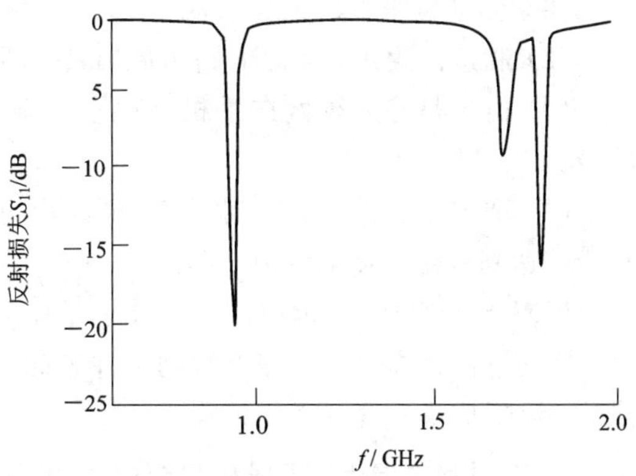

图 6-2-23　输入端反射损失随频率的关系

由于移动通信技术和应用的迅猛发展，有力地推动着手机系统向小型化、多模化以及高性能化的方向发展，集成度高的内置天线必将是未来手机天线技术的发展方向。对这方面的研究资料也相对多，在此不再赘述，有兴趣的读者可以查阅相关资料。

6.2.4　手机天线的发展前景

随着移动通信技术的迭代更替，手机天线的结构、空间配置、数量、材质以及制作工艺等都将产生巨变，手机天线将在以下几方面开展进一步的研究：

1. 智能化的手机天线

智能化的手机天线具有波束跟踪能力，这对于提高通信质量和容量、减小信号干扰、延长移动台电源使用寿命等具有非常现实的意义。

2. 分集天线

由于移动通信的信号传播通常为多径传播，分集天线可以在多径信号中选择两个或两个以上的信号，以得到高信噪比。未来的手机天线可以采用极化分集等技术，以提高辐射效率和有效增益。

3. 低 SAR 的手机天线

目前手机辐射对人体是否会造成危害的问题，一直没有权威定论，但是尽量减少手机对使用者的辐射是不争的事实。如何设计功能先进、同时又健康环保的手机天线也是至关重要的。

4. LDS 天线技术

天线整体经历了从金属片到 FPC(Flexible Printed Circuit，柔性印刷电路板)到 LDS(Laser Direct Structuring，激光直接成型)的演变。

普通的手机天线都被安装在手机的主板上，而 LDS 天线技术利用计算机按照导电图形的轨迹控制激光的运动，将激光投照到模塑成型的三维塑料器件上，烧除表面抗蚀刻阻剂，再在支架上化镀形成金属，将天线直接做在了手机外壳上。

LDS 天线技术的优点是：

(1) 生产的天线性能稳定，一致性好，精度高，激光系统耐用，故障率低，能够充分利用支架立体结构来形成天线结构。

(2) 制造流程短，无需电路图形模具，环保。

(3) 由于是将天线做在手机外壳上，避免了手机内部元器件的干扰，保证了手机的信号。

(4) 增加了手机的空间利用率，同时也可以节省出更多的设计空间，让智能手机的机身能够达到一定程度的纤薄。

LDS 的升级技术 LRP(Laser Restructured Print，激光重构印刷)，它通过三维印刷工艺，将导电银浆高速精准地涂敷到工件表面，形成天线结构图案，然后通过三维控制激光修整，以形成高精度的天线结构。

5. 在材料发展上，天线应用趋向 LCP＋LDS 方向

在基材变迁上，天线经历了从金属片到 PI(Polyimide，聚酰亚胺)到 LCP(Liquid Crystal Polymer，液晶聚合物)的过程。

最早的天线由铜和合金等金属制成，后来随着 FPC 工艺的出现，4G 时代的天线制造材料开始采用 PI 膜。但 PI 在 10 GHz 以上损耗明显，无法满足 5G 终端的需求。LCP 材质具有低介电常数、低介电损耗的特性，适用于高频信号的传输，低吸湿率的特性保证手机的防水性，LCP 天线可以实现射频传输线与天线集成。

但 LCP 造价昂贵、工艺复杂，而 MPI(Modified Polyimide，改良的聚酰亚胺)的生产和成本相比 LCP 具有优势，因此 MPI 是 5G 时代早期天线材料的选择之一，LCP 一般用于高档机。

6. 5G 频段增加导致天线数量大增，对天线配置布局带来挑战

5G 技术频段数量的增加将直接驱动天线数量大幅增加，5G 手机天线数量将会有十多根甚至更多，包括 4 根 5G 通信用的 4×4 MIMO 天线，LTE 也会有 4 根天线，2 根 WiFi 用的 2×2 MIMO 天线，1 根 GPS L5 天线等。

如此多的天线配置，究竟要如何集成在手机上是一项非常大的挑战。因此，天线小型化、多天线协作、双发射技术、缝隙阵列、将不同频段集中在一个天线上等技术不断涌现。

5G 发展至后期，5G 毫米波段使用成熟。毫米波手机天线有多种应用模式：两个基站对一个手机、一个基站对一个手机、一个基站对几个手机模式等不同应用场景，将影响终端手机天线布局。高频毫米波的传输损耗大，因此毫米波手机可能会呈现以下布局特征：一是协同化设计，天线与芯片位置靠近，将天线与射频前端集成化，AiP 封装技术(Antenna-in-Package)加快应用，以减少高频频段的信号损耗；二是采用两组线性相控阵，可以同时寻找新信号与识别旧信号。

对于手机天线，其性能如增益、带宽与小型化及加工制作、低 SAR 之间相互牵制。随着科学技术的飞速进步和应用需求的无限扩展，以及人类追求尽善尽美的执着向往，手机天线也将不断推陈出新，结构日趋精巧，功能日渐完善，应用日益广阔。

习　题　六

1. 相对于其他天线而言，手机天线设计的特殊要求是什么？
2. 外置式单极手机天线的水平平面方向图为什么不对称？
3. 通常采用哪些手段来缩减内置式手机天线的尺寸？

第7章 测向天线

7.1 概 述

无线电测向就是利用无线电测量设备测定无线电信号的来波方向。

无线电测向广泛应用于无线电频谱管理、航空管理、寻的与导航、野生动物追踪、电子对抗、业余无线电活动等方面。例如，在无线电频谱管理中，对未知干扰源进行测向与定位；在船舶航海与飞机飞行中进行导航，这时测向机通常安装在运动载体上，测定已知辐射源方向，用以确定自身位置是否位于指定的航线上。

无线电信号的来波方位信息可以从天线感应电势的幅度、相位以及到达时间等多种参数中获得，因此实现测向的方法很多。主要有以下几种：

（1）幅度法测向。利用天线的方向特性，根据天线感应电势的最大值或最小值进行测向。通过转动天线，当天线输出达到一个极值时，由天线指向确定来波方向。也可利用特性完全相同的两副天线和接收系统，对接收到的信号幅度进行比较来判定来波方向。因此幅度法测向可分为三类：最小信号法测向、最大信号法测向、比幅法测向。

（2）相位法测向。电波到达两个特性相同的天线元时，由于波程差使得它们接收到的电势之间存在相位差，通过测量按一定结构排列的两个以上天线元的接收电势的相位差可以确定来波方向。

在实际应用的测向法中，时差法测向、干涉仪测向、相关干涉仪测向和多普勒法测向都属于相位法测向的范畴，这里简要介绍多普勒法测向原理。用一副移动的天线接收信号时会产生多普勒频移，假如天线朝着来波方向向波源移动，则产生的多普勒频移最大；假如天线移动方向垂直于来波方向，则不产生多普勒频移。如果天线绕圆周转动，则多普勒频移呈正弦变化；当多普勒频移为零时，天线在圆周上所处位置的法线即为来波方向；当多普勒频移最大时，来波方向与转动圆周相切。

在实际应用中并不是高速旋转天线，而是采用准多普勒技术。将一个圆形阵列的固定天线顺序接入一台共用的接收机并顺序测量其相位。按顺序取样的数据提供各个角度上的感应多普勒频移。这样可等效于一根天线沿圆周运动。接收机输出信号经过鉴相，即可得到来波方位信息。

时间差法测向的基本原理是，由于电波到达接收天线的时间差与波程差成正比，利用3个测向站测出信号到达各站之间的时间差，即可得知辐射源到3站距离之差，进而可计算出辐射源位置。

（3）空间谱估计测向法。随着现代信号处理技术的发展，出现了利用高分辨率阵列信号处理技术的空间谱估计测向方法。在已知坐标的多元天线阵中，接收的来波信号经过多信道接收机变频、放大，得到矢量信号，将其采样量化为数字信号阵列，送给空间谱估计器，运用确定的算法求出各个电波的来波方向、仰角、极化等参数，这就是空间谱估计测向。空间谱估计测向法充分利用了测向天线阵各个阵元接收到的电磁波的全部信息，而传统的测向方式仅仅利用了其中的部分信息（相位或幅度），因此空间谱估计测向法具有以下突出优点：① 可以实现对几个相干波同时测向，实现对同信道中同时存在的多个信号同时测向；② 可以实现超分辨测向，所谓超分辨测向，是指对同信道中同时到达的处于天线阵波束宽度以内的两个以上的电波能够同时测向，因而适用于对跳频信号测向；③ 可以实现高测向灵敏度和高测向准确度，即使信噪比下降到 0 dB，仍能够满意地工作，而传统测向体制，信噪比通常需要 20 dB。

在无线测向系统中，测向天线有很多种，例如下面将要介绍的环天线、爱德考克天线、角度计天线等，用于最小信号法测向。因为在天线方向图零接收点附近，天线旋转很小的角度就能引起信号幅度发生很大的变化，因而这些天线的最小信号法测向的精度比最大信号法测向的精度高很多，但在信号最小点附近，信噪比的降低也将引起测向精度的稍微降低。最大信号法测向要求天线具有尖锐的方向特性，如下面介绍的阵列天线、乌兰韦伯尔天线等，在手持式测向机中可使用引向天线、对数周期天线等，其优点是具有对微弱信号的测向能力，缺点是测向精度较低，因为天线方向图在最大值附近变化较缓慢，只有当天线旋转较大的角度(半功率波束宽度的 10%～25%)时才能测出输出电压的明显变化。在其他测向法中大都采用阵列天线，例如多普勒测向中，天线阵通常由 12～30 根对称振子或单极子组成，均匀排列在直径小于等于 $\lambda/2$ 的圆周上。

下面简要介绍一些主要的测向天线(Direction-finding Antenna)。

7.2 环形测向天线

被测电台的来波方向通常由仰角和水平面的方位角来确定，但大多数情况下测出水平面方位角即可满足要求。在下面的分析中，为简单起见，假设来波为垂直极化地波。

7.2.1 单环天线

单环天线基本结构形式有圆形、方框形(正方形或长方形)、菱形等，如图 7-2-1 所示垂直放置，其共同特点是天线以中心垂直轴线完全对称，并且可以绕中心垂直轴自由旋转。

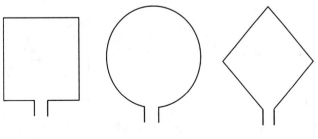

图 7-2-1 单环天线

对于圆形环天线，第 2 章 2.3 节进行了分析。小环天线的方向图如图 7-2-2 所示。环面的法线方向为零辐射方向，在水平面的方向图为"∞"形，可以利用转动环天线使其零接收点对准发射台，这样便可以由天线转动角度来确定发射台与自身位置的相对方位角，该方法称为最小信号法测向或"小音点测向"。利用零点来测定方向的原因在于该点附近当电波方位变更时，天线接收电势大小的变化比较显著，从而提高测向精度。

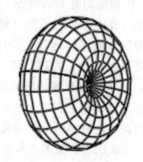

图 7-2-2　小环天线方向图（零辐射方向为环面法向）

对于方框形天线，如图 7-2-3 所示，用它来接收场强为 E 的垂直极化地波时，水平边无感应电动势产生，垂直边 AA' 和 BB' 的感应电势 e_1 和 e_2 振幅相等，由电波波程差引起的相位差为

$$\psi = k\Delta r = \frac{2\pi}{\lambda}d \cos\theta \qquad (7-2-1)$$

式中，d 为两垂直边间距；θ 为来波方向与环平面的夹角。因此，两垂直边 AA' 和 BB' 的感应电势分别为

$$e_1 = Eh\,\mathrm{e}^{-\mathrm{j}\psi/2} \qquad (7-2-2)$$
$$e_2 = Eh\,\mathrm{e}^{\mathrm{j}\psi/2} \qquad (7-2-3)$$

则

$$e_{ab} = e_1 - e_2 = -2\mathrm{j}Eh\,\sin\left(\frac{\pi d}{\lambda}\cos\theta\right) \qquad (7-2-4)$$

式中，h 为垂直边的有效高度。式中省略了时间因子 $\mathrm{e}^{\mathrm{j}\omega t}$。由上式可得水平面方向函数

$$f(\theta) = \sin\left(\frac{\pi d}{\lambda}\cos\theta\right) \qquad (7-2-5)$$

在 $d/\lambda \ll 1$ 的条件下，式（7-2-4）简化为

$$e_{ab} = -\mathrm{j}\frac{2\pi d}{\lambda}Eh\,\cos\theta \qquad (7-2-6)$$

由上式可得归一化方向函数

$$F(\theta) = \cos\theta \qquad (7-2-7)$$

水平面方向图为"∞"形，与圆形环一致，环面法向为零接收方向。

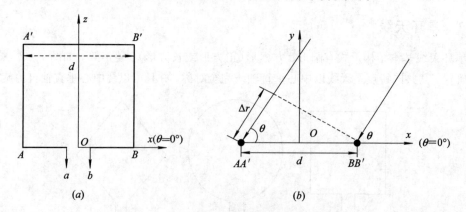

图 7-2-3　方框形天线接收来波信号示意图

为了增大环天线接收电势，常采用 N 匝线圈结构的环天线，其接收电势近似等于单匝

环天线的 N 倍。增大环天线接收电势的另一途径是在线圈中插入磁芯,形成磁性环天线,其接收电势正比于有效磁导率。

7.2.2 复合环天线

环形天线水平转动一周,将有两个方向上是零接收点,这样在测向过程中会出现"双向"问题。为了解决这个问题,需要进行"单向"判决,工程上采用如图 7-2-4 所示的复合环天线来实现这种功能。这种天线将单环天线与位于环天线中心轴线上的中央垂直线天线联合使用。中央垂直天线又称为辨向天线。它的接收电压先经过 $\pi/2$ 移相,然后与环天线的接收电压取和,形成复合环天线的输出。

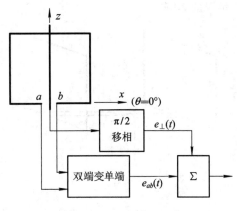

中央垂直天线的接收电压之所以经过 $\pi/2$ 移相,是因为垂直天线的接收电压为

$$e_\perp = Eh_\perp \qquad (7-2-8)$$

式中,$h_\perp$ 为垂直天线的有效高度。将上式与式 $(7-2-6)$ 相比较,可见垂直天线电压相位超前环的电压相位 $\pi/2$,因此电路中滞后 $\pi/2$ 移相,可使复合环天线的输出为同相相加。

图 7-2-4 复合环天线

设计垂直天线有效高度使其感应电压与环天线的感应电压振幅相等,则垂直天线的水平面方向性(圆形)与环形天线的水平面方向性("∞"形)相加后可得复合环天线方向函数为

$$f(\theta) = 1 + \cos\theta \qquad (7-2-9)$$

其中 $\theta = 0°$ 取在 x 轴方向,如图 7-2-4 所示。复合环天线水平面方向图为一心脏形的单方向性方向图,如图 7-2-5(a) 所示,因此可以确定目标的方位。图 7-2-5(b) 为复合环天线的立体方向图。

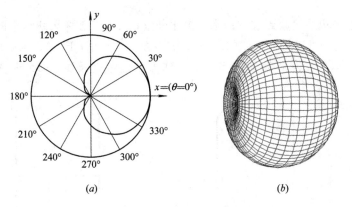

图 7-2-5 复合环天线方向图
(a) 水平面方向图;(b) 立体方向图

7.2.3 间隔双环天线

环形天线有水平边,对非垂直极化电波有作用,因此只有在接收以地波为主要传播方

式的电波时，才会有正常的"∞"形水平面方向特性。对于经电离层反射的短波，通常是椭圆极化的，水平边的接收将使得方向图不再是正常的"∞"形（称之为极化效应），而是要发生"小音点既偏转又模糊"现象。

为此，采用如图 7-2-6 所示的间隔双环天线，其本质是阵元为环形天线的等幅反相二元阵，在间隔双环天线的中间的对称平面上对任意仰角方向的来波都是零接收，其原因是此时电波到达两环之间的波程差为零，不管是垂直极化分量还是水平极化分量接收，两个单环对应的输出电压都是等幅，而连接方式为反相，因此输出结果都是零，不受电波极化情况的影响。

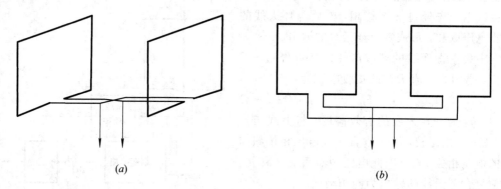

图 7-2-6　间隔双环天线结构示意图

（a）共轴式；（b）共面式

一般来说，共轴式间隔双环天线在交叉输出时，可以抵消单环一些固有不良特性的影响，所以在实际设备中常采用这种结构形式。

7.3　爱德考克天线

环天线的水平边会接收天波中的水平极化分量，从而将破坏天线正常的"∞"形水平面方向特性，那么是否可以将环天线的水平边去掉呢？1919 年，F. Adcock 提出了没有水平边的 U 形天线，以后又发展为 H 形天线，通称为爱德考克天线（Adcock Antenna），如图7-3-1 所示。

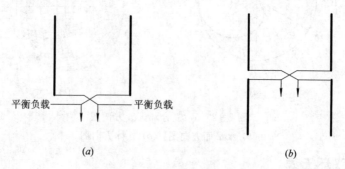

图 7-3-1　爱德考克天线

（a）U 形爱德考克天线；（b）H 形爱德考克天线

U 形爱德考克天线如果采用单馈线形式输出，则该馈线会接收天波中的水平极化分量，为此对输出馈线采取屏蔽或平衡措施，如图 7-3-1(a) 所示。

利用等幅反相二元阵方向函数可得爱德考克天线的方向图如图 7-3-2 所示，天线中间的对称平面上接收为零，这是因为对称面上两振子间的波程差为零，而连接方式为反相，因而造成零接收。

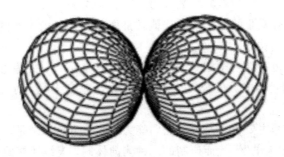

图 7-3-2　爱德考克天线方向图

利用爱德考克天线测向，也存在双向性问题，与环形天线一样，利用杆状辨向天线定单向。

7.4　沃森—瓦特正交天线

环形天线和爱德考克天线采用最小信号法测向时，天线必须能够绕中心轴旋转，这使得测向系统工作时效性差。沃森—瓦特(Watson-Watt)提出了如图 7-4-1 所示的测向方法，两副固定的爱德考克天线(U 形天线或 H 形天线)正交配置，分别位于东西、南北方位，两天线接收电势 e_{EW} 和 e_{NS} 分别输入到双信道接收机的信道 I 和信道 II，双信道接收机的信道 I 和信道 II 的输出则分别加到阴极射线管的水平与垂直偏转板，最后由阴极射线管显示的亮线指示来波方位。

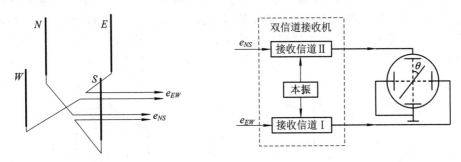

图 7-4-1　沃森—瓦特测向原理

设两副正交的测向天线具有相同的电参数，d 为一副爱德考克天线的两振子间距，且满足 $d \ll \lambda$ 条件，参考式(7-2-6)，南北方位 NS 天线的接收电势为

$$e_{NS} = e_m \cos\theta \qquad (7-4-1)$$

为简单起见，式中用 e_m 表示与方向无关的量，即 $e_m = -\text{j}2\pi dEh/\lambda$，$h$ 为振子有效高度，θ 为来波与正北方向的夹角。同理，东西方位 EW 天线的接收电势为

$$e_{EW} = e_m \cos(90° - \theta) = e_m \sin\theta \qquad (7-4-2)$$

两天线接收电势 e_{EW} 和 e_{NS} 分别送到增益和相位都完全平衡的双通道接收机中放大，然后分别加到阴极射线管的水平和垂直偏转板上，两者同频同相，所以在荧光屏上显示为一直线，该显示直线与垂直轴的夹角 ϕ 即为来波方位角，因为

$$\tan\phi = \frac{X}{Y} = \frac{e_{EW}}{e_{NS}} = \frac{\sin\theta}{\cos\theta} = \tan\theta \qquad (7-4-3)$$

由此可见，信道 I 和信道 II 的输出信号比值就是两副天线方向函数的比值，因此沃森—瓦特测向属于比幅法测向技术。

上述测向方法中也存在一个定单向问题，需要增加一个中央垂直全向天线，或者利用 EW、NS 天线接收信号合成后的全向特性来替代中央垂直天线，对应地增加一个第 III 接收信道。

沃森—瓦特测向的主要优点是瞬时测向能力。这种测向体制是沃森—瓦特和赫德为研究闪电放电所产生的"天电"干扰而研制的一种测向体制，天线所接收信号的来波方位几乎立刻显示在荧光屏上。因此，沃森—瓦特测向技术是对扩频跳频信号的最有效测向技术，它的瞬时测向能力再加上有效的扫频接收机可提供对跳频信号的截获和测向能力。若要同时对空间和频域进行扫描搜索，则对典型的 HF 和 VHF 频段的跳频传输的截获和测向是非常困难的。

沃森—瓦特测向技术的主要缺点是对双通道接收机的一致性要求高，成本较高。

7.5 角度计天线

当天线不便于转动时，可采用两副正交配置的固定测向天线和角度计构成角度计天线，如图 7-5-1 所示。角度计包括三个线圈，外层是两个正交设置的固定线圈 NS 和 EW，内层是一个可以绕中心轴旋转的搜索线圈，在图示中为了直观简洁，线圈都画成空心结构，而实际中三个线圈都绕在磁环上，以增大其磁感应系数。天线部分通常是由两副正交配置在南北和东西方位上的环天线或爱德考克天线（U 形天线或 H 形天线）所组成，南北向配置的测向天线 NS 的输出送到 NS 线圈，东西向配置的测向天线 EW 的输出送到 EW 线圈。

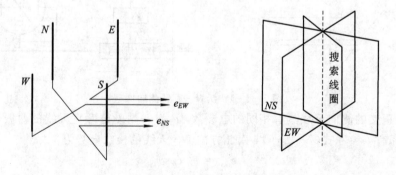

图 7-5-1　角度计天线

中间可旋转的搜索线圈与固定 NS 线圈间的互感为

$$M_1 = M_0 \cos\alpha \qquad (7-5-1)$$

式中，M_0 为最大互感；α 为搜索线圈与 NS 线圈夹角。

搜索线圈与固定 EW 线圈间的互感为

$$M_2 = M_0 \cos(90° - \alpha) = M_0 \sin\alpha \qquad (7-5-2)$$

南北方位天线的接收电势 e_{NS} 送入角度计的 NS 固定线圈。设线圈电感为 L，损耗电阻为 R，则回路阻抗 $Z = R + j\omega L$，流过 NS 线圈的电流为

$$i_1 = \frac{e_{NS}}{Z} \qquad (7-5-3)$$

同理，流过 EW 线圈的电流为

$$i_2 = \frac{e_{EW}}{Z} \qquad (7-5-4)$$

通过互感耦合，固定线圈的电流使搜索线圈产生感应电势

$$e = j\omega M_1 i_1 + j\omega M_2 i_2 = \frac{j\omega}{Z}M_1 e_{NS} + \frac{j\omega}{Z}M_2 e_{EW}$$

$$= \frac{j\omega M_0 e_m}{Z}(\cos\alpha \cos\theta + \sin\alpha \sin\theta)$$

$$= \frac{j\omega M_0 e_m}{Z} \cos(\theta - \alpha) \qquad (7-5-5)$$

其中利用了式$(7-4-1)$和式$(7-4-2)$。由上式可得方向函数为 $\cos(\theta-\alpha)$，当 α 等于来波方向 θ 时，感应电势最大，而当

$$\alpha = \theta \pm \frac{\pi}{2} \qquad (7-5-6)$$

时，搜索线圈感应电势为零。根据上式可画出方向图如图 $7-5-2$ 所示。旋转搜索线圈，相当于旋转"∞"形方向图，按最小信号法测向时，搜索线圈平面的法线方向即是来波方向。

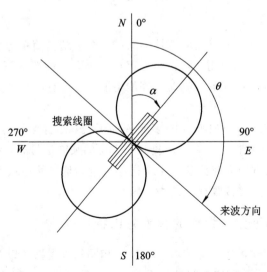

图 $7-5-2$　来波方向与搜索线圈感应电压幅度的关系

使用角度计测向也存在双向问题，通常也用杆状辨向天线来定单向。

前面的分析假设南北与东西天线对都满足 $d/\lambda \ll 1$ 的条件,但在实际中为了保证测向灵敏度的指标要求,要适当增大 d 的取值,例如通常取 $d = \lambda/4$,这将与上面的分析产生误差,称之为间距误差。理论分析表明,增加天线数目,可以减小间距误差。例如,用 8 个垂直天线元组成 Roche 天线,如图 7-5-3 所示,天线元 N_1 与 N_2、S_1 与 S_2、E_1 与 E_2、W_1 与 W_2 两两接收的电压分别合成后等效为 NS 与 EW 两副天线的输出电压。计算表明,其间距误差比前面介绍的四元角度计天线低一个数量级,因此这种天线在中小型固定和车载、舰载等无线电测向中有比较广泛的应用。

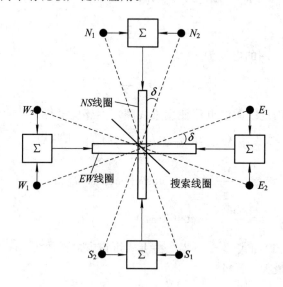

图 7-5-3　Roche 天线结构示意图

7.6　锐方向天线

前面介绍的几种具有"∞"形方向特性的天线,由于结构简单等特点,在短波和超短波无线电测向中获得了广泛的应用。但它们也存在两个方面的严重不足,一是对不同方位同时到达的多个同频或近频目标信号测向处理能力弱;二是对远距离微弱信号难以完成正常测向。

由此我们引入具有尖锐方向特性的多元阵列天线,简称为锐方向性天线,其优点是:① 由于具有尖锐的方向特性,当天线接收某一方位的来波信号时,对其他方位的来波信号不接收,从而能将不同方位同时到达的多个同频或近频信号从空域上分离开来;② 由于具有高的天线增益,因而能够接收远距离微弱信号。

7.6.1　均匀直线阵等分两组后的和差方向特性

在第 1.5.2 节我们学习了均匀直线阵,N 个相同的垂直振子以等间距 d 排列在一直线上,用作接收时,各阵元的感应电势叠加后作为天线阵的输出,其方向函数是

$$F_n(\theta) = \frac{1}{N} \left| \frac{\sin\left(\dfrac{Nd\pi}{\lambda} \sin\theta\right)}{\sin\left(\dfrac{d\pi}{\lambda} \sin\theta\right)} \right| \qquad (7-6-1)$$

式中，θ 是来波与阵轴法线的夹角。当 $\theta = 0°$ 或 $\theta = 180°$ 时，天线阵的接收电压最大，这是因为对于阵轴法线方向的来波，到达各阵元之间没有波程差，因而各阵元接收的电压等幅同相，叠加后的输出达到最大值，是单个天线元的 N 倍。

用锐方向天线测向的一个重要性能指标是半功率波瓣宽度 $2\theta_{0.5}$，由 $F_n(\theta_{0.5}) = 1/\sqrt{2}$，可求得 N 比较大时 $2\theta_{0.5}$ 的近似值

$$2\theta_{0.5} \approx 48.36° \frac{\lambda}{Nd} = 48.36° \frac{\lambda}{L} \qquad (7-6-2)$$

式中 $L = Nd$ 为天线阵长度。半功率波瓣宽度 $2\theta_{0.5}$ 越小，测向精度越高，因此可以通过增大 d（同时满足不出现栅瓣的条件）或增加 N 来减小 $2\theta_{0.5}$，但付出的代价是天线阵庞大复杂。

为了提高测向精度，而又降低对 N 的要求，改进的方法是：将一个均匀直线阵等分为两组，利用两者取和与取差的方向特性。

如图 7-6-1 所示，将一个 $2N$ 元均匀直线阵等分为两个 N 元均匀直线阵 A 和 B，对于 θ 方位的来波，由方向图乘积定理，天线阵 A 与 B 取"和"输出的方向函数为

$$f_+(\theta) = 2F_n(\theta) \cos\frac{\psi}{2} \qquad (7-6-3)$$

式中，ψ 是由波程差造成天线阵 A 和 B 接收电压的相位差，$\psi = \dfrac{2\pi}{\lambda} Nd \sin\theta$。

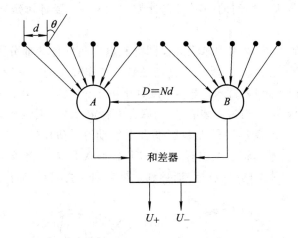

图 7-6-1 $2N$ 元均匀直线阵等分两组后的和/差输出结构

天线阵 A 与 B 取"差"输出的方向函数为

$$f_-(\theta) = 2F_n(\theta) \sin\frac{\psi}{2} \qquad (7-6-4)$$

显然，$f_+(\theta)$ 就是一个 $2N$ 元均匀直线阵的方向函数，而 $f_-(\theta)$ 在天线的法线方向为零接收，在其附近的区域，接收方向特性的变化非常陡峭。

图 7-6-2 所示为 $N=6$，$d=\lambda/4$ 的天线方向图。两天线组取"差"后的方向特性 $f_-(\theta)$ 将 $F_n(\theta)$ 的主瓣分裂成了两个波瓣，在这两个波瓣之间有一个零接收点，其附近区域有非

常陡峭的变化率，根据这个零值接收点及其附近区域的变化来确定来波方位，可以达到很高的测向精度。

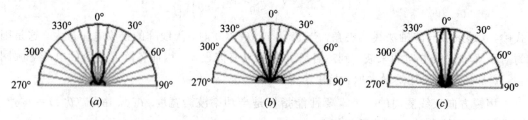

图 7-6-2 均匀直线阵的和/差方向图（$N=5$, $d=\lambda/4$）

(a) $F_n(\theta)$；(b) $f_-(\theta)$；(c) $f_+(\theta)$

测向时首先用天线阵"和"方向图的主瓣最大接收点来搜索目标，粗测来波方位，这有利于对来波信号快速搜索截获，然后用天线阵"差"方向图的两主瓣间最小接收点来进一步精确测定来波方位。

7.6.2 乌兰韦伯尔天线

对于工作在短波波段的阵列测向天线，尽管利用均匀直线阵的和差方向特性，可以减少对天线元数目的需求，但是由于工作波长比较长，使得天线阵很长，在360°方位范围内旋转天线阵将非常困难；另外，其转速也不可能很快，限制了测向速度的提高。所以，要在短波测向中应用锐方向性天线，首先要解决天线阵的旋转问题。

为了解决天线阵的旋转问题，出现了乌兰韦伯尔天线（Wullenweber Antenna），"乌兰韦伯尔"是第二次世界大战期间的一项研究计划的代号，主要针对短波波段远距离信号进行侦察测向。

如图 7-6-3 所示，乌兰韦伯尔天线由圆阵和电容角度计两部分组成。圆阵是均匀排列在一个圆周上的 N 个天线元，天线阵直径是最低工作波长的 1~5 倍。根据低端工作频率的不同，天线阵直径达到数百米。电容角度计则由定子、转子、相位补偿器、和差器及方位盘所组成。圆盘形定子上均匀地装有 N 个耦合电容定片，各天线元接收的电势通过馈线分别送到各个定片上，圆盘形转子上装有耦合电容动片，动片仅分布在某一扇面的圆周上，如图 7-6-3(b) 所示的转子上装有 12 个动片，而 N 取 40，要求定片与动片之间有良好的电气耦合，以便定片上的接收电势能顺利地耦合到与之相对应的动片上。

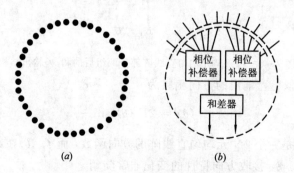

图 7-6-3 乌兰韦伯尔天线结构示意图

(a) 圆阵天线；(b) 电容角度计

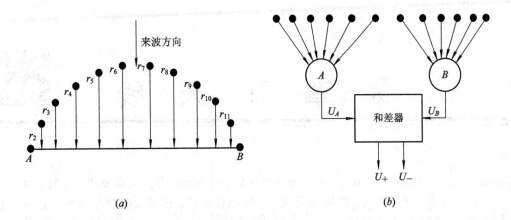

图 7-6-4 乌兰韦伯尔天线的等效示意图

(*a*) 排列在圆周上的天线阵；(*b*) 圆阵经相位补偿后等效为直线阵

利用相位补偿器，可以将圆阵等效为直线阵，如图 7-6-4 所示，设各天线元到直线 AB 的距离分别为 $r_i(i=1, 2, \cdots, 12)$，其中 $r_1 = r_{12} = 0$，要求 12 个移相器的相移量分别为

$$\psi_i = \frac{2\pi}{\lambda} r_i \quad i = 1, 2, \cdots, 12 \tag{7-6-5}$$

对于 AB 法向来波，经过移相后，各接收电压等幅同相，取和后具有最大输出幅度，这相当于将排列在圆周上的 12 个天线元等效为排列在一条直线上的直线阵（是不等间距的直线阵），如图 7-6-4(*b*) 所示，将图中所示的直线阵等分成两组后输出电压 U_A 和 U_B，再取"和""差"输出，其方向特性类似于前面分析的均匀直线阵。

转子旋转的过程可以等效为排列在一条直线上的一个 12 元天线阵在旋转，乌兰韦伯尔天线就是这样通过电容角度计转子的旋转代替天线阵的旋转，由此解决了天线阵的旋转问题。

在电容角度计上有一个方位指示盘，其指针与转子同轴旋转，它指示出等效直线阵的法线方位。测向时，如果"和"方向图主辨的最大值点或"差"方向图法线方位的零值对准了来波方向，则此时方位指示盘指针所示的值就是来波方位值。

习 题 七

1. 有哪几种主要的测向方法？

2. 最小信号法测向和最大信号法测向各有什么优缺点？

3. 爱德考克天线与环天线相比有什么主要优点？

4. 用两个半波振子可以构成 H 形爱德考克天线，设两振子间距为 $\lambda/4$，请利用方向图乘积定理求出水平面方向函数，并概画方向图。

5. 将一个阵元垂直于地面的 16 元均匀直线阵等分为两组，设阵元间距为 $d = \lambda/4$，求两者取和与取差的水平面方向函数，并概画方向图。

第8章 面 天 线

面天线(Aperture Antennas)用在无线电频谱的高频端,尤其是微波波段。面天线的种类很多,常见的有喇叭天线、抛物面天线、卡塞格伦天线。这类天线所载的电流是分布在金属面上的,而金属面的口径尺寸远大于工作波长。面天线在雷达、导航、卫星通信以及射电天文和气象等无线电技术设备中获得了广泛的应用。

分析面天线的辐射问题,通常采用口径场法,它基于惠更斯-菲涅尔原理。即在空间任一点的场,是包围天线的封闭曲面上各点的电磁扰动产生的次级辐射在该点叠加的结果。对于面天线而言,常用的分析方法就是根据初级辐射源求出口径面上的场分布,进而求出辐射场。

8.1 等效原理与惠更斯元的辐射

如图 8-1-1 所示,面天线通常由金属面 S_1 和初级辐射源组成。设包围天线的封闭曲面由金属面的外表面 S_1 以及金属面的口径面 S_2 共同组成,由于 S_1 为导体的外表面,其上的场为零,于是面天线的辐射问题就转化为口径面 S_2 的辐射。由于口径面上存在着口径场 E_S 和 H_S,根据惠更斯原理(Huygen's Principle),将口径面 S_2 分割成许多面元,这些面元称为惠更斯元或二次辐射源。由所有惠更斯元的辐射之和即得到整个口径面的辐射场。为方便计算,口径面 S_2 通常取为平面。当由口径场求解辐射场时,每一个面元的次级辐射可用等效电流元与等效磁流元来代替,口径场的辐射场就是由所有等效电流元(等效电基本振子)和等效磁流元(等效磁基本振子)所共同产生的。这就是电磁场理论中的等效原理(Field Equivalence Theorem)。

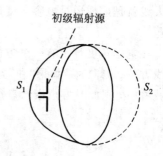

初级辐射源

S_1 S_2

图 8-1-1 口径场法原理图

如同电基本振子和磁基本振子是分析线天线的基本辐射单元一样,惠更斯元是分析面天线辐射问题的基本辐射元。如图 8-1-2 所示,设平面口径面(xOy 面)上的一个惠更斯元 $ds = dx\,dy e_n$,其上有着均匀的切向电场 E_y 和切向磁场 H_x,根据等效原理,此面元上的等效面电流密度为

$$J = e_n \times H_x = J_y \tag{8-1-1}$$

相应的等效电基本振子电流的方向沿 y 轴方向,其长度为 dy,数值为

$$I = J_y\,dx = H_x\,dx \tag{8-1-2}$$

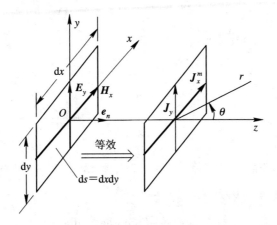

图 8 - 1 - 2 惠更斯辐射元及其坐标

而此面元上的等效面磁流密度为

$$\boldsymbol{J}^m = -\,\boldsymbol{e}_n \times \boldsymbol{E}_y = \boldsymbol{J}_x^m \tag{8-1-3}$$

相应的等效磁基本振子磁流的方向沿 x 轴方向，其长度为 $\mathrm{d}x$，数值为

$$I^m = J_x^m\,\mathrm{d}y = E_y\,\mathrm{d}y \tag{8-1-4}$$

于是，惠更斯元的辐射即为此相互正交放置的等效电基本振子和等效磁基本振子的辐射场之和。

在研究天线的方向性时，通常更关注两个主平面的情况，所以下面也只讨论面元在两个主平面的辐射。

E 平面（yOz 平面）如图 8 - 1 - 3 所示，在此平面内，根据式(1 - 1 - 4)，电基本振子产生的辐射场为

$$\mathrm{d}\boldsymbol{E}^e = \mathrm{j}\,\frac{60\pi(H_x\,\mathrm{d}x)\,\mathrm{d}y}{\lambda r}\,\sin\alpha\mathrm{e}^{-\mathrm{j}kr}\boldsymbol{e}_\alpha \tag{8-1-5}$$

根据式(1 - 1 - 11)，磁基本振子产生的辐射场为

$$\mathrm{d}\boldsymbol{E}^m = -\,\mathrm{j}\,\frac{(E_y\,\mathrm{d}y)\,\mathrm{d}x}{2\lambda r}\mathrm{e}^{-\mathrm{j}kr}\boldsymbol{e}_\alpha \tag{8-1-6}$$

考虑到 $H_x = -\dfrac{E_y}{120\pi}$，$\alpha = \dfrac{\pi}{2} - \theta$，$\boldsymbol{e}_\alpha = -\boldsymbol{e}_\theta$，式(8 - 1 - 5)和(8 - 1 - 6)可分别重新写为

$$\mathrm{d}\boldsymbol{E}^e = \mathrm{j}\,\frac{E_y}{2\lambda r}\,\cos\theta\mathrm{e}^{-\mathrm{j}kr}\,\mathrm{d}x\mathrm{d}y\boldsymbol{e}_\theta \tag{8-1-7a}$$

$$\mathrm{d}\boldsymbol{E}^m = \mathrm{j}\,\frac{E_y}{2\lambda r}\mathrm{e}^{-\mathrm{j}kr}\,\mathrm{d}x\mathrm{d}y\boldsymbol{e}_\theta \tag{8-1-7b}$$

于是，惠更斯元在 E 平面上的辐射场为

$$\mathrm{d}\boldsymbol{E}_E = \mathrm{j}\,\frac{1}{2\lambda r}(1 + \cos\theta)E_y\mathrm{e}^{-\mathrm{j}kr}\,\mathrm{d}s\boldsymbol{e}_\theta \tag{8-1-8}$$

H 平面（xOz 平面）如图 8 - 1 - 4 所示，在此平面内，根据上述同样的分析，电基本振子产生的辐射场为

$$\mathrm{d}\boldsymbol{E}_e = \mathrm{j}\,\frac{1}{2\lambda r}E_y\mathrm{e}^{-\mathrm{j}kr}\,\mathrm{d}s\boldsymbol{e}_\varphi \tag{8-1-9}$$

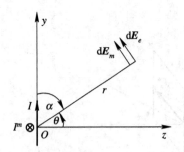
图 8-1-3　E 平面的几何关系

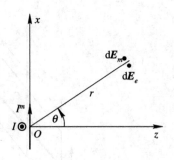
图 8-1-4　H 平面的几何关系

磁基本振子产生的辐射场为

$$\mathrm{d}\boldsymbol{E}_m = \mathrm{j}\,\frac{1}{2\lambda r}E_y\cos\theta e^{-\mathrm{j}kr}\,\mathrm{d}s\boldsymbol{e}_\varphi \qquad (8-1-10)$$

于是，惠更斯元在 H 平面上的辐射场为

$$\mathrm{d}\boldsymbol{E}_H = \mathrm{j}\,\frac{1}{2\lambda r}(1+\cos\theta)E_y e^{-\mathrm{j}kr}\,\mathrm{d}s\boldsymbol{e}_\varphi$$

$$(8-1-11)$$

由式(8-1-8)和(8-1-11)可看出，两主平面的归一化方向函数均为

$$F_E(\theta) = F_H(\theta) = \frac{1}{2}\mid(1+\cos\theta)\mid$$

$$(8-1-12)$$

其归一化方向图如图 8-1-5 所示。由方向图的形状可以看出，惠更斯元的最大辐射方向与其本身垂直。

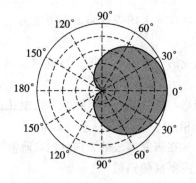
图 8-1-5　惠更斯元归一化方向图

如果平面口径由这样的面元组成，而且各面元同相激励，则此同相口径面的最大辐射方向势必垂直于该口径面。

8.2　平面口径的辐射

实用中的面天线，其口径大多都是平面，因此讨论平面口径(Planar Aperture)的辐射具有代表性。

8.2.1　一般计算公式

如图 8-2-1，设有一任意形状的平面口径位于 xOy 平面内，口径面积为 S，其上的口径场仍为 E_y，因此该平面口径辐射场的极化与惠更斯元的极化相同。坐标原点至远区观察点 $M(r,\theta,\varphi)$ 的距离为 r，面元 $\mathrm{d}s(x_s,y_s)$ 到观察点的距离为 R，将惠更斯元的主平面辐射场积分可得到平面口径在远区的两个主平面辐射场为

$$E_M = \mathrm{j}\,\frac{1}{2r\lambda}(1+\cos\theta)\iint_s E_y(x_s,y_s)e^{-\mathrm{j}kR}\,\mathrm{d}x_s\,\mathrm{d}y_s \qquad (8-2-1)$$

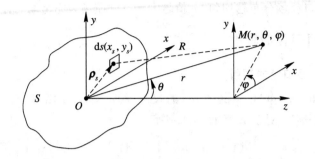

图 8 - 2 - 1 平面口径坐标系

当观察点很远时，可认为 R 与 r 近似平行，R 可表示为

$$R \approx r - \boldsymbol{\rho}_s \cdot \boldsymbol{e}_r = r - x_s \sin\theta \cos\varphi - y_s \sin\theta \sin\varphi \qquad (8-2-2)$$

对于 E 平面（yOz 平面），$\varphi = \dfrac{\pi}{2}$，$R \approx r - y_s \sin\theta$，辐射场为

$$E_E = E_\theta = \mathrm{j} \frac{1}{2r\lambda}(1 + \cos\theta) \mathrm{e}^{-\mathrm{j}kr} \iint_s E_y(x_s, y_s) \mathrm{e}^{\mathrm{j}k y_s \sin\theta} \, \mathrm{d}x_s \, \mathrm{d}y_s \qquad (8-2-3)$$

对于 H 平面（xOz 平面），$\varphi = 0$，$R \approx r - x_s \sin\theta$，辐射场为

$$E_H = E_\varphi = \mathrm{j} \frac{1}{2r\lambda}(1 + \cos\theta) \mathrm{e}^{-\mathrm{j}kr} \iint_s E_y(x_s, y_s) \mathrm{e}^{\mathrm{j}k x_s \sin\theta} \, \mathrm{d}x_s \, \mathrm{d}y_s \qquad (8-2-4)$$

式(8-2-3)和(8-2-4)是计算平面口径辐射场的常用公式。只要给定口径面的形状和口径面上的场分布，就可以求得两个主平面的辐射场，分析其方向性变化规律。

对于同相平面口径，最大辐射方向一定发生在 $\theta = 0$ 处，根据方向系数的计算公式 (1-2-11)式，$D = \dfrac{r^2 |E_{\max}|^2}{(60 P_r)}$，因此

$$|E_{\max}| = \frac{1}{r\lambda} \left| \iint_S E_y(x_s, y_s) \, \mathrm{d}x_s \, \mathrm{d}y_s \right| \qquad (8-2-5)$$

P_r 是天线辐射功率，即为整个口径面向空间辐射的功率

$$P_r = \frac{1}{240\pi} \iint_S |E_y(x_s, y_s)|^2 \, \mathrm{d}x_s \, \mathrm{d}y_s \qquad (8-2-6)$$

于是，方向系数 D 可以表示为

$$D = \frac{4\pi}{\lambda^2} \frac{\left| \iint_S E_y(x_s, y_s) \, \mathrm{d}x_s \, \mathrm{d}y_s \right|^2}{\iint_S |E_y(x_s, y_s)|^2 \, \mathrm{d}x_s \, \mathrm{d}y_s} \qquad (8-2-7)$$

如果定义面积利用系数

$$\upsilon = \frac{\left| \iint_S E_y(x_s, y_s) \, \mathrm{d}x_s \, \mathrm{d}y_s \right|^2}{S \iint_S |E_y(x_s, y_s)|^2 \, \mathrm{d}x_s \, \mathrm{d}y_s} \qquad (8-2-8)$$

则式(8-2-7)可以改写为

$$D = \frac{4\pi}{\lambda^2} S\upsilon \qquad (8-2-9)$$

上式是求同相平面口径方向系数的重要公式。可以看出面积利用系数 υ 反映了口径场

分布的均匀程度，口径场分布越均匀，υ 值越大。当口径场为完全均匀分布时，$\upsilon=1$。

8.2.2 同相平面口径的辐射

1. 矩形同相平面口径的辐射

设矩形口径（Rectangular Aperture）的尺寸为 $a\times b$，如图 8-2-2 所示，利用式 (8-2-3) 和 (8-2-4)，对于 E 平面（yOz 平面），

$$E_E = E_\theta = \mathrm{j}\frac{1}{2r\lambda}(1+\cos\theta)\mathrm{e}^{-\mathrm{j}kr}\int_{-a/2}^{a/2}\mathrm{d}x_s\int_{-b/2}^{b/2}E_y(x_s,y_s)\mathrm{e}^{\mathrm{j}ky_s\sin\theta}\,\mathrm{d}y_s \quad (8-2-10)$$

对于 H 平面（xOz 平面），

$$E_H = E_\varphi = \mathrm{j}\frac{1}{2r\lambda}(1+\cos\theta)\mathrm{e}^{-\mathrm{j}kr}\int_{-b/2}^{b/2}\mathrm{d}y_s\int_{-a/2}^{a/2}E_y(x_s,y_s)\mathrm{e}^{\mathrm{j}kx_s\sin\theta}\,\mathrm{d}x_s \quad (8-2-11)$$

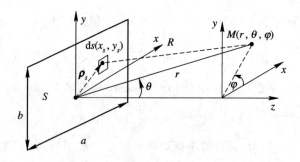

图 8-2-2 矩形平面口径坐标系

当口径场 E_y 为均匀分布时，$E_y=E_0$，如果引入

$$\Psi_1 = \frac{1}{2}kb\,\sin\theta \quad (8-2-12)$$

$$\Psi_2 = \frac{1}{2}ka\,\sin\theta \quad (8-2-13)$$

则两主平面的方向函数为

$$F_E = \left|\frac{(1+\cos\theta)}{2}\cdot\frac{\sin\Psi_1}{\Psi_1}\right| \quad (8-2-14)$$

$$F_H = \left|\frac{(1+\cos\theta)}{2}\cdot\frac{\sin\Psi_2}{\Psi_2}\right| \quad (8-2-15)$$

当口径场 E_y 为余弦分布时，例如 TE_{10} 波激励的矩形波导口径场：

$$E_y = E_0\cos\frac{\pi x_s}{a} \quad (8-2-16)$$

则两主平面的方向函数为

$$F_E(\theta) = \left|\frac{(1+\cos\theta)}{2}\cdot\frac{\sin\Psi_1}{\Psi_1}\right| \quad (8-2-17)$$

$$F_H(\theta) = \left|\frac{(1+\cos\theta)}{2}\cdot\frac{\cos\Psi_2}{1-\left(\frac{2}{\pi}\Psi_2\right)^2}\right| \quad (8-2-18)$$

图 8-2-3 绘出了 $a=2\lambda$，$b=3\lambda$ 的矩形口径的主平面方向图，由于口径在 E 平面的尺寸较大，因此 E 面方向图比 H 面方向图主瓣窄，并且 E 面波瓣个数多于 H 面波瓣个数。

又因为余弦分布只体现在 x 坐标上，所以对应的方向图只在 H 面上主瓣变宽，而 E 面方向图维持不变。

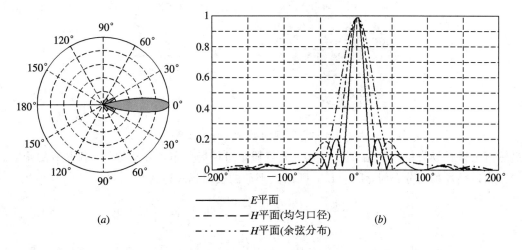

(a) ——————— E平面
- - - - - - H平面(均匀口径)
-·-·-·-·- H平面(余弦分布) (b)

图 8-2-3   矩形口径的主平面方向图（$a=2\lambda$，$b=3\lambda$）

（a）E 平面极坐标方向图；（b）两主平面直角坐标方向图

图 8-2-4 绘出了 $a=3\lambda$，$b=2\lambda$ 矩形口径的立体方向图，从图上仍然可以看出尺寸 a 和尺寸 b 如何分别影响了 H 面和 E 面方向图的方向性。

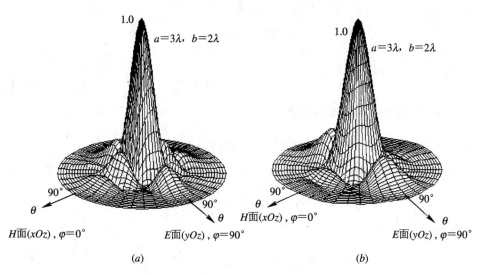

图 8-2-4   矩形口径立体方向图

（a）均匀分布；（b）余弦分布

2. 圆形同相平面口径的辐射

在实际应用中，经常有圆形口径（Circular Aperture）的天线。对于圆形口径可以建立坐标系如图 8-2-5 所示，引入极坐标与直角坐标的关系：

$$\left.\begin{array}{l} x_s = \rho_s \cos\varphi_s \\ y_s = \rho_s \sin\varphi_s \\ ds = \rho_s \, d\varphi_s \, d\rho_s \end{array}\right\} \qquad (8-2-19)$$

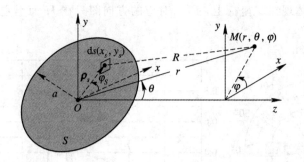

图 8-2-5　圆形平面口径坐标系

仍然讨论口径场为单一极化 $\boldsymbol{E}_y(\rho_s,\varphi_s)$，并且假定口径场分布是 φ 对称的，仅是 ρ 的函数。

当口径场均匀分布时，$E_y=E_0$，则两主平面的辐射场表达式为

$$E_E = E_\theta = \mathrm{j}\,\frac{\mathrm{e}^{-\mathrm{j}kr}}{2r\lambda}(1+\cos\theta)E_0\int_0^a\rho_s\,\mathrm{d}\rho_s\int_0^{2\pi}\mathrm{e}^{\mathrm{j}k\rho_s\sin\theta\sin\varphi_s}\,\mathrm{d}\varphi_s \qquad (8-2-20)$$

$$E_H = E_\varphi = \mathrm{j}\,\frac{\mathrm{e}^{-\mathrm{j}kr}}{2r\lambda}(1+\cos\theta)E_0\int_0^a\rho_s\,\mathrm{d}\rho_s\int_0^{2\pi}\mathrm{e}^{\mathrm{j}k\rho_s\sin\theta\cos\varphi_s}\,\mathrm{d}\varphi_s \qquad (8-2-21)$$

在上式中引入贝塞尔函数公式

$$\mathrm{J}_0(k\rho_s\sin\theta) = \frac{1}{2\pi}\int_0^{2\pi}\mathrm{e}^{\mathrm{j}k\rho_s\sin\theta\sin\varphi_s}\,\mathrm{d}\varphi_s \qquad (8-2-22)$$

在式(8-2-20)和(8-2-21)中引入参量

$$\boldsymbol{\Psi}_3 = ka\,\sin\theta \qquad (8-2-23)$$

并注意到积分公式

$$\int_0^a t\mathrm{J}_0(t)\,\mathrm{d}t = a\mathrm{J}_1(a) \qquad (8-2-24)$$

则圆形均匀口径的两主平面方向函数为

$$F_E(\theta) = F_H(\theta) = \left|\frac{(1+\cos\theta)}{2}\right|\times\left|\frac{2\boldsymbol{J}_1(\boldsymbol{\Psi}_3)}{\boldsymbol{\Psi}_3}\right| \qquad (8-2-25)$$

对于口径场分布沿半径方向呈锥削状分布的圆形口径，口径场分布一般可拟合为

$$E_y = E_0\left[1-\left(\frac{\rho_s}{a}\right)^2\right]^P \qquad (8-2-26)$$

或者拟合为

$$E_y = E_0\left\{B+(1-B)\left[1-\left(\frac{\rho_s}{a}\right)^2\right]^P\right\} \qquad (8-2-27)$$

以上两式中，指数 P 反映了口径场振幅分布沿半径方向衰减的快慢程度，P 值越大，衰减越快；$0<B<1$，口径场分为均匀和非均匀两部分之和。以上这两种拟合形式比较有利于方向函数的计算。

8.2.3　同相平面口径方向图参数

如果统一引入

$$A = \mathrm{j}\,\frac{\mathrm{e}^{-\mathrm{j}kr}}{r\lambda}E_0 \qquad (8-2-28)$$

则平面口径的主平面辐射场可统一表示为

$$E(\theta) = ASF(\theta) \tag{8-2-29}$$

实际上，通常口径尺寸都远大于 λ，因此分析方向图特性时可认为 $(1+\cos\theta)/2 \approx 1$。从图 8-2-6 可以分别直接读出 $|F(\Psi)| = 0.707$ 所对应的 Ψ 值，根据 Ψ 的具体表达式，可求出不同口径分布、不同主平面的主瓣宽度（见表 8-2-1），还可以根据式（8-2-8）求出相应的面积利用系数 υ。表 8-2-1 列出了不同口径的方向图参数。

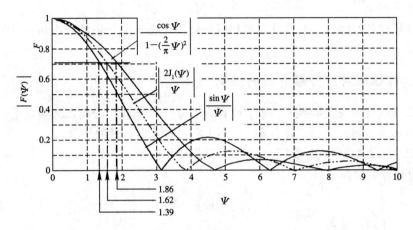

图 8-2-6　平面口径的方向函数（$J_1(\Psi)$ 为贝塞尔函数）

表 8-2-1　同相口径辐射特性一览表

口面形状	口面场分布	$2\theta_{0.5}$/rad		SLL/dB	υ	方向函数	
矩形	$E_y = E_0$	E 面：$0.89\dfrac{\lambda}{b}$		-13.2	1	E 面：$\left\|\dfrac{\sin\Psi_1}{\Psi_1}\right\|$	
		H 面：$0.89\dfrac{\lambda}{a}$				H 面：$\left\|\dfrac{\sin\Psi_2}{\Psi_2}\right\|$	
	$E_y = E_0 \cos\dfrac{\pi x_s}{a}$	E 面：$0.89\dfrac{\lambda}{b}$		-13.2	0.81	E 面：$\left\|\dfrac{\sin\Psi_1}{\Psi_1}\right\|$	
		H 面：$1.18\dfrac{\lambda}{a}$		-23.0		H 面：$\left\|\dfrac{\cos\Psi_2}{1-\left(\dfrac{2}{\pi}\Psi_2\right)^2}\right\|$	
圆形	$E_y = E_0\left[1-\left(\dfrac{\rho_s}{a}\right)^2\right]^P$	$P=0$	$1.02\dfrac{\lambda}{2a}$	-17.6	1	$\left\|\dfrac{2J_1(\Psi_3)}{\Psi_3}\right\|$	
		$P=1$	$1.27\dfrac{\lambda}{2a}$	-24.6	0.75	$\left\|\dfrac{8J_2(\Psi_3)}{\Psi_3^2}\right\|$	
		$P=2$	$1.47\dfrac{\lambda}{2a}$	-30.6	0.56	$\left\|\dfrac{48J_3(\Psi_3)}{\Psi_3^3}\right\|$	
	$E_y = E_0\left\{0.3+0.7\left[1-\left(\dfrac{\rho_s}{a}\right)^2\right]^P\right\}$	$P=0$	$1.02\dfrac{\lambda}{2a}$	-17.6	1		
		$P=1$	$1.14\dfrac{\lambda}{2a}$	-22.4	0.91		
		$P=2$	$1.72\dfrac{\lambda}{2a}$	-27.5	0.87		

综合以上对不同口径场辐射场的分析以及相应的数值计算，对同相口径场而言，可归纳出如下的重要结论：

（1）平面同相口径的最大辐射方向一定位于口径面的法线方向；

（2）在口径场分布规律一定的情况下，口径面的电尺寸越大，主瓣越窄，方向系数越大；

（3）当口径电尺寸一定时，口径场分布越均匀，其面积利用系数越大，方向系数越大，但是副瓣电平越高；

（4）口径辐射的副瓣电平以及面积利用系数只取决于口径场的分布情况，而与口径的电尺寸无关。

8.2.4 相位偏移对口径辐射场的影响

由于天线制造或安装的技术误差，或者为了得到特殊形状的波束或实现电扫描，口径场的相位分布常常按一定的规律分布，这属于非同相平面口径的情况。

假设口径场振幅分布仍然均匀，常见的口径场相位偏移有如下几种：

（1）直线律相位偏移，

$$E_y = E_0 e^{-j\frac{2x_s}{a}\varphi_m} \tag{8-2-30}$$

（2）平方律相位偏移，

$$E_y = E_0 e^{-j\left(\frac{2x_s}{a}\right)^2 \varphi_m} \tag{8-2-31}$$

（3）立方律相位偏移，

$$E_y = E_0 e^{-j\left(\frac{2x_s}{a}\right)^3 \varphi_m} \tag{8-2-32}$$

直线律相位偏移相当于一平面波倾斜投射到平面口径上，平方律相位偏移相当于球面波或柱面波的投射。图 8-2-7、8-2-8 和 8-2-9 分别计算了以上三种情况的 H 面方向图。从计算结果可以分析出，直线律相位偏移带来了最大辐射方向的偏移，可以利用此特点产生电扫描效应。平方律相位偏移带来了零点模糊、主瓣展宽、主瓣分裂以及方向系数下降，在天线设计中应力求避免。立方律相位偏移不仅产生了最大辐射方向偏转，而且还会导致方向图不对称，在主瓣的一侧产生了较大的副瓣，对雷达而言，此种情况极易混淆目标。

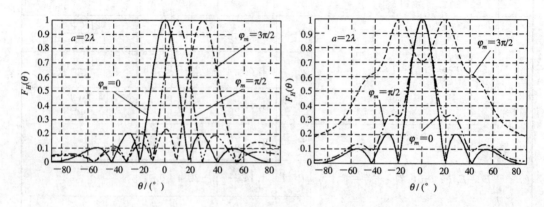

图 8-2-7　直线律相位偏移的矩形口径方向图　　图 8-2-8　平方律相位偏移的矩形口径方向图

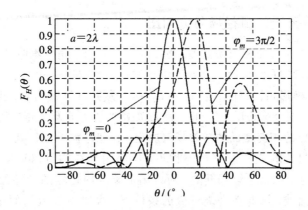

图 8 - 2 - 9　立方律相位偏移的矩形口径方向图

应该指出，实际天线口径的相位偏移往往比较复杂，其理论也比较困难，但是计算机的数值分析却易于实现，所以在面天线的设计中，计算机辅助设计显得尤为重要。

8.3　喇 叭 天 线

喇叭天线(Horn Antennas)是最广泛使用的微波天线之一。它的出现与早期应用可追溯到 19 世纪后期。喇叭天线除了大量用做反射面天线的馈源以外，也是相控阵天线的常用单元天线，还可以用做对其他高增益天线进行校准和增益测试的通用标准。它的优点是具有结构简单、馈电简便、频带较宽、功率容量大和高增益的整体性能。

喇叭天线由逐渐张开的波导构成。如图 8 - 3 - 1 所示，逐渐张开的过渡段既可以保证波导与空间的良好匹配，又可以获得较大的口径尺寸，以加强辐射的方向性。喇叭天线根据口径的形状可分为矩形喇叭天线和圆形喇叭天线等。

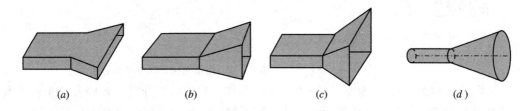

(a)　　　　　　　(b)　　　　　　　(c)　　　　　　　(d)

图 8 - 3 - 1　普通喇叭天线

(a) H 面喇叭；(b) E 面喇叭

(c) 角锥喇叭；(d) 圆锥喇叭

图 8 - 3 - 1 中，图 (a) 保持了矩形波导的窄边尺寸不变，逐渐展开宽边而得到 H 面扇形喇叭(H-Plane Sector Horn)；图 (b) 保持了矩形波导的宽边尺寸不变，逐渐展开窄边而得到 E 面扇形喇叭(E-Plane Sector Horn)；图 (c) 为矩形波导的宽边和窄边同时展开而得到角锥喇叭(Pyramidal Horn)；图 (d) 为圆波导逐渐展开形成的圆锥喇叭。由于喇叭天线是反射面天线的常用馈源，它的性能直接影响反射面天线的整体性能，因此喇叭天线还有很多其他的改进型。

8.3.1　矩形喇叭天线的口径场与方向图

喇叭天线可以作为口径天线来处理。图8-3-2显示了角锥喇叭的尺寸和坐标。图中，L_E、L_H分别为E面和H面长度；a、b为波导的宽边和窄边尺寸；a_h、b_h为相应的口径尺寸。$L_E \neq L_H$时，为楔形角锥喇叭；当$L_E = L_H$时，为尖顶角锥喇叭；当$a_h = a$或$L_H = \infty$时，为E面喇叭；当$b_h = b$或$L_E = \infty$时，为H面喇叭。喇叭天线的口径场可近似地由矩形波导至喇叭结构波导的相应截面的导波场来决定。在忽略波导连接处及喇叭口径处的反射及假设矩形波导内只传输TE_{10}模式的条件下，喇叭内场结构可以近似看做与波导的内场结构相同，只是因为喇叭是逐渐张开的，所以扇形喇叭内传输的为柱面波，尖顶角锥喇叭内传输的近似为球面波；因此在一级近似的条件下，喇叭口径上场的相位分布为平方律，角锥喇叭口径场为

$$\left.\begin{aligned}E_s = E_y &= E_0 \cos\left(\frac{\pi x_s}{a_h}\right) e^{-j\frac{\pi}{\lambda}\left(\frac{x_s^2}{L_H} + \frac{y_s^2}{L_E}\right)} \\ H_s = H_x &\approx -\frac{E_y}{120\pi}\end{aligned}\right\} \tag{8-3-1}$$

口径场的最大相位偏移发生在口径顶角，其值为

$$\varphi_m = \frac{\pi}{4\lambda}\left(\frac{a_h^2}{L_H} + \frac{b_h^2}{L_E}\right) \tag{8-3-2}$$

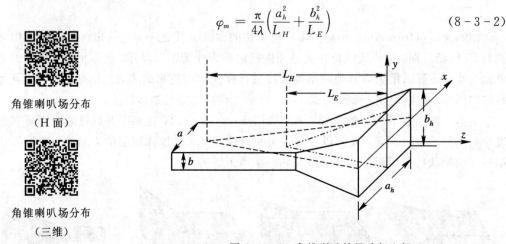

角锥喇叭场分布

（H面）

角锥喇叭场分布

（三维）

图8-3-2　角锥喇叭的尺寸与坐标

有了口径场的表达式，根据式(8-2-3)和(8-2-4)就可以分别计算角锥喇叭的E面和H面的辐射场。尽管写出其解析表达式比较困难，但是却可以依靠计算软件求出数值解，画出方向图。

图8-3-3和8-3-4分别计算了角锥喇叭的通用E面和H面方向图，图中的参数s、t反映了喇叭口径的E、H面的相位偏移的严重程度。s、t越大，相位偏移越严重，方向图上零点消失，主瓣变宽，甚至$\theta = 0°$方向不再是最大辐射方向，呈现出马鞍形状态，而这是不希望看到的。

为了获得较好的方向图，工程上通常规定E面允许的最大相差为

$$\varphi_{mE} = \frac{\pi b_h^2}{4\lambda L_E} \leqslant \frac{\pi}{2}, \quad b_h \leqslant \sqrt{2\lambda L_E} \tag{8-3-3}$$

H面允许的最大相差为

$$\varphi_{mH} = \frac{\pi a_h^2}{4\lambda L_H} \leqslant \frac{3\pi}{4}, \quad a_h \leqslant \sqrt{3\lambda L_H} \tag{8-3-4}$$

由于 H 面的口径场为余弦分布,边缘场幅小,所以 φ_{mH} 可大于 φ_{mE}。

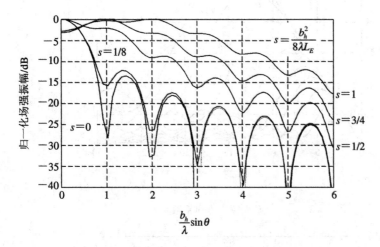

角锥喇叭天线方向图
随口径宽边变化

图 8-3-3　E 面喇叭和角锥喇叭的通用 E 面方向图

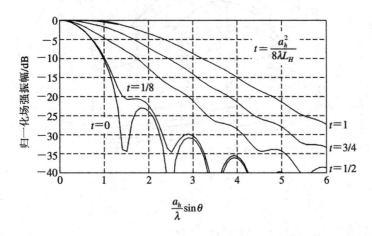

角锥喇叭天线方向图
随口径窄边变化

图 8-3-4　H 面喇叭和角锥喇叭的通用 H 面方向图

　　喇叭天线的方向系数也可以根据式(8-2-8)数值计算出。图 8-3-5 和 8-3-6 分别计算了 E 面和 H 面喇叭的方向系数。从图中可以看出,在喇叭长度一定的条件下,起初增大口径尺寸可以增大口径面积,进而增大了方向系数,但是当口径尺寸增大到超过某定值后,继续再增大口径尺寸,方向系数反而减小。这表明扇形喇叭存在着最佳喇叭尺寸 $(L_E, b_{hopt})(L_H, a_{hopt})$,对于此尺寸,可以得到最大的方向系数。实际上,最佳尺寸即为 E 面和 H 面分别允许的最大相差尺寸:

$$b_{hopt} = \sqrt{2\lambda L_E} \tag{8-3-5}$$

$$a_{hopt} = \sqrt{3\lambda L_H} \tag{8-3-6}$$

满足最佳尺寸的喇叭称为最佳喇叭。此时最佳 E 面扇形喇叭的 E 面主瓣宽度为

$$2\theta_{0.5E} = 0.94 \frac{\lambda}{b_h} \quad \text{rad} \tag{8-3-7}$$

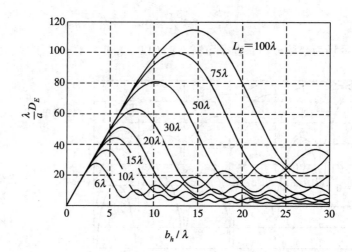

图 8 - 3 - 5　E 面喇叭方向系数

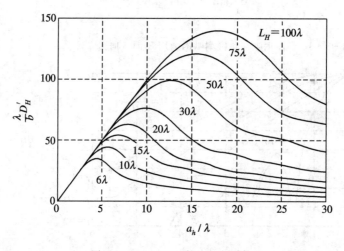

图 8 - 3 - 6　H 面喇叭方向系数

而其 H 面主瓣宽度仍然如表 8 - 2 - 1 所示，即 $1.18\dfrac{\lambda}{a}$ rad。

最佳 H 面扇形喇叭的 H 面主瓣宽度为

$$2\theta_{0.5H} = 1.36\frac{\lambda}{a_h}\quad \text{rad} \tag{8 - 3 - 8}$$

而其 E 面主瓣宽度也仍然如表 8 - 2 - 1 所示，即 $0.89\dfrac{\lambda}{b}$ rad。

角锥喇叭天线

最佳扇形喇叭的面积利用系数 $\upsilon = 0.64$，所以其方向系数为

$$D_H = D_E = 0.64\frac{4\pi}{\lambda^2}S \tag{8 - 3 - 9}$$

角锥喇叭的最佳尺寸就是其 E 面扇形和 H 面扇形都取最佳尺寸，其面积利用系数 $\upsilon = 0.51$，其方向系数为

$$D_H = D_E = 0.51\frac{4\pi}{\lambda^2}S \tag{8 - 3 - 10}$$

设计喇叭天线时，首先应根据工作带宽，选择合适的波导尺寸。如果给定了方向系数，则应根据方向系数曲线，将喇叭天线设计成最佳喇叭。

对于角锥喇叭，还必须做到喇叭与波导在颈部的尺寸配合。由图 8-3-7 知，必须使 $R_E = R_H = R$，于是由几何关系可得

$$\frac{L_H}{L_E} = \frac{1 - \dfrac{b}{b_h}}{1 - \dfrac{a}{a_h}} \qquad (8-3-11)$$

若所选择的喇叭尺寸不满足上式，则应加以调整。

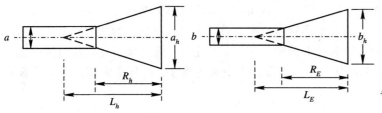

喇叭天线测量实验

备注：本资源为完整实验教学视频，mp4 格式，200 MB 以上，建议 WiFi 环境下观看。

图 8-3-7　角锥喇叭的尺寸

8.3.2　圆锥喇叭

如图 8-3-8 所示，圆锥喇叭（Conical Horn）一般用圆波导馈电，描述圆锥喇叭的尺寸有口径直径 d_m、喇叭长度 L。圆锥喇叭的口径场的振幅分布与圆波导中的 TE_{11} 相同，但是相位按平方律沿半径方向变化。尽管分析方法与矩形喇叭相似，但数学过程比较复杂，这里只介绍其基本特性。

图 8-3-9 计算了不同轴向长度圆锥喇叭的方向系数与口径直径的关系。从图中可以看出，圆锥喇叭仍然存在着最佳尺寸。与矩形喇叭类似，当轴向长度一定时，增大口径尺寸的效果将以增大口径面积为优势逐渐地转向以平方相位偏移为优势。

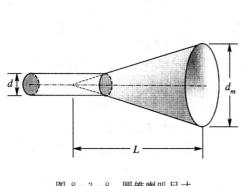

图 8-3-8　圆锥喇叭尺寸

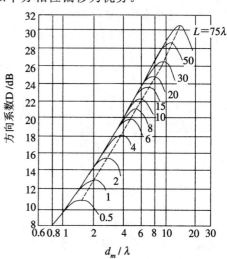

图 8-3-9　圆锥喇叭的方向系数

最佳圆锥喇叭的主瓣宽度与方向系数可以由以下公式近似计算：

$$
\left.
\begin{aligned}
2\theta_{0.5H}(\mathrm{rad}) &= 1.22\frac{\lambda}{d_m} \\
2\theta_{0.5E}(\mathrm{rad}) &= 1.05\frac{\lambda}{d_m} \\
D &= 0.5\left(\frac{\pi d_m}{\lambda}\right)^2
\end{aligned}
\right\}
\qquad (8-3-12)
$$

8.3.3 馈源喇叭

对于普通喇叭天线，由于口径场的不对称性，因此其两主平面的方向图也不对称，两主平面的相位中心也不重合，因而不适宜做旋转对称型反射面天线的馈源。通常要针对反射面天线对馈源的特殊要求，如辐射方向图频带宽、等化好、低交叉极化、宽频带内低驻波比等，对喇叭天线进行改进，从而提出了高效率馈源的概念。这其中常用的就是多模喇叭以及波纹喇叭。

1. 多模喇叭（Multimode Horn）

主模喇叭 E 面的主瓣宽度比 H 面窄，E 面的副瓣高，E 面的相位特性和 H 面的相位特性又很不相同。因此用主模喇叭作为反射面天线的馈源，使天线的效率提高受到限制。为了提高天线口径的面积利用系数，就必须设法给主反射器提供等幅同相且轴向对称的方向图，即所谓的等化方向图。多模喇叭就是应此要求而设计的，它利用不连续截面激励起的数个幅度及相位来配置适当的高次模，使喇叭口径面上合成的 E 面及 H 面的相位特性基本相同，从而获得等化和低副瓣的方向图，使之成为反射面天线的高效率馈源。

多模喇叭可以由圆锥喇叭和角锥喇叭演变而成，但一般都采用圆锥喇叭，利用锥角和半径的变化以产生所需要的高次模。

图 8-3-10 和图 8-3-11 所示的为双模圆锥喇叭的结构和工作特性，它是在圆锥喇叭的颈部加入了一个不连续段，除了激励主模 TE_{11} 外还激励了高次模 TM_{11}。适当调整不连续段的长度和直径，就可以控制 TE_{11} 和 TM_{11} 两种模式之间的幅度比及相位关系，在喇叭口径上得到较为均匀的口径场分布。

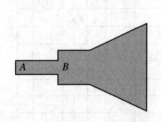

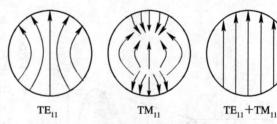

图 8-3-10　双模圆锥喇叭　　　　　　图 8-3-11　双模圆锥喇叭的口径场

图 8-3-12 显示了一个二次变锥角的多模喇叭，尽管它利用了不连续的截面激励多个高次模，可是当锥角很小，例如 $\theta \leqslant (0.05 \sim 0.1)\pi$ 时，仍然可以忽略不连续处的反射，此时，不连续处的反射系数在 $1\% \sim 2\%$ 以下。

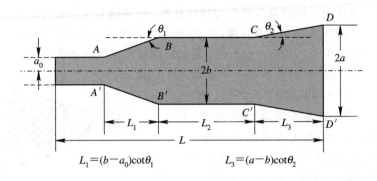

$$L_1=(b-a_0)\cot\theta_1 \qquad\qquad L_3=(a-b)\cot\theta_2$$

图 8 - 3 - 12 二次变锥角多模喇叭

利用变锥角模转换理论，可以由选定的几何尺寸求解出各不连续截面所产生的各高次模的幅度以及传播至喇叭口面上的相位差，最后由喇叭口面上的所有模式之和求出喇叭天线的方向图。经验表明，如果在喇叭口面处综合得到

$$\left.\frac{TM_{11}}{TE_{11}}\right|_\Sigma=(0.4\sim0.5)e^{j0\sim45°},\qquad \left.\frac{TE_{12}}{TE_{11}}\right|_\Sigma=(0\sim0.2)e^{j0\sim90°}$$

则方向图在-20 dB 范围内可望幅、相等化。如果在喇叭口面处综合得到

$$\left.\frac{TM_{11}}{TE_{11}}\right|_\Sigma=(0.5\sim0.6)e^{j0\sim45°},\qquad \left.\frac{TE_{12}}{TE_{11}}\right|_\Sigma=(0.5\sim0.6)e^{j0\sim90°}$$

则方向图在-14 dB 范围内可望幅、相等化。如果在喇叭口面处综合得到

$$\left.\frac{TM_{11}}{TE_{11}}\right|_\Sigma=(0.6\sim0.7)e^{j0\sim45°},\qquad \left.\frac{TE_{12}}{TE_{11}}\right|_\Sigma=(0.5\sim0.6)e^{j0\sim90°}$$

则方向图在-10 dB 范围内可望幅、相等化。

一个工作于 6 GHz 微波中继通信系统的二次变锥角多模喇叭的实际数据为：$2a_0=$ 54 mm, $L_1=155.3$ mm, $L_2=197.2$ mm, $L_3=177.5$ mm, $L=560$ mm, $2b=120$ mm, $2a=175$ mm, $\theta_1=12°$, $\theta_2=8°48'$。

2. 波纹喇叭(Corrugated Horn)

自从 1966 年 A. J. Simons、A. F. Kay 以及 R. E. Lawrie、L. Peters提出波纹喇叭以来，这种馈源已在测控、通信、射电望远镜以及卫星接收天线等系统中广泛应用。经过三十多年的发展，波纹喇叭的理论与实践已日趋完善。

波纹喇叭的结构如图 8 - 3 - 13 所示。在喇

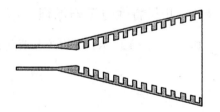

图 8 - 3 - 13 圆锥波纹喇叭侧视图

叭的内壁上对称地开有一系列 $\lambda/4$ 深的沟槽，它们对纵向传播的表面电流呈现出很大的阻抗。与几何尺寸相同的光壁喇叭比较，这些纵向的表面传导电流将大大减弱，由全电流连续性定理，则不可避免地使法向位移电流减弱，从而使喇叭口径上边壁附近的电场法向分量减弱，即使得 E 面场分布也变为由口径中心向边缘下降，最终使 E 面方向图与 H 面方向图对称。

3. 混合模介质加载圆锥喇叭(Dielectric Hybrid mode Conical Horn)

多模喇叭由于其主模和高次模的传播速度不一样，因而频带特性较差，不宜在频谱复

用体制中使用。波纹喇叭尽管具有优良的辐射特性,且频带很宽,然而加工复杂、昂贵、重量较重,特别在毫米波频段或更高的频段,其加工更为困难。因此需要一种具有和波纹喇叭一样的优良性能,但加工简单、成本低、重量轻的新型高效率馈源。

混合模介质加载圆锥喇叭就是一种非常有前途的馈源,其剖面结构如图 8-3-14 所示。它由填充两层介质的金属壁圆锥喇叭组成,且内层中心介质的介电常数大于外层介质的介电常数。在这样的结构中,纯 TE 模和纯 TM 模均不能满足边界条件(零阶模 TE_{0n} 和 TM_{0n} 除外),只有 TE+TM 的混合模才能满足边界条件。计算和实验结果表明,该喇叭可以支持 HE_{11} 平衡

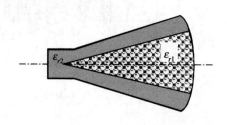

图 8-3-14　混合模介质加载圆锥喇叭

混合模,且具有和波纹喇叭类似的口径场分布和远场辐射特性。但是和波纹喇叭相比,其分析和设计简单,加工容易,重量轻和成本低,在毫米波以及以上的频段应用中优势将更为明显。其缺点是功率容量小,因此需要研制新型的低损耗、耐高温的材料。

8.4　旋转抛物面天线

旋转抛物面天线(Paraboloidal Reflector Antennas)是应用最广泛的天线之一,它由馈源和反射面组成。天线的反射面由形状为旋转抛物面的导体表面或导线栅格网构成,馈源是放置在抛物面焦点上的具有弱方向性的初级照射器,它可以是单个振子或振子阵,单喇叭或多喇叭,开槽天线等。

利用抛物面的几何特性,抛物面天线可以把方向性较弱的初级辐射器的辐射反射为方向性较强的辐射。

8.4.1　几何特性与工作原理

如图 8-4-1 所示,抛物线上动点 $M(\rho,\psi)$ 所满足的极坐标方程为

$$\rho = \frac{2f}{1+\cos\psi} = f\sec^2\frac{\psi}{2} \qquad (8-4-1)$$

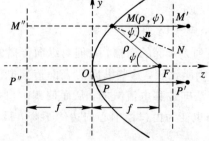

图 8-4-1　抛物面的几何关系

$M(y,z)$ 所满足的直角坐标方程为

$$y^2 = 4fz \qquad (8-4-2)$$

上两式中，f 为抛物线的焦距；ψ 为抛物线上任一点 M 到焦点的连线与焦轴(Oz)之间的夹角；ρ 为点 M 与焦点 F 之间的距离。

一条抛物线绕其焦轴(Oz)旋转所得的曲面就是旋转抛物面。旋转抛物面所满足的直角坐标方程为

$$x^2 + y^2 = 4fz \qquad (8-4-3)$$

其极坐标方程与式(8-4-1)相同。

旋转抛物面天线具有以下两个重要性质：

(1) 点 F 发出的光线经抛物面反射后，所有的反射线都与抛物面轴线平行，即

$$\angle FMN = \angle NMM' = \frac{\psi}{2} \Rightarrow MM' \parallel OF \qquad (8-4-4)$$

(2) 由 F 点发出的球面波经抛物面反射后成为平面波。等相面是垂直 OF 的任一平面。即

$$FMM' = FPP' \qquad (8-4-5)$$

式(8-4-5)的证明可以根据抛物线上任一点到焦点的距离等于其到准线的距离的性质得到。

以上两个光学性质是抛物面天线工作的基础。如果馈源是理想的点源，抛物面尺寸无限大，则馈源辐射的球面波经抛物面反射后，将成为理想的平面波。考虑到一些实际情况，如反射面尺寸有限，口径边缘的绕射和相位畸变，尽管馈源的辐射经抛物面反射以后不是理想的平面波，但是反射以后的方向性也会大大加强。

如图 8-4-2 所示，抛物面天线常用的结构参数有：

f：抛物面焦距；

$2\psi_0$：抛物面口径张角；

R_0：抛物面反射面的口径半径；

D：抛物面反射面的口径直径，$D=2R_0$。

另根据极坐标方程：$\rho = \dfrac{2f}{1+\cos\psi}$ 得

$$\rho_0 = \frac{2f}{1+\cos\psi_0} \qquad (8-4-6)$$

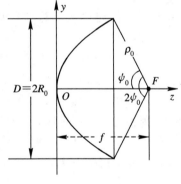

图 8-4-2 抛物面的口径与张角

又因为图 8-4-2 所示的几何关系，有

$$\sin\psi_0 = \frac{R_0}{\rho_0} = \frac{R_0(1+\cos\psi_0)}{2f} \qquad (8-4-7)$$

由上式

$$\frac{R_0}{2f} = \frac{\sin\psi_0}{1+\cos\psi_0} = \tan\frac{\psi_0}{2}$$

即可以得到焦距口径比

$$\frac{f}{D} = \frac{1}{4}\cot\frac{\psi_0}{2} \qquad (8-4-8)$$

根据抛物面张角的大小，抛物面的形状分为如图 8-4-3 所示的三种。一般而言，长焦距抛物面天线电特性较好，但天线的纵向尺寸太长，使机械机构复杂。焦距口径比 f/D 是一个重要的参数。从增益出发确定口径 D 以后，如再选定 f/D，则抛物面的形状就可以确定了。根据式(8-4-8)，再求出馈源需要照射的角度 $2\psi_0$，也就给定了设计馈源的基本出发点。

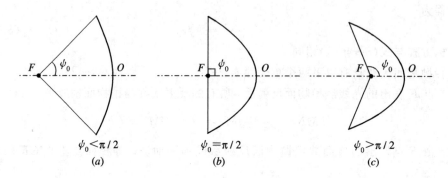

图 8-4-3　抛物面张角的类型
(a) 长焦距抛物面；(b) 中焦距抛物面；(c) 短焦距抛物面

8.4.2　抛物面天线的口径场

抛物面的分析设计有一套成熟的方法，基本上采用几何光学和物理光学导出口径面上的场分布，然后依据口径场分布，求出辐射场。由于抛物面是电大尺寸，用这种方法计算是合理的。

利用几何光学法计算口径面上场分布时作如下假定：

（1）馈源的相位中心置于抛物面的焦点上，且辐射球面波；

（2）抛物面的焦距远大于一个波长，因此反射面处于馈源远区，且对馈源的影响忽略；

（3）服从几何光学的反射定律($f \gg \lambda$ 时满足)。

根据抛物面的几何特性，口径场是一同相口径面。如图 8-4-4 所示，设馈源

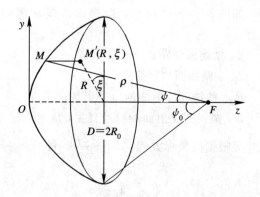

图 8-4-4　抛物面天线的口径场及其计算

的总辐射功率为 P_r，方向系数为 $D_f(\psi,\xi)$，则抛物面上 M 点的场强为

$$E_i(\psi,\xi) = \frac{\sqrt{60 P_r D_f(\psi,\xi)}}{\rho} \qquad (8-4-9)$$

因而由 M 点反射至口径上 M' 的场强为(平面波不扩散)

$$E_s(R,\xi) = E_i(\psi,\xi) = \frac{\sqrt{60 P_r D_{f\max}(0,\xi)}}{\rho} F(\psi,\xi) \qquad (8-4-10)$$

式中，$F(\psi,\xi)$ 是馈源的归一化方向函数。将式(8-4-1)代入式(8-4-10)，得

$$E_s(R,\xi) = \frac{\sqrt{60P_r D_{f\,max}}}{2f}(1+\cos\psi)F(\psi,\xi) \qquad (8-4-11)$$

此式即为抛物面天线口径场振幅分布的表示式,可以看出:口径场的振幅分布是 ψ 的函数。

口径边缘与中心的相对场强为

$$\frac{E_s(R_0,\psi_0)}{E_0} = F(\psi_0,\xi)\frac{1+\cos\psi_0}{2} \qquad (8-4-12)$$

其衰减的分贝数为

$$20\,\lg\frac{E_s(R_0,\psi_0)}{E_0} = 20\,\lg F(\psi_0,\xi) + 20\,\lg\frac{(1+\cos\psi_0)}{2} \qquad (8-4-13)$$

由于馈源方向图 $F(\psi,\xi)$ 一般随 ψ 增大而下降,而上式中 $20\,\lg\frac{(1+\cos\psi_0)}{2}$ 空间衰减因子又表示仅仅由于入射到抛物面边缘的射线长于入射到中心的射线,也会导致边缘场扩散,使得边缘场较中心场强下降,因此抛物面口径场沿径向的减弱程度超过馈源的方向图,即下降得更快。这种情况,在短焦距抛物面天线中更为突出。

口径场的极化情况决定于馈源类型与抛物面的形状、尺寸。一般口径场有两个垂直极化分量。如图 8-4-5 所示,如果馈源的极化可为 y 方向极化,口径场的极化可为 x 和 y 两个极化方向。通常在长焦距情况下,口径场 E_y 分量远大于 E_x 分量,E_y 为主极化分量,而 E_x 为交叉极化(Cross Polarization)分量。如图 8-4-6 所示,如果是短焦距抛物面天线,口径上还会出现反向场区域,它们将在最大辐射方向起抵消主场的作用,这些区域称为有害区,因此一般不宜采用短焦距抛物面。若因某种特殊原因必须采用短焦距抛物面天线,则最好切去有害区。如果馈源方向图具有理想的轴对称,则口径场无交叉极化分量。

由于对称的关系,交叉极化分量 E_x 在两个主平面内的贡献为零,而在其他平面内,交叉极化的影响必须考虑。

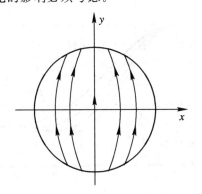

图 8-4-5　抛物面口径场的极化

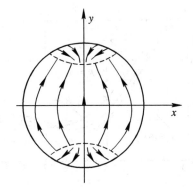

图 8-4-6　短焦距抛物面口径场的极化

8.4.3　抛物面天线的辐射场

求出了抛物面天线的口径场分布以后,就可以利用圆形同相口径辐射场积分表达式 (8-2-20) 和 (8-2-21) 来计算抛物面天线 E、H 面的辐射场和方向图。参照图 8-4-4,得口径上的坐标关系为

$$R = \rho \sin\psi = \frac{2f}{1+\cos\psi}\sin\psi = 2f\tan\frac{\psi}{2}$$

$$dR = f\sec^2\frac{\psi}{2}\cdot d\psi = \rho\, d\psi$$

$$x_s = R\sin\xi$$

$$y_s = R\cos\xi$$

$$ds = R\, dR\, d\xi = \rho^2\sin\psi\, d\psi\, d\xi$$

(8-4-14)

将以上关系代入式(8-2-20)和(8-2-21)得 E 面、H 面的辐射场为

$$E_E = j\frac{e^{-jkr}}{2\lambda r}(1+\cos\theta)\iint_S \frac{\sqrt{60P_r D_f}}{\rho}F(\psi,\xi)e^{jkR\sin\theta\cos\xi}R\, dR\, d\xi$$

$$= C\int_0^{2\pi}\int_0^{\psi_0}F(\psi,\xi)\,\tan\frac{\psi}{2}e^{j2kf\tan\left(\frac{\psi}{2}\right)\sin\theta\cos\xi}\, d\psi\, d\xi \qquad (8-4-15a)$$

$$E_H = j\frac{e^{-jkr}}{2\lambda r}(1+\cos\theta)\iint_S \frac{\sqrt{60P_r D_f}}{\rho}F(\psi,\xi)e^{jkR\sin\theta\sin\xi}R\, dR\, d\xi$$

$$= C\int_0^{2\pi}\int_0^{\psi_0}F(\psi,\xi)\,\tan\left(\frac{\psi}{2}\right)e^{j2kf\tan\left(\frac{\psi}{2}\right)\sin\theta\sin\xi}\, d\psi\, d\xi \qquad (8-4-15b)$$

故 E 面、H 面的方向函数为

$$F_E = \int_0^{2\pi}\int_0^{\psi_0}F(\psi,\xi)\,\tan\left(\frac{\psi}{2}\right)e^{j2kf\tan\left(\frac{\psi}{2}\right)\sin\theta\cos\xi}\, d\psi\, d\xi \qquad (8-4-16a)$$

$$F_H = \int_0^{2\pi}\int_0^{\psi_0}F(\psi,\xi)\,\tan\left(\frac{\psi}{2}\right)e^{j2kf\tan\left(\frac{\psi}{2}\right)\sin\theta\sin\xi}\, d\psi\, d\xi \qquad (8-4-16b)$$

如果馈源为沿 y 轴放置的带圆盘反射器的偶极子,则可以证明,$F(\psi,\xi) = \sqrt{1-\sin^2(\psi)\cos^2(\xi)}\,\sin\left(\frac{\pi}{2}\cos\psi\right)$。图 8-4-7 计算了这种馈源的旋转抛物面天线在不同 R_0/f 条件下两主平面方向图。

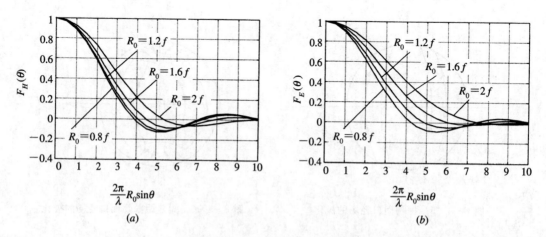

图 8-4-7 馈源为带圆盘反射器的偶极子的抛物面天线方向图

(a) H 面;(b) E 面

从图中可以看出,由于馈源在 E 面方向性较强,对抛物面 E 面的照射不如 H 面均匀,故抛物面天线的 H 面方向性反而强于 E 面方向性。

8.4.4 抛物面天线的方向系数和增益系数

抛物面天线的方向系数仍然由式(8-2-9)即：$D = \dfrac{4\pi}{\lambda^2} S\upsilon$ 来计算。其中，υ 为面积利用系数；$S = \pi R_0^2 = 4\pi f^2 \tan^2 \dfrac{\psi_0}{2}$，为抛物面的口径面积。

超高频天线中，由于天线本身的损耗很小，可以认为天线效率 $\eta_A \approx 1$，所以 $G \approx D$，但在抛物面天线中，天线口径截获的功率 P_{rs} 只是馈源所辐射的总功率 P_r 的一部分，还有一部分为漏射损失。

如图 8-4-8 所示，定义口径截获效率

$$\eta_A = \frac{P_{rs}}{P_r} \qquad (8-4-17)$$

则抛物面天线的增益系数 G 可写成

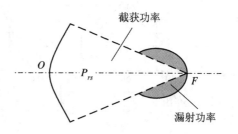

图 8-4-8 截获功率与漏射功率

$$G = D\eta_A = \frac{4\pi}{\lambda^2} S\upsilon\eta_A = \frac{4\pi}{\lambda^2} Sg \qquad (8-4-18)$$

式中，$g = \upsilon\eta_A$，称为增益因子。

如果馈源也是旋转对称的，其归一化方向函数为 $F(\psi)$，根据式(8-4-10)，

$$E_s = \frac{\sqrt{60 P_r D_{f\max}}}{\rho} F(\psi) \qquad (8-4-19)$$

可以得到面积利用系数为

$$\upsilon = \frac{\left| \displaystyle\iint_S E_s \, \mathrm{d}s \right|^2}{S \displaystyle\iint_S |E_s|^2 \, \mathrm{d}s} = 2 \cot^2 \frac{\psi_0}{2} \frac{\left| \displaystyle\int_0^{\psi_0} F(\psi) \tan \frac{\psi}{2} \, \mathrm{d}\psi \right|^2}{\displaystyle\int_0^{\psi_0} F^2(\psi) \sin\psi \, \mathrm{d}\psi} \qquad (8-4-20)$$

口径截获效率为

$$\eta_A = \frac{P_{rs}}{P_r} = \frac{\displaystyle\int_0^{\psi_0} F^2(\psi) \sin\psi \, \mathrm{d}\psi}{\displaystyle\int_0^{\pi} F^2(\psi) \sin\psi \, \mathrm{d}\psi} \qquad (8-4-21)$$

在多数情况下，馈源的方向函数近似地表示为下列形式：

$$\left. \begin{array}{ll} F(\psi) = \cos^{n/2}\psi & 0 \leqslant \psi \leqslant \dfrac{\pi}{2} \\[2mm] F(\psi) = 0 & \psi \geqslant \dfrac{\pi}{2} \end{array} \right\} \qquad (8-4-22)$$

式中，n 越大，则表示馈源方向图越窄，反之则越宽。

图 8-4-9 计算了抛物面天线的面积利用系数、效率及增益因子随口径张角的变化曲线。从图中可以看出，由于面积利用系数、效率与口径张角之间的变化关系恰好相反，所以存在着最佳张角，使得增益因子对应着最大值 $g_{\max} \approx 0.83$。尽管最佳张角与馈源方向性有关，但是和此最佳张角对应的口径边缘的场强都比中心场强低 10 dB～11 dB。因此可以得到如下结论：不论馈源方向如何，当口径边缘电平比中心低 11 dB 时，抛物面天线的增

益因子最大。考虑到实际的安装误差、馈源的旁瓣，以及支架的遮挡等因素，增益因子比理想值要小，通常取 $g \approx 0.5 \sim 0.6$；使用高效率馈源时，g 可达 $0.7 \sim 0.8$。

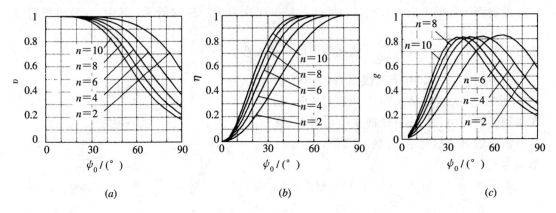

图 8-4-9　抛物面天线的面积利用系数、效率及增益因子随口径张角的计算曲线

$(a)\; \upsilon(\psi_0)$；$(b)\; \eta(\psi_0)$；$(c)\; g(\psi_0)$

实际工作中，抛物面天线的半功率波瓣宽度和副瓣电平可按下列公式近似计算：

$$2\theta_{0.5} = (70° \sim 75°) \frac{\lambda}{2R} \qquad (8-4-23)$$

$$SLL = -16 \sim -19 \text{ dB} \qquad (8-4-24)$$

8.4.5　抛物面天线的馈源

馈源（Feeds）是抛物面天线的基本组成部分，它的电性能和结构对天线有很大的影响。为了保证天线性能良好，对馈源有以下基本要求：

（1）馈源应有确定的相位中心，并且此相位中心置于抛物面的焦点，以使口径上得到等相位分布。

（2）馈源方向图的形状应尽量符合最佳照射，同时副瓣和后瓣尽量小，因为它们会使得天线的增益下降，副瓣电平抬高。

（3）馈源应有较小的体积，以减少其对抛物面的口面的遮挡。

（4）馈源应具有一定的带宽，因为抛物面天线的带宽主要取决于馈源的带宽。

馈源的形式很多，所有弱方向性天线都可作抛物面天线的馈源。例如振子天线、喇叭天线、对数周期天线、螺旋天线等等。馈源的设计是抛物面天线设计的核心问题。现在的通信体制多样化，所以对馈源的要求也不尽相同，例如超宽频带、双极化以及双波束等等，高效率的馈源势必会有效地提高抛物面天线的整体性能。

8.4.6　抛物面天线的偏焦及应用

由于安装等工程或设计上的原因，馈源的相位中心不与抛物面的焦点重合，这种现象称为偏焦。对普通抛物面天线而言，偏焦会使得天线的电性能下降。但是偏焦也有可利用之处。偏焦分为两种：馈源的相位中心沿抛物面的轴线偏焦，称为纵向偏焦；馈源的相位中心垂直于抛物面的轴线偏焦，称为横向偏焦。纵向偏焦使得抛物面口径上发生旋转对称的相位偏移，方向图主瓣变宽，但是最大辐射方向不变，有利于搜索目标。正焦时方向图主瓣窄，有利于跟踪目标。这样一部雷达可以同时兼作搜索与跟踪两种用途。而当小尺寸横向偏焦时，抛物面口径上发生直线律相位偏移，天线的最大辐射方向偏转，但波束形状几乎不变。如果馈源以横向偏焦的方式绕抛物面的轴线旋转，则天线的最大辐射方向就会在空间产生圆锥式扫描，扩大了搜索空间。

波导喇叭电流密度

8.4.7 FAST

中国科学院国家天文台主导建设完成 500 m 口径球面射电望远镜，简称 FAST（Five-hundred-meter Aperture Spherical radio Telescope），FAST 是目前世界上最大单口径、最灵敏的射电望远镜，被誉为"中国天眼"，如图 8-4-10 所示。射电望远镜就是接收天体射电波（天文学上把微波及其以下波段称为射电波）的天线及接收机系统，FAST 工作频率范围为 70 MHz～3 GHz。FAST 与号称"地面最大的机器"的德国波恩 100 m 望远镜相比，灵敏度提高约 10 倍；与美国 Arecibo 300 m 望远镜相比（已损坏，于 2020.11.19 退役），灵敏度高 2.25 倍。作为世界最大的单口径望远镜，FAST 将在未来 20～30 年保持世界领先地位。

电流分布和增益
方向图

E 面喇叭
馈电的天线

图 8-4-10　500 m 口径球面射电望远镜

FAST 工程于 2011 年 3 月 25 日开工建设，利用贵州大窝凼天然喀斯特洼地作为台址，2016 年 9 月 25 日竣工，2021 年 3 月 31 日正式对全球科学界开放。

FAST 由主动反射面系统、馈源支撑系统、测量与控制系统、接收机与终端及观测基地等几大部分构成，下面主要介绍与课程有关的前两个系统。

主动反射面系统：包括一个口径 500 m 由近万根钢索组成的反射面索网主体、反射面单元、促动器装置、地锚、圈梁等。反射面索网安装在环形圈梁上，在索网上安装 4450 块三角形反射面单元，索网的 2225 个节点下方连接下拉钢索和促动器装置，促动器再与地锚连接，形成了完整的主动反射面系统。索网采取主动变位的独特工作方式，即根据观测天体的方位，利用促动器控制下拉索，在 500 m 口径反射面的不同区域形成口径为 300 m 的抛物面，以实现天体观测。

　　馈源支撑系统：在洼地周边山峰上建造 6 个百米高的支撑塔，安装钢索柔性支撑体系及其导索、卷索机构，以实现馈源舱的一级空间位置调整；馈源舱的直径约 13 m 重 30 t，馈源舱内安装精调系统，用于二级调整；利用两级调整机构之间的转向机构，辅助调整馈源舱的姿态角。

　　FAST 的天线工作原理就是前面介绍的抛物面天线的原理，那么，为什么称为球面射电望远镜呢？

　　我们知道，星体每时每刻都在运动，辐射过来的射电波方向也会发生变化，因此反射面也需要跟着一起转动才能保证接收到的是同一颗星体的信号。但要即时精确地转动 500 m 大口径的天线，难度可想而知。

　　FAST 设计了主动反射面系统，如前面介绍，用可拉动的大小精确到毫米的 4450 块三角形面板拼接成整个反射球面，当星体运动过来时，通过电脑控制钢索把小反射面单元往下拉，将球面拉扁些，形成口径 300 m 的抛物面，如图 8 - 4 - 11 所示；当星体离开时，将抛物面恢复成球面，再将另一个方向拉成抛物面。整个球面镜跟着星体的运动不断变形、恢复。如此，FAST 最终在保证大口径和良好观测的同时，完成了跟踪。FAST 最大的技术成就是解决了球面镜变为抛物面这一难点。

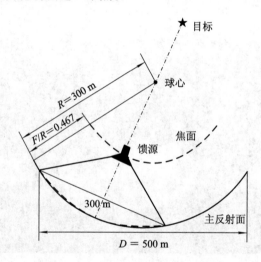

图 8 - 4 - 11　FAST 的天线工作原理

　　FAST 把空间观测能力延伸至人类目前可观测的宇宙范围边界，其科学目标包括：巡视宇宙中的中性氢，研究宇宙大尺度物理学，探索宇宙起源和演化；观测脉冲星；探测星际分子；搜索可能的星际通信信号。自启用以来，FAST 发现脉冲星数量超过 300 颗。

8.5　卡塞格伦天线

　　卡塞格伦天线是由卡塞格伦光学望远镜发展起来的一种微波天线，它在单脉冲雷达、卫星通信以及射电天文等领域中得到了广泛的应用。

8.5.1　标准卡塞格伦天线与改进型卡塞格伦天线

如图 8-5-1 所示，标准卡塞格伦天线由馈源、主反射面以及副反射面组成。主反射面为旋转抛物面 M，副反射面为双曲面 N。主、副反射面的对称轴重合，双曲面的实焦点位于抛物面的顶点附近，馈源置于该位置上，其虚焦点和抛物面的焦点重合。

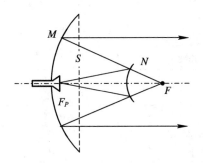

图 8-5-1　标准卡塞格伦天线的结构

根据双曲线的几何性质，置于其实焦点 F_P 上的馈源向双曲面辐射球面波，经双曲面反射后，所有的反射线的反向延长线汇聚于虚焦点 F，并且反射波的等相位面为以 F 点为中心的球面。由于此点重合于抛物面的焦点，因此对于抛物面而言，相当于在其焦点处放置了一个等效球面波源，抛物面的口径仍然为一等相位面。但是相对于单反射面的抛物面天线而言，由馈源到口径的路程变长，因此卡塞格伦天线等效于焦距变长的抛物面天线。

与旋转抛物面天线相比，标准卡塞格伦天线具有以下的优点：

（1）以较短的纵向尺寸实现了长焦距抛物面天线的口径场分布，因而具有高增益，锐波束；

（2）由于馈源后馈，缩短了馈线长度，减少了由传输线带来的噪声；

（3）设计时自由度多，可以灵活地选取主射面、反射面形状，对波束赋形。

标准卡塞格伦天线存在着如下缺点：天线的副反射面的边缘绕射效应较大，容易引起主面口径场分布的畸变，副面的遮挡也会使方向图变形。

标准卡塞格伦天线和普通单反射面天线都存在着要求对口面照射尽可能均匀和要求从反射面边缘溢出的能量尽可能少的矛盾，从而限制了反射面天线增益因子的提高。不过，可以通过修正卡塞格伦天线副反射面的形状，使其顶点附近的形状较标准的双曲面更凸起一些，则馈源辐射到修正后的副反射面中央附近的能量就会被向外扩散到主反射面的非中央部分，从而使得口径场振幅分布趋于均匀。如此，就能以很低的副面边缘电平来保证较大的截获效率，同时又可实现口径场较为均匀的振幅分布。在此基础上，再进一步修正主面形状以确保口径场为同相场，最终可以提高增益系数。这种修改主、副面形状后的天线，称为改进型卡塞格伦天线，它是可以提高天线增益因子的研究成果之一。改进型卡塞格伦天线与高效率馈源相结合，将可使天线增益因子达到 0.7～0.85，因而其在实践中已得到较多的应用。

表 8-5-1 中列举了在无线电技术设备中三种实际使用的天线的电参数，以供参考。

表 8-5-1   三种实际天线的电参数

天线形式	旋转抛物面天线	标准卡塞格伦天线	改进型卡塞格伦天线
用途	无线电测高仪	机载微波辐射计	卫星通信地面站
工作频段/MHz	5700～5900	9250～9450	5925～6425 3700～4200
反射面尺寸/cm	63	主面直径 80 副面直径 15	主面直径 1000 副面直径 910
馈源	角锥喇叭 4.5 cm×3.5 cm	波纹喇叭	变张角多模喇叭
增益系数/dB	28.5	34.5	53(6175 MHz) 50.5(3950 MHz)
增益因子	0.48	0.54	0.78
波瓣宽度	H 面 5.5° E 面 5.9°	2°47′ 2°40′	0.43° 0.45°
副瓣电平/dB	−15	−16	−15
驻波比	1.3	1.2	≤1.5
其他			噪声温度 $T_A \leqslant 40$ K, 仰角 $\Delta = 10°$

8.5.2   单脉冲卡塞格伦天线

单脉冲天线(Monopulse Antenna)主要用于高速目标的跟踪定位,如对飞机、导弹、火箭、人造卫星的跟踪,它具有跟踪速度快、跟踪精度高、跟踪距离远等优点。

在雷达应用中,单脉冲天线可采用阵列天线,也可采用反射面和单脉冲馈源组成,下面介绍常用的单脉冲卡塞格伦天线。

根据比较回波信号的幅度和相位,单脉冲跟踪分为幅度单脉冲、相位单脉冲和幅相单脉冲,无论是哪一种,为了确定目标在某一平面的角度(方位角或俯仰角),都要求同时产生两个形状相同的波束。这里以常用的幅度单脉冲(比幅)为例进行介绍。

先考虑一个平面(例如俯仰面)内单脉冲天线的工作原理。当一个横向偏焦的喇叭置于实焦点附近时,天线将产生一个偏离天线轴的波束。为了获得两个对称于天线轴的偏移波束,可采用两个对称于天线轴的横向偏焦喇叭来完成,如图 8-5-2 所示。

若探测到一个目标来自 A 方向,这时两波束收到的回波信号幅度不等,两信号相减,形成的差信号是目标方向的函数,该差信号的大小表示了目标偏离天线轴向角度的大小,差信号的正负则表示目标偏向哪一边。由差信号驱动伺服,使天线转动而对准目标,则差信号为零,从而实现自动跟踪。

在图 8-5-2 中增加另外两只喇叭,就可构成方位面内的角跟踪。四喇叭馈源及比较器电路如图 8-5-3 所示,设 E_1、E_2、E_3、E_4 分别代表 1、2、3、4 喇叭收到的信号幅度,$E_{\Delta\theta}$ 表示俯仰差信号,$E_{\Delta\varphi}$ 表示方位差信号,E_Σ 表示和信号,Ⅰ、Ⅱ、Ⅲ、Ⅳ表示四个魔 T,则根据魔 T 的特性可以得到:

$$E_{\Delta\theta} = (E_1 + E_2) - (E_3 + E_4) \tag{8-5-1}$$

$$E_{\Delta\varphi} = (E_1 + E_3) - (E_2 + E_4) \tag{8-5-2}$$

$$E_\Sigma = E_1 + E_2 + E_3 + E_4 \tag{8-5-3}$$

还有一路信号$(E_1 - E_3) - (E_2 - E_4)$为交叉信号,无用,该支路接匹配负载吸收。

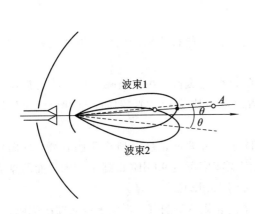

图 8-5-2 单脉冲天线跟踪原理

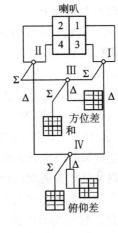

图 8-5-3 单脉冲天线的馈源和比较器

差信号的作用前面已经介绍,即:由差信号驱动电机实现目标的跟踪,和信号的作用则是在发射时以和波束照射目标,接收时提供目标的距离信息。

以四喇叭作馈源的单脉冲天线,不能使和波束与差波束同时达到最佳照射,为此,在实际工作中,采用单口多模馈源、多喇叭馈源、多喇叭—多模馈源等单脉冲天线馈源,限于篇幅,此处不再赘述。

8.6 喇叭抛物面天线

无论抛物面天线还是卡塞格伦天线,都会有一部分由反射面返回的能量被馈源重新吸收,这种现象被称为阴影效应。阴影效应不仅破坏了天线的方向图形状,降低了增益系数,加大了副瓣电平,而且破坏了馈源与传输线的匹配。尽管可以采用一些措施来加以改善,但是会由此缩小天线的工作带宽,很难做到宽频带尤其是多频段。

假如我们能把馈源移出二次场的区域,则上面所提到的阴影效应也就可以避免了。喇叭抛物面天线正是基于这种考虑提出的。

喇叭抛物面天线是由角锥喇叭馈源及抛物面的一部分构成的。馈源喇叭置于抛物面的焦点,并将喇叭的三个面延伸与抛物面相接,在抛物面正前方留一个口,让经由抛物面反射的电波发射出来。其天线结构如图 8-6-1 所示。

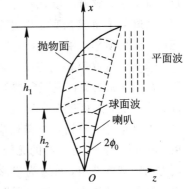

图 8-6-1 喇叭抛物面天线结构

喇叭抛物面天线的工作原理与一般抛物面天线的工作原理相同,即将角锥喇叭辐射的球面波经抛物面反射后变为平面波辐射出去。从图 8-6-1 可以看出,喇叭抛物面天线的波导轴 x 与抛物面的焦轴 z 垂直,经抛物面的反射波不再回到喇叭馈源,从而克服了抛物面天线的前述缺点。

喇叭抛物面天线的喇叭张角 $2\Phi_0$ 做得较小，一般取为 30°～40°；喇叭顶点到抛物面之长度 h 做得比较长，常取为 $(50～100)\lambda$；在喇叭与馈电波导之间接有一段长为 $(10～15)\lambda$ 的过渡段，以改善匹配性能。

喇叭抛物面天线具有不少优越性能：

(1) 由于喇叭很长，张角又不大，因此它的口径场分布比较均匀，面积利用系数得到提高($\upsilon \geqslant 65\%$)。

(2) 由于喇叭很长，还有过渡段，故特性阻抗变化缓慢，并且消除了反射波对馈源的影响，因此可以在极宽的频带内获得较好的匹配(驻波比 $s \approx 1.2$)，例如，这种天线可以同时工作于 4、6 和 11 GHz 等几个频段。

(3) 由于这种天线三面皆由金属屏蔽，消除了因馈源能量散开所产生的副瓣，反向辐射亦甚小。两副并排放置的喇叭抛物面天线之间隔离度可达 90 dB(每副 45 dB)，而两副靠背喇叭抛物面天线之间的隔离度可达 130 dB(每副 65 dB)。

喇叭抛物面天线在实际电路上使用时，为了防止雨水、潮气、尘埃等进入馈电喇叭内，破坏天线的电气性能，天线开口处用介质密封，内部充有加压的干燥空气或惰性气体。这种天线虽然具有尺寸大、重量重、造价高等缺点，但由于其电气性能良好，且可同时供几个频段的微波线路使用，因此，在多波道大容量微波干线通信中应用较广。

喇叭抛物面天线虽然具有频段复用能力，效率较高等优点，但体积庞大笨重，加工密封不便，成本也很高。为了达到既能频段复用，又有良好的结构特点的目的，研制出了改进型的频段复用天线，其中最具有代表性的如图 8-6-2所示。它是一种偏置激励的双反射面天线，由一个小喇叭抛物面馈电及偏置的主、副反射面组成。这样，既保证了天线有较高的效率，又避免了直接反射，以达到多频段的良好

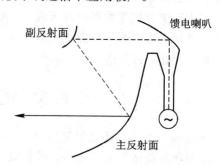

图 8-6-2　频段复用天线结构图

匹配；天线顶部加罩吸收，避免了有害辐射；结构紧凑，加工方便，而复用能力又比较强。

这种天线在结构上与喇叭抛物面天线相比有效高度可以缩短一半，给装置排列带来方便；在充气密封方面它只需要对小口径馈电器进行密封，使工艺大为简便。若采用多模及混合模喇叭，还可望在交叉极化去耦及口径效率等方面有进一步的改进。

在结束这一章讨论之前还应指出，旋转抛物面天线和卡塞格伦天线产生的都是针状波束，方向性强。但是，有的无线电系统需要一个平面的方向图窄，而另一个与之垂直的平面方向图宽的波束，称之为扇形波束。有的特殊场合，还需要特殊的波束形状。为了设计出不同形状的波束，可以对反射面进行切割，或采用抛物柱面式反射面，或采用其他形式的反射面。读者可以就此参阅专门的技术文献。

习　题　八

1. 何谓惠更斯辐射元？它的辐射场及辐射特性如何？

2. 推导同相平面口径的方向系数 D 的计算公式（式（8-2-9）），并分析此公式的意义。

3. 计算余弦分布的矩形口径的面积利用系数。

4. 均匀同相的矩形口径尺寸为 $a=8\lambda$，$b=6\lambda$，利用图 8-2-6 求出 H 面内的主瓣宽度 $2\theta_{0.5H}$，零功率点波瓣宽度 $2\theta_{0H}$ 以及第一副瓣位置和副瓣电平 SLL(dB)。

5. 设矩形口径尺寸为 $a\times b$，口径场振幅同相但沿 a 边呈余弦分布，欲使两主平面内主瓣宽度相等，a/b 应为多少？

6. 同相均匀圆形口径的直径等于同相均匀方形口径的边长，哪种口径的方向系数大？为什么？

7. 口径相位偏差主要有哪几种？它们对方向图的影响如何？

8. 角锥喇叭、E 面喇叭和 H 面喇叭的口径场各有什么特点？

9. 何谓最佳喇叭？喇叭天线为什么存在着最佳尺寸？

10. 依据图 8-3-3 绘出当 $L_E=12\text{ cm}$，$b_h=12\text{ cm}$，$\lambda=3\text{ cm}$ 的角锥喇叭 E 面方向图。

11. 工作波长 $\lambda=3.2\text{ cm}$ 的某最佳角锥喇叭天线的口径尺寸为 $a_h=26\text{ cm}$，$b_h=18\text{ cm}$，试求 $2\theta_{0.5E}$，$2\theta_{0.5H}$ 以及方向系数 D。

12. 设计一个工作于 $\lambda=3.2\text{ cm}$ 的 E 面喇叭天线，要求它的方向系数为 $D=70$，馈电波导采用 BJ—100 标准波导，尺寸为 $a=22.86\text{ mm}$，$b=10.16\text{ mm}$。

13. 设计一个工作于 $\lambda=3.2\text{ cm}$ 的角锥喇叭，要求它的 E、H 面内主瓣宽度均为 $10°$，求喇叭的口径尺寸、长度及其方向系数。

14. 计算最佳圆锥喇叭的口径直径为 7 cm 并工作于 $\lambda=3.2\text{ cm}$ 时的主瓣宽度及方向系数。

15. 简述旋转抛物面天线的结构及工作原理。

16. 要求旋转抛物面天线的增益系数为 40 dB，并且工作频率为 1.2 GHz，如果增益因子为 0.55，试估算其口径直径。

17. 某旋转抛物面天线的口径直径 $D=3\text{ m}$，焦距口径比 $f/D=0.6$。

(1) 求抛物面半张角 Ψ_0；

(2) 如果馈源的方向函数为 $F(\Psi)=\cos^2\Psi$，求出面积利用系数 υ、口径截获效率 η_A 和增益因子 g；

(3) 求频率为 2 GHz 时的增益系数。

18. 对旋转抛物面天线的馈源有哪些基本要求？

19. 何谓抛物面天线的偏焦？它有哪些应用？

20. 卡塞格伦天线有哪些特点？

第9章 新型天线

随着通信、雷达、广播、制导等无线电应用系统的不断发展，对天线提出了越来越高的要求，天线的功能已从单纯的电磁波能量转换器件发展成兼有信号处理的功能，天线的设计已从用机械结构来实现其电气性能发展为机电一体化设计，天线的制造已从常规的机械加工发展成印刷和集成工艺。

天线学科与其它学科的交叉、渗透和结合将成为21世纪的发展特色。天线实现智能化的研究被融入了测向跟踪、自适应置零抗干扰、数字波束形成空分多址等，起源于导航、雷达、电子对抗的专门技术。当天线阵处于复杂而变化的电磁环境中，要求其幅相激励作相应的实时调整，以保持最合理的辐射特性，因此智能化是阵列天线发展的必然趋势。

光子晶体天线源自光学领域的研究成果，与集成电路工艺相结合，利用光子晶体表面的同相反射特性可以实现天线的小型化，能有效抑制表面波，提高天线增益，减弱阵元之间的互耦。

等离子体天线源自天线学科与等离子体物理学的交叉，等离子体天线可用做低RCS天线。

9.1 智 能 天 线

智能天线（Smart Antenna）是在自适应滤波和阵列信号处理技术的基础上发展起来的。20世纪90年代初，随着移动通信的发展，阵列信号处理技术被引入移动通信领域，形成了智能天线这个新的研究领域。智能天线的基本思想是利用各用户信号空间特征的差异，采用阵列天线技术，根据某个接收准则自动调节各天线阵元的加权向量，达到最佳接收和发射，使得在同一信道上接收和发送多个用户的信号而又不互相干扰。智能天线技术以其独特的抗多址干扰和扩容能力，不仅成为目前解决个人通信多址干扰、容量限制等问题的最有效的手段，而且也被公认为是未来移动通信的一种发展趋势，成为第三代移动通信系统的核心技术。

智能天线分为两大类：自适应天线和多波束天线。自适应天线是一种控制反馈系统，它根据一定的准则，采用数字信号处理技术形成天线阵列的加权向量，通过对接收到的信号进行加权合并，在有用信号方向上形成主波束，而在干扰方向上形成零陷，从而提高信号的输出信干噪比（SINR）。多波束天线采用多个波束覆盖整个用户区，每个波束的指向固定，波束宽度随天线阵元数目的确定而确定，系统根据用户的空间位置选取相应的波束，使接收的信号最佳。

由于智能天线的理论和技术涉及面广，本书受篇幅限制，无法展开论述，只作简要介绍。

9.1.1 智能天线的基本原理

智能天线是一种阵列天线，排阵方式多样，其中等间距直线阵最为常见[26]。如图 9-1-1 所示，首先建立智能天线的信号模型。

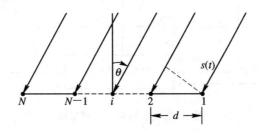

图 9-1-1 等间距直线阵

设等间距直线阵的阵元个数为 N，阵元间距为 d，以第 1 个阵元作为参考阵元，信号 $s(t)$ 的入射方向与天线阵法线方向的夹角为 θ。$s(t)$ 到达第 i 个阵元与到达参考阵元的时间差为

$$\tau_i(\theta) = (i-1)\frac{d}{c}\sin\theta \qquad (9-1-1)$$

其中 c 为光速。如果载波频率为 f，信号 $s(t)$ 在参考阵元上的感应信号通常可以用复数表示为

$$x_1(t) = u(t)\mathrm{e}^{\mathrm{j}2\pi ft} \qquad (9-1-2)$$

信号 $s(t)$ 在第 i 个阵元上的感应信号可表示为

$$x_i(t) = u(t)\mathrm{e}^{\mathrm{j}2\pi f[t-\tau_i(\theta)]} = x_1(t)\mathrm{e}^{-\mathrm{j}2\pi f\tau_i(\theta)} \qquad (9-1-3)$$

把信号 $s(t)$ 在天线阵上感应的信号用向量表示为

$$\boldsymbol{X}(t) = \begin{bmatrix} x_1(t) & x_2(t) & \cdots & x_N(t) \end{bmatrix}^{\mathrm{T}} = \boldsymbol{a}(\theta)x_1(t) \qquad (9-1-4)$$

式中，$\boldsymbol{a}(\theta)$ 称为引导向量并可表示为

$$\boldsymbol{a}(\theta) = \begin{bmatrix} 1 & \mathrm{e}^{-\mathrm{j}\frac{2\pi}{\lambda}d\sin\theta} & \cdots & \mathrm{e}^{-\mathrm{j}(N-1)\frac{2\pi}{\lambda}d\sin\theta} \end{bmatrix}^{\mathrm{T}} \qquad (9-1-5)$$

其中 λ 为载波波长。

由于每一个阵元上都存在着有热噪声，噪声向量为

$$\boldsymbol{n}(t) = \begin{bmatrix} n_1(t) & n_2(t) & \cdots & n_N(t) \end{bmatrix}^{\mathrm{T}} \qquad (9-1-6)$$

若空间还存在着干扰，可令干扰向量为

$$\boldsymbol{J}(t) = \begin{bmatrix} J_1(t) & J_2(t) & \cdots & J_N(t) \end{bmatrix}^{\mathrm{T}} \qquad (9-1-7)$$

于是 $x(t)$ 可表示为

$$\boldsymbol{X}(t) = \boldsymbol{a}(\theta)x_1(t) + \boldsymbol{n}(t) + \boldsymbol{J}(t) \qquad (9-1-8)$$

如图 9-1-2 所示，智能天线的核心部分为波束形成器。在波束形成器中，自适应信号处理器是核心部分，它的主要功能是依据某一种准则实时地求出满足该准则的当前权向量值，我们把这种准则称为波束形成算法，它是实现波束形成的关键技术。

波束形成器的数学表述为

$$\boldsymbol{W} = \begin{bmatrix} w_1 & w_2 & \cdots & w_N \end{bmatrix}^{\mathrm{T}} \qquad (9-1-9)$$

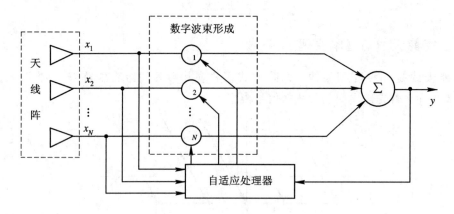

图 9-1-2 波束形成器结构

阵列最后输出的信号为

$$y(t) = \boldsymbol{W}^T \boldsymbol{X}(t) \qquad (9-1-10)$$

根据不同的准则选取加权向量 $\boldsymbol{W}$，达到控制天线阵方向图动态地在有用信号方向产生高增益窄波束，在干扰和无用信号方向产生较深零陷的目的。

9.1.2 自适应数字波束形成

自适应数字波束形成（简称 Digital Beamforming，DBF）算法有很多种，最基本的当属基于时域参考信号的自适应算法。

在接收系统中设置与有用信号具有较大相关性的本地参考信号 $d(t)$，于是阵列输出与参考信号之间的误差为

$$\varepsilon = d(t) - y(t) = d(t) - \boldsymbol{W}^T \boldsymbol{X}(t) \qquad (9-1-11)$$

均方误差为

$$\begin{aligned}
\xi = \overline{|\varepsilon|^2} &= \overline{|d(t)|^2} - 2\boldsymbol{W}^H \overline{\boldsymbol{X}^* d(t)} + \boldsymbol{W}^H \overline{\boldsymbol{X}^* \boldsymbol{X}^T} \boldsymbol{W} \\
&= \overline{|d(t)|^2} - 2\boldsymbol{W}^H \boldsymbol{r}_{xd} + \boldsymbol{W}^H \boldsymbol{R}_{xx} \boldsymbol{W}
\end{aligned} \qquad (9-1-12)$$

其中

$$\boldsymbol{r}_{xd} = \overline{\boldsymbol{X}^* d(t)} \qquad (9-1-13)$$

为输入与参考信号的相关向量；

$$\boldsymbol{R}_{xx} = \overline{\boldsymbol{X}^* \boldsymbol{X}^T} \qquad (9-1-14)$$

为输入相关矩阵。

根据 B. Widrow 提出的误差均方最小准则（MMSE），由式（9-1-12），将 ξ 对加权向量 $\boldsymbol{W}$ 求梯度，得到

$$\nabla_W(\xi) = -2\boldsymbol{r}_{xd} + 2\boldsymbol{R}_{xx} \boldsymbol{W} \qquad (9-1-15)$$

令其为零，则可得出最佳维纳解

$$\boldsymbol{W}_{\text{opt}} = \boldsymbol{R}_{xx}^{-1} \boldsymbol{r}_{xd} \qquad (9-1-16)$$

实际应用中，$\boldsymbol{R}_{xx}$ 和 $\boldsymbol{r}_{xd}$ 事先未知，一般不能直接使用上式求解最佳加权向量 $\boldsymbol{W}_{\text{opt}}$。权向量必须根据某种自适应算法自适应地随着输入数据的变化而更新。最简便的如 LMS（Least Mean Squares）算法，它基于梯度估计的最陡下降原理，适用于工作环境中信号的统计特性平稳但未知的情况。LMS 算法的迭代公式如下：

$$W(k+1) = W(k) + 2\mu\varepsilon(k)X^*(k) \qquad (9-1-17)$$

式中，μ 为迭代步长，它控制算法收敛的速度，它的取值必须满足：

$$0 < \mu < \frac{1}{\lambda_{\max}} \qquad (9-1-18)$$

其中 $\lambda_{\max}$ 是 R_{xx} 的最大特征根。

图 9-1-3 是一个间隔距离为 0.45λ 的十元均匀直线阵 LMS 算法的实例。在噪信比为 2，干信比为 5，有用信号方向为 $-20°$，干扰来向为 $50°$ 的条件下，LMS 算法约 1000 步以后达到了自适应目的。

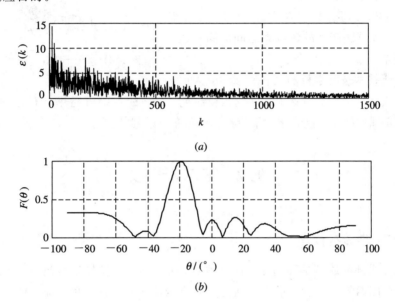

图 9-1-3 LMS算法的计算结果

(a) 误差随迭代次数的变化；(b) 方向函数随角度的变化

自适应数字波束形成算法中的另一类就是不需要参考信号的盲自适应算法，这样可以提高频谱的有效利用率。盲算法利用信号的某些特性进行自适应波束形成，这些特性包括空域特性、时域特性、频域特性等等，由此形成了多种类型的盲自适应波束形成算法。

随着智能天线越来越受到人们的关注，DBF 算法也在不断地被改进，相信在不远的将来，一定会有更好的算法来满足日益增长的移动通信的需求。

9.1.3　多波束天线

智能天线的另一个重要内容就是利用各个移动通信用户空间特征的差异，通过阵列天线技术在同一信道上接收和发送多个用户信号而不发生相互干扰，即空分多址（Spatial Division Multiple Access，SDMA）。要达到上述目的，必须使智能天线成为智能化多波束天线。

可以通过直接加主瓣偏移形成特定的多波束，也可以认为此时的发射波束是各组权单独形成的波束的空间场强矢量和[27]。

此方法的不足是主瓣数目受天线阵元个数的限制，如载波波长为 λ、相邻阵元间距为 d 的 N 元等间距直线阵最多形成 $N-1$ 个主瓣。各主瓣间距受到主瓣宽度限制，即主瓣间最

小间距必须大于 $0.886\dfrac{\lambda}{Nd}$。在实际系统中，可以对主瓣进行加窗，以调整主瓣宽度和副瓣电平，控制不同方向上的波束形成权的幅度，从而实现功率强弱有别的数字多波束。

图 9-1-4 显示了十元均匀直线阵利用上述方法实现的多波束场强方向图，波束指向分别为 45°、−10° 和 −30° 方向，调整 −10° 和 −30° 方向的加权向量幅度，使得这两个方向上的功率强度比 45° 方向上的功率强度低 3 dB。

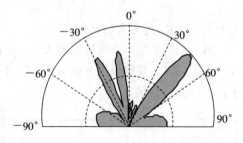

图 9-1-4　十阵元多波束方向图

多波束的形成还有其它方法，例如 IFFT 算法等，但是用此算法产生的各波束之间的间距恒定且可调性差。

智能天线技术是跨学科的高科技技术，人们对此寄予了很大期望，也还有很多问题需要研究。目前的主要研究热点有算法的优化、波束的赋形、互耦的修正、智能化的下行选择性发射、阵列技术等。

9.2　EBG 天线

9.2.1　EBG 的基本概念

一般晶体内部的原子是周期性有序排列的，由它们产生了周期势场。固体物理的研究成果表明，在周期势场中运动的电子所允许具有的能量是不连续的，即晶体中存在着电子的能带结构，带与带之间往往存在带隙，电子的能量处于带隙中的情况不可能出现，因此带隙也被称为电子禁带。将带隙特性的概念延拓到周期性的电磁结构，带隙特性则表现为电磁波穿透周期性介质时，特定频段的电磁波是禁止传播的。

1987 年，E. Yablonovitch 仿照半导体晶格结构中电子禁带的原理提出了光子晶体 (Photonic Crystal) 的概念。几乎同时，S. John 也独立地提出了这个概念。光子晶体是介电常数在空间呈周期性排列形成的人工晶体。

如果将不同介电常数的介电材料构成周期结构，即在高折射率材料中周期性地出现低折射率材料，介电常数在空间上的周期性分布对光子的影响类似于半导体材料中周期性势场对电子的影响。当介电常数的变化幅度较大，且周期排列的尺寸与光波长可比拟时，电磁波在其中传播时会受到调制而形成能带结构，能带之间将存在带隙，称之为光子带隙 (Photonic BandGap, PBG)。光子带隙是指一个频率范围，在这个频率范围里的电磁波不能在介质中传播，而频率位于能带里的电磁波则能几乎无损耗地传播。具有光子带隙的周期性结构的介质就是光子晶体，也称为光子带隙材料，通常将应用于微波领域的光子晶体称为电磁带隙材料 (Electromagnitic BandGap)，简称 EBG。

光子晶体的制备有一定的难度，因为光子晶体里周期结构单元（或称晶格）的尺度是光波长量级。但在微波波段，由于周期结构单元的尺寸已经达到毫米、厘米量级，加工制作相对简单得多。构成材料可以是介质，也可以是金属，或者是介质与金属混合构成。

EBG 在微波领域有着很重要的应用，可以用于制作各种性能优良的元器件，如 EBG 天线、滤波器、微带线、谐振器、放大器等等，下面主要介绍 EBG 天线。

9.2.2　EBG 天线的结构及类型

微波天线中所采用的 EBG 结构有多种，例如：基底钻孔型，即在贴片天线的基底内钻一些周期性的孔结构；地面腐蚀型，即在地面上腐蚀出一些周期性的圆或其它形状的孔结构；高阻表面型和共面紧凑型等。下面简要介绍后两种 EBG 结构。

高阻表面结构如图 9-2-1 所示，它由一组金属贴片在介质基板上周期排列构成，金属贴片按二维网格排列，常见的贴片形式有正方形、六边形和三角形，顶层的周期排列金属贴片通过每个贴片中心的垂直导电孔与介质基板下面的金属接地面相连，图中金属贴片中间的黑点表示金属化过孔。

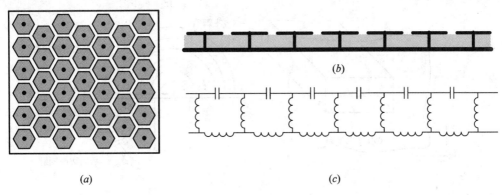

图 9-2-1　高阻表面结构及等效电路

(a) 俯视图；(b) 横截面图；(c) 等效电路

高阻表面结构紧凑，其单元尺寸远小于工作波长，所以它的电磁特性可以采用集总的电容和电感来描述，如图 9-2-1(c) 所示，其表面就如同并联 LC 谐振电路，在谐振频率上，并联 LC 电路的阻抗为无穷大，在谐振频率附近，其阻抗也非常高，这也是这种 EBG 被称为高阻表面的原因。为了在低频段实现电磁带隙，还可以在普通 2 层结构高阻表面的基础上设计 3 层结构。

在谐振频率附近，高阻表面像滤波器一样阻止电流在导体面上的流动，抑制表面波的传播，形成表面波的频率带隙；同时由于阻抗很大，对入射波反射系数近似为 1，即具有同相反射作用，用做天线的反射面时，可以距离天线很近，从而实现低剖面天线。

高阻表面用于天线的设计，可以抑制天线中的表面波，削弱由表面波在天线基底周围绕射而产生的后向及侧向辐射，提高天线增益。所谓表面波，其最基本的特征就是波场沿表面方向传播，而沿着表面的法线方向按指数规律衰减。很多种电磁结构都支持表面波的传播，例如良导体表面、两种不同介质的分界面、微带天线的基底表面等。

另外一种谐振型 EBG——共面紧凑型 EBG 结构（Uniplanar Compact Electromagnitic BandGap，UC-EBG）如图 9-2-2 所

图 9-2-2　UC-EGB 结构

示，它是在底面为金属地面的高介电常数基底上面腐蚀出一层金属图案。与高阻表面型 EBG 不同，共面紧凑型 EBG 的金属结构不需要与地之间钻金属孔相连，但其印刷金属贴片的形状与高阻表面相比要复杂得多。它正是利用金属贴片结构上这种复杂性提供电感和电容，来构成并联 LC 谐振电路的。这种结构不必打孔，所以加工工艺更为简单，仅仅需要类似印刷电路的加工手段，故在集成化和毫米波电路方面具有优势。

1. EBG 波导缝隙天线

金属波导缝隙天线可用于大型相控阵天线，其结构如图 9-2-3 所示，金属导电平板向四周延展构成接地面。当接地面为有限大小时，表面波传播到接地面的边缘时，产生二次辐射，形成边缘的绕射，将在天线的后向形成后瓣，引起比较显著的辐射功率损失，前向绕射会干扰主瓣方向图。

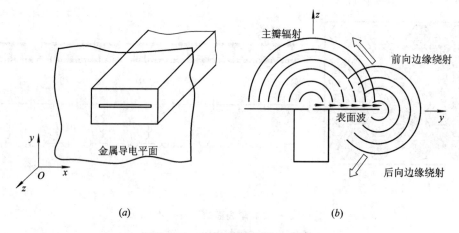

(a) (b)

图 9-2-3 金属端面缝隙天线

(a) 结构示意图；(b) 表面波边缘绕射

采用 EBG 代替金属平板作为波导缝隙天线的接地面，就构成了 EBG 波导缝隙天线，如图 9-2-4 所示。由于 EBG 具有表面波带隙，能够抑制表面波的传播，消除接地面边缘的表面波绕射，所以有限尺寸的 EBG 的引入可以有效地改善缝隙天线辐射特性，使主瓣辐射不再被干扰，减小天线的后瓣，提高天线增益。

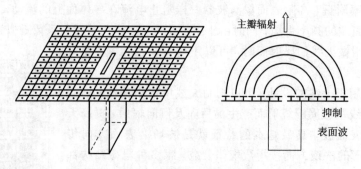

图 9-2-4 EBG 缝隙天线

2. EBG 微带天线

微带天线具有体积小、剖面低、易与载体表面共形、成本低、适于大规模生产等优点。

但一般微带天线为有限尺寸，与前面的情况类似，基底上的表面波在截断处会产生辐射，引起天线方向图波瓣形状的波动，并使得副瓣电平增加，导致天线增益降低，在阵列情况下还会有高的交叉极化电平和互耦电平。一般介质基底厚度愈大，表面波的影响愈严重，而厚的基片对提高天线的带宽有益。

利用 EBG 的带隙特性可以有效地抑制表面波的传播。如图 9-2-5 所示，在微带天线四周的介质基板上设计 EBG 结构，EBG 的表面波带隙与微带天线的工作频率相同，对表面波有很好的抑制效果（一般 4～5 个 EBG 周期数目就可以有比较好的抑制效果）。EBG 一方面避免了表面波因接地板有限尺寸而导致的后向辐射，从而提高增益，方向图的起伏也得到平滑；另一方面允许加厚基片而展宽工作频带；此外，还可以有效地削弱阵列元件之间的互耦电平，并减少同一块系统板上部件之间的相互干扰。

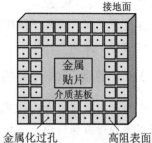

图 9-2-5　EBG 微带天线

3. 低剖面 EBG 天线

在实际应用中，有时只需要天线向一侧辐射。金属板是一个很好的反射器，它能够使能量只向半空间辐射，从而提高天线增益。但是反射面必须距离天线 $\lambda/4$，如果天线距离金属面太近，金属面造成的负镜像将与天线的辐射相互抵消。而在有些场合，由于种种因素的限制，比如安装空间狭小、整机尺寸受限等，往往需要减小天线的剖面尺寸，使金属反射面在这些场合的使用受到了很大限制。此外，反射面至天线的距离 $\lambda/4$ 与频率有关，将使其带宽受到限制。

采用 EBG 可以实现这种天线的低剖面化。高阻表面可以产生同相反射，用它作天线的反射面，就可以在与天线距离很近的情况下实现反射波与直接辐射波的同相叠加，可以做成低剖面天线，提高天线的增益。同时，由于没有金属反射面时的 $\lambda/4$ 间距限制，因而在带隙频率范围之内可使定向性与频带宽度同时增加。例如背衬 EBG 的阿基米德螺旋天线，可获得阻抗频带、增益、前后辐射比等性能的全面改善。

4. 高方向性 EBG 缺陷天线

如果在 EBG 的周期性结构中引入缺陷，破坏其结构的周期性，其带隙必然发生变化，在 EBG 的带隙中可以形成新的能带，称之为缺陷带，在缺陷带相对应的频率上则表现为电磁波能够传播。这种 EBG 缺陷结构所支持的空间辐射被限制在很小的角度范围内，或者说，具有很强的方向性。这种性质被用来设计高方向性天线。

9.3　等离子体天线

9.3.1　等离子体简介

等离子体（Plasma）是尺度大于德拜（Debye）长度的宏观中性电离气体，其运动主要受电磁力的支配，并表现出显著的集体行为。

德拜(Debye)长度为

$$d_{\mathrm{D}} = \sqrt{\frac{\varepsilon_0 kT}{Ne^2}} \qquad\qquad (9-3-1)$$

式中，k 是玻尔兹曼(Boltzmann)常数；T 为等离子体绝对温度；e 是电子电量；N 为等离子体电子密度。等离子体中的电子在某种程度上类似于金属导体中的自由电子，只是电子密度远小于金属导体中的自由电子密度。

9.3.2 等离子体天线的发展简史与工作原理

与固态金属或介质构成的传统天线不同，等离子体天线(Plasma Antenna)使用电离气体实现导行波与自由空间波之间的转换。

等离子体理论指出，在低频情况下，即

$$\omega \ll \omega_{pe}, \qquad \omega \ll \nu \qquad\qquad (9-3-2)$$

式中，ν 是碰撞频率；ω 是电磁波频率；ω_{pe} 是等离子体频率。电磁波不能穿透等离子体。此时，电磁波在等离子体中的传播与在良导体中的传播相似，也存在趋肤效应。所以，高密度的等离子体相当于良导体，可以作为发射与接收电磁波的天线。

等离子体天线及其阵列思想的提出可追溯到 1973 年美国学者 J. R. Vaill(U. S. Patent 3719829)和 D. A. Tidman(U. S. Patent 3775698)所申请的两个专利。

1983 年前后，美国海军研究实验所(Naval Research Laboratory)成功进行了利用激光诱发大气高压放电产生的等离子体柱作为射频(112 MHz)收、发天线的原理验证性实验。图 9-3-1 给出了该等离子体天线发射状态示意图。

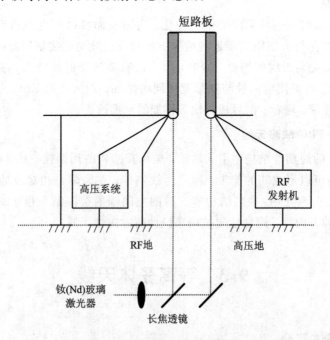

图 9-3-1 激光诱发大气高压放电等离子体天线发射状态示意图

1996 年前后，美国海军委托田纳西(Tennessee)大学等研发单位开发出双电极 U 形等离子体放电管隐身天线，如图 9-3-2 所示。其工作原理是：将等离子体放电管作为天线元件，当放电管通电时就成为导体，能发射和接收无线电信号；当断电时使成为绝缘体，基本不反射敌探测信号。初步的演示已显示了这种天线的发射接收功能和隐身特性。

　　1999 年前后，澳大利亚国立大学（Australian National University）研制成功利用表面波单极驱动的等离子体天线，如图 9-3-3 所示。其机理是：将足够大的射频功率耦合到玻璃管中的低压惰性气体柱，激发起沿该气体柱的等离子态表面波，此时，放电管呈现良导体特性，可用于发射和接收无线电信号。这种射频激励等离子体的方式，激励维持时间长，对等离子体干扰小，等离子体寿命长，密度高达 $10^{17} \sim 10^{18}$ m^{-3}，已成为当今研发等离子体天线的主流技术。

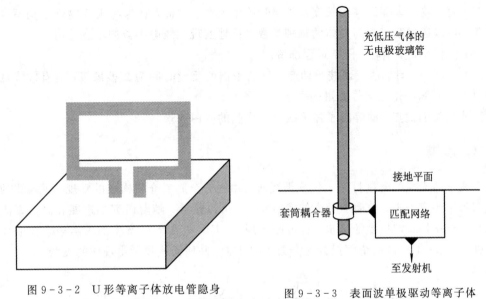

图 9-3-2　U 形等离子体放电管隐身　　　　图 9-3-3　表面波单极驱动等离子体
　　　　　天线示意图　　　　　　　　　　　　　　　天线示意图

　　等离子体噪声关系到等离子体天线的可行性。众所周知，微波测试手册将放电荧光管作为直流到微波频率的标准噪声源，直流或低频交流激发的低压辉光放电的噪声来源通常有：

　　（1）电子随机运动产生的热噪声；

　　（2）直流引起的散粒噪声；

　　（3）热电子发射和电子二次发射产生的阴极过程噪声；

　　（4）与离子等离子体频率有关的噪声（原因不明，可能是由于离子等离子体振荡引起）。

　　正是由于以上等离子体噪声的影响，导致人们将辉光放电荧光管作为天线的尝试未获成功。

　　表面波驱动的等离子体天线热噪声以及与离子等离子体频率有关的噪声是主要的，等离子体噪声对天线性能的影响与工作环境有关。高密度的等离子体有利于提高天线效率，降低等离子体噪声的影响。

　　等离子体天线的效率约为等长铝天线的 50%～60%，75% 是数值计算指出的最大值，归因于前者电导率（$10 \leqslant \sigma \leqslant 100$ Sm^{-1}）远小于后者，损失的射频功率转换为等离子体内能。

9.3.3 等离子体天线的优点

等离子体天线具有如下优点：

（1）天然的低雷达截面（RCS）特性和抗高功率超宽带（HPUWB）电磁武器攻击的能力。在未施加功率时，等离子体天线的 RCS 远小于金属天线，仅为薄壁玻璃管的 RCS。若改用激光束在空气中产生的等离子柱取代玻璃管，则在激光关闭时的 RCS 变成零。等离子体天线不吸收 HPUWB 电磁辐射。

（2）能有效抑制光电设备间的互耦效应和遮挡影响。

（3）由于受激表面波柱的长度是外施功率的函数，因此，在保持天线物理结构不变的情况下，可以通过改变电离气体的物理参数方便地实现天线电参数的动态重构。

（4）体积小，重量轻，便于远程部署。

（5）合理的设计，使表面波驱动产生等离子体的反应时间为微秒量级，能有效降低冲击激励效应对脉冲传输信号质量的影响。

这些独特的优点，使等离子体天线具有广阔的应用前景。

9.3.4 展望

等离子体天线的研制打破了传统天线通常由固态金属或介质构成的常规，将天线的概念推广到了等离子态，推动了天线技术的发展。可以预计，随着研究的进展和高功率激光（High Power Laser）技术的进步，有可能实现用 HPL 电离大气产生的等离子态柱取代放电管（图 9-3-4），从而全面提升此类天线的性能，并使天线技术出现质的飞跃。

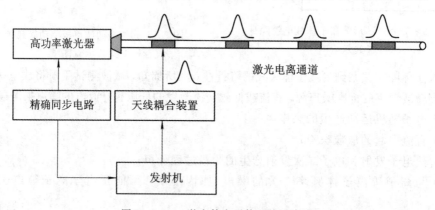

图 9-3-4 激光等离子体天线示意图

9.4 机 械 天 线

9.4.1 传统低频发射天线存在的问题

低频率电磁波具有优异的穿透性能和绕射能力，在地质勘测、地震预报等领域应用比较广泛；在岸对潜、水下和地下通信以及导航、定位等领域具有巨大的应用潜力。基于传统天线的低频率通信系统为了能有效地发射电磁波，天线尺度必须与辐射信号的波长相比拟。常用的天线是巨大的 T 形、Γ 型或伞形天线（参见本书 2.2 直立天线有关内容），一般高 200～300 m，需要利用铁塔、山峰、气球或飞行器悬挂，占地面积达数平方千米。传统低频率天线的输入电抗大多数都很高，需要通过设置体积庞大的调谐匹配电路来补偿天线的电抗。发信机功率一般为十至数百千瓦，甚至高达数兆瓦，末级采用大功率电子管，需要配备专用的电力设施和冷却设备。这些因素都导致了低频率发射系统建造难度很大，迫切需要通过理论创新和技术创新，突破当前低频率电磁波通信面临的技术瓶颈，解决工程难题。

9.4.2　机械式低频天线的基本理论

1. 机械天线的工作机理

机械天线的设计目标是研发机动、便携的低频率发信系统。机械天线是指通过特殊材料，常用驻极体（在强外电场等因素作用下，极化并能"永久"保持极化状态的电介质，也叫永电体）或永磁体（能够长期保持磁性的磁体，也叫硬磁体）的机械运动，在空间建立时的电场或磁场，直接激励电磁波的新型天线。机械天线打破了传统的依靠电子电路产生振荡电流激励交变电磁场的发信机制。

通过应用高性能的驻极体或永磁体，机械天线不消耗能量就能直接产生静态强电场或强磁场，而现有的电小天线却需要消耗巨大的电能量才能产生与之等效的电场或磁场。机械天线不存在高电抗问题，不需要阻抗匹配网络及由此带来的匹配损耗。机械天线近场储能不在天线体中谐振转换，没有额外能量转换损耗，有利于进一步提高辐射效率。机械天线直接将机械能转换为电磁波能量，由于避开了谐振电路和振荡电流辐射的方式，也就无需受到传统天线电尺寸的物理限制，为低频率电磁波的辐射开辟了一种新的可能途径。当然，由于机械方式难以实现很高频率的振动或旋转，机械天线辐射电磁波的频率基本上也就局限在甚低频及以下频率。对于更高频率的电磁波，还是通过传统的电流振荡的方式更容易实现。

与传统低频率发信机不同，机械天线的调制在机械驱动环节实现，也就是将待发送的数据加载到它的机械运动状态中。此时机械天线只需要维持或改变其机械运动状态的能量，通过应用低损耗、高动态响应的机械运动激励与控制技术，机械天线利用很小的能量就可以直接产生低频率电磁波并实现信号调制。因此，机械天线不仅是一副发射天线，还是一个全新的低频电磁发信系统。

2. 旋转电偶/磁偶极子的辐射

机械天线主要是通过驻极体或永磁体的机械运动产生电磁辐射。根据机械运动形式，机械天线有振动式和旋转式两类；根据材料特性，机械天线有驻极式和永磁式两类。因此，常用的机械天线主要有振动驻极式、旋转驻极式、振动永磁式和旋转永磁式四种，其物理模型分别对应振动电单/电偶极子、旋转电单/电偶极子、振动磁偶极子和旋转磁偶极子。驻极体可以看作是电荷的集合，永磁体可以看作是磁偶极子（或小电流环）的集合，研究运动电荷和运动磁偶极子的辐射，有助于理解机械天线的辐射机理、分析机械天线的辐射特性。为了简明，忽略冗长的数学推导，直接给出旋转电偶/磁偶极子的辐射场表达式，详细过程可以参阅文献[54][55]。

1) 旋转电偶极子的辐射场

如图 9-4-1 所示,在自由空间中,电偶极子在 xOy 平面内绕其中心(原点 O)以角频率 ω 旋转,观察点到电偶极子中心的距离是 r,静止电偶极子的电偶极矩 $p_e = ql_e$,则旋转电偶极子的远区场表达式是

$$\boldsymbol{E}(t) = \frac{\omega^2 \mu_0 p_e}{4\pi r}\left[\boldsymbol{e}_\theta \cos\theta \cos(kr - \omega t + \varphi) - \boldsymbol{e}_\varphi \sin(kr - \omega t + \varphi)\right] \qquad (9-4-1)$$

$$\boldsymbol{B}(t) = \frac{\omega^2 \mu_0 p_e}{4\pi cr}\left[\boldsymbol{e}_\varphi \cos\theta \cos(kr - \omega t + \varphi) + \boldsymbol{e}_\theta \sin(kr - \omega t + \varphi)\right] \qquad (9-4-2)$$

很明显

$$\frac{E_\theta}{H_\varphi} = -\frac{E_\varphi}{H_\theta} = \eta_0 = 120\pi\Omega \qquad (9-4-3)$$

式(9-4-3)中的负号是右手螺旋关系的要求。

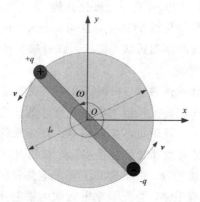

图 9-4-1　旋转电偶极子

2) 旋转磁偶极子的辐射场

如图 9-4-2 所示,在自由空间中,磁偶极子在 xOy 平面内绕其中心(原点 O)以角频率 ω 旋转,观察点到磁偶极子中心的距离是 r,静止磁偶极子的磁偶极矩 $p_m = q_m l_m = Is$(注意在 1.1.2 中 $p_m = \mu_0 Is$),则旋转磁偶极子的远区场表达式是

$$\boldsymbol{B}(t) = \frac{\omega^2 \mu_0 p_m}{4\pi c^2 r}\left[\boldsymbol{e}_\theta \cos\theta \cos(kr - \omega t + \varphi) - \boldsymbol{e}_\varphi \sin(kr - \omega t + \varphi)\right] \qquad (9-4-4)$$

$$\boldsymbol{E}(t) = -\frac{\omega^2 p_m}{4\pi\varepsilon_0 c^3 r}\left[\boldsymbol{e}_\varphi \cos\theta \cos(kr - \omega t + \varphi) + \boldsymbol{e}_\theta \sin(kr - \omega t + \varphi)\right] \qquad (9-4-5)$$

场分量之间也满足式(9-4-3)。

在旋转半径、旋转速度都相同的情况下,旋转电偶极子与旋转磁偶极子的电场振幅比值是

$$\frac{E_e}{E_m} = \frac{\dfrac{\omega^2 \mu_0 p_e}{4\pi r}\sqrt{1+\cos^2\theta}}{\dfrac{\omega^2 p_m}{4\pi\varepsilon_0 c^3 r}\sqrt{1+\cos^2\theta}} = \frac{\mu_0 \varepsilon_0 c^3 p_e}{p_m} = c\,\frac{p_e}{p_m} \qquad (9-4-6)$$

式(9-4-6)表明,即使 $p_e \ll p_m$,此比值也可能远大于 1。从这个意义上说,旋转电偶极子

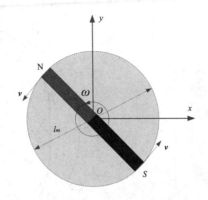

图 9 - 4 - 2　旋转磁偶极子

更适合用作发射天线。旋转磁偶极子可以看作是多个紧密排列的小电流环系统，它的有效

接收面积 $A_e = \dfrac{\lambda^2}{4\pi}G$ 将远大于几何面积，相比较而言，更适合用作接收天线。

3）旋转电偶/磁偶极子辐射场的性质

根据旋转电偶极子和旋转磁偶极子场强表达式的相似性，不妨考察旋转磁偶极子的电场式(9-4-5)，E 对应的复矢量是

$$E = -\frac{\omega^2 p_m}{4\pi\varepsilon_0 c^3 r}\mathrm{e}^{-\mathrm{j}\varphi}(e_\varphi\cos\theta + \mathrm{j}e_\theta)\mathrm{e}^{-\mathrm{j}kr} \tag{9-4-7}$$

平均坡印廷矢量是

$$\boldsymbol{S}_{av} = \frac{1}{2}\mathrm{Re}[\boldsymbol{E}\times\boldsymbol{H}^*] = \frac{1}{2\eta_0}(|E_\theta|^2 + |E_\varphi|^2)e_r = \frac{\omega^4 p_m^2}{32\pi^2\varepsilon_0 c^5 r^2}(1+\cos^2\theta)e_r \tag{9-4-8}$$

前面的分析表明旋转磁偶极子辐射场具有以下特点：

（1）加速度是运动磁偶极子产生电磁波的根源；辐射场有 θ 和 φ 两个正交分量，且与距离成反比；电磁能量沿着径向辐射；远区场只有横向分量，是 TEM 波。

（2）旋转磁偶极子一般辐射椭圆极化波；当 $\theta = 0°$，也就是观察方向垂直于旋转面时，是右旋圆极化波；当 $\theta = 90°$，也就是观察方向在旋转面内时，是 e_θ 方向的线极化波。

（3）电场强度复矢量表达式中含有相位因子 $\mathrm{e}^{-\mathrm{j}\varphi}$，等相位面方程是

$$kr + \varphi = \mathrm{const} \tag{9-4-9}$$

表明旋转磁偶极子产生的电磁波具有一阶的轨道角动量，波前呈现出相位涡旋特性。

（4）辐射的电磁波角频率就是旋转角频率，因此受机械结构和性能的限制，旋转机械天线的工作频率不能很高。

（5）方向函数是 $F(\theta) = \sqrt{1+\cos^2\theta}$，方向图如图 9-4-3 所示。

（6）在旋转面内有 $\theta = 90°$，瞬态方向函数 $F(\varphi, t) = |\sin(kr - \omega t + \varphi)|$，瞬态方向图如图 9-4-4 所示。

旋转磁偶极子在旋转面内的瞬态方向图为"8"字形，并且随时间转动；稳态方向图是一个圆，符合旋转场天线的方向图特征。

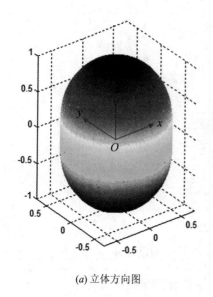

(a) 立体方向图

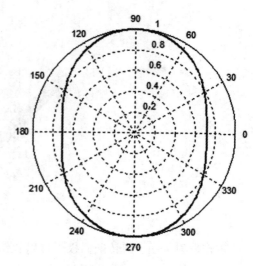

(b) 任意垂直于旋转面的方向图

图 9 - 4 - 3　旋转磁偶极子的方向图

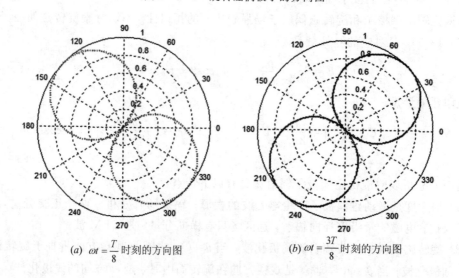

(a) $\omega t = \dfrac{T}{8}$ 时刻的方向图

(b) $\omega t = \dfrac{3T}{8}$ 时刻的方向图

图 9 - 4 - 4　旋转磁偶极子的瞬态方向图

4）机械天线的基本架构和原理样机

机械天线的一种基本架构如图 9 - 4 - 5 所示，系统主要由辐射源、旋转激励与控制系统、调制模块和电源等构成。其中，辐射源主要由高性能的驻极体或永磁体构成，产生需要的静态强电场或强磁场；调制模块根据调制方式，将输入的基带数据映射为辐射源的运动状态控制信号；旋转激励与控制模块实现对辐射源的旋转激励，并实时控制辐射源的旋转状态，最终实现信息加载和低频电磁波发射；电源向旋转激励与控制模块和调制模块供电。用多个驻极体或永磁体组成阵列，能够提高旋转机械天线的辐射功率，同时减小高速旋转的机械应力。

两款已经取得阶段性试验结果的机械天线原理样机如图 9 - 4 - 6 所示。

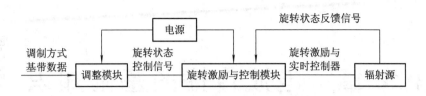

图 9-4-5　旋转机械天线的架构

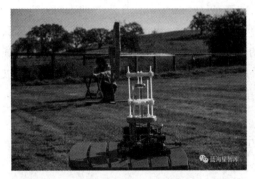

(a) 铌酸锂(LiNbO₃)压电晶体管基低频紧凑型天线，美
国SLAC国家实验室主持研制，2019年4月15日发布

(b) 旋转永磁体天线，采用极化调制，西安理工大学
研制，2019年6月5日提交硕士论文

图 9-4-6　旋转机械天线的原理样机

9.4.3　机械式低频天线面临的关键技术问题与挑战

机械天线的研制涉及机械、电子、结构、电磁、信号处理、通信、控制、热等多领域多学科交叉，是一项系统工程，机遇前所未有，问题和挑战也十分严峻，包括但不仅限于：设计实现小体积辐射源产生强电场或强磁场的方法；设计实现高效机械振动或旋转激励的方案；设计实现高效高质量的信号调制策略；解决系统的电磁兼容性。

当前，国内外对于机械天线的研究工作主要集中在辐射机理、实现方案、仿真分析和实验验证等方面。对这种全新的天线，业界在天线电参数定义、性能量化评估、分析方法研究等基础理论方面的研究工作还很少，基于多物理场的联合仿真数据也不多，现在认定机械天线是对传统天线的革命还缺乏足够的基础理论支撑，亟需进一步展开系统深入的研究。

习　题　九

1. 智能天线与传统天线有哪些区别？为什么说智能天线技术是第三代移动通信系统中解决扩容的关键技术？
2. 什么是 EBG？EBG 天线有什么优点？
3. 等离子体天线的主要优点是什么？

第10章 电波传播的基础知识

天线将传输线送过来的高频电流能量转换为电波能量。电波的传输并非在理想的自由空间进行，而是在一定的媒质中传输。不同的媒质对无线电波的影响是不一样的，在通常的传输距离上，电波传播的损耗也是非常大的。在计算给定的通信线路时，必须对电波传播的分析给予足够的重视，否则无法确保通信系统具有足够的信噪比裕量。

10.1 概　　述

10.1.1 电磁波谱

人类正在观测研究和利用的电磁波，其频率低至千分之几赫（地磁脉动），高达 10^{30} Hz 量级（宇宙射线），相应的波长从 10^{11} m 短至 10^{-20} m 以下。按序排列的频率分布称为频谱（或波谱），在整个电磁波谱中，无线电波频段（Radio-Frequency Band）的划分见表 10-1-1。

表 10-1-1　无线电波频段的划分

波段名	亚毫米波 (Sub-mm)	毫米波	厘米波	分米波	超短波 (Metric Wave)	短波 (SW)	中波 (MW)	长波 (LW)	甚长波	特长波	超长波	极长波
		微波（MicroWave）										
波长 λ	0.1~1 mm	1~10 mm	1~10 cm	10~100 cm	1~10 m	10~100 m	100~1000 m	1~10 km	10~100 km	100~1000 km	10^3~10^4 km	10^4 km 以上
频率 f	3000~300 GHz	300~30 GHz	30~3 GHz	3000~300 MHz	300~30 MHz	30~3 MHz	3000~300 kHz	300~30 kHz	30~3 kHz	3000~300 Hz	300~30 Hz	30 Hz 以下
频段名		EHF 极高频	SHF 超高频	UHF 特高频	VHF 甚高频	HF 高频	MF 中频	LF 低频	VLF 甚低频	ULF 特低频	SLF 超低频	ELF 极低频

从电波传播特性出发，并考虑到系统技术问题，频段的典型应用如下：

（1）超低频：典型应用为地质结构（包括孕震效应）探测，电离层与磁层研究，对潜通信，地震电磁辐射前兆检测。超低频由于波长太长，因而辐射系统庞大且效率低，人为系统难以建立，主要由太阳风与磁层相互作用、雷电及地震活动所激发。近来在频段高端已有人为发射系统用于对潜艇发射简单指令和地震活动中深地层特性变化的检测。

（2）极低频：典型应用为对潜通信，地下通信，极稳定的全球通信，地下遥感，电离层与磁层研究。由于频率低，因而信息容量小，信息速率低（约 1 bit/s）。该频段中，垂直极化的天线系统不易建立，并且受雷电干扰强。

（3）甚低频：典型应用为 Omega（美）、α（俄）超远程及水下相位差导航系统，全球电报通信及对潜指挥通信，时间频率标准传递，地质探测。该波段难于实现电尺寸高的垂直极化天线和定向天线，传输数据率低，雷电干扰也比较强。

（4）低频：典型应用为 Loran-C（美）及我国长河二号远程脉冲相位差导航系统，时间频率标准传递，远程通信广播。该频段不易实现定向天线。

（5）中频：用于广播、通信、导航（机场着陆系统）。采用多元天线可实现较好的方向性，但是天线结构庞大。

（6）高频：用于远距离通信广播，超视距天波及地波雷达，超视距地—空通信。

（7）米波：用于语音广播，移动（包括卫星移动）通信，接力（～50 km 跳距）通信，航空导航信标，以及容易实现具有较高增益系数的天线系统。

（8）分米波：用于电视广播，飞机导航、着陆，警戒雷达，卫星导航，卫星跟踪、数传及指令网，蜂窝无线电通信。

（9）厘米波：用于多路语音与电视信道，雷达，卫星遥感，固定及移动卫星信道。

（10）毫米波：用于短路径通信，雷达，卫星遥感。

此波段及以上波段的系统设备和技术有待进一步发展。

（11）亚毫米波：用于短路径通信。

10.1.2　几种主要的电波传播方式

电波传播特性同时取决于媒质结构特性和电波特征参量。对于一定频率和极化的电波与特定媒质条件相匹配，将具有某种占优势的传播方式。常用的电波传播方式分为以下3种。

1. 地面波传播

如图 10-1-1 所示，电波沿着地球表面传播的方式为地面波传播。此种方式要求天线的最大辐射方向沿着地面，采用垂直极化，工作的频率多位于超长、长、中和短波波段，地面对电波的传播有着强烈的影响。这种传播方式的优点是传播的信号质量好，但是频率越高，地面对电波的吸收越严重。

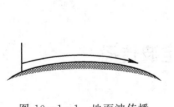

图 10-1-1　地面波传播

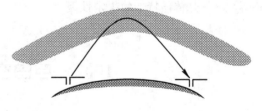

图 10-1-2　天波传播

2. 天波传播

如图 10-1-2 所示，发射天线向高空辐射的电波在电离层内经过连续折射而返回地面到达接收点的传播方式称为天波传播。尽管中波、短波都可以采用这种传播方式，但是仍然以短波为主。它的优点是能以较小的功率进行可达数千千米的远距离传播。天波传播的规律与电离层密切相关，由于电离层具有随机变化的特点，因此天波信号的衰落现象也比较严重。

3. 视距传播

如图 10 - 1 - 3 所示，电波依靠发射天线与接收天线之间的直视的传播方式称为视距传播。它可以分为地－地视距传播（图 10 - 1 - 3(*a*)）和地－空视距传播（图 10 - 1 - 3(*b*)、(*c*)）。视距传播的工作频段为超短波及微波波段。此种工作方式要求天线具有强方向性并且有足够高的架设高度。信号在传播中所受到的主要影响是视距传播中的直射波和地面反射波之间的干涉。在几千兆赫和更高的频率上，还必须考虑雨和大气成分的衰减及散射作用。在较高的频率上，山、建筑物和树木等对电磁波的散射和绕射作用变得更加显著。

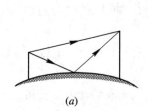 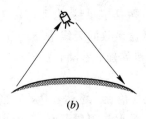 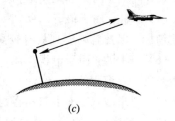

(*a*)　　　　　　　　(*b*)　　　　　　　　(*c*)

图 10 - 1 - 3　视距传播

除了上述 3 种基本的传播方式外，还有散射传播，如图 10 - 1 - 4 所示。散射传播是利用低空对流层、高空电离层下缘的不均匀的"介质团"对电波的散射特性来达到传播目的的。散射传播的距离可以远远超过地－地视距传播的视距。对流层散射主要用于 100 MHz～10 GHz 频段，传播距离 $r<800$ km；电离层散射主要用于 30 MHz～100 MHz 频段，传播距离 $r>1000$ km。散射通信的主要优点是距离远，抗毁性好，保密性强。

在各种传播方式中，媒质的电参数（包括介电常数、磁导率与电导率）的空间分布和时间变化及边界状态，是传播特性的决定性因素。

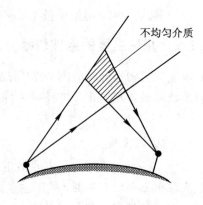

图 10 - 1 - 4　散射传播

10.2　自由空间电波传播

不同的电波传播方式反映在不同传输媒质对电波传播的影响不同，带来的损耗不同。但是即使在自由空间传播，电波在传播的过程中的功率密度也不断衰减。为了便于对各种传播方式进行定量的比较，有必要先进行电波在自由空间传播的讨论。

如图 10 - 2 - 1 所示，有一天线置于自由空间 A 处，其辐射功率为 P_r，方向系数为 D，在最大辐射方向上距离为 r 的点 M 处产生的场强振幅为

$$E = \frac{\sqrt{60P_r D}}{r}$$

(10 - 2 - 1)

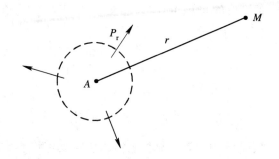

图 10 - 2 - 1   自由空间的电波传播

在实际的通信系统设计中，为了对发射机功率和发射天线增益、接收机灵敏度和接收天线增益合理地提出要求，一般要预先进行电道计算。电道计算的内容主要是计算电波在传播过程中的衰减程度。就自由空间而言，电波的衰减程度可以由自由空间的传播损耗来表示。

自由空间传播损耗(Free Space Propagation Loss)的定义是：当发射天线与接收天线的方向系数都为 1 时，发射天线的辐射功率 P_r 与接收天线的最佳接收功率 P_L 的比值，记为 L_0，即

$$L_0 = \frac{P_r}{P_L}$$

或

$$L_0 = 10 \lg \frac{P_r}{P_L} \quad \text{dB} \tag{10 - 2 - 2}$$

$D=1$ 的无方向性发射天线产生的功率密度为

$$S_{av} = \frac{P_r}{4\pi r^2} \tag{10 - 2 - 3}$$

$D=1$ 的无方向性接收天线的有效接收面积为

$$A_e = \frac{\lambda^2}{4\pi} \tag{10 - 2 - 4}$$

所以该接收天线的接收功率为

$$P_L = S_{av}A_e = \left(\frac{\lambda}{4\pi r}\right)^2 P_r \tag{10 - 2 - 5}$$

于是自由空间传播损耗为

$$L_0 = 10 \lg \frac{P_r}{P_L} = 20 \lg \frac{4\pi r}{\lambda} \quad \text{dB} \tag{10 - 2 - 6}$$

或

$$L_0 = 32.45 + 20 \lg f(\text{MHz}) + 20 \lg r(\text{km})$$
$$= 121.98 + 20 \lg r(\text{km}) - 20 \lg \lambda(\text{cm}) \tag{10 - 2 - 7}$$

虽然自由空间是一种理想介质，是不会吸收能量的，但是随着传播距离的增大导致发射天线的辐射功率分布在更大的球面上，因此自由空间传播损耗是一种扩散式的能量自然损耗。从上式可见，当电波频率提高 1 倍或传播距离增加 1 倍时，自由空间传播损耗分别增加 6 dB。

对于波长 $\lambda=100$ m，传播距离 $r=50$ km 而言，$L_0=76$ dB，这是一个不小的数据。

实际的传输媒质对电波有吸收作用，这将导致电波的衰减。如果实际情况下的接收点

的场强为 E，而自由空间传播的场强为 E_0，定义比值 $|E/E_0|$ 为衰减因子（Attenuation Factor），记为 A，于是

$$A = \left| \frac{E}{E_0} \right| \qquad (10 - 2 - 8)$$

相应的衰减损耗为

$$L_F = 20 \lg \frac{1}{A} = 20 \lg \left| \frac{E_0}{E} \right| \qquad (10 - 2 - 9)$$

A 与工作频率、传播距离、媒质电参数、地貌地物、传播方式等因素有关。

考虑了上述路径带来的衰减以后，为了表明传输路径的功率传输情况，常常引入路径传输损耗（Propagation Path Loss）（或称为基本传输损耗），记为 L_b，即

$$L_b = L_0 + L_F \quad \text{dB} \qquad (10 - 2 - 10)$$

如果发射天线的输入功率为 P_{in}，增益系数为 G_r，接收天线的增益系数为 G_L，则相应的功率密度和最佳接收功率分别为

$$S_{av} = \frac{P_{in} G_r}{4\pi r^2} A^2 \qquad (10 - 2 - 11)$$

$$P_L = S_{av} A_e = \left(\frac{\lambda}{4\pi r} \right)^2 P_{in} A^2 G_r G_L \qquad (10 - 2 - 12)$$

对于这样实际的传输电道，定义发射天线输入功率与接收天线输出功率（满足匹配条件）之比为该电道的传输损耗 L（Propagation Loss），即

$$L = \frac{P_{in}}{P_L} = \left(\frac{4\pi r}{\lambda} \right)^2 \frac{1}{A^2 G_r G_L} \qquad (10 - 2 - 13)$$

或

$$L = L_0 + L_F - G_r - G_L \quad \text{dB} \qquad (10 - 2 - 14)$$

在路径传输损耗 L_b 为客观存在的前提下，降低传输损耗 L 的重要措施就是提高收、发天线的增益系数。

【例 10 - 2 - 1】 设微波中继通信的段距为 $r = 50$ km，工作波长为 7.5 cm，收发天线的增益系数都为 45 dB，馈线及分路系统一端损耗为 3.6 dB，该路径的衰减因子 $A = 0.7$。若发射天线的输入功率为 10 W，求其收信电平。

解 首先利用式（10 - 2 - 7）求出自由空间传播损耗为

$$L_0 = 121.98 + 20 \lg r(\text{km}) - 20 \lg \lambda(\text{cm}) = 121.98 + 20 \lg 50 - 20 \lg 7.5$$
$$= 121.98 + 33.98 - 17.5 = 138.46 \text{ dB}$$

于是考虑到馈线及分路系统一端损耗后，该电道的总传输损耗 L 为

$$L = L_0 + L_F - G_r - G_L + 2 \times 3.6 = 138.46 - 20 \lg 0.7 - 2 \times 45 + 2 \times 3.6 = 58.8 \text{ dB}$$

因发射天线的输入功率为 $P_{in} = 10$ W $= 40$ dBm。（注：dBm 为分贝毫瓦），于是收信电平即接收天线的输出功率为

$$P_L = P_{in} - L = 40 - 58.8 = -18.8 \text{ dBm}$$

10.3 电波传播的菲涅尔区

理想的自由空间应是无边际的，但是这样的空间是不存在的。而对某一特定方向而

言，却存在着能否视为自由空间传播的概念，更有其实际的意义。对此，需要介绍电波传播的菲涅尔区概念。

如图 10-3-1 所示，空间 A 处有一球面波源，为了讨论它的辐射场的大小，根据惠更斯-菲涅尔原理，可以做一个与之同心、半径为 R 的球面，该球面上所有的同相惠更斯源对于远区观察点 P 来说，可以视为二次波源。如果 P 点与 A 点相距 $d=R+r_0$，为了计算方便起见，我们将球面 S 分成许多环形带 $N_n(n=1,2,3,\cdots)$，并使相邻两带的边缘到观察点的距离相差半个波长（物理学上称这种环带为菲涅尔带（Fesnel Zone）），即

$$\left.\begin{aligned}R+r_1 &= R+r_0+\frac{\lambda}{2}\\ R+r_2 &= R+r_0+2\left(\frac{\lambda}{2}\right)\\ &\vdots\\ R+r_n &= R+r_0+n\left(\frac{\lambda}{2}\right)\end{aligned}\right\} \tag{10-3-1}$$

在这种情况下，相邻两带的对应部分的惠更斯源在 P 点的辐射将有 $\lambda/2$ 的波程差，因而具有 $180°$ 的相位差，起着互相削弱的作用。

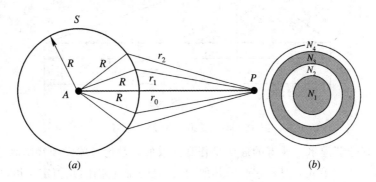

图 10-3-1　菲涅尔半波带

（a）剖面图；（b）迎视的菲涅尔环形带

可以证明，当 $r_0 \gg \lambda$ 时，各带的面积大致相等。设第 n 个菲涅尔半波带在 P 点产生的场强振幅为 $E_n(n=1,2,3,\cdots)$，由于每个菲涅尔半波带的辐射路径不一样，因此有以下的关系式

$$E_1 > E_2 > E_3 > \cdots > E_n > E_{n+1} > \cdots \tag{10-3-2}$$

从平均角度而言，相邻两带对 P 点的贡献反相，于是 P 点的合成场振幅为

$$E = E_1 - E_2 + E_3 - E_4 + \cdots \tag{10-3-3}$$

如果将上式的奇数项拆成两部分，即 $E_n = E_n/2 + E_n/2$，则式（10-3-3）可以重新写为

$$E = \frac{E_1}{2} + \left(\frac{E_1}{2} - E_2 + \frac{E_3}{2}\right) + \left(\frac{E_3}{2} - E_4 + \frac{E_5}{2}\right) + \left(\frac{E_5}{2} - E_6 + \frac{E_7}{2}\right) + \cdots \tag{10-3-4}$$

仔细观察上式，如果总带数足够大，利用式（10-3-2）的结论，可以认为

$$E \approx \frac{E_1}{2} \tag{10-3-5}$$

上式给我们一个重要的启示，尽管在自由空间从波源 A 辐射到观察点 P 的电波，从波动光学的观点看，可以认为是通过许多菲涅尔区传播的，但起最重要作用的是第一菲涅尔

区。作为粗略近似，只要保证第一菲涅尔区的一半不被地形地物遮挡，就能得到自由空间传播时的场强。所以在实际的通信系统设计中，对第一菲涅尔区的尺寸非常关注，下面我们就来求出第一菲涅尔区半径。

令第一菲涅尔区的半径为 F_1，则当各参数如图 $10-3-2$ 所示时，根据第一菲涅尔区半径的定义

$$\sqrt{F_1^2 + d_1^2} + \sqrt{F_1^2 + d_2^2} = d + \frac{\lambda}{2} \tag{10-3-6}$$

通常 $d_1 \gg F_1$，$d_2 \gg F_1$，因此将上式作一级近似，可得

$$F_1 = \sqrt{\frac{d_1 d_2 \lambda}{d}} \tag{10-3-7}$$

显然，该半径在路径的中央 $d_1 = d_2 = d/2$ 处达到最大值

$$F_{1max} = \frac{1}{2}\sqrt{d\lambda} \tag{10-3-8}$$

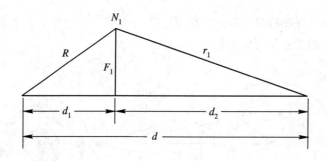

图 $10-3-2$ 第一菲涅尔区半径

实际上，划分菲涅尔半波带的球面是任意选取的，因此当球面半径 R 变化时，尽管各菲涅尔区的尺寸也在变化，但是它们的几何定义不变。而它们的几何定义恰恰就是以 A、P 两点为焦点的椭圆定义。如图 $10-3-3$ 所示，如果考虑到以传播路径为轴线的旋转对称性，不同位置的同一菲涅尔半波带的外围轮廓线应是一个以收、发两点为焦点的旋转椭球。我们称第一菲涅尔椭球为电波传播的主要通道。

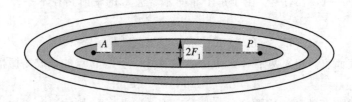

图 $10-3-3$ 菲涅尔椭球

由式 $(10-3-7)$ 可知，波长越短，第一菲涅尔区半径越小，对应的第一菲涅尔椭球越细长。对于波长非常短的光学波段，椭球体更加细长，因而产生了光学中研究过的纯粹的射线传播。

由于电波传播的主要通道并不是一条直线，因此即使某凸出物并没有挡住收、发两点间的几何射线，但是已进入了第一菲涅尔椭球，此时接收点的场强已经受到影响，该收、

发两点之间不能视为自由空间传播。而当凸出物未进入第一菲涅尔椭球，即电波传播的主要通道，此时才可以认为该收、发两点之间被视为自由空间传播，说得更通俗一点，才可以用式(10-2-1)计算接收点的场强振幅。

如图10-3-4所示，即使在地面上的障碍物遮住收、发两点间的几何射线的情况下，由于电波传播的主要通道未被全部遮挡住，因此接收点仍然可以收到信号，此种现象被称为电波绕射。在地面上的障碍物高度一定的情况下，波长越长，电波传播的主要通道的横截面积越大，相对遮挡面积就越小，接收点的场强就越大，因此频率越低，绕射能力越强。

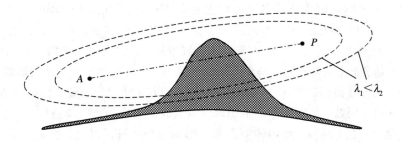

图 10-3-4 不同波长的绕射能力

实际上，电磁信号在各种特定的媒质中传播的过程，除了以上所介绍的基本特性之外，还可能遭受衰落，反射和折射，极化偏移，干扰和噪声，时、频域畸变等效应，并因此而具有复杂的时空频域变化特性。这些媒质效应对信息传输的质量和可靠性常常产生严重的影响，因此各种媒质中各频段电磁波的传播效应是电波传播研究的主要对象。鉴于本书篇幅有限，将只对地面波传播、天波传播、视距传播和地面移动通信中接收场强的预测进行初步的探讨。至于更深入的研究，读者除了查阅有关电波传播的专著之外，国际无线电咨询委员会(CCIR)的有关报告或建议也会提供专门的资料。

习 题 十

1. 推导自由空间传播损耗的公式，并说明其物理意义。

2. 有一广播卫星系统，其下行线中心工作频率为 $f=700$ MHz，卫星天线的输入功率为200 W，发射天线在接收天线方向的增益系数为 26 dB，接收点至卫星的距离为37 740 km，接收天线的增益系数为 30 dB，试计算接收机的最大输入功率。

3. 在同步卫星与地面的通信系统中，卫星位于 36 000 km 高度，工作频率为 4 GHz，卫星天线的输入功率为 26 W，地面站抛物面接收天线增益系数为 50 dB，假如接收机所需的最低输入功率是 1 pW，这时卫星上发射天线在接收天线方向上的增益系数至少应为多少？

4. 什么是电波传播的主要通道？它对电波传播有什么影响？

5. 求在收、发天线的架高分别为 50 m 和 100 m，水平传播距离为 20 km，频率为80 MHz的条件下，第一菲涅尔区半径的最大值。计算结果意味着什么？

6. 为什么说电波具有绕射能力？绕射能力与波长有什么关系？为什么？

第11章 地面波传播

　　无线电波沿地球表面传播，称为地面波传播（Ground Wave Propagation）或表面波传播（Surface-Wave Propagation）。当天线低架于地面上（天线的架设高度比波长小得多）时，其最大辐射方向沿地球表面，这时主要是地面波传播，例如使用直立的鞭状天线就是这种情况。这种传播方式，信号稳定，基本上不受气象条件、昼夜及季节变化的影响。但随着电波频率的增高，传播损耗迅速增大，因此，这种传播方式使用于中波、长波和超长波传播。在军事中，常用于短波、超短波作几十千米以内或几千米内的近距离通信、侦察和干扰。

　　由于地面的性质、地貌、地物等情况都会影响电波传播，因此，首先必须了解地球表面与电磁现象有关的物理性能。

11.1　地球表面电特性

　　地球形似一略扁的球体，平均半径为 6370 km。根据地震波的传播证明，地球从里到外可分为地核、地幔和地壳三层，如图 11-1-1 所示。表层 70 km～80 km 厚的坚硬部分，称为地壳，地壳各处的厚度不同，海洋下面较薄，最薄处约 5 km，陆地处的地壳较厚，总体的平均厚度约 33 km。地壳的表面是电导率较大的冲积层。由于地球内部作用（如地壳运动、火山爆发等），以及外部的风化作用，使得地球表面形成高山、深谷、江河、平原等地形地貌，再加上人为所创建的城镇田野等，这些不同的地质结构及地形地物，在一定程度上影响着无线电波的传播。

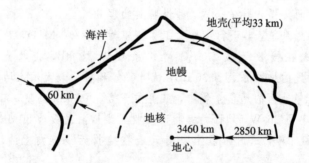

图 11-1-1　地球结构示意图

　　由于地面波是沿着空气与大地交界面传播的，因此传播情况主要取决于地面条件。概括地说，地面对电波传播的影响主要表现为两个方面：

　　一是地面的不平坦性，当地面起伏不平的程度相对于电波波长来说很小时，地面可近似看成是光滑地面。对于长波和中波传播，除高山外均可视地面为平坦的。

二是地质的情况,我们主要研究它的电磁特性。描述大地电磁特性的主要参数是介电常数 ε(或相对介电常数 ε_r)、电导率 σ 和磁导率 μ。根据实际测量,绝大多数地质(磁性体除外)的磁导率都近似等于真空中的磁导率 μ_0,表 11-1-1 给出了几种不同地质的电参数。

表 11-1-1　地面的电参数

地面类型	ε_r		$\sigma/(\mathrm{S \cdot m^{-1}})$	
	平均值	变化范围	平均值	变化范围
海水	80	80	4	$0.66 \sim 6.6$
淡水	80	80	10^{-3}	$10^{-3} \sim 2.4 \times 10^{-2}$
湿土	20	$10 \sim 30$	10^{-2}	$3 \times 10^{-3} \sim 3 \times 10^{-2}$
干土	4	$2 \sim 6$	10^{-3}	$1.1 \times 10^{-5} \sim 2 \times 10^{-3}$

为了既反映媒质的介电性 ε_r,又反映媒质的导电性 σ,可采用相对复介电常数

$$\tilde{\varepsilon}_r = \varepsilon_r - \mathrm{j} \frac{\sigma}{\omega \varepsilon_0} = \varepsilon_r - \mathrm{j} 60 \lambda \sigma \qquad (11-1-1)$$

其中,$\varepsilon_0 = 1/36\pi \times 10^{-9}$ F/m;λ 是自由空间波长。

怎样判断某种地质是呈现导电性还是介电性呢?通常把传导电流密度 J_f 与位移电流密度 J_D 之比

$$\frac{J_f}{J_D} = \frac{\sigma}{\omega \varepsilon_0 \varepsilon_r} = \frac{60 \lambda \sigma}{\varepsilon_r} \qquad (11-1-2)$$

作为衡量标准。当传导电流比位移电流大得多,即 $60\lambda\sigma/\varepsilon_r \gg 1$ 时,大地具有良导体性质;反之,当位移电流比传导电流大得多,即 $60\lambda\sigma/\varepsilon_r \ll 1$ 时,可将大地视为电介质;而二者相差不大时,称为半电介质。表 11-1-2 给出了各种地质中 $60\lambda\sigma/\varepsilon_r$ 随频率的变化情况。

表 11-1-2　各种地质的 $60\lambda\sigma/\varepsilon_r$ 值

频率 地质　　$60\lambda\sigma/\varepsilon_r$	300 MHz	30 MHz	3 MHz	300 kHz	30 kHz	3 kHz
海水($\varepsilon_r=80$, $\sigma=4$)	3	3×10	3×10^2	3×10^3	3×10^4	3×10^5
湿土($\varepsilon_r=20$, $\sigma=10^{-2}$)	3×10^{-2}	3×10^{-1}	3	3×10^1	3×10^2	3×10^3
干土($\varepsilon_r=4$, $\sigma=10^{-3}$)	1.5×10^{-2}	1.5×10^{-1}	1.5	1.5×10^1	1.5×10^2	1.5×10^3
岩石($\varepsilon_r=6$, $\sigma=10^{-7}$)	10^{-6}	10^{-5}	10^{-4}	10^{-3}	10^{-2}	10^{-1}

由表可见,对海水来说,在中、长波波段它是良导体,只有到微波波段才呈现介质性质;湿土和干土在长波波段呈良导体性质,在短波以上就呈现介质性质;而岩石则几乎在整个无线电波段都呈现介质性质。

11.2　地面波的传播特性

当天线设置在紧靠地面上时,天线辐射的电波是沿着半导电性质和起伏不平的地表面

进行传播的。由于地表面的半导电性质，一方面使电波的场结构不同于自由空间传播的情况而发生变化并引起电波吸收，另一方面使电波不像在均匀媒质中那样以一定的速度沿着直线路径传播，而是由于地球表面呈现球形使电波传播的路径按绕射的方式进行。由于只

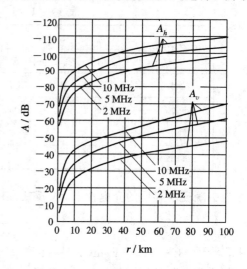

有当波长超过障碍物高度或与其相当时，才具有绕射作用，因此在实际情况中，只有长波、中波以及短波低端（频率较低的部分）能够绕射到地表面较远的地方。对于短波高端以及超短波波段，由于障碍物高度大于波长，因而绕射能力很弱。

地面波传播还与电波的极化有关，理论计算和实验均证明地面波不宜采用水平极化波传播。图 11-2-1 给出了一组计算曲线，图中横坐标为传播距离 r，由图可见，水平极化波的衰减因子 A_h 远大于垂直极化波的衰减因子 A_v。这是因为，当电场为水平极化时，电场平行地面，传播中在地面上引起较大的感应电流，致使电波产生很大的衰减。对于垂直极化波（通常由直立天线辐射），其

图 11-2-1　中度土壤($\varepsilon_r=15,\sigma=10^{-3}$ S·m^{-1})
水平极化和垂直极化的地面波衰减

电波能量同样要被吸收，但由于电场方向与地面垂直，它在地面上产生的感应电流远比水平极化波的要小，故地面吸收小。因此在地面波传播中通常多采用垂直极化波。

11.2.1　波前倾斜现象

地面波传播的重要特点之一是存在波前倾斜现象。波前倾斜现象是指由于地面损耗造成电场向传播方向倾斜的一种现象，如图 11-2-2 所示。波前倾斜现象可作如下解释。

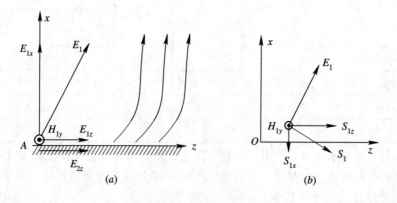

图 11-2-2　波前倾斜现象
(a) 电场方向；(b) 坡印廷矢量方向

设有一直立天线沿垂直地面的 x 轴放置，辐射垂直极化波，电波能量沿 z 轴方向即沿地表面传播，其辐射电磁场为 E_{1x} 和 H_{1y}，如图 11-2-2(a) 所示。当某一瞬间 E_{1x} 位于 A 点时，在地面上必然会感应出电荷。当波向前传播时，便产生了沿 z 方向的感应电流，由

于大地是半导电媒质，有一定的地电阻，故在 z 方向产生电压降，也即在 z 方向产生新的水平分量 E_{2z}。由于边界电场切向分量连续，即存在 E_{1z}，这样靠近地面的合成场 E_1 就向传播方向倾斜。

从能量的角度看，由于地面是半导电媒质，电波沿地面传播时产生衰减，这就意味着有一部分电磁能量由空气层进入大地内。坡印廷矢量 $\boldsymbol{S}_1 = \frac{1}{2}\text{Re}(\boldsymbol{E}_1 \times \boldsymbol{H}_1^*)$ 的方向不再平行于地面而发生倾斜，如图 $11-2-2(b)$ 所示，出现了垂直于地面向地下传播的功率流密度 S_{1x}，这一部分电磁能量被大地所吸收。由电磁场理论可知，坡印廷矢量是与等相位面即波前垂直的，故当存在地面吸收时，在地面附近的波前将向传播方向倾斜。显然，地面吸收越大，S_{1x} 越大，倾斜将越严重。只有沿地面传播的 S_{1z} 分量才是有用的。

下面来求解各分量的大小。

11.2.2　地面波传播的场分量

由上面的分析可知，由于地面是半导电媒质，低架直立天线辐射的垂直极化波将在传播方向上存在电场分量，各分量如图 $11-2-3$ 所示，yOz 面为地平面，波沿 z 轴方向传播，下标"1"表示在空气内，下标"2"表示在大地内，利用边界条件，有

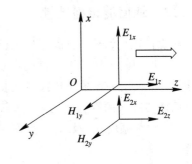

图 $11-2-3$　地面波的场结构

$$\left.\begin{array}{c} E_{1z} = E_{2z} \\ H_{1y} = H_{2y} \\ E_{1x} = \tilde{\varepsilon}_r E_{2x} \\ B_{1x} = B_{2x} = 0 \end{array}\right\} \quad (11-2-1)$$

为简化分析，通常使用 M. A. 列翁托维奇近似边界条件：若半导电媒质相对复介电常数的绝对值满足下列条件：

$$|\tilde{\varepsilon}_r| = |\varepsilon_r - \text{j}60\lambda\sigma| \gg 1 \quad (11-2-2)$$

则在界面大地一侧的电、磁场水平分量之间满足

$$\frac{E_{2z}}{H_{2y}} \approx \sqrt{\frac{\mu_0}{\varepsilon_0 \tilde{\varepsilon}_r}} \quad (11-2-3)$$

利用边界条件，上式可写成

$$\frac{E_{1z}}{H_{1y}} \approx \sqrt{\frac{\mu_0}{\varepsilon_0 \tilde{\varepsilon}_r}} \quad (11-2-4)$$

因为在空气中有下列关系：

$$\frac{E_{1x}}{H_{1y}} \approx \sqrt{\frac{\mu_0}{\varepsilon_0}} \quad (11-2-5)$$

上两式相除，可得

$$E_{1z} = \frac{E_{1x}}{\sqrt{\tilde{\varepsilon}_r}} = \frac{E_{1x}}{\sqrt{\varepsilon_r - \text{j}60\lambda\sigma}} \quad (11-2-6)$$

根据边界条件式(11-2-1)，得

$$E_{2x} = \frac{E_{1x}}{\tilde{\varepsilon}_r} = \frac{E_{1x}}{\varepsilon_r - j60\lambda\sigma} \qquad (11-2-7)$$

上述各分量亦可写成

$$E_{1z} = E_{2z} = \frac{E_{1x}}{\sqrt[4]{\varepsilon_r^2 + (60\lambda\sigma)^2}} e^{j\frac{\varphi}{2}} \qquad (11-2-8)$$

$$E_{2x} = \frac{E_{1x}}{\sqrt{\varepsilon_r^2 + (60\lambda\sigma)^2}} e^{j\varphi} \qquad (11-2-9)$$

$$H_{1y} = H_{2y} \approx \frac{E_{1x}}{120\pi} \qquad (11-2-10)$$

式中

$$\varphi = \arctan \frac{60\lambda\sigma}{\varepsilon_r} \qquad (11-2-11)$$

若已知 E_{1x} 值，则其余各分量均可由以上各式求出。上述场强是在满足列翁托维奇条件下得出的，对于中波、长波的地面波传播情况，沿一般地质传播时该条件是满足的。

11.2.3　地面波传播特性

根据前面的讨论，可以得出地面波传播的一些重要特性。

（1）地面波传播采用垂直极化波。地面波的传播损耗与波的极化形式有很大关系，计算表明，电波沿一般地质传播时，水平极化波比垂直极化波的传播损耗要高数十分贝。所以地面波传播采用垂直极化波，天线则多采用直立天线的形式。

（2）波前倾斜现象具有很大的实用意义。可以采用相应形式的天线，有效地接收各场强分量。

若 $|\tilde{\varepsilon}_r| \gg 1$，则 $E_{1z} = E_{2z} = \dfrac{E_{1x}}{\sqrt{\tilde{\varepsilon}_r}}$，$E_{2x} = \dfrac{E_{2z}}{\sqrt{\tilde{\varepsilon}_r}}$，所以在空气中，电场的垂直分量远大于水平分量；在地面下，则电场的水平分量远大于其垂直分量。因此，地面上接收时，宜采用直立天线，接收天线附近地质宜选用湿地。若受条件限制，也可采用低架或水平铺地天线接收，并且接收天线附近地质宜选用 ε_r 和 σ 较小的干地。还可采用水平埋地天线接收，由于地下波传播随着深度的增加，场强按指数规律衰减，因此，天线的埋地深度不宜过大，浅埋为好，附近地质宜选用干地。

（3）地面上电场为椭圆极化波，如图 11-2-4 所示，这是由于紧贴地面大气一侧的电场横向分量 E_{1x} 远大于纵向分量 E_{1z}，且相位不等，合成场为一狭长椭圆极化波。

在短波、超短波段 E_{1z} 虽较大，但相位差由式（11-2-11）可见趋于零，所以可近似认为电场是与椭圆长轴方向一致的线极化波。图 11-2-4 中波前倾斜角为

$$\Psi = \arctan \sqrt[4]{\varepsilon_r^2 + (60\lambda\sigma)^2} \qquad (11-2-12)$$

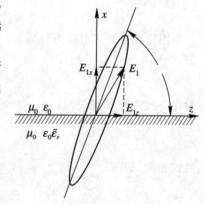

图 11-2-4　地面上传播椭圆极化波

（4）地面波在传播过程中有衰减。地面波沿地表传播时，由于大地是半导电媒质，对电波能量的吸收产生了电场纵向分量 E_{1z}，相应地沿 $-x$ 方向传播的功率流密度 $S_{1x} = \frac{1}{2} \mathrm{Re}(E_{1z} H_{1y}^*)$ 代表着电波的传输损耗。地面电导率越大，频率越低，地面对电波的吸收越小。因此地面波传播方式特别适用于长波、超长波波段。

（5）传播较稳定。这是由于大地的电特性、地貌地物等不会随时改变，并且地面波基本上不受气候条件的影响，故地面波传播信号稳定。

（6）有绕射损耗。障碍物越高，波长越短，则绕射损耗越大。长波绕射能力最强，中波次之，短波较弱，而超短波绕射能力最弱。

11.3　地面波场强的计算

地面波传播过程中存在地面吸收损耗，当传播距离较远，超出 $80/\sqrt[3]{f(\mathrm{MHz})}$ 千米时，还必须考虑球面地造成的绕射损耗。一般计算 E_{1x} 有效值的表达式为

$$E_{1x} = \frac{173\sqrt{P_{\mathrm{r}}(\mathrm{kW})D}}{r(\mathrm{km})}A \quad \mathrm{mV/m} \tag{11-3-1}$$

其中，A 为地面的衰减因子；P_{r} 为辐射功率；D 为方向系数；r 为传播距离。地面衰减因子 A 的严格计算是非常复杂的。

从工程应用的观点，本节介绍国际电信联盟(ITU)推荐的一组曲线：ITU-R P.368-9 频率在 10 kHz 和 30 MHz 间的地波传播曲线，现摘录其中部分内容，如图 11-3-1~图 11-3-3 所示，称为布雷默(Bremmer)计算曲线，用以计算 E_{1x}。其使用条件是：

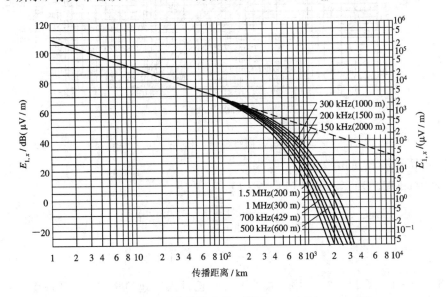

图 11-3-1　地面波传播曲线 1(海水：$\sigma = 4$ S/m，$\varepsilon_r = 80$)

（1）假设地面是光滑的，地质是均匀的；

（2）发射天线使用短于 $\lambda/4$ 的直立天线(其方向系数 $D \approx 3$)，辐射功率 $P_{\mathrm{r}} = 1$ kW；

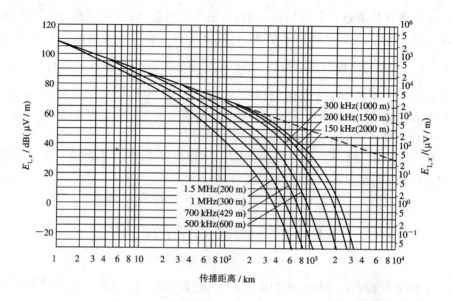

图 11-3-2　地面波传播曲线 2(陆地：$\sigma=10^{-2}$ S/m，$\varepsilon_r=4$)

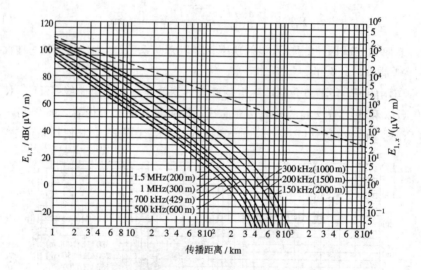

图 11-3-3　地面波传播曲线 3(陆地：$\sigma=10^{-4}$ S/m，$\varepsilon_r=4$)

（3）计算的是 E_{1x} 的有效值。

将 $P_r=1$ kW，$D=3$ 代入式(11-3-1)，得

$$E_{1x} = \frac{173\sqrt{1\times3}}{r(\text{km})}A(\text{mV/m})$$

$$= \frac{3\times10^5}{r(\text{km})}A \quad \mu\text{V/m} \tag{11-3-2}$$

图 11-3-1～图 11-3-3 中衰减因子 A 值已计入大地的吸收损耗及球面地的绕射损耗。从图中可以看出，对于中波和长波，传播距离超过 100 km 后，场强值急剧衰减，这主要是绕射损耗增大所致。

当 $P_r\neq1$ kW，$D\neq3$ 时，则换算关系为

$$E_{1x} = E_{1x\text{查表}} \sqrt{\frac{P_r(\text{kW})D}{3}} \qquad (11-3-3)$$

11.4 地面不均匀性对地面波传播的影响

前面讨论了地面波在一种均匀地面上的传播情形。实际上，常常碰到地面波在几种不同性质的地面上传播的问题。例如船与岸上基站的通信，电波传播途径就经历陆地一海洋的突变。因此，必须考虑这种情况下电波传播的特点及场强计算的方法。下面介绍其近似计算方法。

如图 11-4-1 所示，假设电波在第 2 段路径遭受到的吸收与第 1 段的吸收无关，可以分段计算。首先按下式计算 B 点的场强：

$$E_B = \frac{173\sqrt{P_r(\text{kW})D}}{r_1(\text{km})} A_1(r_1) \quad \text{mV/m} \qquad (11-4-1)$$

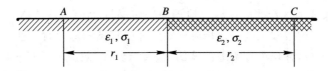

图 11-4-1 不同性质地面上的传播路径示意图

式中 $A_1(r_1)$ 是第 1 种地面上距离为 r_1 的衰减因子。如果把第 1 段地面用与第 2 段性质相同的地面代替，则要在 B 点保持场强不变，天线辐射功率应由原来的 P_r 调整到一个新的数值 P_r'，其大小由下式确定：

$$E_B = \frac{173\sqrt{P_r D}}{r_1} A_1(r_1) = \frac{173\sqrt{P_r' D}}{r_1} A_2(r_1) \qquad (11-4-2)$$

所以

$$P_r' = P_r \left[\frac{A_1(r_1)}{A_2(r_1)} \right]^2 \qquad (11-4-3)$$

式中 $A_2(r_1)$ 是地质为 ε_2、σ_2，距离为 r_1 的衰减因子。现在，辐射功率 P_r' 在完全是第 2 种地质情况下传播至 C 点的场强就被认为是原来的数值。因而可求得图 11-4-1 中 C 点的场强为

$$
\begin{aligned}
E_C &= \frac{173\sqrt{P_r'(\text{kW})D}}{(r_1+r_2)(\text{km})} A_2(r_1+r_2) \\
&= \frac{173\sqrt{P_r(\text{kW})D}}{(r_1+r_2)(\text{km})} \frac{A_1(r_1)A_2(r_1+r_2)}{A_2(r_1)} \quad \text{mV/m} \\
&= E_1(r_1) \frac{E_2(r_1+r_2)}{E_2(r_1)} \qquad (11-4-4)
\end{aligned}
$$

式中，$E_1(r_1)$ 是电波在第 1 种媒质传播 r_1 距离后的场强；$E_2(r_1)$ 是以第 2 种媒质代替第 1 种媒质传播 r_1 距离后的场强；$E_2(r_1+r_2)$ 是以第 2 种媒质代替第 1 种媒质传播 r_1+r_2 距离后的场强。因为地面波所经过的几种性质的地面彼此间互有影响，而不能彼此孤立起来予

以考虑，所以用以上方法计算出来的结果不满足互易原理，即发射天线在 A 点时计算出 C 点的场强 E_{AC} 与发射天线在 C 点时计算出 A 点的场强 E_{CA} 不等。这是这一方法的假设前提不全面的必然结果。为了补救这一缺点，密林顿(Millington)提出取两者的几何平均作为近似解，即接收点场强为

$$E = \sqrt{E_{AC}E_{CA}} \qquad\qquad (11-4-5)$$

　　用上述方法计算场强虽然不严格，但方法简便，结果符合工程要求，所以应用很广。上述方法可以推广到多种不同电参数组成的混合路径的传播。

　　对电波在不同性质地面上的传播进行计算，所得结果对于合理选择收发两点的地质情况具有重要意义。例如，在图 11-4-2 所示的条件下，地面波从 A 点出发，经混合路径到达 B 点，可算出衰减因子如图 11-4-3 所示。由图可见，虽然总的路径是相等的，但"海洋－干土－海洋"的路径损耗小于"干土－海洋－干土"的路径损耗。这说明地面波路径的各段起的作用不相同，邻近发射天线和接收天线的地区，对地面波的吸收起决定性的作用，而路径中段的地质情况对整个路径衰减的影响不如两端大。因此可以把地面波的传播过程和飞机的飞行相比拟，好像电波是从发射天线地区起飞，在离开地表面一定高度上向接收天线方向飞行，然后在到达接收天线的区域降落。只有在起飞和降落时，地

海岸折射现象

面对飞机才起作用。这种现象称为地面波的"起飞－着陆"效应，图 11-4-4 为地面波传播时的想象图像。所以在实际工作中适当选择发射、接收天线附近的地质是很重要的。

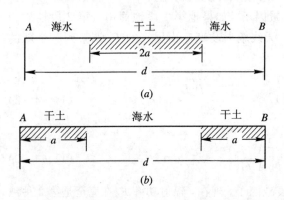

图 11-4-2　三段不同性质地面传播示意图
(a) 海水－干土－海水；(b) 干土－海水－干土

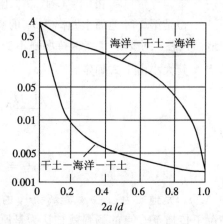

图 11-4-3　三段不同性质地面传播的衰减因子

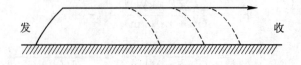

图 11-4-4　地面波传播的"起飞－着陆"效应

习 题 十 一

1. 为什么地面波传播会出现波前倾斜现象？波前倾斜的程度与哪些因素有关？为什么？

2. 当发射天线为辐射垂直极化波的鞭状天线，在地面上和地面下接收地面波时，各应用何种天线比较合适？为什么？

3. 某发射台的工作频率为 1 MHz，使用短直立天线。电波沿着海面（$\sigma = 4$ S/m，$\varepsilon_r = 80$）传播时，在海面上 100 km 处产生的垂直分量场强为 8 mV/m。试求：

(1) 该发射台的辐射功率；

(2) 在 $r = 100$ km 处海面下 1 m 深处，电场的水平分量的大小。

4. 某广播电台工作频率为 1 MHz，辐射功率为 100 kW，使用短直立天线。试由地面波传播曲线图，算出电波在干地、湿地及海面三种地面上传播时，$r = 100$ km 处的场强。

5. 地面波在湿地（$\varepsilon_r = 10$，$\sigma = 0.01$ S/m）上传，衰减系数 $A = 0.67$，天线辐射功率 $P_r = 10$ kW，方向系数 $D = 3$，波长 $\lambda_0 = 1200$ m。求距天线 250 km 处的场强 E_{1x}。

6. 频率为 6 MHz 的电波沿着参数为 $\varepsilon_r = 10$，$\sigma = 0.01$ S/m 的湿地面传播，试求地面上电场垂直分量与水平分量间的相位差以及波前倾斜的倾斜角。

7. 在地面波传播过程中，地面吸收的基本规律是什么？

第 12 章　天波传播

　　天波传播（Sky Wave Propagation）是指电波由发射天线向高空辐射，经高空电离层（Ionosphere）反射后到达地面接收点的传播方式，也称为电离层传播（Ionospheric Propagation）。长、中、短波都可以利用天波传播。天波传播的主要优点是传播损耗小，从而可以用较小的功率进行远距离通信。但由于电离层的经常变化，在短波波段内信号很不稳定，有较严重的衰落现象，有时还因电离层暴等异常情况造成信号中断。近年来，由于科学技术的发展，特别是高频自适应通信系统的使用，大大提高了短波通信的可靠性，因此，天波传播仍广泛地应用于短波远距离通信中。

12.1　电离层概况

12.1.1　电离层的结构特点

　　包围地球的是厚达两万多千米的大气层，大气层里发生的运动变化对无线电波传播影响很大，对人类生存环境也有很大影响。地面上空大气层概况如图 12-1-1 所示，在离地面约 10 km～12 km（两极地区为 8 km～10 km，赤道地区达 15 km～18 km）以内的空间里，大气是相互对流的，称为对流层。由于地面吸收太阳辐射（红外、可见光及波长大于300 nm 的紫外波段）能量，转化为热能而向上传输，引起强烈的对流。对流层空气的温度是下面高上面低，顶部气温约在−50℃左右。对流层集中了约 3/4 的全部大气质量和 90％以上的水汽，几乎所有的气象现象如下雨、下雪、打雷闪电、云、雾等都发生在对流层内。离地面大约 10 km～60 km 的空间，气体温度随高度的增加而略有上升，但气体的对流现象减弱，主要是沿水平方向流动，故称平流层。平流层中水汽与沙尘含量均很少，大气透明度高，很少出现像对流层中的气象现象。对流层中复杂的气象变化对电波传播影响特别大，而平流层对电波传播影响很小。

　　从平流层以上直到 1000 km 的区域称为电离层，是由自由电子、正离子、负离子、中性分子和原子等组成的等离子体。使高空大气电离的主要电离源有：太阳辐射的紫外线、X 射线、高能带电微粒流、为数众多的微流星、其他星球辐射的电磁波以及宇宙射线等，其中最主要的电离源是太阳光中的紫外线。该层虽然只占全部大气质量的 2％左右，但因存在大量带电粒子，所以对电波传播有极大影响。

　　从电离层至几万千米的高空存在着由带电粒子组成的两个辐射带，称为磁层。磁层顶是地球磁场作用所及的最高处，出了磁层顶就是太阳风横行的空间。在磁层顶以下，地磁场起了主宰的作用，地球的磁场就像一堵墙把太阳风挡住了，磁层是保护人类生存环境的

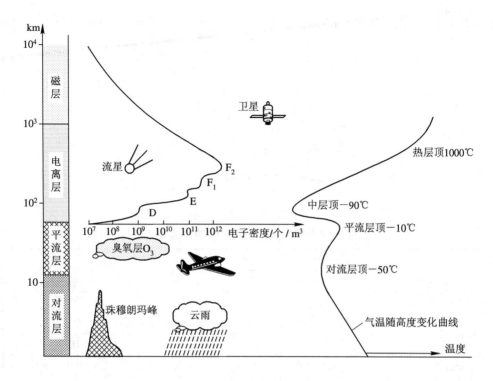

图 12-1-1 地面上空大气层概况

第一道防线。而电离层吸收了太阳辐射的大部分 X 射线及紫外线，从而成为保护人类生存环境的第二道防线。平流层内含有极少量的臭氧(O_3)，太阳辐射的电磁波进入平流层时，尚存在不少数量的紫外线，这些紫外线在平流层中被臭氧大量吸收，气温上升。在离地面 25 km 高度附近，臭氧含量最多，所以常常称这一区域为臭氧层。臭氧吸收了有害人体的紫外线，组成了保护人类生存环境的第三道防线。臭氧含量极少，其含量只占该臭氧层内空气总量的四百万分之一，臭氧的含量容易受外来因素的影响。

大气电离的程度以电子密度 N(电子数$/m^3$)来衡量。地面电离层观测站以及利用探空火箭、人造地球卫星对电离层的探测结果表明，电离层的电子密度随高度的分布如图 12-1-1 所示。电子密度的大小与气体密度及电离能量有关。气体在 90 km 以上的高空按其分子的重量分层分布，如在 300 km 高度上面主要成分是氮原子，在离地 90 km 以下的空间，由于大气的对流作用，各种气体均匀混合在一起，如图 12-1-2 所示。对每层气体而言，气体密度是上疏下密，而太阳照射则上强下弱，因而被电离出来的最大

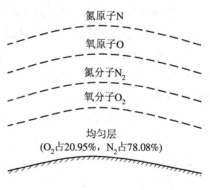

图 12-1-2 大气的分层现象

电子密度将出现在几个不同的高度上，每一个最大值所在的范围叫做一个层，由下而上我们分别以 D、E、F_1、F_2 等符号来表示，电离层各层的主要数据见表12-1-1。

表中的半厚度是指电子密度下降到最大值一半时之间的厚度，临界频率是指垂直向上

发射的电波能被电离层反射下来的最高频率。各层反射电波的大致情况如图 12-1-3 所示。

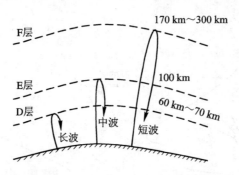

图 12-1-3　长、中、短波从不同高度反射

表 12-1-1　电离层各层的主要参数

层　名	D 层	E 层	F_1 层	F_2 层
夏季白天高度/km	60~90	90~150	150~200	200~450
夏季夜间高度/km	消失	90~140	消失	150 以上
冬季白天高度/km	60~90	90~150	160~180(经常消失)	170 以上
冬季夜间高度/km	消失	90~140	消失	150 以上
白天最大电子密度/(个/m^3)	2.5×10^9	2×10^{11}	$2 \times 10^{11} \sim 4 \times 10^{11}$	$8 \times 10^{11} \sim 2 \times 10^{12}$
夜间最大电子密度/(个/m^3)	消失	5×10^9	消失	$10^{11} \sim 3 \times 10^{11}$
电子密度最大值的高度/km	80	115	180	200~350
碰撞频率/(次/秒)	$10^6 \sim 10^8$	$10^5 \sim 10^6$	10^4	$10 \sim 10^3$
白天临界频率/MHz	<0.4	<3.6	<5.6	<12.7
夜间临界频率/MHz	/	<0.6	/	<5.5
半厚度/km	10	20~25	50	100~200
中性原子及分子密度/(个/m^3)	2×10^{21}	6×10^{18}	10^{16}	10^{14}

D 层是最低层，因为空气密度较大，电离产生的电子平均仅几分钟就与其它粒子复合而消失，因此到夜间没有日照，D 层就消失了。D 层在日出后出现，并在中午时达到最大电子密度，之后又逐渐减小。由于该层中的气体分子密度大，被电波加速的自由电子和大气分子之间的碰撞使电波在这个区域损耗较多的能量。D 层变化的特点是在固定高度上电子密度随季节有较大的变化。

E 层是电离层中高度大约在 90 km~150 km 间的区域，可反射几兆赫的无线电波，在夜间其电子密度可以降低一个量级。

F 层在夏季白天又分为上下两层，170 km~200 km 高度为 F_1 层，200 km 高度以上称 F_2 层。在晚上，F_1 与 F_2 合并为一层。F_2 层的电子密度是各层中最大的，在白天可达 2×10^{12} 个/m^3。F_2 层空气极其稀薄，电子碰撞频率极低，电子可存在几小时才与其它粒子复合而消失。F_2 层的变化很不规律，其特性与太阳活动性紧密相关。

12.1.2　电离层的变化规律

天波传播和电离层的关系特别密切，只有掌握了电离层的运动变化规律，才能更好地了解天波传播。

由于大气结构和电离源的随机变化，电离层是一种随机的、色散、各向异性的半导电媒质，它的参数如电子密度、分布高度、电离层厚度等都是随机量，电离层的变化可以区分为规则变化和不规则变化两种情况，这些变化都与太阳有关。

1. 电离层的规则变化

太阳是电离层的主要能源，电离层的状态与阳光照射情况密切相关，因此电离层的规则变化有以下 4 种：

(1) 日夜变化。日出之后，电子密度不断增加，到正午稍后时分达到最大值，以后又逐渐减小。夜间由于没有阳光照射，有些电子和正离子就会重新复合成为中性气体分子，D 层由于这种复合而消失；E 层仍然存在，但其高度比白天低，电子密度比白天小；F_1 层和 F_2 层合并称为 F 层且电子密度下降。到拂晓时各层的电子密度达到最小。一日之内，在黎明和黄昏时分，电子密度变化最快。

(2) 季节变化。由于不同季节，太阳的照射不同，故一般夏季的电子密度大于冬季。但 F_2 层例外，F_2 层冬季的电子密度反而比夏季的大，并且在一年的春分和秋分时节两次达到最大值，其层高度夏季高冬季低。这可能是由于 F_2 层的大气在夏季变热向高空膨胀，致使电子密度减小的缘故。F_1 层多出现在夏季白天。

(3) 随太阳黑子 11 年周期的变化。太阳黑子(Sunspot)是指太阳光球表面有较暗的斑点，其直径一般有 10^5 km 或更大。由于太阳温度极高，它的运动变化极其猛烈，可以极粗浅地把太阳黑子类比于地球上的火山爆发，当然，黑子运动的猛烈程度是火山爆发的亿万倍，从地球上看，当中是巨大的旋涡，黑子上巨大的旋风将大量带电粒子向上喷射，体积迅速膨胀因而使温度下降，比太阳表面一般的温度低一千多摄氏度。因此看上去中间部分形成凹坑，颜色较暗，故称黑子。太阳黑子数与太阳活动性之间有着较好的统计关系，人们常常以黑子数的多少作为"太阳活动"强弱的主要标志。黑子数目增加时，太阳辐射的能量增强，因而各层电子密度增大，特别是 F_2 层受太阳活动影响最大。黑子的数目每年都在变化，但根据天文观测，它的变化也有一定的规律性，太阳黑子的变化周期大约是 11 年，如图 12-1-4 所示。因此电离层的电子密度也与这 11 年变化周期有关。

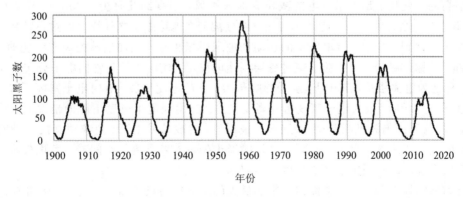

图 12-1-4　太阳黑子数随年份的变化

(4) 随地理位置变化。由于地理位置不同，太阳光照强度也不相同。在低纬度的赤道附近，太阳光照最强，电子密度最大。越靠近南北极，太阳的光照越弱，电子密度也越小。

我国处于北半球，南方的电子密度就比北方的大。

2. 电离层的不规则变化

电离层的不规则变化是指其状态的随机的、非周期的、突发的急剧变化，主要有以下3种：

(1) 突发 E 层(或称 E_s 层)。有时在 E 层中约 120 km 高度会出现一大片不正常的电离层，其电子密度大大超过 E 层，有时比正常 E 层高出几个数量级，有时可反射 50 MHz～80 MHz 的电波。因此当突发 E 层时，将使电波难以穿过 E_s 层而被它反射下来，产生"遮蔽"现象，对原来由 F 层反射的正常工作造成影响，使定点通信中断。一般 E_s 层仅存在几个小时，在我国夏季出现较频繁，在赤道和中纬度地区，白天出现的概率多于晚上，而高纬度地区则相反。另外，在黑子少的年份里，突发 E 层多。

(2) 电离层突然骚扰(Sudden Ionospheric Disturbances)。太阳黑子区域常常发生耀斑爆发，即太阳上"燃烧"的氢气发生巨大爆炸，辐射出极强的 X 射线和紫外线，还喷射出大量的带电微粒子流。当耀斑发生 8 分 18 秒左右，太阳辐射出的极强 X 射线到达地球，穿透高空大气一直达到 D 层，使得各层电子密度均突然增加，尤其 D 层可能达到正常值的 10 倍以上，如图 12-1-5 所示。突然增大的 D 层电子密度将使原来正常工作的电波遭到强烈吸收，造成信号中断。由于这种现象是突然发生的，有时又称它为 D 层突然吸收现象。

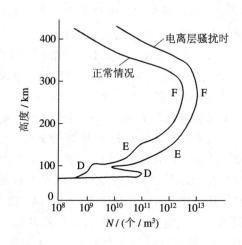

图 12-1-5　电离层骚扰时电子密度增大

一般电离层骚扰发生在白天，由于耀斑爆发时间很短，因此电离层骚扰持续时间不超过几分钟，但个别情况可持续几十分钟甚至几个小时。

(3) 电离层暴(Ionospheric Storm)。太阳耀斑爆发时除辐射大量紫外线和 X 射线外，还以很高的速度喷射出大量带电的微粒流即太阳风，速度约几百上千 km/s，到达地球需要 30 h 左右。当带电粒子接近地球时，大部分被挡在地球磁层之外绕道而过，只有一小部分穿过磁层顶到达磁层。带电粒子的运动和地球磁场相互作用使地球磁场产生变动，比较显著的变动称作磁暴。带电粒子穿过磁层到达电离层，使电离层正常的电子分布发生剧烈变动，称之为电离层暴，其中 F_2 层受影响最大，它的厚度扩展，有时电子密度下降，有时却使电子密度增加，最大电子密度所处高度上升。当出现电子密度下降的情况时，将使原来由 F_2 层反射的电波可能穿过 F_2 层而不被反射，造成信号中断。电离层暴的持续时间可从几小时到几天之久。由于太阳耀斑爆发喷射出的带电粒子流的空间分布范围较窄，因此在电离层骚扰之后不一定会随之发生电离层暴。

电离层的异常变化中对电波传播影响最大的是电离层骚扰和电离层暴。例如 2001 年 4 月份多次出现太阳耀斑爆发，发生近年来最强烈的 X 射线爆发，出现极其严重的电离层骚扰和电离层暴，造成我国满洲里、重庆等电波观测站发射出去的探测信号全频段消失，即较高频率部分的信号因电子密度的下降而穿透电离层飞向宇宙空间，较低频率部分的电波因遭受电离层的强烈吸收而衰减掉。其它电波观测站的最低起测频率比正常值上升 3～5 倍,临界频率下降了 50%。电离层暴致使短波通信、卫星通信、短波广播、航天航空、长波导航、雷达测速定位等信号质量大大下降甚至中断。

12.1.3 电离层的等效电参数

在电波未射入电离层之前,电离层中的中性分子和离子与电子一起进行着漫无规律的热运动。当电波进入电离气体时,自由电子在入射波电场作用下作简谐运动。一般情况下,运动中的电子还将与中性分子等发生碰撞,将它由电波得来的能量转移给中性分子,变成热能损耗,这种损耗叫做媒质的吸收损耗。

设 v 为电子运动速度,e 为电子电量,m 为电子质量,υ 为碰撞频率(υ 表示一个电子在 1 秒钟内与中性分子的平均碰撞次数),并设碰撞时电子原有动量全部转移给中性分子,故每秒钟动量的改变为 $mv\upsilon$,则电子运动方程为

$$-e\boldsymbol{E} = m\frac{\mathrm{d}\boldsymbol{v}}{\mathrm{d}t} + m\boldsymbol{v}\upsilon \tag{12-1-1}$$

对于谐变电磁场,上式可改写为

$$-e\boldsymbol{E} = \mathrm{j}\omega m\boldsymbol{v} + m\boldsymbol{v}\upsilon \tag{12-1-2}$$

由此可得

$$\boldsymbol{v} = \frac{-e\boldsymbol{E}}{\mathrm{j}\omega m + m\upsilon} \tag{12-1-3}$$

因为电子运动形成的运流电流密度为

$$\boldsymbol{J}_e = -Ne\boldsymbol{v} \tag{12-1-4}$$

所以电离层中的麦克斯韦第一方程为

$$
\begin{aligned}
\nabla \times \boldsymbol{H} &= \mathrm{j}\omega\varepsilon_0\boldsymbol{E} + \boldsymbol{J}_e = \mathrm{j}\omega\varepsilon_0\boldsymbol{E} + \frac{Ne^2\boldsymbol{E}}{\mathrm{j}\omega m + m\upsilon} \\
&= \mathrm{j}\omega\varepsilon_0\left\{\left[1 - \frac{Ne^2}{m\varepsilon_0(\upsilon^2 + \omega^2)}\right] + \frac{Ne^2\upsilon}{\mathrm{j}\omega m\varepsilon_0(\upsilon^2 + \omega^2)}\right\}\boldsymbol{E} \\
&= \mathrm{j}\omega\varepsilon_0\tilde{\varepsilon}_r\boldsymbol{E}
\end{aligned}
\tag{12-1-5}
$$

式中

$$\tilde{\varepsilon}_r = \varepsilon_r + \frac{\sigma}{\mathrm{j}\omega\varepsilon_0} \tag{12-1-6}$$

$$\varepsilon_r = 1 - \frac{Ne^2}{m\varepsilon_0(\upsilon^2 + \omega^2)} \tag{12-1-7}$$

$$\sigma = \frac{Ne^2\upsilon}{m(\upsilon^2 + \omega^2)} \tag{12-1-8}$$

其中,$\tilde{\varepsilon}_r$ 为电离层的等效相对复介电常数;ε_r 为等效相对介电常数;σ 为等效电导率。电离层的介电常数小于真空中的介电常数,即 $\varepsilon_r < 1$,且是频率的函数,说明电离层是色散媒质。在电波传播中,把电波等相位面传播的速度称为相速,组成信号的波群的传播速度称为群速,在不失真的情况下,群速等于能速。在 $\varepsilon_r < 1$ 的电离层内,相速 $v_p = c/\sqrt{\varepsilon_r}$ 大于光速 c,群速 $v_g = c^2/v_p$ 恒小于光速 c。在讨论电波在电离层中的传播轨迹时,必须用相速来决定,而讨论信号从电离层反射回来的往返时间,就要由群速来决定了。

由式(12-1-8)可见，电离层对不同频率的电波呈现出不同的电导率。若 $v=\omega$，则电离层的电导率最大，若 $v\ll\omega$，则电导率很小，近似为零。反之，若 $v\gg\omega$，电导率也很小。在电离层中，碰撞频率 v 主要取决于大气分子热运动速度及气体密度，因而它是随高度而变化的。在 D 层，$v=10^6\sim10^7$ 次/秒；在 E 层，$v=10^5$ 次/秒；在 F 层，$v=10^2\sim10^3$ 次/秒；而在更高的高度上，如 800 km 处，$v=1$ 次/秒。当短波在电离层内传播时，D 层对短波呈现的电导率最大，E 层次之，故电离层的吸收损耗主要由 D 层引起，有时称 D 层、E 层为吸收层。

当考虑地磁场的影响时，电子不仅受到入射电场的作用，还要受到地磁场的作用，其作用力为

$$\boldsymbol{F}_{\mathrm{B}}=-e\boldsymbol{v}\times\boldsymbol{B}_0 \qquad (12-1-9)$$

$\boldsymbol{F}_{\mathrm{B}}$ 称为洛仑兹力。式中，v 为电子的运动速度；$\boldsymbol{B}_0$ 为地磁场的磁感应强度。由上式可知，当电子沿入射波电场方向运动时，若电场方向与地磁场方向一致，则 $\boldsymbol{F}_{\mathrm{B}}=0$，地磁场对电子运动不产生任何影响。若电场方向与地磁场方向垂直，则 $\boldsymbol{F}_{\mathrm{B}}$ 值最大，电子将围绕地磁场的磁力线以磁旋角频率 $\omega_H=eB_0/m$ 作圆周运动。显然，不同的电波传播方向和不同的极化形式，都会引起不同的电子运动情况，表现出不同的电磁效应。这时电离层就具有各向异性的媒质特性，等效介电常数具有张量的性质。

向任意方向传播的一个无线电波可以看成是两个无线电波的叠加：一个电波的电场与地磁场平行，另一个电波的电场与地磁场垂直，因为地磁场对它们的影响不同，使它们的传播速度也变得不同，因而这两个波在电离层中有不同的折射率和不同的传播轨迹，这种现象称为双折射现象。

12.2 无线电波在电离层中的传播

在讨论无线电波在电离层中的传播问题时，为了使问题简化而又能建立起基本概念，可作如下假设：

(1) 不考虑地磁场的影响，即电离层是各向同性媒质；

(2) 电子密度 N 随高度 h 的变化较之沿水平方向的变化大得多，即认为 N 只是高度的函数；

(3) 在各层电子密度最大值附近，$N(h)$ 分布近似为抛物线状。

12.2.1 反射条件

当不考虑地磁场影响时，电离层等效相对介电常数为一标量 ε_r，若满足 $\omega^2\gg v^2$ 条件，同时将 $m=9.106\times10^{-31}$ kg，$\varepsilon_0=\dfrac{1}{36\pi}\times10^{-9}$ F/m，$e=1.602\times10^{-19}$ C，代入式 (12-1-7)，得

$$\varepsilon_r=1-\frac{80.8N}{f^2} \qquad (12-2-1)$$

式中，N 为电子密度($1/\mathrm{m}^3$)；f 为频率(Hz)。电离层的折射率 n 为

$$n = \sqrt{\varepsilon_r} = \sqrt{1 - 80.8\frac{N}{f^2}} \qquad\qquad (12-2-2)$$

假设电离层是由许多厚度极薄的平行薄片构成的，每一薄片内电子密度是均匀的。设空气中电子密度为零，而后由低到高，在 N_{max} 以下空域，各薄片层的电子密度依次为

$$0 < N_1 < N_2 < N_3 \cdots < N_{n-1} < N_n$$

则相应的折射率为

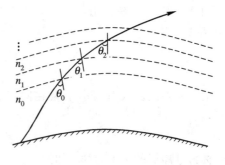

$n_0 > n_1 > n_2 > n_3 > \cdots > n_{n-1} > n_n$
如图 12-2-1 所示，当频率为 f 的无线电波以一定的入射角 θ_0 由空气射入电离层后，电波在通过每一薄片层时折射一次，当薄片层数目无限增多时，电波的轨迹变成一条光滑的曲线。根据折射定理，可得

$$n_0\sin\theta_0 = n_1\sin\theta_1 = n_2\sin\theta_2$$
$$= \cdots = n_n\sin\theta_n \quad (12-2-3)$$

图 12-2-1 电波在电离层内连续折射

由于随着高度的增加 n 值逐渐减小，因此电波将连续地沿着折射角大于入射角的轨迹传播。当电波深入到电离层的某一高度 h_n 时，恰使折射角 $\theta_n = 90°$，即电波经过折射后其传播方向成了水平的，它的等相位面成为垂直的。这时电波轨迹到达最高点。在等相位面的高处相速大，而在等相位面的低处相速小，这就会形成电波向下弯曲的传播轨迹，继续应用折射定律，射线沿着折射角逐渐减小的轨迹由电离层深处逐渐折回。由于电子密度随高度变化是连续的，因此电波传播的轨迹是一条光滑的曲线。将 $n_0 = 1$，$\theta_n = 90°$ 代入上式，可得电波从电离层内反射下来的条件式：

$$\sin\theta_0 = \sqrt{\varepsilon_n} = \sqrt{1 - \frac{80.8N_n}{f^2}} \qquad\qquad (12-2-4)$$

式中 N_n 是反射点的电子密度。上式表明了电波能从电离层返回地面时，电波频率 f、入射角 θ_0 和反射点的电子密度 N_n 之间必须满足的关系。由该式可得出如下结论：

（1）电离层反射电波的能力与电波频率有关。在入射角 θ_0 一定时，电波频率越低，越易反射。因为当频率越低时，所要求的反射点电子密度就越小，因此电波可以在电子密度较小处得到反射。与此相反，频率越高，反射条件要求的 N_n 越大，电波需要在电离层的较深处才能折回，如图 12-2-2 所示。如果频率过

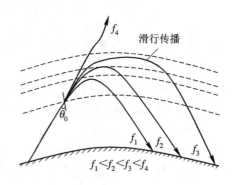

图 12-2-2 不同频率的电波传播轨迹
（入射角相同）

高，致使反射条件所要求的 N_n 大于电离层的最大电子密度 N_{max} 值，则电波将穿透电离层进入太空而不再返回地面。一般而言，长波可在 D 层反射下来，在夜晚由于 D 层消失，长波将在 E 层反射；中波将在 E 层反射，但在白天 D 层对电波的吸收较大，故中波仅能在夜间由 E 层反射；短波将在 F 层反射；而超短波则穿出电离层。

（2）电波在电离层中的反射情况还与入射角 θ_0 有关。当电波频率一定时，入射角越

大，越易反射。这是因为入射角越大，则相应的折射角也越大，稍经折射电波射线就能满足 $\theta_n = 90°$ 的条件，从而使电波从电离层中反射下来，如图 12-2-3 所示。

当电波垂直向上发射即 $\theta_0 = 0°$ 时，能从电离层反射回来的最高频率称为临界频率 (Critical Frequency)，用 f_c 表示。将 $\theta_0 = 0°$，$N_n = N_{max}$ 代入式 (12-2-4)，可得临界频率为

$$f_c = \sqrt{80.8 N_{max}} \qquad (12-2-5)$$

对于以某一 θ_0 斜入射的电波，能从电离层最大电子密度 N_{max} 处反射回来的最高频率由上两式可得

$$f_{max} = \sqrt{\frac{80.8 N_{max}}{\cos^2\theta_0}} = f_c \sec\theta_0 \qquad (12-2-6)$$

对于一般的斜入射频率 f 及在同一 N 处反射的垂直入射频率 f_v 之间，也有类似的关系：

$$f = f_v \sec\theta_0 \qquad (12-2-7)$$

上式称为电离层的正割定律，如图 12-2-4 所示。它表明当反射点电子密度一定时（f_v 一定时），通信距离越大（即 θ_0 越大），允许频率越高。

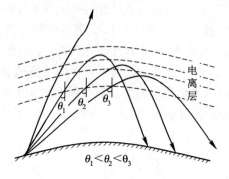

图 12-2-3　不同入射角时电波的轨迹
（电波频率相同）

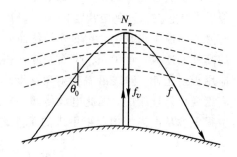

图 12-2-4　正割定律

临界频率是一个重要的物理量，所有频率低于 f_c 的电波，都能从电离层反射回来。而 $f > f_c$ 的电波，若入射角大于式 (12-2-4)，或者 f 小于式 (12-2-6) 最高频率，则能从电离层反射下来，否则穿出电离层。

通常总是以一定仰角来投射电波，由于地球曲率关系，入射角 θ_0 与射线仰角 Δ 的关系参见图 12-2-5，设 R 为地球半径，h 为电离层高度，由正弦定律得

$$\frac{\sin\theta_0}{R} = \frac{\sin(90° + \Delta)}{R + h} = \frac{\cos\Delta}{R + h}$$

$$(12-2-8)$$

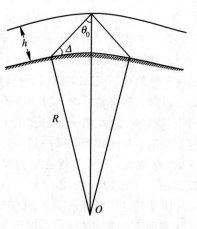

图 12-2-5　入射角 θ_0 与射线仰角 Δ 的关系

$$\cos^2 \theta_0 \approx \frac{\sin^2 \Delta + \dfrac{2h}{R}}{1 + \dfrac{2h}{R}} \tag{12-2-9}$$

在仰角为 Δ 的条件下，电离层能反射的最高频率为

$$f_{\max} = \sqrt{\frac{80.8 N_{\max} \left(1 + \dfrac{2h}{R}\right)}{\sin^2 \Delta + \dfrac{2h}{R}}} \tag{12-2-10}$$

（3）由于电离层的电子密度有明显的日变化规律，白天电子密度大，临界频率高，则允许使用的频率就高；夜间电子密度小，则必须降低频率才能保证天波传播。

12.2.2　电离层的吸收

在电离层中，除了自由电子外还有大量的中性分子和离子的存在，它们都处于不规则的热运动中，当受电场作用的电子与其它粒子相碰撞时，就将从电波得到的动能传递给中性分子或离子，转化为热能，这种现象称为电离层对电波的吸收。电离层吸收可分为偏移吸收和非偏移吸收。

非偏移区是指电离层中折射率 n 接近 1 的区域，在这个区域电波射线几乎是直线，故得名非偏移区。例如在短波波段，当电波由 F_2 层反射时，D、E、F_1 层便是非偏移区。在 D 层、E 层和 F 层下缘，特别是 D 层，虽然电子密度较低，但存在大量中性分子和离子，碰撞频率 υ 很高，因此电波通过 D 层时受到的吸收较大，也就是说，D 层吸收对非偏移吸收有着决定性的作用。计算非偏移吸收，可根据电磁场理论，已知有耗媒质的 ε_r 和 σ，则衰减常数 α 为

$$\alpha = \omega \sqrt{\frac{\mu_0 \varepsilon_0}{2} \left[\sqrt{\varepsilon_r^2 + (60\lambda\sigma)^2} - \varepsilon_r\right]} \tag{12-2-11}$$

对于短波传播，通常满足 $\sigma/(\omega\varepsilon) \ll 1$，则

$$\alpha \approx \frac{60\pi\sigma}{\sqrt{\varepsilon_r}} = \frac{60\pi N e^2 \upsilon}{\sqrt{\varepsilon_r} m (\omega^2 + \upsilon^2)} \tag{12-2-12}$$

在非偏移区通常有 $\varepsilon_r \approx 1$，电波在电离层内传播时总衰减可按 $e^{-\int \alpha \, dl}$ 求出，其中 l 是电波在电离层中所经的路径。一般来说，这个吸收比较小，由电离层参数的中值计算结果表明，电离层吸收损耗仅为几个分贝，通常是在 10 dB 以下。

偏移区主要是指接近电波反射点附近的区域，在该区域内射线轨迹弯曲，故称为偏移区，其电离层中折射率 n 很小，F 层或 E 层反射点附近的吸收就称为偏移吸收（又称反射吸收）。对于短波天波传播，通常在 F 层反射，该层碰撞频率很低，因此它比非偏移吸收小得多。因此，在工程计算中，通常把该项吸收和其它一些随机因素引起的吸收合在一起进行估算。

综上所述，电离层对电波的吸收与电波频率、电波入射角及电离层电子密度等有关，其基本规律总结如下：

（1）电离层的碰撞频率越大或者电子密度越大，电离层对电波的吸收就越大。这是由于总的碰撞机会增多则吸收也就越大。一般而言，夜晚电离层对电波的吸收小于白天的吸收。

(2）电波频率越低，吸收越大。这是由于电波的频率越低，其周期$(T=1/f)$就越长，自由电子受单方向电场力的作用时间越长，运动速度也就越大，走过的路程也更长，与其它粒子碰撞的机会也越大，碰撞时消耗的能量也就越多，因此电离层对电波的吸收就越大。所以短波天波工作时，在能反射回来的前提下，尽量选择较高的工作频率。

12.3 短波天波传播

短波利用天波传播时，由于电离层的吸收随着频率的升高而减小，故能以较小功率借助电离层反射完成远距离传播，可以传播到几百到一二万千米的距离，甚至环球传播。这一节介绍短波天波传播的规律、主要特点及传输损耗的计算等。

12.3.1 传播模式

所谓传播模式，就是电波从发射点辐射后传播到接收点的传播路径。由于短波天线波束较宽，射线发散性较大，同时电离层是分层的，所以在一条通信电路中存在着多种传播路径，也即存在着多种传播模式。

当电波以与地球表面相切的方向即射线仰角为零度的方向发射时，可以得到电波经电离层一次反射（称一跳）时最长的地面距离。按平均情况来说，从 E 层反射的一跳最远距离约为 2000 km，从 F 层反射的一跳最远距离约为 4000 km。若通信距离更远时，必须经过几跳才能到达。通信距离小于 2000 km 时，电波可能通过 F 层一次反射到达接收点，也可能通过 E 层一次反射到达接收点，前者称 1F 传输模

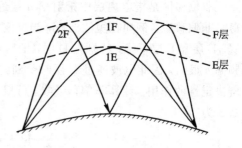

图 12-3-1 传输模式示意图

式，后者称 1E 传输模式，当然也可能存在 2F 或 2E 模式等，如图 12-3-1 所示。对某一通信电路而言，可能存在的传输模式是与通信距离、工作频率、电离层的状态等因素有关。表 12-3-1 列出了各种距离可能存在的传输模式。

表 12-3-1 传 输 模 式

通信距离/km	可能存在的传输模式
0～2000	1E、1F、2E
2000～4000	2E、1F、2F、1F1E
4000～6000	3E、4E、2F、3F、4F、1E1F、2E1F
6000～8000	4E、2F、3F、4F、1E2F、2E2F

通常，若通信距离小于 4000 km，主要传播模式为 1F 模式。但即使是 1F 模式，一般也存在着两条传播路径，如图 12-3-2 所示，其射线仰角分别为 Δ_1 和 Δ_2，低仰角射线由于以较大的入射角投射电离层，故在较低的高度上就从电离层反射下来。

短波传播在特定的条件下存在远距离滑行传播（Sliding Propagation）模式，如图 12-2-2 所示。吕保维院士于 1961 年在"关于卫星式飞船与地面间短波无线电联络中传播问题的研究"中，首次提出了沿 F 层最大电子密度处"滑行传播"的概念，并推导出了这种传播模式与电离层临界频率之间的关系式。滑行传播可以用来解决地面与卫星之间的可靠短波通信。电离层短波滑行传播理论，是我国学者在电波传播理论上做出的突出贡献。

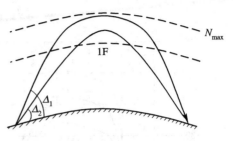

图 12-3-2　1F 模式的两条传播路径

以上现象说明，对于一定的传播距离，电波传播可能存在几种传输模式和几条射线路径，这种现象称为多径传输。加之电离层的随机变异性，使接收电平有严重的衰落现象，引起传输失真。

12.3.2　短波天波传播工作频率的选择

根据前面所讨论的电离层对电波的反射和吸收来看，工作频率的选择是影响短波通信质量的关键性问题之一。若选用频率太高，虽然电离层的吸收小，但电波容易穿出电离层；若选用频率太低，虽然能被电离层反射，但电波将受到电离层的强烈吸收。一般来说，选择工作频率应根据下述原则考虑：

（1）不能高于最高可用频率 f_{MUF}（Maximum Usable Frequency）。f_{MUF} 是指当工作距离一定时，能被电离层反射回来的最高频率。

最高可用频率与电离层的电子密度及电波入射角有关。电子密度越大，f_{MUF} 值越高。而电子密度随年份、季节、昼夜、地点等因素而变化，所以 f_{MUF} 也随这些因素变化。其次，对于一定的电离层高度，通信距离越远，f_{MUF} 就越高。这是因为通信距离越远，其电波入射角 θ_0 就越大，由正割定律知频率可以用得高些。图 12-3-3 表示在不同的通信距离，f_{MUF} 的昼夜变化的一般规律，从图可以看出，白天的 f_{MUF} 高于夜晚的 f_{MUF}。

（2）不能低于最低可用频率 f_{LUF}（Lowest Usable Frequency）。在短波天线传播中，频率越低，电离层吸收越大，接收点信号电平越低。由于在短波波段的噪声是以外部噪声为主，而外部噪声——人为噪声、天电噪声等的噪声电平却随着频率的降低而增强，结果使信噪比变坏。通常定义能保证所需的信噪比的频率为最低可用频率，以 f_{LUF} 表示。

f_{LUF} 也与电子密度有关，白天电离层的电子密度大，对电波的吸收就大，所以 f_{LUF} 就高些。另外 f_{LUF} 还与发射机功率、天线增益、接收机灵敏度等因素有关。图 12-3-4 给出了某电路最高可用频率和最低可用频率的典型日变化曲线。

由以上讨论可知，工作频率应低于最高可用频率，以保证信号能被反射到接收点，而高于最低可用频率，以保证有足够的信号强度，即

$$f_{\mathrm{LUF}} < f < f_{\mathrm{MUF}} \tag{12-3-1}$$

在保证可以反射回来的条件下，尽量把频率选得高些，这样可以减少电离层对电波能量的吸收。但是，不能把频率选在 f_{MUF}，因为电离层很不稳定，当电子密度变小时，电波很可能穿出电离层。通常选择工作频率为最高可用频率的 85%，这个频率称为最佳工作频率，用 f_{OWF} 表示，即

$$f_{\text{OWF}} = 85\% f_{\text{MUF}} \qquad\qquad (12-3-2)$$

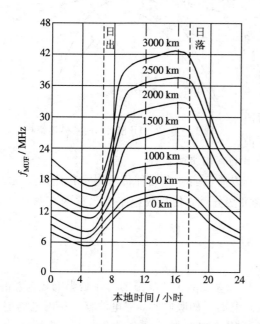

图 12 - 3 - 3　不同通信距离时 $f_{\text{MUF}} \sim t$ 的变化

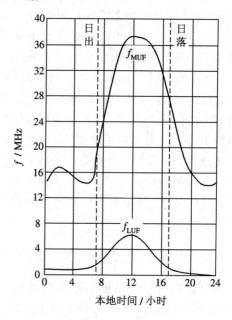

图 12 - 3 - 4　f_{MUF} 和 f_{LUF} 的日变化曲线

（3）一日之内适时改变工作频率。由于电离层的电子密度随时变化，相应地，最佳工作频率也随时变化，但电台的工作频率不可能随时变化，所以实际工作中通常选用两个或三个频率为该电路的工作频率，选用白天适用的频率称为"日频"，夜间适用的频率称为"夜频"。显然，日频高于夜频。对换频时间要特别注意，通常是在电子密度急剧变化的黎明和黄昏时刻适时地改变工作频率。例如在清晨时分，若过早地将夜频换为日频，则有可能由于频率过高，而电离层的电子密度仍较小，致使电波穿出电离层而使通信中断。若改频时间过晚，则有可能频率太低，而电离层电子密度已经增大，致使对电波吸收太大，接收点信号电平过低，从而不能维持通信。

为了适应电离层的时变性特点，使用技术先进的实时选频系统即时地确定信道的最佳工作频率，可极大地提高短波通信的质量。

12.3.3　短波天波传播的几个主要问题

短波天波传播时，电波比较深入地进入电离层，受电离层的影响较大，信号不稳定。即使工作频率选择得正确，有时也难以正常工作。下面简单介绍影响短波天波传播正常工作的几个主要问题。

1. 衰落现象严重

衰落（Fading）现象是指接收点信号振幅忽大忽小，无次序不规则的变化现象。衰落时，信号强度有几十倍到几百倍的变化。通常衰落分为快衰落和慢衰落两种。

慢衰落的周期从几分钟到几小时甚至更长，是一种吸收型衰落，主要由电离层电子密度及高度变化造成电离层吸收的变化而引起的。克服慢衰落的有效措施之一是在接收机中采用自动增益控制。

快衰落的周期在十分之几秒到几秒之间，是一种干涉型衰落，产生的原因是发射天线辐射的电波是由几条不同路径到达接收点的(即多径效应)，由于电离层状态的随机变化，天波射线路径随之改变，造成在接收点各条路径间的相位差随之变化，信号便忽大忽小。如图 12-3-5 所示，图(a)是地面波与天波同时存在造成的衰落，因只发生在离发射天线不远处，这种衰落称为近距离衰落；图(b)是由不同反射次数的天波干涉形成的衰落，称为远距离衰落；图(c)是由于电离层的不均匀性而产生的漫射现象引起的衰落；图(d)是由于地磁场影响而出现的双折射效应引起的衰落。此外，还有极化衰落，由于受地磁场的影响，电离层具有各向异性的性质，线极化平面波经电离层反射后为一椭圆极化波，当电离层电子密度随机变化时，使得椭圆主轴方向及轴比随之相应地改变，从而影响接收点场强的稳定性。

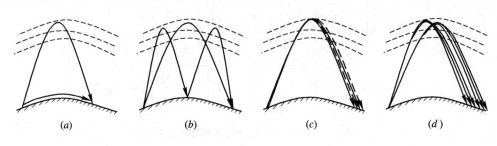

(a) (b) (c) (d)

图 12-3-5 干涉性衰落

综上所述，由于电离层电子密度 N 及高度不断变化，使得多条路径传来的电波不能保持固定的相位关系，因此接收点场强振幅总是不断地变化着，这种变化是随机的，而且变化很快，故称为快衰落。波长越短，相位差的变化越大，衰落现象越严重。

克服干涉性快衰落方法之一是采用分集接收(Diversity Receiving)。顾名思义，"分集"二字就含有"分散"与"集合"的二重含义，一方面将载有相同信息的两路或几路信号，经过统计特性相互独立的途径分散传输，另一方面设法将分散传输后到达接收的几路信号最有效地收集起来，以降低信号电平的衰落幅度，具有优化接收的含义。较普遍使用的分集方式有空间分集、频率分集、时间分集和极化分集等，其中空间分集使用尤为广泛，就是设置多个接收点，分布在相距若干个波长(5~10)λ 的地方，则同一工作频率的信号在这些接收点的衰落并不同时发生，这时因为传输衰落的随机特性，在两个足够分散的点上同时衰落的概率是很小的，这就有可能在两个以上的点同时进行接收，并采用相应的接收方法后，互相补偿信号电平，即可极大地减小在接收机输出端的信号衰落深度。

2. 多径时延效应

短波天波传播中，随机多径传输现象不仅引起信号幅度的快衰落，而且使信号失真或使信道的传输带宽受到限制。

多径时延(Multipath Time Delay)是指多径传输中最大的传输时延与最小的传输时延之差，以 τ 表示，其大小与通信距离、工作频率、时间等有关。

1) 多径时延 τ 与工作距离有较明显的关系

图 12-3-6 为萨拉曼(Salaman)依据实验资料作出的多径时延与通信距离的关系曲线，由图可见，在 200~300 km 的短程电路上，多径时延可达 8 ms，这主要是因为在几百千米的短程电路上，通常都使用弱方向性天线如双极天线等，电波传播模式较多，射线仰角相差不大，吸收损耗也相差不大，故在接收到的信号分量中，各种模式都有相当的贡献，

这样在短程电路中就会造成严重的多径时延。在 2000 km～5000 km 的距离上，可能存在的传输模式较少，多径时延 3 ms 左右。而在 5000 km～20 000 km 的长程电路上，由于不可能有单跳模式，可能存在 2E、2F、1E1F 等传输模式，传输情况更为复杂，因此多径时延又逐渐增加到 6 ms 左右。

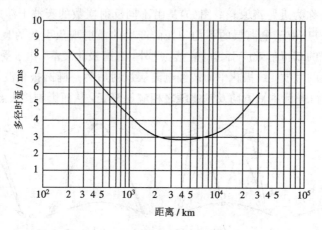

图 12-3-6　多径时延与通信距离的关系

2）多径时延与工作频率有关

当频率接近最高可用频率时，多径时延最小，特别是在中午，D、E 层吸收较大，多跳难以实现，容易得到真正的单跳传播。当频率降低时，传播模式的种类就会增加，因而多径时延增大。当频率进一步降低时，由于电离层吸收增强，某些模式遭到较大的吸收而减弱，可以忽略不计，多径时延有可能减小。因此，要减小多径时延，必须选用比较高的工作频率。在短波数字通信中，多径时延会引起码元畸变，增大误码率，因此选用工作频率一般要比短波模拟通信时略高一些才更有利。

3）多径时延随时间变化

由于电离层电子密度的变化，造成多径时延随着时间而变化。在日出日落时刻，电离层电子密度剧烈变化，多径时延现象最严重、最复杂，而中午和子夜时多径时延一般较小且较稳定。多径时延不仅随日时变化，而且在零点几秒至几秒时间内都会有变化。

3. 静区

在短波电离层传播的情况下，有些地区天波和地波都收不到，而在离发射机较近或较远的地区均可收到信号，这种现象称为越距，收不到任何信号的地区称为"静区"（Silent Zone），也称"哑区"，如图 12-3-7 所示，静区是一个围绕发射机的某一环行地带（设发射天线水平面是无方向性的）。

产生静区的原因是：一方面短波的地面波传播因受地面吸收，随距离的增加衰减较快，设其能达到的最远距离为 r_1；另一方面对天波传播来说，则因距离太近，射线仰角太大，电波穿出电离层而没有天波到达。出现天波的最近距离，就是静区的外边界 r_2。

频率越低，地面波能传播更远的距离，天波可以到达更近的距离，因而静区范围缩小。增大发射功率，也可以使地面波传播更远的距离，使静区范围缩小。

对于短波小功率近距离通信（0～300 km），通常选用较低的工作频率，并采用主要向高空辐射的天线（又称高射天线）。

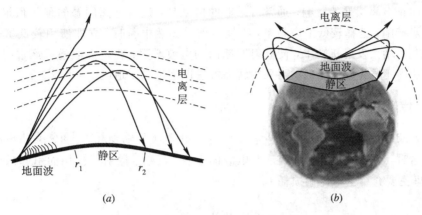

图 12 - 3 - 7　短波传播的静区

4. 环球回波现象

我们知道，无线电波传播速度 $c=3\times10^8$ m/s，一条长 6000 km 的通信线路，电波只要 20 ms 即可到达。可是，有时候电波由发射点出发要经过一百多毫秒才能到达接收点，这种奇怪的现象该如何解释呢？

经过研究发现，在适当的条件下，电波可经电离层多次反射，或者在地面与电离层之间来回反射，可能环绕地球再度出现，如图 12 - 3 - 8 所示，称为环球回波。环球回波有反向回波和正向回波两种。

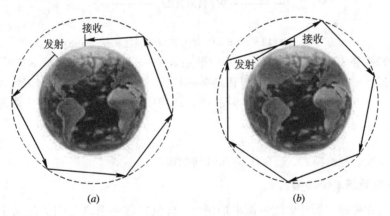

图 12 - 3 - 8　环球回波

(a) 反向回波；(b) 正向回波

滞后时间较大的回波信号将使接收机中出现不断的回响，影响正常通信，故应尽可能地消除回波的发生。采用单方向性辐射的收发天线可以消除反向回波，去除正向回波比较困难，可以通过适当降低辐射功率和选择适当的工作频率来防止回波的发生。

5. 电离层暴的影响

在收听短波信号时，即使收、发设备都正常，有时也会出现信号突然中断现象，这往往是由于电离层暴或电离层骚扰引起的。当太阳表面突然出现耀斑时，太阳辐射出强大的紫外线和大量的带电粒子，使电离层的正常结构遭到破坏，特别是对于最上面的 F_2 层影响最大，因而可能造成信号突然中断。

为了防止电离层暴的影响，通常可采取的措施是：进行电离层暴的预测预报，以便事先采取适当措施；选择较低工作频率，当发生信号突然中断时，立即使用较低工作频率利用 E 层反射；增大发射机功率，使反射回地面的电波增强；在电离层暴最严重时刻，若利用以上方法尚不能恢复正常时，可采用转播方法以绕过暴变地区。

12.3.4 传输损耗的估算

短波天波的传输损耗如图 12-3-9 所示，其中基本传输损耗 L_b 通常是指电波在实际媒质中传输时，由于能量扩散和媒质对电波的吸收、反射、散射等作用而引起的电波能量衰减，这里主要介绍基本传输损耗 L_b。

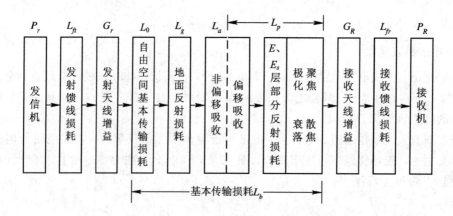

图 12-3-9 短波天波传输损耗框图

基本传输损耗 L_b 可分成四部分，其中最主要的一项是自由空间基本传输损耗 L_0，第二项是电离层吸收损耗 L_a，第三项损耗是多跳传输时地面反射所产生的大地反射损耗 L_g，除此之外还有一些额外系统损耗 L_p。若各项损耗均用分贝表示，则天波传播的基本传输损耗 L_b 为

$$L_b = L_0 + L_a + L_g + L_p \quad \text{dB} \tag{12-3-3}$$

它们是工作频率、传输模式、通信距离和时间的函数。

1. 自由空间基本传输损耗 L_0

由于电波在传播过程中，随着距离的增大，能量扩散到愈来愈大的球面上，从而引起功率流密度的下降，形成电波场强的"扩散衰减"，其计算公式已由式(10-2-7)给出，即

$$L_0 = 32.45 + 20 \lg f(\text{MHz}) + 20 \lg r(\text{km}) \quad \text{dB} \tag{12-3-4}$$

式中，r 为电波传播的实际路径长度，应根据传输模式、通信距离和电离层高度进行计算。L_0 是主要的传输损耗分量。

2. 电离层吸收损耗 L_a

电离层吸收损耗是天波传输损耗中的第二位因素，对短波而言，主要是指电波穿过电离层时由 D 层、E 层引起的吸收损耗，即非偏移吸收。电离层的吸收损耗可近似按 $e^{-\int \alpha dl}$ 求出，其中衰减系数由式(12-2-12)求出，即

$$\alpha \approx \frac{60\pi\sigma}{\sqrt{\varepsilon_r}} = \frac{60\pi N e^2 \upsilon}{\sqrt{\varepsilon_r} m(\omega^2 + \upsilon^2)} \tag{12-3-5}$$

3. 大地反射损耗 L_g

这种损耗是在多跳传输时地面反射产生的，它与电波的极化、频率、射线仰角以及地质情况等因素有关。由于电波经电离层反射后极化面旋转且随机变化，入射地面时的电波是杂乱极化的，因此，严格计算 L_g 值是有困难的，工程上处理的办法是对圆极化波进行计算。

假设入射电波是圆极化波，即水平极化分量和垂直极化分量相等，则地面反射损耗为

$$L_g = 10 \lg \left(\frac{|R_V|^2 + |R_H|^2}{2} \right) \quad \text{dB} \tag{12-3-6}$$

式中，R_V 和 R_H 分别是垂直极化和水平极化的地面反射系数，由下式给出：

$$R_V = \frac{(\varepsilon_r - \text{j}60\lambda\sigma)\sin\Delta - \sqrt{(\varepsilon_r - \text{j}60\lambda\sigma) - \cos^2\Delta}}{(\varepsilon_r - \text{j}60\lambda\sigma)\sin\Delta + \sqrt{(\varepsilon_r - \text{j}60\lambda\sigma) - \cos^2\Delta}} \tag{12-3-7}$$

$$R_H = \frac{\sin\Delta - \sqrt{(\varepsilon_r - \text{j}60\lambda\sigma) - \cos^2\Delta}}{\sin\Delta + \sqrt{(\varepsilon_r + \text{j}60\lambda\sigma) - \cos^2\Delta}} \tag{12-3-8}$$

式中 Δ 为射线仰角。

4. 额外系统损耗 L_p

额外系统损耗 L_p 包括除上述三种损耗以外的其它所有原因引起的损耗，例如偏移吸收、E_s 层附加损耗、极化损耗、电离层非镜面反射损耗等。图 12-3-9 中的聚焦与散焦是指实际电离层等效反射面往往是弯曲的，当这个面类似凹面反射镜时，电波经电离层反射到达地面的功率流密度，就比电离层为平面时反射的功率流密度要大，这就是电离层聚焦。通常电离层可能或多或少地出现这种情况。当电离层等效反射面类似于凸面反射镜时，电波经电离层反射到达地面的功率流密度就比平面时反射的小，这就是电离层散焦。电离层的聚焦和散焦效应，可使天波传输损耗产生 5~10 dB 左右的变化。

L_p 是一项综合估算值，它是由大量电路实测的天波传播损耗数据，扣除已指明的三项损耗后而得到的。L_p 值与反射点的本地时间 T（小时）有关，可按下述数值估算：

$$\begin{cases} L_p = 18.0 \text{ dB} & 22 < T \leqslant 04 \\ L_p = 16.6 \text{ dB} & 04 < T \leqslant 10 \\ L_p = 15.4 \text{ dB} & 10 < T \leqslant 16 \\ L_p = 16.6 \text{ dB} & 16 < T \leqslant 22 \end{cases} \tag{12-3-9}$$

更详细的有关频率在 2 MHz~30 MHz 之间的天波传播的信号电平、可用频率和预计可靠性的预测方法，可以参考国际电信联盟推荐的 ITU_R P.533_9 HF 电路性能的预测方法。

12.3.5 短波天波传播的特点

综合以上讨论，短波天波传播的基本特点是：

（1）能以较小的功率进行远距离传播。由于天波传播是靠高空电离层反射来实现的，因此不受地面吸收及障碍物的影响，此外，这种传播方式的损耗主要是对自由空间的传输损耗，而电离层吸收及地面损耗则较小，在中等距离（1000 km 左右）上，电离层的平均损耗只不过 10 dB 左右。因此，利用小功率电台可以完成远距离通信。例如，发射功率为 150 W 的

电台,用 64 m 双极天线,通信距离可超过 1000 km。

(2) 白天和夜间要更换工作频率。由于电离层的电子密度、高度在白天和夜间是不同的,因此工作频率也应不同,白天工作频率高,夜间工作频率低。在日出日落前后要更换工作频率,而不像地面波传播那样昼夜可使用同一频率。

(3) 传播不太稳定,衰落严重。由于电离层的情况随年份、季节、昼夜和地理位置的不同而变化,因此天波传播不如地面波稳定,且衰落严重。

(4) 天波传播由于随机多径效应严重,多径时延 τ 较大,多径传输媒质的相关带宽 $\Delta f = 1/\tau$ 较小,因此对传输的信号带宽有较大的限制。

(5) 电台拥挤、干扰大。由于电离层能反射电波的频率范围是很有限的,一般是短波以下(只有在太阳活动最大年份才达到 50 MHz 左右),波段范围比较窄,因此短波波段内的电台特别拥挤,电台间的干扰很大,尤其是夜间,由于电离层吸收减弱,干扰更大。

近年来,人们进一步认识到电离层媒质抗毁性好,对电波能量的吸收作用小;特别是短波通信电路建立迅速,机动灵活,设备较简单及价格低廉等突出优点,加强了对短波电离层信道的研究,并不断改进短波通信技术,使通信质量有明显的提高。尽管目前已有性能优良的卫星通信、微波中继通信、光纤通信等多种通信方式,然而短波通信仍然是一种十分重要的通信手段,特别是在移动通信方面,短波更占有重要的地位,如船舶、飞机、车辆、野战部队等仍广泛采用短波通信,应用其它无线电通信设备往往比短波通信技术要求高,造价高。

12.4　中波天波传播介绍

中波通常在 E 层反射,但在白天,由于 D 层吸收大,使大部分中波不能用天波传播,而依靠地面波传播;而在夜晚,D 层消失,吸收较小,所以夜间中波既可利用地面波又可利用天波传播。

波长为 2000～200 m(频率为 150 kHz～1.5 MHz)的中波主要用于广播业务,故此分波段又称广播波段。由于上述原因,中波波段的广播电台信号晚上比白天多。

根据广播波段的传播特性,通常可按距离远近将电波收听质量分为三个服务区,如图 12-4-1 所示。

(1) 主要服务区(良好接收区)——离发射台较近地区。此区域接收的电波以地面波为主,即使在夜间,地面波场强也远大于天波场强,故白天和夜间,此区域内的场强都很强,所以接收点场强稳定,没有明显的衰落,不受太阳的影响,称为良好接收区,是广播电台的主要服务区。此服务区的半径决定于发射机功率、发射天线的方向性以及地面的导电性质。频率愈高,地面波传播损耗愈大,作用距离半径将减小。

图 12-4-1　中波收听质量的三个服务区

(2) 衰落区——稍远地区。距离进一步增大则地面波场强逐渐减弱。如果辐射功率大于几十千瓦,则在 150 km～300 km 的距离范围内,地面波仍有一定强度。在白天因为没有天波，较弱的地面波仍然比较稳定，只要接收机灵敏度足够高，仍能满意地收听。到了夜间，出现了电离层反射的天波，由于电离层的电子密度的随机变化，使得天波传播的射线行程也随之变化，因此，天波和地面波的干涉作用，使得合成场强形成干涉性衰落，此区域称为衰落区。防止衰落的积极措施，是发射天线采用抗衰落天线，即设法使天线沿低仰角方向集中辐射，尽量减小天波辐射。

（3）次要服务区——很远地区。此区域地面波已经消失，只有在晚上才能收到较强的天波信号，称为广播电台的次要服务区。这个区域的特点是白天收不到远距离的广播电台信号，而在夜晚，由于天波传播损耗减小，故可以收到信号，这就是为什么中波波段的广播信号到夜晚突然增多的原因。

夜间 E 层的电子密度与太阳无关，所以中波天波受太阳活动性影响小，如太阳黑子数的变化对中波天波传播的影响很小，夜间也不会发生电离层的突然骚扰，场强随季节的变化也很小。

习 题 十 二

1. 何谓临界频率？临界频率与电波能否反射有何关系？

2. 设某地冬季 F_2 层的电子密度为白天：2×10^{12} 个/m^3；夜间：10^{11} 个/m^3，试分别计算其临界频率。

3. 试求频率为 5 MHz 的电波在电离层电子密度为 1.5×10^{11}（个/m^3）处反射时所需的电波最小入射角。当电波的入射角大于或小于该角度时将会发生什么现象？是否小到一定角度就会穿出电离层呢？

4. 设某地某时的电离层临界频率为 5 MHz，电离层等效高度 $h = 350$ km。

(1) 该电离层的最大电子密度是多少？

(2) 当电波以怎样的方向发射时，可以得到电波经电离层一次反射时最长的地面距离？

(3) 求上述情况下能反射回地面的最短波长。

5. 若一电波的波长 $\lambda = 50$ m，入射角 $\theta_0 = 45°$，试求能使该电波反射回来的电离层的电子密度。

6. 已知某电离层在入射角 $\theta = 30°$ 的情况下的最高可用频率为 6×10^6 Hz，试计算该电离层的临界频率。

7. 在短波天波传播中，频率选择的基本原则是什么？为什么在可能条件下频率尽量选择得高一些？

8. 在短波天波传播中，傍晚时分若过早或过迟地将日频改为夜频，接收信号有什么变化，为什么？

9. 什么叫静区？短波天波静区的大小随频率和昼夜时间有什么关系？为什么？

10. 什么叫衰落？短波天波传播中产生衰落的主要原因有哪些？克服衰落的一般方法有哪些？

11. 为什么实际生活中收听到的中波广播电台白天少，晚上多？

第13章 视距传播

在超短波及以上波段，电离层对其是透明的，因此所采用的传播方式为视距传播（Propagation Over the Line of Sight），即直接的、对视的传播方式。对于这样的传播方式，既要考虑传播媒质，也要考虑地面对其的影响。本章主要讨论地面上无障碍物的情况。

13.1 地面对视距传播的影响

为了简化讨论，首先假设地面为光滑平面来讨论地面对视距传播的影响，尽管只有在极少数的情况下才可以这样认为，但是其分析的结论却有着普遍意义。

13.1.1 光滑平面地情况

1. 光滑平面地条件下视距传播场强的计算

如图 13-1-1 所示，假设发射天线 A 的架高为 H_1，接收点 B 的高度为 H_2。直接波的传播路径为 r_1，地面反射波的传播路径为 r_2、与地面之间的投射角为 Δ。收、发两点间的水平距离为 d。

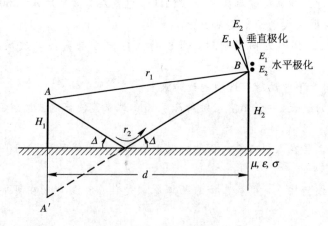

图 13-1-1 平面地的反射

接收点 B 场强应为直接波（Direct Wave）与地面反射波（Ground Reflected Wave）的叠加。在传播路径远大于天线架高的情况下，两路波在 B 处的场强视为相同极化。在实际问题中，如果沿 r_1 路径在 B 处产生的场强振幅为 E_1，沿 r_2 路径在 B 处产生的场强振幅为 E_2，在忽略方向系数的差异，忽略强度上的差异后，B 处的总场强为

$$E = E_1 + E_2 = E_1(1 + \Gamma e^{-jk(r_2-r_1)}) \tag{13-1-1}$$

式中，$r_2 - r_1$ 为两条路径之间的路程差，它可以表示为

$$\Delta r = r_2 - r_1 = \sqrt{(H_2 + H_1)^2 + d^2} - \sqrt{(H_2 - H_1)^2 + d^2}$$

$$\approx \frac{2H_1 H_2}{d} \qquad (13 - 1 - 2)$$

Γ 为地面的反射系数，它与电波的投射角 Δ、电波的极化和波长以及地面的电参数有关，一般可表示为 $\Gamma = |\Gamma| \mathrm{e}^{-\mathrm{j}\varphi}$。对于水平极化波，

$$\Gamma_H = \frac{\sin\Delta - \sqrt{(\varepsilon_r - \mathrm{j}60\lambda\sigma) - \cos^2\Delta}}{\sin\Delta + \sqrt{(\varepsilon_r - \mathrm{j}60\lambda\sigma) - \cos^2\Delta}} \qquad (13 - 1 - 3a)$$

对于垂直极化波，

$$\Gamma_V = \frac{(\varepsilon_r - \mathrm{j}60\lambda\sigma)\,\sin\Delta - \sqrt{(\varepsilon_r - \mathrm{j}60\lambda\sigma) - \cos^2\Delta}}{(\varepsilon_r - \mathrm{j}60\lambda\sigma)\,\sin\Delta + \sqrt{(\varepsilon_r - \mathrm{j}60\lambda\sigma) - \cos^2\Delta}} \qquad (13 - 1 - 3b)$$

图 13-1-2 和图 13-1-3 分别计算了海水和陆地的反射系数(图中 V 代表垂直极化，H 代表水平极化)。由此图中的计算曲线可以看出，水平极化波反射系数的模在低投射角约为 1，相角几乎可以被看作 180°常量。也就是说，对于水平极化波来讲，实际地面的反射比较接近于理想导电地，特别是在波长较长或投射角较小的区域近似程度更高。因此在估计地面反射的影响时，可粗略地将实际地面等效为理想导电地。但是对于垂直极化波情况就比较复杂。垂直极化波反射系数的模存在着一个最小值，对应此值的投射角称为布鲁斯特角(Brewster)，记作，Δ_B；在 Δ_B 两侧，反射系数的相角 180°突变。尽管垂直极化波的反射系数随投射角的变化起伏较大，但在很低投射角时，仍然可以将其视为 -1。

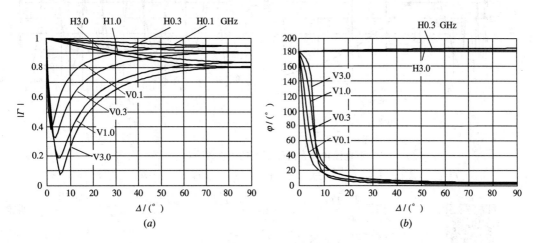

图 13-1-2 海水的反射系数 $\Gamma = |\Gamma| \mathrm{e}^{-\mathrm{j}\varphi} (\varepsilon_r = 80, \sigma = 4)$

(a) $|\Gamma|$ 随 Δ 的变化；(b) φ 随 Δ 的变化

当 Δ 很小时，将式(13-1-2)代入式(13-1-1)中，则合成场可以做如下简化：

$$|E| = |E_1 + E_2| = |E_1(1 - \mathrm{e}^{-\mathrm{j}k(r_2 - r_1)})| = \left|E_1 2\sin\left(\frac{k\Delta r}{2}\right)\right| = \left|E_1 2\sin\left(\frac{2\pi H_1 H_2}{\lambda d}\right)\right|$$

$$(13 - 1 - 4)$$

综合以上分析，不论是式(13-1-1)和简化公式(13-1-4)，均反映了直接波与地面反射波的干涉情况，由于这两束波之间存在着相位差，而相位差又与天线的架高、电波波

长以及传播距离有关，因此波的干涉体现在随着上述三个参量的变化干涉。图 13-1-4 以 $|E/E_1|$ 为纵坐标计算了垂直极化波在海平面上的干涉效应，在实际的视距传播分析中，应该考虑到这种效应。

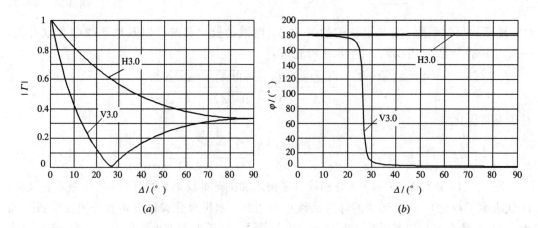

(a) (b)

图 13-1-3 干土的反射系数 $\Gamma = |\Gamma| e^{-j\varphi} (\varepsilon_r = 4, \sigma = 0.001 \text{ S/m})$

(a) $|\Gamma|$ 随 Δ 的变化；(b) φ 随 Δ 的变化

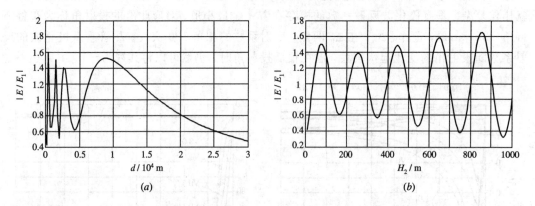

(a) (b)

图 13-1-4 垂直极化波在海平面上的干涉效应 $(\varepsilon_r = 80, \sigma = 4 \text{ S/m})$

(a) $f = 0.1$ GHz, $H_1 = 50$ m, $H_2 = 100$ m；(b) $f = 0.1$ GHz, $d = 7000$ m, $H_1 = 50$ m

当 $\dfrac{2\pi H_1 H_2}{\lambda d} \leqslant \dfrac{\pi}{9}$ 时，$\sin \dfrac{2\pi H_1 H_2}{\lambda d} \approx \dfrac{2\pi H_1 H_2}{\lambda d}$，$E_1 = \dfrac{\sqrt{60 P_r D}}{d}$，则得到维建斯基反射公式

$$E(\text{mV/m}) = \frac{2.18}{\lambda(\text{m}) d^2(\text{km})} H_1(\text{m}) H_2(\text{m}) \sqrt{P_r(\text{kW}) D}$$

升空增益

$$(13-1-5)$$

【**例 13-1-1**】 某通信线路，工作波长 $\lambda = 0.05$ m，通信距离 $d = 50$ km，发射天线架高 $H_1 = 100$ m。若选接收天线架高 $H_2 = 100$ m，在地面可视为光滑平面地的条件下，接收点的 $E/E_1 = $？今欲使接收点场强为最大值，而调整后的接收天线高度是多少（应使调整范围最小）？

解 因为此题所对应的地面反射波与直接波之间的相位差为

$$\psi = -\pi - k\Delta r = -\pi - \frac{2\pi}{\lambda}\frac{2H_1 H_2}{d} = -\pi - \frac{2\pi}{0.05} \times \frac{2 \times 100 \times 100}{50\,000} = -17\pi$$

所以接收点处的 $E/E_1 = 0$，此时接收点无信号。若欲使接收点场强为最大值，可以调整接收天线高度，使得接收点处地面反射波与直接波同相叠加，接收天线高度最小的调整应使得 $\psi = -16\pi$。

若令

$$\psi = -\pi - k\Delta r = -\pi - \frac{2\pi}{\lambda}\frac{2H_1 H_2}{d} = -\pi - \frac{2\pi}{0.05} \times \frac{2 \times 100 \times H_2}{50\,000} = -16\pi$$

可以解出 $H_2 = 93.75$ m，接收天线高度可以降低 6.25 m。

2. 地面上的有效反射区

讨论电波传播的菲涅尔区域的另一个重要的意义就是用于确定地面的有效反射区域的大小及位置。

在入射电波的激励下，反射面上将产生电流。尽管所有的电流元的辐射都对反射波做出贡献，但是根据电波传播的有效区概念，反射面上只有有效反射区内的电流元对反射波起主要的贡献。

有效反射区的大小可以通过镜像法及电波传播的菲涅尔区来决定。如图 13-1-5 所示，认为反射波射线由天线的镜像 A' 点发出，根据电波传播的菲涅尔区概念，反射波的主要空间通道是以 A' 和 B 为焦点的第一菲涅尔椭球体，而这个椭球体与地平面相交的区域为一个椭圆，由这个椭圆所限定的区域内的电流元对反射波具有重要意义，这个椭圆也被称为地面上的有效反射区。

在图 13-1-5 的坐标下，根据第一菲涅尔椭球的尺寸，可以计算出该椭圆（有效反射区）的中心位置 C 的坐标为

$$\begin{cases} x_{01} = 0 \\ y_{01} \approx \dfrac{d}{2}\dfrac{\lambda d + 2H_1(H_1 + H_2)}{\lambda d + (H_1 + H_2)^2} \end{cases} \tag{13-1-6}$$

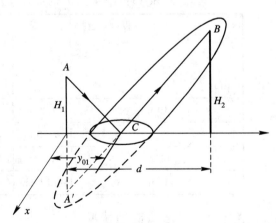

图 13-1-5 地面上的有效反射区

该椭圆的长轴在 y 方向，短轴在 x 方向。长轴的长度为

$$b \approx \frac{d}{2} \frac{[\lambda d (\lambda d + 4H_1 H_2)]^{1/2}}{\lambda d + (H_1 + H_2)^2} \qquad (13-1-7a)$$

短轴的长度为

$$a \approx \frac{b}{d} [\lambda d + (H_1 + H_2)^2]^{1/2} \qquad (13-1-7b)$$

式(13-1-6)~(13-1-7)是计算地面有效反射区的重要公式,可以根据该区地质的电参数确定反射系数,以判定地面反射波的大小及相位。

3. 光滑地面的判别准则

以上所讨论的光滑地面意味着地面足够平坦,这只是一种理想情况,实际地面却是起伏不平的。如果地面的电参数相同,粗糙地面的反射系数将小于光滑地面的反射系数。

如图13-1-6所示,假设地面的起伏高度为 Δh,对于投射角为 Δ 方向的反射波,在凸出部分(C 处)反射的电波 a 与原平面地(C' 处)反射的电波 b 之间具有相位差:

$$\Delta \varphi = k \Delta r = k(CC' - CC_1) = k[CC' - CC' \cos(2\Delta)]$$
$$= k \frac{\Delta h}{\sin \Delta} [1 - \cos(2\Delta)] = 2k \Delta h \sin \Delta \qquad (13-1-8)$$

为了能近似地将反射波仍然视为平面波,即仍有足够强的定向反射,要求 $\Delta \varphi < \frac{\pi}{2}$,相应地要求

$$\Delta h < \frac{\lambda}{8 \sin \Delta} \qquad (13-1-9)$$

上式即为判别地面光滑与否的依据,也叫瑞利准则。当满足这个判别条件时,地面可被视为光滑;当不满足这个判别条件时,地面被

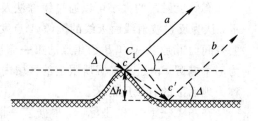

图 13-1-6　不平坦地面的反射

视为粗糙,反射具有漫散射特性,反射能量呈扩散性。如表13-1-1计算所示,波长越短,投射角越大,越难视为光滑地面,地面起伏高度的影响也就越大。

传播余隙

楔形山脊的绕射

障碍增益

表 13-1-1　Δh 的实际计算数据

波长 λ ＼ 起伏高度 Δh ＼ 投射角 Δ	10°	30°	60°
10 m	7.2 m	2.5 m	1.45 m
1 m	0.72 m	0.25 m	0.145 m
10 cm	7.2 cm	2.5 cm	1.45 cm
1 cm	0.72 cm	0.25 cm	0.145 cm

13.1.2　光滑球面地情况

地球是球面体,在大多数情况下应该考虑到地球的曲率。首先受到影响的就是视线距离。

1. 视线距离

如图 13-1-7 所示，在给定的发射天线和接收天线高度 H_1、H_2 的情况下，由于地球表面的弯曲，当收发两点 B、A 之间的直视线与地球表面相切时，存在着一个极限距离。在通信工程中常常把由 H_1、H_2 限定的极限地面距离 $\overparen{A'B'}=d_0$ 称为视线距离。当 H_1、H_2 远小于地球半径 R 时，d_0 也就为 B、A 之间的距离 r_0，而实际问题大多如此。

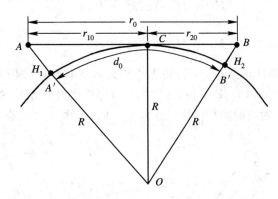

图 13-1-7 视线距离

根据图 13-1-7 所示的几何关系，若 C 点为 $\overline{AB}$ 与地球的切点，则有

$$r_{10} = \sqrt{(R+H_1)^2 - R^2} = \sqrt{2RH_1 + H_1^2} \qquad (13-1-10)$$

$$r_{20} = \sqrt{(R+H_2)^2 - R^2} = \sqrt{2RH_2 + H_2^2} \qquad (13-1-11)$$

由于常满足 $R \gg H_1$，$R \gg H_2$，因此视线距离可写为

$$r_0 = r_{10} + r_{20} \approx \sqrt{2R}(\sqrt{H_1} + \sqrt{H_2}) \qquad (13-1-12)$$

将地球半径 $R=6370$ km 代入上式并且 H_1、H_2 均以米为单位时，

$$r_0 \approx 3.57(\sqrt{H_1(\mathrm{m})} + \sqrt{H_2(\mathrm{m})}) \quad \mathrm{km} \qquad (13-1-13)$$

在标准大气折射时，视线距离将增加到

$$r_0 \approx 4.12(\sqrt{H_1(\mathrm{m})} + \sqrt{H_2(\mathrm{m})}) \quad \mathrm{km} \qquad (13-1-14)$$

在收、发天线架高一定的条件下，实际通信距离 d 与 r_0 相比，有如下三种情况：

(1) $d < 0.7r_0$，接收点处于亮区；

(2) $d > 1.2r_0$，接收点处于阴影区；

(3) $0.7r_0 < d < 1.2r_0$，接收点处于半阴影区。

本书所讨论的视距传播中的场强计算只适用于亮区情况。而在实际的视距传播工程应满足亮区条件，否则地面绕射损失将会加大电波传播的总损耗。

2. 天线的等效高度

处理球面地常用的方法是过反射点 C 作地球的切面，把球面的几何关系换成平面地，如图 13-1-8 所示，此时由 A、B 向切平面作垂线所得的 H_1'、H_2' 就称为天线的等效高度或折合高度。假定反射点 C 的位置已经确定，沿地面距离 $d = d_1 + d_2 \approx r_{10} + r_{20}$，和图 13-1-7 对比可知，$r_{10}$、$r_{20}$ 就是天线架高为 ΔH_1、ΔH_2 时的极限距离。仿照视线距离的计算，有

$$\Delta H_1 \approx \frac{d_1^2}{2R} \qquad\qquad (13-1-15)$$

$$\Delta H_2 \approx \frac{d_2^2}{2R} \qquad\qquad (13-1-16)$$

因此，天线的等效高度为

$$H_1^{'} \approx H_1 - \Delta H_1 = H_1 - \frac{d_1^2}{2R} \qquad\qquad (13-1-17)$$

$$H_2^{'} \approx H_2 - \Delta H_2 = H_2 - \frac{d_2^2}{2R} \qquad\qquad (13-1-18)$$

在视距传播的有关计算公式中，若将天线的实际高度置换成等效高度，就是对球面地条件下的修正之一。在式(13-1-17)和(13-1-18)中已经假设反射点已知，实际上除了 $H_1 = H_2$ 之外，计算反射点的确切位置是比较复杂的，工程上可以查阅相关图表。

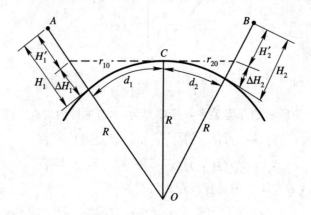

图 13-1-8　天线的等效高度

3. 球面地的扩散因子

如图 13-1-9 所示，由于球面地的反射有扩散作用，因而球面地的反射系数要小于相同地质的平面地的反射系数，扩散因子就是描述这种扩散程度的一个物理量。如果平面地反射时的场强为 E_r，球面地反射时的场强为 E_{dr}，入射波场强为 E_i，$|\Gamma|$ 为平面地反射系数的模值，则定义球面地的扩散因子为

$$D_f = \frac{E_{dr}}{E_r} = \frac{E_{dr}}{|\Gamma|E_i} < 1 \qquad\qquad (13-1-19)$$

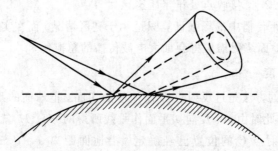

图 13-1-9　球面地的扩散

扩散因子的具体表示式为

$$D_f = \frac{1}{\sqrt{1 + \dfrac{2d_1^2 d_2}{kRdH_1'}}} = \frac{1}{\sqrt{1 + \dfrac{2d_2^2 d_1}{kRdH_2'}}} \qquad (13-1-20)$$

式中 k 为等效地球半径因子，参见式(13-2-12)。在引进扩散因子之后，如将视距传播的有关计算公式中的反射系数 Γ 替换成 $D_f\Gamma$ 就完成了球面地条件下的另一个修正。

13.2 对流层大气对视距传播的影响

在前述的分析中，尽管讨论了由平面地到球面地的修正，但是都假定电波按直线传播，这种情况只有在均匀大气中才可能存在。实际的对流层(Troposphere)大气、压力、温度及湿度都随地区及离开地面的高度而变化，因此是不均匀的，会使电波产生折射、散射及吸收等物理现象。

13.2.1 电波在对流层中的折射

1. 大气的折射率

大量的实验证实大气折射率 n 近似满足下面的关系式：

$$(n-1) \times 10^6 = \frac{77.6}{T}P + \frac{3.73 \times 10^5}{T^2}e \qquad (13-2-1)$$

式中，P 为大气压强(毫巴，即 mb；1 mb＝100 Pa)；T 为大气的绝对温度(K)；e 为大气的水汽压强(mb)。假定大气沿水平方向是均匀的，温度、湿度、压力只随高度而变化，则 dn/dh 反映了折射率随高度的变化，称为折射率的垂直梯度。通常气压 P 及水汽压 e 随高度的增加下降很快，而温度 T 则下降的较为缓慢，所以折射率 n 将随高度的增加而减小，即 $dn/dh < 0$。气象条件不同时，P、e、T 随高度的变化规律也不同，$n \sim h$ 的关系也随之改变。

工作中常常把具有"平均状态"的大气称为"标准大气"。1925 年国际航空委员会规定：当海面上气压 $P = 1013$ mb，气温 $T = 288$ K，$dT/dh = -6.5℃/km$，相对湿度为60%，$e = 10$ mb，$de/dh = -3.5$ mb/km 时的大气叫做"标准大气"。此时，$dn/dh \approx -4 \times 10^{-8}$ m^{-1}。

实际上，大气折射率只比 1 稍稍大一点，例如临近地面的一个典型值是 $n = 1.0003$。于是工程上又引入另一个物理量 N——折射指数(Refraction Index)，其定义为

$$N = (n-1) \times 10^6 \qquad (13-2-2)$$

在标准大气条件下，$dN/dh = -0.039$ N/m。

地区不同，临近地面的折射指数也不同。表

表 13-2-1 折射指数数据

地区	N_a
海南岛	350～380
华南、华东	330～360
四川盆地	320～340
华北	310～330
东北	280～320
云南、贵州	260～320
内蒙古、新疆	260～300
青海、西藏	170～220

13-2-1 给出了我国具有代表性的 8 个地区的地面折射指数年平均值 N_a。

2. 大气折射及类型

由于对流层的折射率随高度而变，因此电波在对流层中传输时会发生不断的折射，从而导致轨迹弯曲，这种现象称为大气折射。

如图 13-2-1 所示，设想把对流层分成无数个极薄的与地球同心的球层，当电波由折射率为 n 的一层传播到 $n+\mathrm{d}n$ 的一层时，电波发生了折射，沿曲线 AC 传播。假设电波在点 A 的入射角为 φ，折射角为 $\varphi+\mathrm{d}\varphi$，则按照折射定律：

$$n \sin\varphi = (n+\mathrm{d}n)\sin(\varphi+\mathrm{d}\varphi)$$
$$(13-2-3)$$

将方程的右边展开并略去二阶无穷小量并整理后得

$$\mathrm{d}\varphi\cos\varphi = -\frac{\mathrm{d}n}{n}\sin\varphi$$
$$(13-2-4)$$

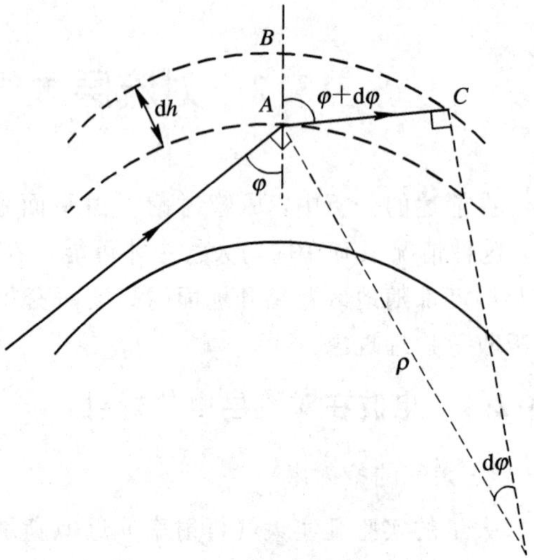

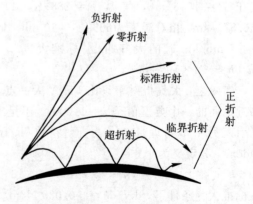

图 13-2-1 推导射线曲率半径的用图

由图 13-2-1 所示的几何关系，射线的曲率半径 ρ 应为

$$\rho = \frac{\overline{AC}}{\mathrm{d}\varphi} \qquad (13-2-5)$$

在 $\triangle ABC$ 中

$$\overline{AC} \approx \frac{\mathrm{d}h}{\cos(\varphi+\mathrm{d}\varphi)} \qquad (13-2-6)$$

由于 $\mathrm{d}\varphi$ 很小，$\cos(\varphi+\mathrm{d}\varphi)\approx\cos\varphi$，并将式(13-2-4)代入上式得

$$\rho = \frac{n}{-\dfrac{\mathrm{d}n}{\mathrm{d}h}\sin\varphi} \qquad (13-2-7)$$

考虑到 $n\approx1$，并且对大多数情况而言，$\varphi\approx90°$，因此射线的曲率半径

$$\rho \approx -\frac{1}{\mathrm{d}n/\mathrm{d}h} \qquad (13-2-8)$$

如图 13-2-2 所示，根据射线弯曲的情况可以将大气折射分为三类：

(1) 零折射：此时 $\mathrm{d}n/\mathrm{d}h=0$，意味着对流层大气为均匀大气，电波射线轨迹为直线，射线的曲率半径为 ∞。

(2) 负折射：此时 $\mathrm{d}n/\mathrm{d}h>0$，射线上翘，曲率半径为负值。

以上两种情况实际上很少发生。

(3) 正折射：此时 $\mathrm{d}n/\mathrm{d}h<0$，射线向下弯曲是最经常发生的情况。正折射中又可根据特殊的 $\mathrm{d}n/\mathrm{d}h$ 值有三种特殊的折射：标准大气折射，$\mathrm{d}n/\mathrm{d}h=-4\times10^{-8}1/\mathrm{m}$，射线的曲率半径 $\rho=2.5\times10^7$ m；临界折射，

图 13-2-2 折射类型

$dn/dh = -15.7 \times 10^{-8} 1/m$，射线的曲率半径 $\rho = 6.37 \times 10^6$ m，刚好等于地球的半径，水平发射的电波射线将与地球同步弯曲，形成一种临界状态；超折射，$dn/dh < -15.7 \times 10^{-8}$ m^{-1}，射线的曲率半径小于地球半径，此时大气的折射能力特别强，电波靠大气折射与地面反射向前传播，构成所谓的大气波导。临界折射和超折射可使电波传播距离远远超过视距，特别是海上的大气波导，这也是有时能收到远地的超短波信号的主要原因。

3. 等效地球半径

当考虑到对流层的不均匀性后，电波的轨迹为曲线。然而，前述的有关计算公式均是在假设电波轨迹为直线的前提下推导的。为了修正电波轨迹的变化带来的影响，直接应用相应的公式，仍然假定电波按直线传播，只不过不是位于实际地球上空，而是位于等效地球上空。为了保证二者的等效性，必须保持等效地球上直射线上的任一点到等效地面的距离，与实际地球上弯曲射线上的同一点到真实地面的距离相等。从几何学可知，如果两组曲线的曲率之差相等，则这两组曲线之间的距离也相等。

由图 13-2-3 的几何关系，得

$$\frac{1}{R} - \frac{1}{\rho} = \frac{1}{R_e} - \frac{1}{\infty} \qquad (13-2-9)$$

式中，R_e 为等效地球半径(Effective Earth Radius)。由此，

$$R_e = \frac{R}{1 - \dfrac{R}{\rho}} \qquad (13-2-10)$$

将式(13-2-8)半径代入上式，则低仰角情况下的等效地球半径为

$$R_e = \frac{R}{1 + R \dfrac{dn}{dh}} \qquad (13-2-11)$$

定义等效地球半径因子 K 为

$$K = \frac{R_e}{R} = \frac{1}{1 + R \dfrac{dn}{dh}} \qquad (13-2-12)$$

负折射时，$K<1$；超折射时，$K<0$；零折射时，$K=1$；正折射时，$1<K<\infty$；在标准大气条件下，$K=\dfrac{4}{3}$。地球上温带区域的 K 平均

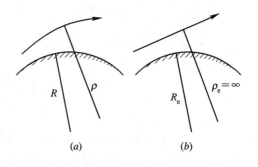

图 13-2-3　等效地球半径
(a) 实际地球上的电波射线；
(b) 等效地球上的电波射线

值约为 4/3，而寒带区域的略小于 4/3，热带区域的略大于 4/3。鉴于等效地球半径概念，在考虑对流层折射时，将电波在均匀大气中传输的有关公式中的地球半径 R 置换成等效地球半径 R_e，就是对公式进行了相应修正，这样的修正使得计算简便、有效。

13.2.2　大气衰减(Attenuation by Atmospheric Gases)

大气是一种成分不均匀的半导电媒质。大气对电波的衰减有两个内容，一是云、雾、雨等小水滴对电波的热吸收以及水分子、氧分子对电波的谐振吸收；另一是云、雾、雨等小水滴对电波的散射，导致对原方向传播的电波衰减。热吸收与小水滴的密度有关，例如大雨比小雨对电波的吸收要大。如图 13-2-4 所示，谐振吸收与工作波长有关，水分子的

谐振吸收发生在 1.35 cm 与 1.6 mm 的波长上，氧分子的谐振吸收发生在 5 mm 与 2.5 mm 的波长上。在选择工作频率时，要注意避开这些谐振吸收频率，工作于吸收最小的频率附近（通常将这些频率称为大气窗口）。散射衰减与小水滴半径的 6 次方成正比与波长的 4 次方成反比，图 13-2-5 显示了不同强度的雨对电波的衰减率，在频率低于 3 GHz 时衰减很小，一般可以忽略不计。当频率进一步增高时，电波在雨中的衰减将随着频率的增高迅速增大，并且雨的强度越大，电波受到的衰减越大。

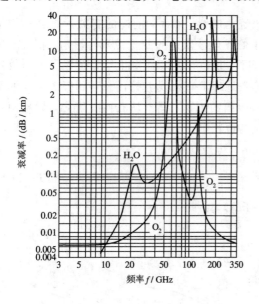

图 13-2-4　氧和水汽的衰减系数　　　　图 13-2-5　雨的衰减系数

习 题 十 三

1. 某一通信线路的工作频率为 300 MHz。发射天线和接收天线架高分别为 25.5 m 和 255 m。试绘出接收点的场强振幅随距离 d 的变化曲线，d 的变化范围为 8.05 km～40.25 km。

2. 为什么存在着地面有效反射区？在其它条件都相同的情况下，有效反射区的大小与电波频率的关系如何？

3. 判断地面是否光滑的依据是什么？如果地面的起伏高度为 7.2 cm，在电波投射角为 25°时，什么样的频率范围可以将该地面视为平面地？

4. 某一微波中继通信线路的工作频率为 5 GHz，两站的天线架高均为 100 m，试求标准大气下的视线距离和亮区距离。

5. 什么是大气折射效应？大气折射有哪几种类型？

6. 什么是等效地球半径？为什么要引入等效地球半径？标准大气的等效地球半径有多大？

7. 从平面地到球面地的视距传播计算应该如何修正？从均匀大气中到非均匀大气中的传播又如何修正？

第14章 地面移动通信中接收场强的预测

移动通信(Mobile Communication)，就是处于移动状态的通信对象之间的通信，它包含移动用户之间的通信，以及固定用户与移动用户之间的通信。按其服务区域可分为地面、海上、航空和航天移动通信等类型。不同通信类型的电波传播环境不尽相同，其传播特性也就不同。根据国际频率登记委员会(IFRB)划定的频率范围，考虑到电波传播特性以及环境噪声及干扰情况、设备特性等因素，目前移动通信广泛使用 VHF、UHF 频段。本章仅介绍地面移动通信中 VHF 和 UHF 频段场强(或传输损耗)的预测。

14.1 地面移动通信中电波传播的基本特点及其研究方法

对地面移动通信所采用的 VHF 和 UHF 频段而言，地面波衰减得很快，可以忽略不计，其主要的传播方式仍为视距传播，即直接波与地面反射波的合成。通常，在地面移动通信网中，尽管都设有固定基站，并架设有较高的天线，然而由于移动台的天线距离地面往往仅有 1～3 m，因此传播路径上各种各样的地形、地物必然对电波传播产生影响，引起多径传播效应，造成多径衰落，从而使得移动台接收信号的快衰落现象十分严重；同时，由于移动台的不断运动，移动台与具有不同地形特征障碍物之间的相对位置发生变化，由这些障碍物产生的阴影效应使得接收信号强度和相位随时间和地点不断地变化，导致中等速率的衰落；另外，移动中产生的多普勒效应，也将使接收信号产生极大的起伏；若考虑到气象条件的变化，接收信号还会随时间慢变化，即慢衰落。因而，移动通信中的电波传播问题就变得很复杂，已不能再简单地应用固定无线电通信的传播模式了。尽管有少数纯理论方法，如射线追踪(Ray Trace)法可以精确计算特定位置的场强，但是该方法繁重的计算量以及需要对传播环境的精确描述都约束了此类纯理论方法的实际应用。

由上所述，在地面移动通信中，接收信号不仅有时间上的衰落，而且还有地点上的衰落，是一种时间和地点上的随机信号。对于所覆盖的大面积地区，一般很难获得准确的地形数据，不可能对各个移动台所处的位置进行准确的场强估算。对于覆盖区内的场强预算，通常使用场强的预报曲线进行，它是以某个地区大量实测的数据为基础，用统计的方法得出作为距离、天线高度、地形类型和频率等函数的信号场强中值的预报曲线。

在统计计算中极为普遍地应用了场强中值的概念，其定义是，在给定的统计时间内，有 50% 时间的场强(或传输损耗)超过某个数值，则这个数值就称之为场强中值(或传输损耗中值)。显然,它在统计意义上标志了信号电平的大小,具有时间百分比的概念。在实际的移动通信工程计算中,首要的是掌握接收场强的中值电平或传输损耗中值。

基于实验基础上的预测方法,预测的是某一路径集合的电平,而不是某一具体电路的电平。一般把传输路径按地形和人为环境分成几类,对同一类路径的集合应用相同的计算参数和处理方法。这种预测方法不需要知道传播路径的详细剖面,而只需要知道传播路径是属于哪一类路径集合就可。按统计方法处理实验数据,得出各类路径集合的慢衰落中值电平和标准偏差,根据这些数据以及慢衰落和快衰落所遵循的概率密度函数,就可以得到接收信号包络的全部信息。

建立在实验基础之上的地面移动通信场强预测方法有多种,如 Okumura 方法[28]、Lee 方法[29]等,此外还有实验和理论相结合的方法,如我国的 GB/T 14617.1—2012 方法[30]等。

由于 Okumura 方法实验数据较充足,计算资料较完整,且经过了各国实践的检验,证明了在大多数情况下与实测值较为符合,故得到广泛应用。限于篇幅,本章仅介绍 Okumura 预测方法,Okumura 预测曲线的拟合公式——Hata 公式,以及我国推荐的在 Okumura 方法基础上的修正方法,即 GB/T 14617.1—2012 方法,至于其他预测方法以及建筑物内的通信和近距离个人通信中的电平预测等有关问题可参阅相关文献。

14.2 Okumura 预测方法

14.2.1 场强测试情况和数据处理方法

Okumura 等人于 20 世纪 60 年代初期在东京地区进行了大量的场强测试工作。测量环境包含了市区、郊区和开阔区,测量频率为 453、922、1317、1430、1920 MHz;发射天线的高度范围为 30~1000 m;接收天线的高度范围为 2~7 m。测量设备(场强计和记录仪等)装在汽车上,在汽车行驶中进行测量。测量数据由记录仪记录。在 20 m 左右的距离段(称为小段)内对测量数据进行平均,得到小段均值。然后在 1 km~1.5 km 的距离内计算小段均值的中值,最后绘成经验曲线。

14.2.2 传播路径分类

Okumura 预测方法中,将城市视为"准平坦地形",给出中值场强或基本传输损耗中值。对于郊区和开阔区的场强中值则以此场强中值为基础进行修正。该预测方法按建筑物和树林的密度与屏蔽程度,把传播路径的人为环境分成三区:

(1)开阔区:指传播路径上没有或很少有高建筑物及大树的开阔地区,如农田、广场等。

(2)郊区:指在移动台附近有不太密集的 1~2 层楼房和稀疏小树林的地区,如农村及市郊公路网等地区。

(3)市区:指有密集建筑物和高楼大厦的地区,如城市和大市镇等。

按地形条件把传播路径分成五类:

(1)准平坦地形路径;

（2）丘陵地形路径；

（3）孤立山岳阻挡路径；

（4）倾斜地形路径；

（5）水陆混合路径。

14.2.3 准平坦地形市区场强中值曲线

Okumura 等人在自己的测量结果及 E. Shimizu 等人以前在 VHF 频段（200 MHz）的测量结果的基础上，给出了 150、450、900、1500 MHz 四个频率上的准平坦地形市区场强中值曲线，如图 14 - 2 - 1~图 14 - 2 - 4 所示。图上的场强值 dB(μV/m)是相对于有效辐射功率为 1 kW(60 dBm)和发射天线为偶极天线的情况下的结果。如果实际发射天线的辐射功率为 P_r(dBm)，其增益为 G_r(dB)（相对于偶极天线的增益），那么接收场强可通过下式换算：

$$E_L[\text{dB}(\mu\text{V/m})] = E + P_r + G_t - 60 \qquad (14 - 2 - 1)$$

式中，E 为从曲线查得的场强值。如果发射天线的增益以 dBi（相对于各向同性天线的增益）给出，那么上式中的常数 60 应以 62.2 代替。

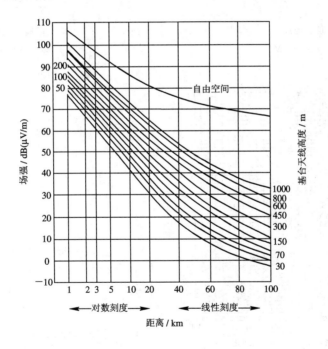

图 14 - 2 - 1 准平坦地形市区场强中值曲线（f＝150 MHz）

如果基地台天线高度与图上所示天线高度不一致，那么可以用插值法求得与实际天线高度相应的场强值。

根据互易定理，移动台在基地台接收天线处产生的场强同样可用式(14 - 2 - 1)计算，只要用移动台的发射功率和天线增益代替即可。

基地台天线高度是指天线的有效高度，定义为基地台天线中心相对于传播方向离基地台 3 km~15 km 范围（如路径长度不够 15 km，此范围可缩小）内地形的平均高度，见图

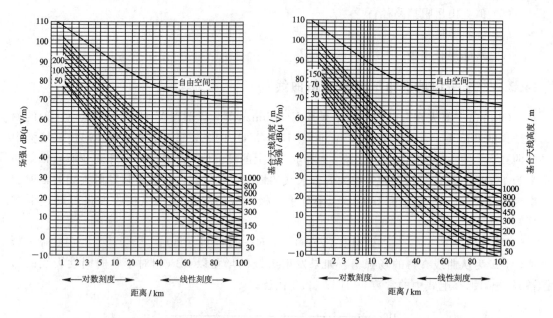

图 14-2-2　准平坦地形市区场强中值曲线　　图 14-2-3　准平坦地形市区场强中值曲线
　　　　　　（$f=450$ MHz）　　　　　　　　　　　　　　（$f=900$ MHz）

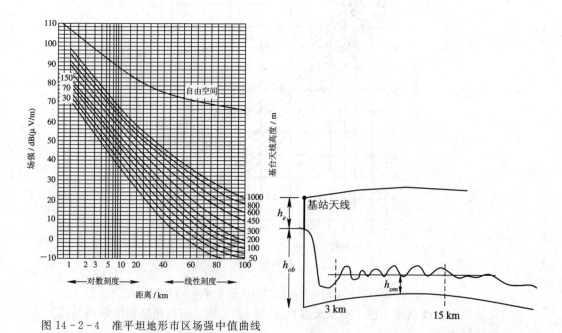

图 14-2-4　准平坦地形市区场强中值曲线
　　　　　　（$f=1500$ MHz）

图 14-2-5　基地台天线高度的定义

设上述范围的地形平均海拔高度为 h_{am}，基地台海拔高度为 h_{ab}，基地台天线中心离地面高度为 h_e，那么基地台天线的有效高度 h_b 可写为

$$h_b = h_e + h_{ab} - h_{am} \qquad\qquad (14-2-2)$$

上式适用于 $h_{ab} > h_{am}$ 的情况。如果情况相反，那么基地台天线的高度可认为等于其实际离

地高度，即

$$h_b = h_e \qquad\qquad (14-2-3)$$

而移动台天线高度 h_m 则是指路面以上的高度。

其他地形、地物路径的场强可通过由图上查得的准平坦地形市区的场强加上相应的地形地物校正因子求得。如果移动台天线高度不同于上述给定值，可用移动台天线高度增益因子进行校正（见14.2.5节）。

14.2.4 准平坦地形市区相对于自由空间的基本传输损耗中值曲线

路径的基本传输损耗定义为各向同性天线的辐射功率与各向同性的接有共轭匹配负载的接收天线接收到的功率之间的分贝数之差，即

$$L_b = P_r - P_L \qquad dB \qquad\qquad (14-2-4)$$

如以 L_0 表示自由空间的基本传输损耗，那么相对于自由空间的市区基本传输损耗中值为

$$A_m(f,d) = P_r - P_L - L_0 \qquad dB \qquad\qquad (14-2-5)$$

在图 14-2-6 上示出了 $A_m(f,d)$ 与频率和距离的关系（距离作为参变量）曲线。本曲线族适用于基地台天线高度为 200 m 和移动台天线高度为 3 m 的情况。

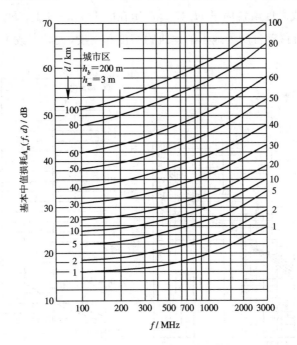

图 14-2-6 准平坦地形市区相对于自由空间的基本传输损耗中值预测曲线

参照式（10-2-7)，自由空间的基本传输损耗可用下式计算：

$$L_0 = 32.45 + 20\lg f + 20\lg d \qquad dB \qquad\qquad (14-2-6)$$

这样，$A_m(f,d)$ 曲线族就可从图 14-2-1～图 14-2-4 的场强曲线中换算得到。如果在测试中，测试设备（测试接收机等）直接给出接收功率，那么在已知发射功率和收、发天线增益的情况下，可直接得出基本传输损耗值。

应用图 14-2-6 可得出准平坦地形市区的接收功率中值：

$$P_L = P_{in} - A_m(f,d) - L_0 + G_r + G_L \quad \text{dBm} \qquad (14-2-7)$$

式中，P_{in} 为输入发射天线的功率(dBm)；G_L 和 G_r 分别为实际所用的收、发天线相对于各向同性天线的增益。

14.2.5 各种校正因子

各种校正因子都是针对准平坦地形的市区场强中值的，它们以增益的形式给出，正值表示增益，负值表示衰减。因此，预测场强中值时，要把准平坦地形的市区场强中值加上有关的校正因子；而预测基本传输损耗中值时，则要从准平坦地形市区基本传输损耗中值中减去有关的校正因子。

1. 基地台天线高度增益因子

图 14-2-7 上显示出了市区相对于 200 m 的基地台天线高度增益因子 $H_b(h_e,d)$。该曲线族以基地台天线有效高度为主变量，以距离为参变量。$H_b(h_e,d)$ 与频率无关。

2. 移动台天线高度增益因子

市区移动台天线高度增益因子 $H_m(h_m,f)$ 示在图 14-2-8 上。$H_m(h_m,f)$ 与距离无关，而与频率有关，且与移动台所处地点的建筑物高度和密度(大城市或中小城市)有关。

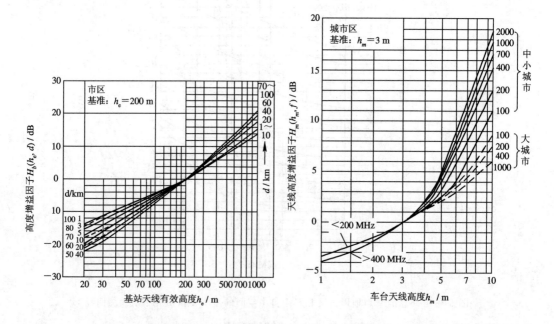

图 14-2-7　基地台天线相对于 $h_e = 200$ m 的　　　　图 14-2-8　移动台天线相对于 $h_m = 3$ m 的
　　　　　　高度增益因子曲线　　　　　　　　　　　　　　　　高度增益因子曲线

3. 街道走向校正因子

街道走向校正因子 K_v(垂直于传播方向)和 K_p(平行于传播方向)示在图 14-2-9 上。曲线表明，平行于传播方向的街道上之场强高于垂直于传播方向的街道上之场强。

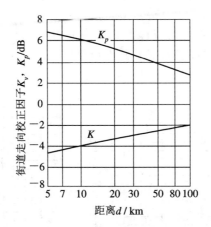

图 14-2-9　街道走向校正因子曲线图

4. 郊区校正因子

郊区传播条件优于市区,故其校正因子 K_s 为正值。它与频率和距离有关,如图 14-2-10 所示。

5. 开阔区和准开阔区校正因子

准开阔区是介于开阔区和郊区之间的区域。准开阔区和开阔区的传播条件都比市区好得多,它们的校正因子 Q_o 和 Q_r 都是正值,如图 14-2-11 所示。

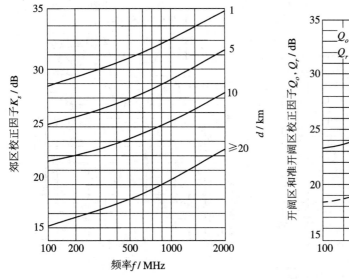

图 14-2-10　郊区校正因子曲线　　　　图 14-2-11　开阔区和准开阔区校正因子曲线

6. 丘陵地形校正因子

丘陵地的地形参数可用"地形起伏高度" Δh 表示,其定义是,自接收点向发射点延伸 10 km 范围内,地形起伏的 90% 与 10% 处的高度差。图 14-2-12～图 14-2-14 给出了相对于场强中值的修正值,即准平坦地形场强中值与丘陵地区场强中值之差,常称为丘陵

地形校正因子 K_h。

由于在丘陵地中，起伏顶部与谷部的衰减中值相差甚大，为此有必要进一步加以修正，如图 14-2-15 所示。图中给出了丘陵上顶部与谷部的微小修正值 K_{hf}。它是在 K_h 的基础上作进一步修正的微小修正值。

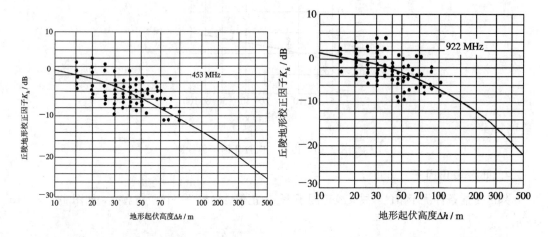

图 14-2-12　丘陵地形校正因子的测量值与
　　　　　频率预测曲线（$f=453$ MHz）

图 14-2-13　丘陵地形校正因子的测量值与
　　　　　频率预测曲线（$f=922$ MHz）

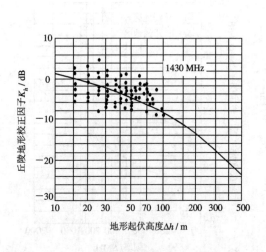

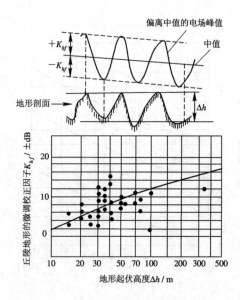

图 14-2-14　丘陵地形校正因子的测量值与
　　　　　频率预测曲线（$f=1430$ MHz）

图 14-2-15　微调因子 K_{hf} 的实测值与预测曲线

总之，计算丘陵地形上不同位置的场强中值时，一般先参照图 14-2-12～图 14-2-14 修正后，再参照图 14-2-15 作进一步微小修正。峰顶为 K_h+K_{hf}，谷底为 K_h-K_{hf}。

7. 孤立山岳阻挡地形校正因子

相对于山岳高度 $h=200$ m 的归一化校正因子 K_i 示在图 14-2-16 上。当 $h \neq 200$ m 时，校正因子取 αK_i，α 由下式确定：

$$\alpha = 0.07 \sqrt{h} \qquad\qquad (14-2-8)$$

8. 倾斜地形校正因子

倾斜地形是指在 $5 \sim 10$ km 内地面倾斜的地形。若在电波传播方向上，地形逐渐升高，称之为正斜坡，倾角为 $+\theta_m$；反之，为负斜坡，倾角为 $-\theta_m$。校正因子 K_A 与平均倾斜角 θ_m 的关系如图 14-2-17 所示。平均倾斜角 θ_m 的单位为毫弧度(mr)。从图上看出，具有正倾斜角的地形使场强增加，具有负倾斜角的地形使场强减小。

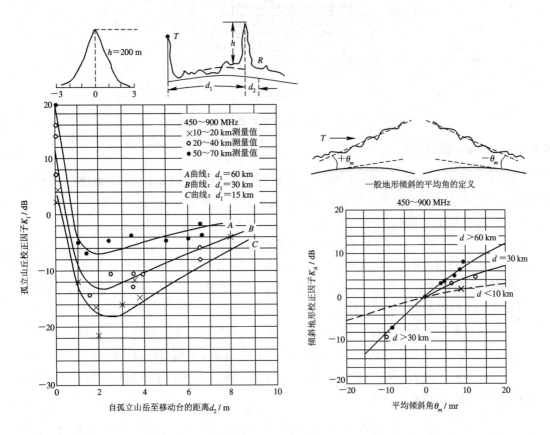

图 14-2-16 孤立山岳阻挡地形因子校正曲线   图 14-2-17 倾斜地形因子校正曲线

9. 水陆混合地形校正因子

在电波传播路径上，如遇有湖泊或其它水域，接收信号损耗中值比单纯陆地传播路径时要低。不难想象，水陆混合路径地形校正因子 K_{si} 应为增益因子。水陆混合路径地形校正因子 K_{si} 的曲线示在图 14-2-18 上。图上的实线对应于陆地位于发射侧的情况，虚线对应于陆地位于接收侧的情况。如陆地或水面位于路径的中部，则 K_{si} 取虚线和实线的中间值。

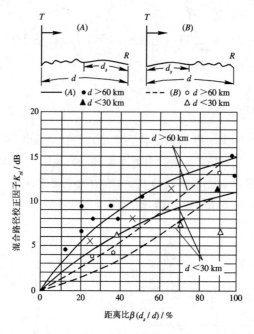

图 14-2-18　水陆混合地形因子校正曲线

14.2.6　Hata 公式

为了使 Okumura 预测方法可以用计算机进行计算，Hata 对 Okumura 预测曲线作了公式化拟合，所得准平坦地形市区基本传输损耗中值公式为

$$L_b(\text{市区}) = 69.55 + 26.16\,\lg f - 13.82\,\lg h_b - \alpha(h_m)$$
$$+ (44.9 - 6.55\,\lg h_b)\,\lg d \quad \text{dB} \qquad (14-2-9)$$

式中，d 为路径长度，适合于 1 km～20 km 范围；f 为工作频率，适用于 150 MHz～1500 MHz 范围；h_b 为基地台天线高度，适用于 30 m～200 m 范围；h_m 为移动台天线高度，适用于 1～20 m 范围。参数 $\alpha(h_m)$ 可表示成：

$$\alpha(h_m) = (1.1\,\lg f - 0.7)h_m - 1.56\,\lg f + 0.8 \quad (\text{中小城市}) \qquad (14-2-10)$$
$$\alpha(h_m) = 8.29[\lg(1.54h_m)]^2 - 1.1 \quad (\text{大城市}, f \leqslant 200\ \text{MHz}) \qquad (14-2-11)$$
$$\alpha(h_m) = 3.2[\lg(11.75h_m)]^2 - 4.97 \quad (\text{大城市}, f \geqslant 400\ \text{MHz}) \qquad (14-2-12)$$

郊区校正因子 K_s 的拟合公式为

$$K_s = 2\left[\lg\left(\frac{f}{28}\right)^2\right] + 5.4 \quad \text{dB} \qquad (14-2-13)$$

开阔区校正因子 Q_0 的拟合公式为

$$Q_0 = 4.78(\lg f)^2 - 18.33\,\lg f + 40.94 \quad \text{dB} \qquad (14-2-14)$$

14.3　GB/T 14617.1—2012 预测方法

GB/T 14617.1—2012 预测方法与 Okumura/Hata 方法基本相同，但对该方法做了以下几点修正：

（1）引入建筑物密度修正因子。在计算场强中值或传输损耗中值时，对于有建筑物密度资料的市区，应在用 Okumura/Hata 方法计算得出的结果上加上或减去建筑物密度修正因子 $S(a)$。$S(a)$ 可表示为：

$$S(a) = 30 - 25 \lg a \qquad 5 < a < 50 \tag{14-3-1}$$

$$S(a) = 20 + 0.19 \lg a - 15.6(\lg a)^2 \qquad 1 < a \leqslant 5 \tag{14-3-2}$$

$$S(a) = 20 \qquad a \leqslant 1 \tag{14-3-3}$$

式中，a 为建筑物密度，即建筑物所占面积的百分数。当 $a = 15$ 时，$S(a) \approx 0$。

（2）扩展 Hata 公式的适用距离。准平坦地形市区基本传输损耗公式（14-2-9）改变为

$$L_b(市区) = 69.55 + 26.16 \lg f - 13.82 \lg h_b - \alpha(h_m)$$
$$+ (44.9 - 6.55 \lg h_b)(\lg d)^\gamma - a(h_m) - S(a) \quad dB \tag{14-3-4}$$

当 $d \leqslant 20$ km 时，$\gamma = 1$；当 100 km $> d > 20$ km 时，

$$\gamma = 1 + [0.14 + 1.87 \times 10^{-4} f + 1.07 \times 10^{-3} h_b]\left[\lg\left(\frac{d}{20}\right)\right]^{0.8} \tag{14-3-5}$$

（3）公式（14-3-4）中的 $\alpha(h_m)$ 取公式（14-2-10）中所确定的中、小城市的值。

（4）改变山地和丘陵路径的基本传输损耗中值的计算方法。山地和丘陵路径的基本传输损耗中值的计算方法采用确定的点对点路径的计算方法。计算公式如下：

$$L_b = \sum_{i=1}^{n} A_i + L_b' + \lg\left(\frac{d}{d'}\right) \tag{14-3-6}$$

式中，d' 为移动台和与它相隔一个障碍的障碍物（或基地台）之间的路径长度（km）；L_b' 为该路径段的基本传输损耗，按所处环境是市区或郊区等而由相应的公式计算得出；n 为障碍数目；A_i 为第 i 重障碍的绕射损耗（dB）。所有障碍按刃形障碍考虑，其绕射损耗可以按以下公式计算：

$$A = 6.9 + 20 \lg(\sqrt{(v-0.1)^2 + 1} + v - 0.1) \tag{14-3-7}$$

式中，$v = \sqrt{2} h / F_1$；h 为障碍（多重障碍时，为最大障碍）顶点至收、发天线连线的距离。如障碍点高出连线，则 h 取正值，如低于连线，则 h 取负值。F_1 为第一菲涅尔区半径，由下式计算：

$$F_1 = \sqrt{\frac{\lambda d_1 d_2}{d_1 + d_2}} \tag{14-3-8}$$

式中，d_1 和 d_2 分别是计算绕射损耗的障碍点到收、发天线的距离（对于单障碍路径或多障碍路径的最大障碍），或至一副天线及一障碍点的距离（对于多障碍点路径的其余障碍）；λ 为波长。

式（14-3-6）中，第一个绕射损耗 A_1 是全路径上绕射参量 v 最大之障碍的损耗值；A_2 是被第一个障碍分割成两段路径中具有较大 v 值之障碍的损耗值；依次类推。对于多障碍点的路径，各障碍点参数的求法，可用图 14-3-1 说明。该图示出了三个障碍点路径的情况。首先画收、发天线间的连线，可以看出，中间的障碍为最大障碍，其顶点高出连线的高度为 h_1，至收、发天线的距离为 d_1 和 d_2。然后从最大障碍的顶点至收、发天线画连线，得出参数 h_2、h_3、d_1'、d_2' 等等。

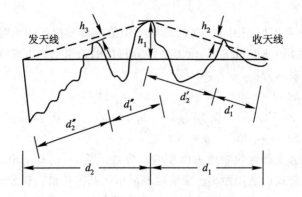

图 14 - 3 - 1　障碍点参数的确定

（5）建议林区路径的基本传输损耗中值按市区公式计算。

掌握移动通信的电波传播特性对移动通信系统的设计、开发和规划都具有极其重要的意义。随着移动通信业务的进一步发展和电波传播理论更深入的研究，可以预计，将会提出更为有效的地面移动通信的场强预测方法。

习 题 十 四

1. 何谓场强中值？
2. GB/T 14617.1—2012 预测方法针对 Okumura 的预测方法做了什么修正？

附录 典型的 MATLAB 程序

1. 演示对称振子立体方向图动画的程序

```
%演示对称振子立体方向图动画的程序
clear;
m=moviein(20);
for i=1:20;
    sita=meshgrid(eps:pi/180:pi);
    fai=meshgrid(eps:2 * pi/180:2 * pi)';
    l=i * 0.1;
    r=abs(cos(2. * pi. * l. * cos(sita))−cos(2 * pi * l)). /(sin(sita)+eps);
    rmax=max(max(r));
    [x,y,z]=sph2cart(fai,pi/2−sita,r/rmax);
    mesh(x,y,z);
    axis([−1 1 −1 1 −1 1]);
    m(:,i)=getframe;
end;
movie(m,1,1)
```

2. 演示方向图乘积定理的程序

```
%方向图乘积定理的演示,此程序适合平行二元阵
clear;clc;
sita=meshgrid(0:pi/90:pi);
fai=meshgrid(0:2 * pi/90:2 * pi)';
l=0.25;%对称振子的长度
d=1.25;%二元阵的间隔距离
beta=0;%电流初始相位差
m=1;%电流的振幅比
r1=abs(cos(2 * pi * l * cos(sita))−cos(2 * pi * l)). /abs(sin(sita)+eps);
r2=sqrt(1+m * m+2 * m * cos(beta+2 * pi * d * sin(sita). * sin(fai)));
r3=r1. * r2;
r1max=max(max(r1));r2max=max(max(r2));r3max=max(max(r3));
[x1,y1,z1]=sph2cart(fai,pi/2−sita,r1/r1max);
[x2,y2,z2]=sph2cart(fai,pi/2−sita,r2/r2max);
```

```
[x3,y3,z3]=sph2cart(fai,pi/2-sita,r3/r3max);
subplot(2,2,1);
surf(x1,y1,z1);axis([-1 1 -1 1 -1 1]); shading interp;
subplot(2,2,2);
surf(x2,y2,z2);axis([-1 1 -1 1 -1 1]);shading interp;
subplot(2,2,3);
surf(x3,y3,z3);axis([-1 1 -1 1 -1 1]);shading interp;
```

3. 计算均匀直线阵方向系数的程序

```
%计算均匀直线阵方向系数 D 随阵元数 N 变化的程序,可用此程序计算图1-5-20(b)
clc;clear;
global n posai sita d;
sita=(0:pi/600:pi);k=2*pi;
nn=(2:19/100:20);d=0.25;
    for jj=1:length(nn);
        n=nn(jj);
        beta=0;
        %beta=k*d;
        %beta=-k*d-pi/n;
        posai=beta+k*d*cos(sita);
        jifen=0;
        f=zxz(sita);
            for i=1:length(sita);
                jifen=jifen+f(i)*pi/600;
            end;
        fxxs(jj)=2/jifen;
    end;
plot(nn,fxxs);hold on

function y=zxz(sita);
global n posai sita d;
f1=abs(sin(n*posai/2));eps=2.2204e-016;
f2=abs(sin(posai/2));
for j=1:length(posai);
        if f1(j)<eps&f2(j)<eps;
            f1(j)=abs(n/2*cos(n/2*posai(j)));
            f2(j)=abs(1/2*cos(posai(j)/2));
        end;
end;
y=f1./f2;
```

```
y=y/max(y);
y=y. * y. * sin(sita);
```

4. 计算角锥喇叭的通用 E 面方向图

```
%E 面喇叭 E 面方向图,与 H 面尺寸 a 无关,可用此程序计算图 8-3-3。
clc;clear;
global bh bhsetalamda s;
lmda=1;bh=6;ss=[1 3/4 1/2 1/8 0];
seta=0:pi/2/90:pi/2;sinsetaa=sin(seta);bhsetalamdaa=bh/lmda * sinsetaa;
for jj=1:5;
    s=ss(jj);
        for ii=1:91;
            bhsetalamda=bhsetalamdaa(ii);
            f(ii)=quad('elbkjc',-bh/2,bh/2);
        end;
    ff=abs(f)/max(abs(f));ff=20 * log10(ff);
    plot(bhsetalamdaa,ff);axis([0 bh/lmda -40 0 ]);hold on;grid on;
end;


function y=elbkjc(ys)%E 面喇叭口径场相位表达式
global bh bhsetalamda s;
j=sqrt(-1);
y=exp(j * (2 * pi/bh * bhsetalamda * ys-8 * pi * s/bh/bh * ys. * ys));
%s=bh^2/8/lmda/ry,bhsetalamda=bh/lmda * sin(seta)
hold off;
sita=pi/4;h=0.25;
```

5. 计算双极天线的水平平面方向图

```
%计算双极天线的水平平面方向图
sita=pi/4;h=0.25;%架高为 0.25 波长,仰角为 45 度
ll=zeros(6);
for i=1:6;
    l=0.10 * i;
    ll(i)=l;
    rmax=0;
    fai=(0:pi/180:2 * pi);
    r=(abs(cos(2 * pi * l * sin(sita). * sin(fai))-cos(2 * pi * l)). /sqrt(1-sin(sita)
        .^2. * sin(fai).^2+eps)... * abs(sin(2 * pi * h * cos(sita))));
    polar(fai,r/max(r));
    hold on;
```

```
end;
text(-0.4,1.2,'双极天线水平平面方向图');
text(-1.5,1.1,'Δ=45度');
text(-1.9,1.2,'(一臂长的电长度从0.1变化到0.6)');
```

6. 计算抛物面天线的增益因子

```
%计算抛物面天线增益因子,可用此程序计算图8-4-9(c)
clc;clear;
global n;
nn=[2 4 6 8 10];posai00=0:90/20:90;posai0=posai00*pi/180;
    for ii=1:5;
        n=nn(ii);
            for jj=1:length(posai0);
                g(jj)=2./(tan(posai0(jj)/2)).^2.*(abs(quad('mjlyfz',0,posai0
                    (jj)))).^2./quad('mjlyfm',0,pi/2);
            end;
        plot(posai00,g);axis([0 90 0 1]);hold on;
    end;
grid on
%计算抛物面天线面积利用系数的分子内的函数
function y=mjlyfz(posai);
global n;
y=(cos(posai)).^(n/2).*tan(posai/2);
%计算抛物面天线面积利用系数的分母内的函数
function y=mjlyfm(posai);
global n;
y=(cos(posai)).^n.*sin(posai);
```

参 考 文 献

[1] C. A. 巴拉尼斯. 天线理论分析与设计. 于志远，等，译. 北京：电子工业出版社，1988.

[2] 马汉炎. 天线技术. 哈尔滨：哈尔滨工业大学出版社，1997.

[3] 熊皓等. 无线电波传播. 北京：电子工业出版社，2002.

[4] 周朝栋，王元坤，杨恩耀. 天线与电波. 西安：西安电子科技大学出版社，1999.

[5] 王元坤. 电波传播概论，北京：国防工业出版社，1984.

[6] 石镇. 自适应天线原理. 北京：国防工业出版社，1991.

[7] 总参通信部. 电波传播与通信天线. 北京：解放军出版社，1985.

[8] R. E. 柯林. 天线与无线电波传播. 大连：大连海运学院出版社，1987.

[9] 蔡南先. 电波与天线. 北京：中国广播电视出版社，1992 .

[10] 董维仁. 天线与电波传播. 北京：人民邮电出版社，1986.

[11] 程新民. 无线电波传播. 北京：人民邮电出版社，1982.

[12] 徐坤生. 天线与电波传播. 北京：中国铁道出版社，1987.

[13] 阎怀彬，等. 雷达天线与电波. 内部讲义. 合肥：电子工程学院，1985.

[14] 任朗. 天线理论基础. 北京：人民邮电出版社，1979 .

[15] 刘克成，宋学诚. 天线原理. 长沙：国防科技大学出版社，1989.

[16] LAW & KELTON. Electromagnetics with Application. 北京：清华大学出版社，2001.

[17] 张德齐. 微波天线. 北京：国防工业出版社，1987.

[18] 李世智. 电磁辐射与散射问题的矩量法. 北京：电子工业出版社，1985.

[19] 吕善伟，等. 扇面波导缝隙天线. 电子学报，1994，15(9).

[20] 胡家元，等. 圆极化径向缝隙天线的研究. 电波科学学报，2000，15(1).

[21] 尹雷，等. 一种基于印刷工艺的新型毫米波波导缝隙天线. 微波学报，2000.3，16(1).

[22] 沈爱国，宋铮. 双频微带天线新进展. 电波科学学报，2000，15(Sup).

[23] S Maci，G Biffi Gentili，P. Piazzesi and C. Salvador. Dual-band slot-loaded patch antenna. IEE Proceedings-H，1995，142(3)：225 – 232.

[24] 宋铮，沈爱国，等. PML 吸收边界条件在微带天线计算中的应用. 微波学报，2002，18(3).

[25] 龙云亮，等. 新型微带馈电线缝隙天线阵的设计. 中山大学学报(自然科学版)，2000，41(3).

[26] 桑怀胜，等. 智能天线的原理、自适应波束形成算法的研究进展与应用. 国防科技大学学报，2001，23(6).

[27] 顾杰，等. 智能天线发射数字多波束形成方法研究. 电波科学学报，2002，17(4).

[28] OKUMURA Y et al. Field Strength and its Variability in VHF and UHF Land Mobile Service. Rev Elec Comm Lab，1968，16：825 – 830.

[29] WILLIAM C Y Lee. Mobile Communication Design Fundamentals. Howard W Sams and Co，1986.

[30] 中华人民共和国国家标准 GB/T14617.1－2012：30～3000 MHz 频段陆地移动业务中的电波传播特性.

[31] HATA M. Empirical Formula for Propagation Loss in Land Mobile Radio Services. IEEE Trans. on Vehicular Techonology，1980，VT-29：317 – 325.

[32] (美) LAL CHAND GODARA. 无线通信天线手册. 北京：电子工业出版社，2004.

[33] WONG Kinlu, et al. A Low-Profile Planar Monopole Antenna for Multiband Operation of Mobile Handsets. IEEE Trans. on Antennas and Propagation，2003，51(I).

[34] 田方，等. FDTD 方法分析新型双频平面倒 F 手机天线. 通信学报，2003，24(8).

[35] 戚冬生，等. 缝隙加载 H 形双频天线. 电波科学学报，2004，19(1).

[36] 周晓明，等. 人体模型建模及其对单极与螺旋天线手机辐射特性影响的比较. 中国生物医学工程学报，2005，24(4).

[37] 王铭三. 通信对抗原理. 北京：解放军出版社，1999.

[38] 王红星，曹建平. 通信侦察与干扰技术. 北京：国防工业出版社，2005.

[39] SIEVENPIPER D，ZHANG L，JIMCNEZ Broas R F，Alexopolous N G，Yablonovitch E. High-impedance electromagnetic surfaces with a forbidden frequency band. IEEE Trans. on Microwave Theory and Techniques，1999，47(11)：2059 - 2074.

[40] COCCIOLI R，YANG F R，MA K P，ITOH T. Aperture — coupled patch antenna on UC-PBG substrate. IEEE Trans. Microwave Theory and Techniques，1999，47(11)：2123 - 2130.

[41] BROWN E R，PARKER C D，Yabnolovitch E. Radiation properties of a planar antenna on a photonic crystal substrate. J. Opt. Soc. Amer. B，1993，(10)：404 - 407.

[42] 付云起，袁乃昌，温熙森. 微波光子晶体天线技术. 北京：国防工业出版社，2006.

[43] 庄钊文，袁乃昌，刘少斌，等. 等离子体隐身技术. 北京：科学出版社，2005.

[44] TIMOTHY J Dwyer，JOSEPH R. Greig，DONALD P Murphy，et al. On the Feasibility of Using an Atmospheric Discharge Plasma as an RF Antenna. IEEE Trans. on Antennas Propagat，1984，32(2)：141 - 146.

[45] GERARD G BORG and JEFFERY H HARRIS. Application of Plasma Columns to Radiofrequency Antennas. Appl. Phys. Lett，1999，74(22)：3272 - 3274.

[46] JOHN Phillip Rayner，ADRIAN Philip Whichello and ANDREW Desmond Cheetham. Physical Characteristics of Plasma Antennas. IEEE Trans. on Plasma Sci，2004，32(1)：269 - 281.

[47] 杨兰兰，屠彦，王保平. 等离子体天线中波的色散关系的研究. 真空科学与技术学报，2004，24(6)：424 - 429.

[48] 赵国伟，陈诚，徐跃民. 柱形等离子体辐射场的数值计算合分析. 空间科学学报，2005，25(2)：93 - 98.

[49] 赵国伟，陈诚，徐跃民. 柱形等离子体辐射场和阻抗的数值计算. 物理学报，2006，55(7)：3458 - 3462.

[50] 刘平，刘黎刚，邓记才，等. 等离子体天线的发射特性. 郑州大学学报(工学版)，2006，27(3)：126 - 128.

[51] 杨莘元，马惠珠，张朝柱. 现代天线技术. 北京：北京理工大学出版社，2009.

[52] 蒲洋. 左、右旋圆极化可重构微带天线. 微波学报，2010(S1)：181 - 184.

[53] 500 米口径球面射电望远镜，[2021 - 04 - 11]. https：//baike. baidu. com/.

[54] 朗道，栗弗席兹. 理论物理学教程第二卷场论. 8 版. 鲁欣，任朗，等译. 北京：高等教育出版社，2012.

[55] 丁春全，宋海洋. 机械天线运动电荷和磁偶极子辐射研究. 舰船电子工程，2019，39(2).

[56] 周强，姚富强，施伟，等. 机械式低频天线机理及其关键技术研究. 中国科学：技术科学，2020，50(1).

[57] 崔勇，宋晓，李良亚，等. 基于驻极体材料的机械天线式低频通信系统仿真研究. 自动化学报，2020，45(x).

[58] 张多佳. 超低频机械天线机理及调制方法研究. 西安理工大学硕士学位论文，2019.